Dortmunder Beiträge zur Entwicklung und Erforschung des Mathematikunterrichts

Band 51

Reihe herausgegeben von

Stephan Hußmann, Fakultät für Mathematik, Technische Universität Dortmund, Dortmund, Deutschland

Marcus Nührenbörger, Fakultät für Mathematik, Technische Universität Dortmund, Dortmund, Deutschland

Susanne Prediger, Fakultät für Mathematik, IEEM, Technische Universität Dortmund, Dortmund, Deutschland

Christoph Selter, Fakultät für Mathematik, IEEM, Technische Universität Dortmund, Dortmund, Deutschland

Eines der zentralen Anliegen der Entwicklung und Erforschung des Mathematikunterrichts stellt die Verbindung von konstruktiven Entwicklungsarbeiten und rekonstruktiven empirischen Analysen der Besonderheiten, Voraussetzungen und Strukturen von Lehr- und Lernprozessen dar. Dieses Wechselspiel findet Ausdruck in der sorgsamen Konzeption von mathematischen Aufgabenformaten und Unterrichtsszenarien und der genauen Analyse dadurch initiierter Lernprozesse. Die Reihe „Dortmunder Beiträge zur Entwicklung und Erforschung des Mathematikunterrichts" trägt dazu bei, ausgewählte Themen und Charakteristika des Lehrens und Lernens von Mathematik – von der Kita bis zur Hochschule – unter theoretisch vielfältigen Perspektiven besser zu verstehen.

Reihe herausgegeben von
Prof. Dr. Stephan Hußmann
Prof. Dr. Marcus Nührenbörger
Prof. Dr. Susanne Prediger
Prof. Dr. Christoph Selter
Technische Universität Dortmund, Deutschland

Lara Huethorst

Überzeugungen und Begründungen fachfremd Mathematiklehrender

Entwicklung und Erforschung einer Fortbildungsmaßnahme für Grundschullehrkräfte

Lara Huethorst
IEEM
Technische Universität Dortmund
Dortmund, Deutschland

Dissertation Technische Universität Dortmund, Fakultät für Mathematik, 2022
Erstgutachter: Prof. Dr. Christoph Selter
Zweitgutachterin: Prof. Dr. Daniela Götze
Tag der Disputation: 25.04.2022

ISSN 2512-0506　　　　　　　　　ISSN 2512-1162　(electronic)
Dortmunder Beiträge zur Entwicklung und Erforschung des Mathematikunterrichts
ISBN 978-3-658-40545-8　　　　ISBN 978-3-658-40546-5　(eBook)
https://doi.org/10.1007/978-3-658-40546-5

Die Deutsche Nationalbibliothek verzeichnet diese Publikation in der Deutschen Nationalbibliografie; detaillierte bibliografische Daten sind im Internet über http://dnb.d-nb.de abrufbar.

© Der/die Herausgeber bzw. der/die Autor(en), exklusiv lizenziert an Springer Fachmedien Wiesbaden GmbH, ein Teil von Springer Nature 2022
Das Werk einschließlich aller seiner Teile ist urheberrechtlich geschützt. Jede Verwertung, die nicht ausdrücklich vom Urheberrechtsgesetz zugelassen ist, bedarf der vorherigen Zustimmung des Verlags. Das gilt insbesondere für Vervielfältigungen, Bearbeitungen, Übersetzungen, Mikroverfilmungen und die Einspeicherung und Verarbeitung in elektronischen Systemen.
Die Wiedergabe von allgemein beschreibenden Bezeichnungen, Marken, Unternehmensnamen etc. in diesem Werk bedeutet nicht, dass diese frei durch jedermann benutzt werden dürfen. Die Berechtigung zur Benutzung unterliegt, auch ohne gesonderten Hinweis hierzu, den Regeln des Markenrechts. Die Rechte des jeweiligen Zeicheninhabers sind zu beachten.
Der Verlag, die Autoren und die Herausgeber gehen davon aus, dass die Angaben und Informationen in diesem Werk zum Zeitpunkt der Veröffentlichung vollständig und korrekt sind. Weder der Verlag, noch die Autoren oder die Herausgeber übernehmen, ausdrücklich oder implizit, Gewähr für den Inhalt des Werkes, etwaige Fehler oder Äußerungen. Der Verlag bleibt im Hinblick auf geografische Zuordnungen und Gebietsbezeichnungen in veröffentlichten Karten und Institutionsadressen neutral.

Planung/Lektorat: Marija Kojic
Springer Spektrum ist ein Imprint der eingetragenen Gesellschaft Springer Fachmedien Wiesbaden GmbH und ist ein Teil von Springer Nature.
Die Anschrift der Gesellschaft ist: Abraham-Lincoln-Str. 46, 65189 Wiesbaden, Germany

Geleitwort

Ein gutes Viertel der in der Grundschule unterrichtenden Lehrpersonen besitzt keine Lehrbefähigung für das Fach Mathematik. Da in der Primarstufe das sog. Klassenlehrerprinzip weit verbreitet ist, werden viele dieser Lehrpersonen im Fach Mathematik fachfremd eingesetzt.

Viele Untersuchungen zeigen jedoch auf, dass die fachwissenschaftlichen und die fachdidaktischen Fähigkeiten von Unterrichtenden entscheidend für die Qualität eines Unterrichts, der inhaltsbezogene und prozessbezogene Kompetenzen entwickelt, und damit auch für die Lernerfolge der Lernenden im Kontext des Entdeckens, Beschreibens und Begründens sind. Systematische Gelegenheiten, diese Kompetenzen im Zuge der Ausbildung zu erwerben, hatten Mathematik fachfremd Unterrichtende in der Regel nicht.

Da eine umfangreiche Nachschulung im Umfang eines weiteren Unterrichtsfaches für sämtliche Mathematik fachfremd Unterrichtenden nicht finanzierbar ist, müssen auch schlankere Formen der Nachqualifizierung zum Einsatz kommen, über deren Ausgestaltung und Effekte die fachdidaktische Forschung bislang bestenfalls rudimentäre Erkenntnisse bietet.

In diese Lücke stößt die Arbeit von Lara Huethorst, die einen fünfteiligen Fortbildungskurs mit intermittierenden Praxisphasen und Online-Elementen mit dem Schwerpunkt ‚Umsetzung der prozessbezogenen Kompetenzen in substantiellen Lernumgebungen' entwickelt und dessen Wirkungen empirisch erhoben hat.

In der vorliegenden Arbeit geht es der Autorin einerseits darum, Designprinzipien zu identifizieren, die eine solche Fortbildungsmaßnahme als gewinnbringend sich erweisen lassen. Das Forschungsinteresse von Frau Huethorst besteht darin, Erkenntnisse zu Überzeugungen von Mathematik fachfremd Unterrichtenden und zu deren Fähigkeiten im Begründen vor und im Anschluss an die Intervention durch die Fortbildungsmaßnahme zu gewinnen.

Die zentralen Ergebnisse der Untersuchung überzeugen. Im Hinblick auf die Überzeugungen der Lehrpersonen, auf die selbst wahrgenommenen Veränderungen in der eigenen Unterrichtspraxis und die Selbstwirksamkeitserwartungen zeigen sich signifikante Auswirkungen, die mit der Intervention in Zusammenhang werden können. Interessant ist dabei, dass in begleitend geführten Interviews mit den Teilnehmenden ausdrücklich als förderlich hervorgehoben wurde, dass in den Veranstaltungen auch mathematische Aktivitäten und deren Verbindung zu fachdidaktischen Reflexionen im Vordergrund standen.

Und sowohl im Hinblick auf inhaltlich-anschauliches als auch formales Begründen zeigen sich wenn auch keine flächendeckenden Effekte, die – so legen es Interviewdaten nahe – mit Aspekten der Intervention erklärt werden können.

Der hohe Grad an Reflexionsvermögen, die stark ausgeprägte Strukturierungskompetenz sowie die präzise Ausdrucksfähigkeit der Autorin werden über die gesamte Arbeit hinweg deutlich. Die Arbeit überzeugt durch vorbildliche gedankliche Schärfe, mit der die themenspezifische Literatur nicht nur analysiert, sondern in ein kohärentes Gedankengebäude überführt wird, aus dem schlüssige Forschungsfragen abgeleitet werden. Die Analysen stechen durch eine saubere Aufarbeitung der Daten und eine sehr gut nachvollziehbare Darstellung der Resultate hervor, die in überzeugender Weise aufeinander bezogen und miteinander verglichen werden.

Die Arbeit von Frau Huethorst zeigt nachhaltig auf, wie gewinnbringend es sein kann, unterrichtsrelevante fachwissenschaftliche und fachdidaktische Inhalte eng miteinander zu verzahnen, einerseits um erfahren zu können, wie zunehmende Sicherheit im Fachlichen auch fachfremd Unterrichtende bei konkreten Umsetzungen unterstützen kann, anderseits um zu verdeutlichen, dass aus fachdidaktischer Perspektive entstehende Reflexionen reichhaltige Anlässe zur vertieften fachlichen Auseinandersetzung bieten können.

Christoph Selter

Danksagung

Viele Menschen haben auf ganz unterschiedliche Weisen diese Arbeit begleitet. Dafür will ich mich von Herzen bedanken.

Mein erster Dank gilt Prof. Dr. Christoph Selter, der das Projekt Dissertation erst angestoßen und ermöglicht hat. Die flexible Betreuung entweder alle 04 Wochen oder alle 04 Monate, je nachdem wie es gerade benötigt wurde, war dabei immer geprägt von viel Humor, Zuhören und Weiterhelfen, Freiheiten und Denkanstößen, um die richtige Richtung zu erreichen. Für die vertrauensvolle Zusammenarbeit in den letzten Jahren, nicht nur im Rahmen der Dissertation, bin ich dir sehr dankbar.

Außerdem danke ich Prof. Dr. Daniela Götze für die Übernahme der Zweitkorrektur. Neben der ständigen Hilfe, zunächst als Teil der AG, haben mich vor allem deine Rückmeldungen am Ende des Prozesses sehr motiviert und inspiriert. Danke!

Der gesamten AG Selter danke ich für die Tipps, die kritischen Fragen, die konstruktiven Rückmeldungen, das offene Ohr, die ganze Zeit und die Motivation in all den Gesprächen und Diskussionen. Aber auch zahlreichen weiteren Kolleg:innen auf dem IEEM-Flur gilt mein Dank sowohl für die Unterstützung dieser Arbeit als auch für die Ablenkung von dieser Arbeit. Dabei sind vor allem hervorzuheben: Alexandra Dohle für die Begleitung und Begeisterung über die gesamte Zeit hinweg; Bianca Beer für die stundenlangen Spaziergänge; Maren Laferi als offenes Ohr im Büro und zusammen mit Yola Koch für viele schöne Momente innerhalb und außerhalb des Büros; Nina Glasmeyer und Meike Böttcher vor allem dafür, dass sie mir in der Endphase so oft den Rücken freigehalten haben.

Keiner hat jedoch diese Arbeit so sehr begleitet und verbessert wie Kira Karlsson und Andrea Baldus. Kira, ohne dich wäre es niemals zum Abschluss dieser

Arbeit gekommen. Ich danke dir nicht nur für die unglaublich tolle Zusammenarbeit, sondern vor allem für deine Freundschaft – und die 112358 einzelnen Pommes, die ich mir im Laufe der Jahre in der Mittagspause bei dir stibitzen durfte. Andrea, auch dir danke ich von Herzen für die so enge Begleitung der Arbeit und vor allem für die ganze Motivation, den neuen Blickwinkel und das Lächeln, das du mir mit deinen Rückmeldungen beim Korrekturlesen auch nach einem langen Tag auf die Lippen zaubern konntest. Ohne euch hätten sowohl die fachliche Arbeit als auch der Spaß im Arbeitsalltag sehr gelitten.

Zudem danke ich allen Fortbilderinnen, die so viel ihrer Zeit, ihrer Gedanken und ihres Engagements für die Umsetzung der Fortbildungsmaßnahmen aufgebracht haben. Ebenso gilt mein Dank den teilnehmenden Lehrkräften – insbesondere denjenigen, die mir durch die Teilnahme an Interviews einen genaueren Einblick in ihre Wahrnehmung gegeben haben.

Durch ihr Mitdenken, ihren Fleiß, ihre Zuverlässigkeit, ihr Engagement und so viele persönliche und freundschaftliche Begegnungen haben Meike Böttcher und Nina Grünewald als studentische Hilfskräfte entscheidend zum Gelingen und vor allem zum Abschluss dieser Arbeit beigetragen. Vielen Dank euch beiden!

Ein besonderer Dank gilt vor allem meinen Freund:innen und meiner Familie, die immer an mich geglaubt haben und die meine größte Motivation waren. Hätte ich nicht so viele schöne Momente außerhalb der Arbeit gehabt, hätte ich nicht so viel Kraft und Motivation aufbringen können. Papa, vielen Dank, dass du all das gelesen hast und vielen Dank für jedes Komma. Mama, danke für's Zuhören und Ablenken zu ungewöhnlichen Zeiten nach der Nachtschicht. Stephan, danke für jedes aufgegessene zu viel Gekochte und Gebackene, für jede Umarmung, für jeden doofen Spruch, jede getrocknete Träne und für all deinen Glauben an mich. Linda, Worte reichen nicht aus! Die erste – und hoffentlich letzte – nicht belegbare Aussage dieser Arbeit und dennoch bin ich mir so sicher: Niemand ist so sehr Doktorschwester wie du! Ohne euch wäre es nicht dasselbe.

Inhaltsverzeichnis

1 Einleitung 1
2 Professionalität von Mathematik fachfremd Unterrichtenden 7
   2.1 Lehrer:innenprofessionalität 8
      2.1.1 Modelle professioneller Kompetenz 11
      2.1.2 Affektiv-motivationale Fähigkeiten 21
      2.1.3 Kognitive Fähigkeiten 32
   2.2 Mathematik fachfremd Unterrichtende 39
      2.2.1 Begriffsklärung und Darstellung der Forschungslage 40
      2.2.2 Affektiv-motivationale Fähigkeiten fachfremd Unterrichtender 51
      2.2.3 Kognitive Fähigkeiten fachfremd Unterrichtender 63
   2.3 Zusammenfassung 66

3 Fortbildungen von Lehrer:innen 69
   3.1 Wirksamkeit von Lehrer:innenfortbildungen 72
   3.2 Kernaspekte für Fortbildungsmaßnahmen 76
   3.3 Gestaltungsprinzipien einer DZLM-Lehrer:innenfortbildung ... 82
   3.4 Zusammenfassung 90

4 Algebra im Mathematikunterricht der Grundschule 93
   4.1 Arithmetik und Algebra 94
   4.2 Algebraisches Denken 99
   4.3 Förderung des algebraischen Denkens 108
   4.4 Die Rolle der Lehrkraft 114
   4.5 Zusammenfassung 119

5	**Begründen im Mathematikunterricht der Grundschule**	121
5.1	Begründen, Argumentieren und Beweisen	123
5.2	Förderung des Begründens	132
5.3	Die Rolle der Lehrkraft	138
5.4	Zusammenfassung	142
6	**Forschungsdesign**	145
6.1	Theoretische Rahmung	145
6.2	Mathematischer Hintergrund	149
6.3	Forschungsfragen und Entwicklungsinteresse	155
6.4	Fragebögen	158
	6.4.1 Erhebungsinstrument	158
	6.4.2 Auswertungsmethoden	163
6.5	Schriftliche Standortbestimmungen	164
	6.5.1 Erhebungsinstrument	164
	6.5.2 Auswertungsmethoden	169
6.6	Halbstandardisierte Interviews	187
	6.6.1 Erhebungsinstrument	188
	6.6.2 Auswertungsmethoden	194
7	**Fortbildungsdesign**	199
7.1	Designprinzipien der Fortbildungsmaßnahme	199
	7.1.1 Gegenstandsübergreifende Designprinzipien	200
	7.1.2 Gegenstandsspezifische Designprinzipien	205
7.2	Aufbau und Zielsetzungen der Fortbildungsmaßnahme	210
8	**Ergebnisse der Studie**	219
8.1	Entwicklung der Überzeugungen	219
	8.1.1 Überzeugungen zu Schüler:innenleistungen	220
	8.1.2 Selbstberichtete Gestaltung des Mathematikunterrichts ..	222
	8.1.3 Selbstwirksamkeitserwartungen	224
	8.1.4 Itemanalyse der Selbstwirksamkeitserwartungen vor und nach der Fortbildungsmaßnahme	228
	8.1.5 Zusammenfassung	232
8.2	Entwicklung der Begründungen	234
	8.2.1 Grundschulgemäßes Begründen	235
	8.2.2 Algebraisches Begründen	264
	8.2.3 Analyse ausgewählter Standortbestimmungen	287
	8.2.4 Zusammenfassung	309

8.3 Zusammenhang von Überzeugungen und Begründungen 312
8.4 Ergebnisse auf der Entwicklungsebene 315

9 Fazit und Ausblick 319

Literaturverzeichnis 331

Abbildungsverzeichnis

Abbildung 1.1	Bildungsregel Zahlenketten	2
Abbildung 2.1	Mathematical Knowledge for Teaching (Entnommen aus: Hill et al., 2008, S. 377)	13
Abbildung 2.2	Professionswissen nach COACTIV (Entnommen aus: Baumert & Kunter, 2006, S. 482)	15
Abbildung 2.3	Professionelle Kompetenz COACTIV (Entnommen aus: Blömeke et al., 2012, S. 423)	18
Abbildung 2.4	Selbstwirksamkeitserwartungen (Entnommen aus Bandura, 1977, S. 193)	27
Abbildung 2.5	Perzentilbänder für das mathematische Wissen angehender Primarstufenlehrkräfte in Deutschland nach Ausbildungsgang (entnommen aus Blömeke et al., 2010b, S. 220)	34
Abbildung 3.1	Rahmenmodell (Entnommen aus: Eichholz, 2018, S. 93)	82
Abbildung 3.2	Drei-Tetraeder-Modell (Entnommen aus: Prediger et al., 2017, S. 160)	83
Abbildung 3.3	Bestandteile professioneller Kompetenz (Entnommen aus DZLM, 2015c, 4)	84
Abbildung 4.1	Muster und Strukturen (Entnommen aus Akinwunmi & Lüken, 2021, S. 11)	97
Abbildung 5.1	Kontinuum des Begründens (Entnommen aus: Brunner, 2014b, S. 31)	124
Abbildung 5.2	Vereinfachtes Kompetenzmodel nach Bezold, 2009, S. 161	137

Abbildung 6.1	Design-Research für gegenstandsspezifische Professionalisierungsforschung (Entnommen aus: Prediger, 2019b, S. 7)	147
Abbildung 6.2	Viergliedrige Zahlenkette algebraisch	149
Abbildung 6.3	Veränderte viergliedrige Zahlenkette algebraisch	150
Abbildung 6.4	Viergliedrige Zahlenkette Säckchendarstellung	150
Abbildung 6.5	Veränderte viergliedrige Zahlenkette Säckchendarstellung	151
Abbildung 6.6	Fünfgliedrige Zahlenkette algebraisch	151
Abbildung 6.7	3 × 3 Zahlengitter algebraisch	153
Abbildung 6.8	Verändertes 3 × 3 Zahlengitter algebraisch	153
Abbildung 6.9	Verändertes 3 × 3 Zahlengitter Säckchendarstellung	154
Abbildung 6.10	Zahlenketten	166
Abbildung 6.11	Eingangsstandortbestimmung – grundschulgemäße Begründung – Zahlenketten (Bewi)	173
Abbildung 6.12	Abschlussstandortbestimmung – grundschulgemäße Begründung – Zahlenketten (Chth)	174
Abbildung 6.13	Eingangsstandortbestimmung – grundschulgemäße Begründung – Zahlenketten (Sith)	175
Abbildung 6.14	Abschlussstandortbestimmung – grundschulgemäße Begründung – Zahlenketten (Heha)	175
Abbildung 6.15	Eingangsstandortbestimmung – grundschulgemäße Begründung – Zahlenketten (Anan)	175
Abbildung 6.16	Eingangsstandortbestimmung – grundschulgemäße Begründung – Zahlenketten (Urho)	176
Abbildung 6.17	Abschlussstandortbestimmung – grundschulgemäße Begründung – Zahlengitter (Bael)	176
Abbildung 6.18	Abschlussstandortbestimmung – grundschulgemäße Begründung – Zahlengitter (Heho)	177
Abbildung 6.19	Eingangsstandortbestimmung – grundschulgemäße Begründung – Zahlengitter (Meth)	177
Abbildung 6.20	Erweitertes Modell zum algebraischen Denken	184
Abbildung 6.21	Modell zum algebraischen Denken	185
Abbildung 6.22	Eingangsstandortbestimmung – grundschulgemäße Begründung – Zahlenketten (Ankl)	186

Abbildung 6.23	Eingangsstandortbestimmung – grundschulgemäße Begründung – Zahlenketten (Heha)	186
Abbildung 7.1	Ableitung der Designprinzipien	200
Abbildung 7.2	Viergliedrige Zahlenketten	214
Abbildung 7.3	Lücken in Zahlenketten	215
Abbildung 7.4	Visualisierung der operativen Veränderung der Zahlenketten (Entnommen aus: Huethorst & Selter, 2020, S. 183)	216
Abbildung 8.1	Eingangsstandortbestimmung – grundschulgemäße Begründung – Zahlenketten (Babe)	243
Abbildung 8.2	Modell zum algebraischen Denken – Eingangsstandortbestimmung – grundschulgemäße Begründung – Zahlenketten (Babe)	243
Abbildung 8.3	Abschlussstandortbestimmung – grundschulgemäße Begründung – Zahlenketten (Babe)	244
Abbildung 8.4	Modell zum algebraischen Denken – Abschlussstandortbestimmung – grundschulgemäße Begründung – Zahlenketten (Babe)	245
Abbildung 8.5	Eingangsstandortbestimmung – grundschulgemäße Begründung – Zahlenketten (Mahe)	246
Abbildung 8.6	Modell zum algebraischen Denken – Eingangsstandortbestimmung – grundschulgemäße Begründung – Zahlenketten (Mahe)	247
Abbildung 8.7	Abschlussstandortbestimmung – grundschulgemäße Begründung – Zahlenketten (Mahe)	247
Abbildung 8.8	Modell zum algebraischen Denken – Abschlussstandortbestimmung – grundschulgemäße Begründung – Zahlenketten (Mahe)	248
Abbildung 8.9	Eingangsstandortbestimmung – grundschulgemäße Begründung – Zahlenketten (Brhe)	249
Abbildung 8.10	Modell zum algebraischen Denken – Eingangsstandortbestimmung – grundschulgemäße Begründung – Zahlenkette (Brhe)	250
Abbildung 8.11	Abschlussstandortbestimmung – grundschulgemäße Begründung – Zahlenketten (Brhe)	250

Abbildung 8.12	Modell zum algebraischen Denken – Abschlussstandortbestimmung – grundschulgemäße Begründung – Zahlenketten (Brhe)	251
Abbildung 8.13	Eingangsstandortbestimmung – grundschulgemäße Begründung – Zahlengitter (Anuw)	253
Abbildung 8.14	Modell zum algebraischen Denken – Eingangsstandortbestimmung – grundschulgemäße Begründung – Zahlengitter (Anuw)	254
Abbildung 8.15	Abschlussstandortbestimmung – grundschulgemäße Begründung – Zahlengitter (Anuw)	255
Abbildung 8.16	Modell zum algebraischen Denken – Abschlussstandortbestimmung – grundschulgemäße Begründung – Zahlengitter (Anuw)	255
Abbildung 8.17	Eingangsstandortbestimmung – grundschulgemäße Begründung – Zahlengitter (Kama)	257
Abbildung 8.18	Modell zum algebraischen Denken – Eingangsstandortbestimmung – grundschulgemäße Begründung – Zahlengitter (Kama)	258
Abbildung 8.19	Abschlussstandortbestimmung – grundschulgemäße Begründung – Zahlengitter (Kama)	258
Abbildung 8.20	Modell zum algebraischen Denken – Abschlussstandortbestimmung – grundschulgemäße Begründung – Zahlengitter (Kama)	259
Abbildung 8.21	Eingangsstandortbestimmung – grundschulgemäße Begründung – Zahlengitter (Urbe)	260
Abbildung 8.22	Modell zum algebraischen Denken – Eingangsstandortbestimmung – grundschulgemäße Begründung – Zahlengitter (Urbe)	261
Abbildung 8.23	Abschlussstandortbestimmung – grundschulgemäße Begründung – Zahlengitter (Urbe)	261
Abbildung 8.24	Modell zum algebraischen Denken – Abschlussstandortbestimmung – grundschulgemäße Begründung – Zahlengitter (Urbe)	262
Abbildung 8.25	Eingangsstandortbestimmung – algebraische Begründung – Zahlenketten (Bewi)	270

Abbildung 8.26	Modell zum algebraischen Denken – Eingangsstandortbestimmung – algebraische Begründung – Zahlenkette (Bewi)	270
Abbildung 8.27	Abschlussstandortbestimmung – algebraische Begründung – Zahlenketten (Bewi)	271
Abbildung 8.28	Modell zum algebraischen Denken – Abschlussstandortbestimmung – algebraische Begründung – Zahlenketten (Bewi)	271
Abbildung 8.29	Eingangsstandortbestimmung – algebraische Begründung – Zahlenketten (Pera)	273
Abbildung 8.30	Modell zum algebraischen Denken – Eingangsstandortbestimmung – algebraische Begründung – Zahlenketten (Pera)	273
Abbildung 8.31	Abschlussstandortbestimmung – algebraische Begründung – Zahlenketten (Pera)	274
Abbildung 8.32	Modell zum algebraischen Denken – Abschlussstandortbestimmung – algebraische Begründung – Zahlenketten (Pera)	275
Abbildung 8.33	Eingangsstandortbestimmung – algebraische Begründung – Zahlenketten (Mahe)	276
Abbildung 8.34	Modell zum algebraischen Denken – Eingangsstandortbestimmung – algebraische Begründung – Zahlenketten (Mahe)	276
Abbildung 8.35	Abschlussstandortbestimmung – algebraische Begründung – Zahlenketten (Mahe)	277
Abbildung 8.36	Modell zum algebraischen Denken – Abschlussstandortbestimmung – algebraische Begründung – Zahlenketten (Mahe)	277
Abbildung 8.37	Eingangsstandortbestimmung – algebraische Begründung – Zahlengitter (Babe)	278
Abbildung 8.38	Modell zum algebraischen Denken – Eingangsstandortbestimmung – algebraische Begründung – Zahlengitter (Babe)	279
Abbildung 8.39	Abschlussstandortbestimmung – algebraische Begründung – Zahlengitter (Babe)	279
Abbildung 8.40	Modell zum algebraischen Denken – Abschlussstandortbestimmung – algebraische Begründung – Zahlengitter (Babe)	280

Abbildung 8.41	Eingangsstandortbestimmung – algebraische Begründung – Zahlengitter (Sith)	281
Abbildung 8.42	Modell zum algebraischen Denken – Eingangsstandortbestimmung – algebraische Begründung – Zahlengitter (Sith)	282
Abbildung 8.43	Abschlussstandortbestimmung – algebraische Begründung – Zahlengitter (Sith)	282
Abbildung 8.44	Modell zum algebraischen Denken – Abschlussstandortbestimmung – algebraische Begründung – Zahlengitter (Sith)	283
Abbildung 8.45	Eingangsstandortbestimmung – algebraische Begründung – Zahlengitter (Mahe)	284
Abbildung 8.46	Modell zum algebraischen Denken – Eingangsstandortbestimmung – algebraische Begründung – Zahlengitter (Mahe)	284
Abbildung 8.47	Abschlussstandortbestimmung – algebraische Begründung – Zahlengitter (Mahe)	285
Abbildung 8.48	Modell zum algebraischen Denken – Abschlussstandortbestimmung – algebraische Begründung – Zahlengitter (Mahe)	285
Abbildung 8.49	Eingangsstandortbestimmung – grundschulgemäße Begründung – Zahlenketten (Urma)	288
Abbildung 8.50	Abschlussstandortbestimmung – grundschulgemäße Begründung – Zahlenketten (Urma)	289
Abbildung 8.51	Modell zum algebraischen Denken – Eingangsstandortbestimmung – grundschulgemäße Begründung – Zahlenketten (Urma)	290
Abbildung 8.52	Modell zum algebraischen Denken – Abschlussstandortbestimmung – grundschulgemäße Begründung – Zahlenketten (Urma)	290
Abbildung 8.53	Eingangsstandortbestimmung – algebraische Begründung – Zahlenketten (Urma)	291
Abbildung 8.54	Abschlussstandortbestimmung – algebraische Begründung – Zahlenketten (Urma)	291
Abbildung 8.55	Modell zum algebraischen Denken – Eingangsstandortbestimmung – algebraische Begründung – Zahlenketten (Urma)	291

Abbildung 8.56	Modell zum algebraischen Denken – Abschlussstandortbestimmung – algebraische Begründung – Zahlenketten (Urma)	292
Abbildung 8.57	Eingangsstandortbestimmung – grundschulgemäße Begründung – Zahlengitter (Urma)	293
Abbildung 8.58	Abschlussstandortbestimmung – grundschulgemäße Begründung – Zahlengitter (Urma)	294
Abbildung 8.59	Modell zum algebraischen Denken – Eingangs- und Abschlussstandortbestimmung – grundschulgemäße Begründung – Zahlengitter (Urma)	294
Abbildung 8.60	Eingangs- und Abschlussstandortbestimmung – algebraische Begründung – Zahlengitter (Urma)	295
Abbildung 8.61	Modell zum algebraischen Denken – Eingangs- und Abschlussstandortbestimmung – algebraische Begründung – Zahlengitter (Urma)	295
Abbildung 8.62	Eingangsstandortbestimmung – grundschulgemäße Begründung – Zahlenketten (Juul)	298
Abbildung 8.63	Abschlussstandortbestimmung – grundschulgemäße Begründung – Zahlenketten (Juul)	298
Abbildung 8.64	Modell zum algebraischen Denken – Eingangsstandortbestimmung – grundschulgemäße Begründung – Zahlenketten (Juul)	299
Abbildung 8.65	Modell zum algebraischen Denken – Abschlussstandortbestimmung – grundschulgemäße Begründung – Zahlenketten (Juul)	299
Abbildung 8.66	Eingangsstandortbestimmung – algebraische Begründung – Zahlenketten (Juul)	300
Abbildung 8.67	Abschlussstandortbestimmung – algebraische Begründung – Zahlenketten (Juul)	300
Abbildung 8.68	Modell zum algebraischen Denken – Eingangsstandortbestimmung – algebraische Begründung – Zahlenketten (Juul)	301
Abbildung 8.69	Modell zum algebraischen Denken – Abschlussstandortbestimmung – algebraische Begründung – Zahlenketten (Juul)	301

Abbildung 8.70	Eingangsstandortbestimmung – grundschulgemäße Begründung – Zahlengitter (Juul)	302
Abbildung 8.71	Abschlussstandortbestimmung – grundschulgemäße Begründung – Zahlengitter (Juul)	303
Abbildung 8.72	Modell zum algebraischen Denken – Eingangsstandortbestimmung – grundschulgemäße Begründung – Zahlengitter (Juul)	303
Abbildung 8.73	Modell zum algebraischen Denken – Abschlussstandortbestimmung – grundschulgemäße Begründung – Zahlengitter (Juul)	304
Abbildung 8.74	Eingangsstandortbestimmung – algebraische Begründung – Zahlengitter (Juul)	305
Abbildung 8.75	Abschlussstandortbestimmung – algebraische Begründung – Zahlengitter (Juul)	305
Abbildung 8.76	Modell zum algebraischen Denken – Eingangsstandortbestimmung – algebraische Begründung – Zahlengitter (Juul)	306
Abbildung 8.77	Modell zum algebraischen Denken – Abschlussstandortbestimmung – algebraische Begründung – Zahlengitter (Juul)	306
Abbildung 9.1	Modell zum algebraischen Denken	324
Abbildung 9.2	Abschlussstandortbestimmung – Nutzen der algebraischen Darstellung (Hika)	330

Tabellenverzeichnis

Tabelle 2.1	Typen fachbezogener Lehrer:innen-Identitäten nach Bosse (2017)	58
Tabelle 4.1	Konzeptualisierungen Algebra	101
Tabelle 4.2	Konzeptualisierungen algebraisches Denken	104
Tabelle 4.3	Merkmale des algebraischen Denkens nach Kieboom et al., 2014	113
Tabelle 6.1	Fibonacci-Zahlen	152
Tabelle 6.2	Skala Überzeugungen zu Schüler:innenleistungen	159
Tabelle 6.3	Skala Selbstbericht zum Unterricht	160
Tabelle 6.4	Skala Selbstwirksamkeitserwartungen zum Lehrplan	161
Tabelle 6.5	Retrospektive Kompetenzselbsteinschätzung	162
Tabelle 6.6	Aufgabenstellungen Standortbestimmungen	167
Tabelle 6.7	Kategorien der grundschulgemäßen Begründung	171
Tabelle 6.8	Kategorien der algebraischen Begründung	178
Tabelle 6.9	Kategorien des eingeschätzten Nutzens der algebraischen Herangehensweise	180
Tabelle 6.10	Kategorien der aufgestellten Vermutungen	181
Tabelle 6.11	Interviewleitfaden	189
Tabelle 6.12	Kategorien Abschlussinterviews	195
Tabelle 7.1	Themen der Präsenzsitzungen der Fortbildungsmaßnahme	211
Tabelle 7.2	Kompetenzerwartungen der Fortbildungsmaßnahme (entnommen aus: Huethorst & Selter, 2020, S. 180 f.)	211
Tabelle 8.1	Itemanalyse der Skala zu Schüler:innenleistungen	220
Tabelle 8.2	Itemanalyse der Skala zum Selbstbericht zum Unterricht	222

Tabelle 8.3	Itemanalyse der Skala zur Selbstwirksamkeitserwartung Lehrplan – inhaltsbezogene Kompetenzen	224
Tabelle 8.4	Itemanalyse der Skala zur Selbstwirksamkeitserwartung Lehrplan – prozessbezogene Kompetenzen	226
Tabelle 8.5	Allgemeiner Zusammenhang der Aufgabenstellung und des Analyseinstruments	235
Tabelle 8.6	Erster dargestellter Zusammenhang der Aufgabenstellung und des Analyseinstruments	235
Tabelle 8.7	Kategorienverteilung grundschulgemäße Begründungen bei Zahlenketten	236
Tabelle 8.8	Wanderungstabelle grundschulgemäße Begründungen bei den Zahlenketten	237
Tabelle 8.9	Kategorienverteilung grundschulgemäße Begründungen bei Zahlengittern	239
Tabelle 8.10	Wanderungstabelle grundschulgemäße Begründungen bei den Zahlengittern	240
Tabelle 8.11	Zweiter dargestellter Zusammenhang der Aufgabenstellung und des Analyseinstruments	242
Tabelle 8.12	Dritter dargestellter Zusammenhang der Aufgabenstellung und des Analyseinstruments	265
Tabelle 8.13	Kategorienverteilung algebraische Begründungen bei Zahlenketten	265
Tabelle 8.14	Wanderungstabelle algebraische Begründungen bei den Zahlenketten	266
Tabelle 8.15	Kategorienverteilung algebraische Begründungen bei Zahlengittern	267
Tabelle 8.16	Wanderungstabelle algebraische Begründungen bei den Zahlengittern	268
Tabelle 8.17	Vierter dargestellter Zusammenhang der Aufgabenstellung und des Analyseinstruments	269

Einleitung 1

„Den allgemeinen mathematischen Kompetenzen ist eine herausragende Rolle bei der Entwicklung von auf Verständnis gegründeten inhaltlichen mathematischen Kompetenzen zugedacht" (Walther et al., 2011, S. 20). Obschon die Umsetzung der allgemeinen – oder auch prozessbezogenen – Kompetenzen bereits seit den 1980er-Jahren gefordert wird (ebd.), überwiegt dennoch häufig die Vorstellung von Mathematikunterricht als eine starre Befolgung von Regeln und Konventionen, vermutlich auch, weil viele in ihrer eigenen Erfahrung so lernten (Spiegel & Selter, 2015). „Dabei sind diese allgemeinen Kompetenzen fundamentale Bestandteile jeder produktiven mathematischen Aktivität und müssen daher als wesentlicher Beitrag des Mathematikunterrichts zur allgemeinen Denkerziehung und zur Bildung und Lebensvorbereitung allen Kindern offenstehen" (Krauthausen, 2018, S. 28). Aber auch die allgemeinpädagogische sowie lernpsychologische Sicht bestätigt die Relevanz der Förderung allgemein mathematischer Kompetenzen (Selter & Zannetin, 2018). Dabei ist die Grundannahme zentral „Mathematik als Tätigkeit und nicht als ein Fertigprodukt zu lehren und zu lernen" (Lengnink & Prediger, 2000, S. 2).

Zu den allgemeinen mathematischen Kompetenzen (KMK, 2005, S. 7) beziehungsweise prozessbezogenen Kompetenzen (MSW NRW, 2008, S. 7; MSW NRW, 2021, S. 82 f.) zählen das Problemlösen, Modellieren, Argumentieren, Darstellen und Kommunizieren. Dabei umfasst das Argumentieren beispielsweise das Erkennen von Zusammenhängen und das Suchen nach Begründungen (ebd.).

Auch die moderne Perspektive der Mathematik als „Wissenschaft von den Mustern" (Devlin, 1998, S. 3) führt zu einer Fokussierung auf Entdeckungen von und Begründungen der Zusammenhänge. Dabei bedingen sich inhalts- und prozessbezogene Kompetenzen gegenseitig:

Rechnerische Kenntnisse und Fertigkeiten schaffen eine gute Voraussetzung für die Förderung allgemeiner Lernziele. Umgekehrt wirken sich die Fähigkeiten des Mathematisierens, Entdeckens, Argumentierens und Darstellens positiv auf das Erlernen neuer Wissenselemente und Fähigkeiten aus. Inhalte und Prozesse sind daher [...] untrennbar verbunden. (Wittmann, 1995, S. 22)

Zur Umsetzung der zeitgleichen Förderung der inhalts- und prozessbezogenen Kompetenzen eignen sich in besonderer Weise Aufgabenformate. Wird beispielsweise eine operative Veränderung (Wittmann, 1985; 2014; 2021) in dem Aufgabenformat der Zahlenketten, die nach der Fibonacci-Folge aufgebaut sind, durchgeführt, bietet dies zahlreiche Möglichkeiten für Entdeckungen und Begründungen.

So werden Zahlenketten gebildet:

Es werden zwei Startzahlen frei gewählt und in den ersten beiden Kreisen notiert. Durch die Addition der beiden Startzahlen erhält man die dritte Zahl und notiert sie in dem nächsten freien Kästchen. Die Summe der zweiten und dritten Zahl ergibt die nächste Zahl. Diese wird auch Zielzahl genannt. Als Startzahlen sind alle Zahlen größer, oder gleich 0 zugelassen. Die Startzahlen können auch identisch sein (Abbildung 1.1).

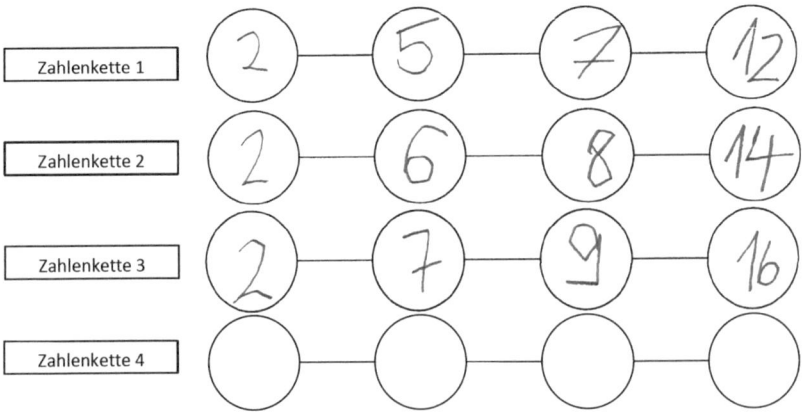

Abbildung 1.1 Bildungsregel Zahlenketten

Um aber ein solches Aufgabenformat so einsetzen zu können, dass das Potenzial ausgeschöpft wird und auch prozessbezogene Kompetenzen durch entsprechende Aufgabenstellungen und Anregungen gefördert werden, muss die

Lehrkraft die mathematischen Grundlagen des Aufgabenformates verstanden haben (Krauthausen, 2018) und in der Lage sein, die inhärenten Zahlenmuster zu entdecken, zu beschreiben und zu begründen.

Das betonen auch die gemeinsamen Empfehlungen der Deutsche Mathematiker-Vereinigung (DMV), der Gesellschaft für Didaktik der Mathematik (GDM) und des Deutschen Vereins zur Förderung des mathematischen und naturwissenschaftlichen Unterrichts (MNU) Empfehlungen zu Inhalten der Lehrer:innenausbildung für das Fach Mathematik (DMV, GDM & MNU, 2008). Hier werden sowohl Kompetenzen angeführt, über die eine studierte Mathematiklehrkraft der Sekundarstufe II verfügen sollte, als auch solche, über die jede Lehrkraft verfügen sollte, die Mathematik unterrichtet – ungeachtet der Jahrgangsstufe, in der unterrichtet wird, oder der Absolvierung eines mathematischen beziehungsweise mathematikdidaktischen Studiums. Im Bereich der Algebra heißt es: Lehrkräfte „kennen und verwenden im Umgang mit Zahlenmustern präalgebraische Darstellungs- und Argumentationsformen und erste formale Sprachmittel (Variable)" (DMV, GDM & MNU, 2008, S. 4).

In der Grundschule kommt es zusätzlich durch das Klassenlehrer:innenprinzip immer wieder dazu, dass Lehrkräfte Fächer unterrichten, für die sie keine Ausbildung im Rahmen des Studiums und/oder Referendariats erworben haben. Dementsprechend formiert sich eine Gruppe mit besonderen Bedarfen. So schreibt beispielsweise Porsch (2020a), es sei „wichtig, stetige professionelle Weiterentwicklung von Lehrkräften durch Aneignung bzw. Ausbau von Kompetenzen anzuregen. Dazu sollten die unterschiedlichen Voraussetzungen der Lehrkräfte berücksichtigt werden, indem Fortbildungen ausschließlich für fachfremd tätige Lehrkräfte" (S. 23 f.) konzipiert werden. Luft und Kolleg:innen (2020) unterstreichen die Rolle der Forschenden und Lehrer:innenausbildner:innen in Bezug auf das Phänomen des fachfremd erteilten Unterrichts sowie der fachfremd Unterrichtenden: „Researchers and teacher educators must turn their attention to the issue of out-of-field teaching. One of the most important reasons is that a more nuanced understanding of the problem could result in better ways to support out-of-field teachers" (S. 721).

Das ist essentiell, da der Lehrkraft eine entscheidende Rolle bei dem Lernen der Schüler:innen zukommt: „Auch wenn die Effektstärken von Studien deutlich variieren, so kann dennoch festgehalten werden, dass es auf die Lehrperson ankommt, d. h. dass Lehrpersonen durch ihr Handeln im Unterricht einen Einfluss auf die Lernentwicklung der Schülerinnen und Schüler haben" (Biedermann et al., 2020, S. 330). Welches Wissen, Überzeugungen und Handlungen der Lehrkraft dabei maßgeblich sind, wird noch immer diskutiert. „Nach allem, was wir wissen, ist also Fachlichkeit, kombiniert mit fachdidaktischem Knowhow, wichtig und für die Schüler und Schülerinnen folgenreich" (Terhart im Interview mit Porsch; Porsch, 2019c, S. 12).

„Eine der wichtigsten Aufgaben für zukünftige Forschung ist es zu untersuchen, wie Lehrkräfte professionelle Kompetenz erwerben und trainieren können" (Brunner et al., 2006a, S. 77). Dabei ist nicht nur die erste Phase der Lehrer:innenbildung – das Studium – von Bedeutung, sondern vor allem auch die dritte Phase, in der die Lehrkräfte bereits unterrichten und sich auch durch Maßnahmen der Professionalisierung weiterentwickeln. Denn nicht zuletzt ist diese Phase auch die längste. „Die ermutigenden Ergebnisse der letzten Jahre verdeutlichen jedoch, dass es sowohl für die Forschung als auch für die Lehrerbildung lohnenswert erscheint, sich verstärkt der Frage zuzuwenden, unter welchen Bedingungen welchen Lehrpersonen eine Weiterentwicklung von Unterricht gelingen kann" (Lipowsky, 2009, S. 357).

Wie Mathematik fachfremd unterrichtende Grundschullehrkräfte grundschulgemäße Aufgabenformate lösen und inwiefern sie Begründungen – grundschulgemäß und algebraisch – im Rahmen derer angeben können, ist bisher nicht untersucht. Daher setzt die hier vorliegende Arbeit bei der Schließung dieser Forschungslücke an. Deshalb wird für die vorliegende Arbeit eine Lehrer:innenfortbildungsmaßnahme konzipiert, evaluiert und überarbeitet. Der Schwerpunkt der Fortbildungsmaßnahme liegt dabei auf Aufgabenformaten zur Förderung der prozessbezogenen Kompetenzen.

Erkenntnisinteresse der Arbeit

Das Erkenntnisinteresse der vorliegenden Arbeit ist zweigeteilt. Zum einen wird eine Fortbildungsmaßnahme für Mathematik fachfremd unterrichtende Lehrkräfte der Grundschule konzipiert, deren Erarbeitung, Durchführung und mehrfache Überarbeitung mit Hilfe von Designprinzipien im Fokus des Entwicklungsinteresses liegt. Es soll folglich untersucht werden, welche Designprinzipien sich als zielführend erweisen, um eine solche Fortbildungsmaßnahme gewinnbringend für Lehrkräfte gestalten zu können.

Zum anderen werden auf der Forschungsebene grundlegende Erkenntnisse bezüglich der Entwicklung des algebraischen Denkens sowie des Begründens – auf grundschulgemäßem sowie algebraischem Weg – von Mathematik fachfremd unterrichtenden Grundschullehrkräften im Kontext mathematisch reichhaltiger Aufgabenformate erhoben. Dies ist nicht nur als Grundlage der Überarbeitung der Fortbildungsmaßnahme wichtig, sondern soll vor allem auch einen für die Forschung relevanter Erkenntniszugewinn bieten. Außerdem soll erforscht werden, mit welchen Überzeugungen Mathematik fachfremd unterrichtende Grundschullehrkräfte

1 Einleitung

in eine Fortbildungsmaßnahme einsteigen und inwiefern diese sich nach der Fortbildungsmaßnahme geändert haben. Ein Schwerpunkt liegt in der vorliegenden Arbeit auf den Selbstwirksamkeitserwartungen. Schließlich wird der Frage nachgegangen, ob sich ein Zusammenhang zwischen der Entwicklung der Begründungen auf der einen und der Entwicklung der Überzeugungen auf der anderen Seite erkennen lässt.

Aufbau der Arbeit

Für die Arbeit bedarf es als erstes einer Definition sowie der Darlegung der bisherigen Erkenntnisse zu Verbreitung und Auswirkungen des Umstandes, dass Mathematik fachfremd unterrichtet wird (vgl. Kapitel 2). Dazu werden im zweiten Kapitel zunächst die Facetten der Professionalität von Lehrkräften im Allgemeinen beleuchtet. Daran anschließend erfolgt die Betrachtung der zentralen Komponenten für fachfremd unterrichtende Lehrkräfte im Speziellen. Dazu werden insgesamt kognitive und affektiv-motivationale Facetten der Lehrkräfte thematisiert. Als ein Bereich der affektiv-motivationalen Fähigkeiten von Lehrkräften wird daran anschließend besonders auch auf die Selbstwirksamkeitserwartung eingegangen. Denn „Lehrkräfte sind Expert(inn)en für das Lernen und Lehren und haben einen entscheidenden Einfluss auf die Leistungen von Schüler(inne)n" (Kunina-Habenicht et al., 2016, S. 319).

Daran anknüpfend werden Erkenntnisse zum Thema Lehrer:innenfortbildung in Kapitel 3 vorgestellt. Da die Analysen dieser Arbeit im Kontext einer Fortbildung des DZLM (Deutsches Zentrum für Lehrerbildung Mathematik) durchgeführt werden, werden sodann die Gestaltungsprinzipien des DZLM vorgestellt.

Der inhaltliche Schwerpunkt der Fortbildungsmaßnahme liegt auf Aufgabenformaten zur Förderung der prozessbezogenen Kompetenzen im Allgemeinen und des Argumentierens (MSW NRW, 2008; MSW NRW, 2021; KMK, 2005) im Speziellen. Das algebraische Denken ist ein zentrales Konzept, wenn Entdeckungen in Aufgabenformaten gemacht werden sollen. Daher wird im vierten Kapitel zunächst auf die Verknüpfung von Arithmetik und Algebra in der Grundschule eingegangen. Daran anschließend werden das algebraische Denken und dessen Förderung erörtert, um dann die Rolle der Lehrkraft in diesem Bereich in den Fokus zu rücken.

Der Aufbau des fünften Kapitels zum Begründen ist analog und startet ebenso mit der Klärung der Begrifflichkeiten, wendet sich dann der Förderung und abschließend der Rolle der Lehrkraft zu. Denn der Fokus auf das Entdecken und Begründen ist eine zentrale Komponente des Ausschöpfens des Potenzials von operativstrukturierten Aufgaben – nur so können die mathematischen Zusammenhänge thematisiert werden.

Nach der theoretischen Rahmung folgen die beiden Designkapitel. Zunächst wird das Forschungsdesign erläutert (vgl. Kapitel 6), woraus dann das Entwicklungs-

und das Forschungsinteresse abgeleitet wird. Die drei verwendeten Erhebungsinstrumente Fragebögen, Standortbestimmungen und Interviews werden jeweils beschrieben und die entsprechenden Auswertungsmethoden vorgestellt. Daran anschließend wird das Design der Fortbildungsmaßnahme im siebten Kapitel beschrieben.

Den abschließenden Teil der Arbeit bildet die Vorstellung der Ergebnisse und damit die Beantwortung der Forschungsfragen (vgl. Kapitel 8). Dabei werden zunächst ausgewählte Überzeugungen der teilnehmenden Lehrkräfte in den Blick genommen, wie die Überzeugungen zu Schüler:innenleistungen, die selbstberichtete Gestaltung des Unterrichts, die Selbstwirksamkeitserwartungen sowie der damit einhergehende selbstberichtete Lernzuwachs. Die Betrachtung der Begründungen in der grundschulgemäßen sowie der algebraischen Variante erfolgt mit zwei unterschiedlichen Analysemethoden. Zudem werden zwei ausgewählte Standortbestimmungen über alle Aufgaben hinweg betrachtet.

Abschließend werden die zentralen Erkenntnisse der vorliegenden Arbeit in einer Zusammenfassung herausgearbeitet und ein Ausblick gegeben.

Professionalität von Mathematik fachfremd Unterrichtenden

2

„Tatsächlich aber bedarf es nicht ohne Grund eines Studiums relevanter fachlicher, fachdidaktischer und grundschulpädagogischer *Inhalte*" (Krauthausen, 2018, S. 1, Hervorhebung im Original) – dieses Statement von Krauthausen zeigt, dass nicht zuletzt mathematische und mathematikdidaktische Inhalte für Lehrende in der Grundschule einen zentralen Bereich ihrer Ausbildung darstellen sollten und inhaltliches, sprich mathematisches Wissen im Studium erworben werden sollte.

In diesem Zusammenhang werfen Laczko-Kerr und Berliner (2003, S. 3; eigene Übersetzung) die Frage auf: „Wie besorgt sollten wir über Lehrkräfte sein, die ohne traditionelle Zertifizierung in die Klassenzimmer kommen?" und beantworten diese wie folgt: „Die Forschungsergebnisse geben uns Anlass zu großer Sorge" (ebd.). Dass die Qualität des Unterrichts und als dessen Grundlage Professionalität von Lehrkräften einen – vielleicht sogar mit den größten – Einfluss auf das Lernen von Schüler:innen haben, ist wenig umstritten (Hattie, 2008; Ingersoll, 1999; Porsch & Wendt, 2016; Porsch, 2016a). Zumindest sind Lehrkräfte für Baumert und Kunter (2013a) „das wichtigste Element des Bildungssystems" (S. 25; eigene Übersetzung). „Dies rückt auch die LehrerInnenprofessionalität in den Fokus empirischer Bildungsforschung sowie in die Diskussion um die LehrerInnenprofession" (Fletemeyer, 2021, S. 34). Was dabei als Professionalität von Lehrkräften verstanden wird, über welches Wissen und Können die Lehrkräfte verfügen sollten, wird in der Literatur jedoch divers aufgegliedert und unterschiedlich weit aufgefächert.

Daher bedarf es zunächst einer Klärung der Professionalität von Lehrkräften in der Gesamtheit, dem sich unter Zuhilfenahme von drei unterschiedlichen Modellierungen genähert wird. Nach der Ableitung der zentralen Facetten erfolgt die genauere Betrachtung der beiden Bereiche der affektiv-motivationalen sowie der kognitiven Fähigkeiten von Mathematiklehrkräften im Allgemeinen. Anschließend werden die Mathematik fachfremd unterrichtenden Lehrkräfte im Speziellen beleuchtet, indem zunächst die aktuelle Forschungslage aufgezeigt wird. Danach wird genauer auf bisherige Erkenntnisse der Forschung bezüglich der beiden Facetten der affektiv-motivationalen sowie kognitiven Fähigkeiten von Mathematik fachfremd unterrichtenden Lehrkräften eingegangen, um abzuleiten, inwiefern die Sorge von Laczko-Kerr und Berliner (2003) berechtigt scheint.

2.1 Lehrer:innenprofessionalität

„Wie konstituiert sich die professionelle Expertise von Lehrkräften? Dieser Frage sind seit mehr als 40 Jahren Forschende weltweit nachgegangen" (Rösike, 2022, S. 52). Dabei variieren die Begriffe, die genutzt werden: Profession(alität), Expertise, Kompetenz und Weitere (u. a. Baumert & Kunter, 2011; Herzmann & König, 2016). Den Beruf der Lehrer:innen kann dann als Profession aufgefasst werden, wenn davon ausgegangen wird, dass er, wie andere Professionen auch, eine spezifische Wissensbasis benötigt, die in Aus- und Fortbildungen erlernbar ist (Baumert & Kunter 2011; Fletemeyer 2021). Unterschiedliches Wissen ist für die Professionalität einer Lehrkraft von Bedeutung.

Dazu hat Shulman bereits in den 1980er Jahren (1986; 1987) zunächst drei Facetten des Fachwissens von Lehrkräften ausgemacht: subject matter knowledge, pedagogical content knowledge und curricular knowledge – die im deutschsprachigen Raum häufig mit Fachwissen, fachdidaktischem Wissen und curricularem Wissen übersetzt werden (Busse & Kaiser, 2015). Das Fachwissen umfasst nicht nur Faktenwissen, sondern auch konzeptuelles Wissen darüber, warum etwas gilt und warum einige Bereiche des Fachs besonders zentral sind. Das fachdidaktische Wissen definiert Shulman wie folgt:

> Pedagogical content knowledge also includes an understanding of what makes the learning of specific topics easy or difficult: the conceptions and preconceptions that students of different ages and backgrounds bring with them to the learning of those most frequently taught topics and lessons. If those preconceptions are misconceptions, which they so often are, teachers need knowledge of the strategies most likely to be fruitful in reorganizing the understanding of learners, because those learners are unlikely to appear before them as blank slates. (Shulman, 1986, S. 9 f.)

Shulman (1987) fügt das generelle pädagogische Wissen, Wissen um Lernende sowie deren Eigenschaften, Wissen um das Bildungssystem und Werte hinzu. Dabei ist die Unterscheidung in die drei Facetten des Fachwissens, fachdidaktischen Wissens und des pädagogischen Wissen, die auf Shulman zurückzuführen ist, grundlegend für zahlreiche Studien (Baumert & Kunter, 2013a; Baumert &

2.1 Lehrer:innenprofessionalität

Kunter, 2006). „Hinsichtlich der Topologie von Wissensdomänen hat sich ein Vorschlag SHULMANs weitgehend durchgesetzt" (Baumert & Kunter, 2006, S. 482; Hervorhebung im Original). Das Wissen der Lehrkräfte ist somit eine Komponente der Professionalität, die in nahezu allen Konzeptualisierungen berücksichtigt wird.

Aber entsprechend der ambivalenten Nutzung der Begrifflichkeiten zeigt sich, dass die Ansätze der Forschung und Konzeptualisierung des Lehrer:innenberuf differieren. Herzmann und König (2016) machen insgesamt sieben Forschungsansätze zum Lehrer:innenberuf aus: (1) der Persönlichkeitsansatz, (2) das Prozess-Produkt-Paradigma, (3) der Expertiseansatz, (4) der strukturtheoretische Ansatz, (5) der berufsbiographische Ansatz, (6) der kompetenztheoretische Ansatz und (7) der praxistheoretische Ansatz. Dabei wird nur kurz auf exemplarisch auf den Expertiseansatz sowie den kompetenztheoretischen Ansatz eingegangen.

Der Expertiseansatz geht auf Bromme (2008; 2014) zurück. Dabei wird ‚Experte' „als Bezeichnung für Personen gebraucht, die berufliche Aufgaben zu bewältigen haben, für die man eine lange Ausbildung und praktische Erfahrung benötigt und die diese Aufgabe erfolgreich lösen (Bromme, 2014, S. 7 f.). Das gesamte unterrichtliche Handeln der Lehrkräfte kann nicht allein auf Wissen zurückgeführt werden. Ebenso zentral ist die berufliche Weiterentwicklung, sodass Novizen von Experten mit viel Erfahrung unterschieden werden können (Bromme, 2008; 2014), Dabei „sucht der Expertenansatz nach dem kompetenten Lehrer in dem Sinne, dass sich Wissen und Fertigkeiten in ihm zu einer Einheit verschmelzen" (Bromme & Haag, 2008, S. 805). Vor allem vor dem Hintergrund der fachfremd unterrichtenden Lehrkräfte erscheint dieser Ansatz zentral: Die Notwendigkeit des Zusammenspiels von Ausbildung und Erfahrung werden hervorgehoben. Fachfremd unterrichtenden Lehrkräften fehlt dabei die fachgerechte Komponente der Ausbildung.

Der kompetenztheoretische Ansatz hingegen „beinhaltet den Anspruch, eine Kompetenzschablone an festgelegten Aufgabenbeschreibungen für den Lehrerberuf zu definieren" (Fletemeyer, 2021, S. 37) Dazu ist eine Klärung des Begriffs der Kompetenz unabdingbar. Der Begriff der Kompetenz wird vor allem von Weinert (2001) geprägt. Er fasst unter Kompetenzen

> die bei Individuen verfügbaren oder durch sie erlernbaren kognitiven Fähigkeiten und Fertigkeiten, um bestimmte Probleme zu lösen, sowie die damit verbundenen motivationalen, volitionalen und sozialen Bereitschaften und Fähigkeiten um die Problemlösungen in variablen Situationen erfolgreich und verantwortungsvoll nutzen zu können. (Weinert, 2001, S. 27 f.)

Somit stellen Kompetenzen „dann psychologische Konstrukte dar" (Herzmann & König, 2016, S. 108). Sie sind – laut Definition – lernbar, lehrbar und ausbaubar (Baumert & Kunter 2013a; Blömeke et al., 2012; Weinert, 2001). Die enge Definition von Weinert umfasst dabei ausschließlich kognitive Komponenten (Baumert & Kunter, 2011; Baumert & Kunter, 2013a; Weinert, 2001). Der weitergefasste Kompetenzbegriff beinhaltet hingegen „zusätzlich motivationale, metakognitive und selbstregulative Merkmale, die als entscheidende Voraussetzungen für die Bereitschaft zu handeln gesehen werden" (Baumert & Kunter, 2011, S. 31). Wissen und Können wird dann als *eine* Facette der professionellen Kompetenz von Lehrkräften angesehen (Baumert & Kunter, 2013a; Baumert & Kunter, 2011; Fletemeyer, 2021). Daher wird im Folgenden von professioneller Kompetenz von Lehrkräften gesprochen, wenn das gesamte Konstrukt – welches im Abschnitt 2.1.1 in den unterschiedlichen Modellen genauer gefasst wird – angesprochen wird. Somit wird der weitergefasste Begriff der Kompetenz in der vorliegenden Arbeit genutzt. Denn so kann der „kompetenztheoretische Ansatz der Professionalität von Lehrerinnen und Lehrern […] als Weiterentwicklung der Wissenstopologie Shulmans […] und des Expertiseansatzes Brommes […] in Kombination mit Weinerts Kompetenzbegriff […] gesehen werden" (Merk, 2016, S. 57).

„Aus einer kompetenztheoretischen Perspektive wird den Kompetenzen von Lehrkräften eine hohe Bedeutung für deren unterrichtliches Handeln und damit den Lernzuwachs von Schülerinnen und Schülern zugeschrieben" (Porsch & Wendt, 2016, S. 201). In den letzten Jahren – und vor allem auch nach den ersten Ergebnissen der PISA-Studie (Zlatkin-Troitschanskaia et al., 2009) – sind ebendiese Kompetenzen von Lehrkräften sowie deren Einfluss auf den Unterricht und damit einhergehend auch der Lernzuwachs der Schüler:innen weiter in den Fokus der (internationalen) Forschung gerückt. Daher wird nun im folgenden Teilkapitel auf drei unterschiedliche Modelle der Lehrer:innenprofessionalität eingegangen. Das erste Modell des Learning Mathematics for Teaching Project umfasst das mathematische Wissen für Lehren (Mathematical Knowledge for Teaching). Demgegenüber beinhalten die beiden weiteren Modelle – COACTIV sowie TEDS-M – die gesamte professionelle Kompetenz, deren eine Facette das Wissen der Lehrkräfte darstellt.

2.1.1 Modelle professioneller Kompetenz

Im Folgenden werden insgesamt drei Modelle zur Konzeptualisierung professioneller Kompetenz von Mathematik Lehrkräften vorgestellt. Die Darstellung der Ergebnisse erfolgt in den Abschnitten 2.1.2 und 2.1.3.

Learning Mathematics for Teaching Project – Michigan Group
Nach eigenen Angaben wollen die Verfasser:innen die Konzeptualisierung nach Shulman erweitern und nicht ersetzen (Ball et al., 2008) und bilden *Mathematical Knowledge for Teaching* (MKT) ab. Somit wird deutlich, dass es sich hier um den Bereich des Wissens der Lehrkräfte, welches für guten Mathematikunterricht als essentiell angesehen wird, handelt, der in dem Modell der sogenannten Michigan Group fokussiert wurde. Weitere Aspekte, die zu einer Professionalität von Lehrkräften zählen, werden hier bewusst nicht thematisiert. Als Ursprung dieser Überlegungen kann das fehlende Wissen der Forschenden darüber, welches Wissen Lehrkräfte benötigen, um guten Mathematikunterricht gestalten und durchführen zu können, angesehen werden (Ball & Bass, 2000). Dazu muss die Arbeit der Lehrkräfte besser verstanden werden, um analysieren zu können, welche Wissensfacetten für die Umsetzung essentiell sind und wie dieses Wissen konzeptualisiert ist und erlernt werden kann (Ball & Bass, 2000).

Um der Frage nachzugehen, welches Wissen Lehrkräfte während des Mathematikunterrichts benötigen, wurde eine große Menge an Mathematikunterricht erfasst. Die für die Analyse erhobenen Daten der Untersuchung wurden im Rahmen von video- oder audiografierten Unterrichtsbeobachtungen, Klassenarbeiten, Schüler:innendokumenten sowie Planungen, Notizen und Reflexion über ein Jahr von den Lehrkräften einer dritten Klasse einer amerikanischen Grundschulen erhoben (Ball & Bass, 2003). Die Analyse dieser Daten ergab die Konzeptualisierung der Wissensfacetten, die Lehrkräfte während des Unterrichts aktivieren. „Our aim is to identify the content knowledge needed for effective practice" (Ball et al., 2005, S. 43).

Dabei wurden zwei Facetten ausgemacht. Die beiden Kategorien *Subject Matter Knowledge* (SMK) und *Pedagogical Content Knowledge* (PCK) wurden als Kategorien von Shulman (1986) beibehalten und jeweils weiter in drei Teilbereiche aufgefächert.

Fachwissen
Die Ebene des fachlichen Wissens wurde unterteilt in

- *Common Content Knowledge* (CCK) – allgemeines inhaltliches Wissen, über welches mit Mathematik Arbeitende verfügen,
- *Specialized Content Knowledge* (SCK) – spezielles inhaltliches Wissen, was zum Lehren von Mathematik benötigt wird, inklusive verschiedener Erklärungen, Repräsentationen, Lösungsmethoden, etc. sowie
- *Knowledge at the Mathematical Horizon* – Wissen, das sich über die Vernetzung mathematischer Inhalte erstreckt.

„CCK is what Shulman likely meant by his original subject matter knowledge; SCK is a newer conceptualization. However, both are mathematical knowledge; no knowledge of students or teaching is entailed" (Hill et al., 2008, S. 377). Neben der Fokussierung auf das mathematische Wissen der Lehrkräfte wurde auch das fachdidaktische Wissen ergänzt.

Fachdidaktisches Wissen
Ebenso wie bei der Ebene des fachlichen Wissens wurde bei der Ebene des fachdidaktischen Wissens in drei Teilbereiche untergliedert. Diese lassen sich beschreiben als:

- *Knowledge of Curriculum* – Wissen über Lehrpläne und Vorgaben,
- *Knowledge of Content and Students* (KCS) –Wissen über Inhalt und Lernende, wie beispielsweise das Wissen über typische Fehler,
- *Knowledge of Content and Teaching* (KCT) – vereintes Wissen über Mathematik und Lehren, beispielsweise aus dem Wissen über typische Fehler ableiten zu können, wie damit umgegangen werden kann (Ball et al., 2008; Hill et al., 2008).

Daraus ergibt sich das in Abbildung 2.1 dargestellte Modell.
So konnten viele Wissensbereiche erfasst werden, die Lehrkräfte in der Praxis nutzen und umsetzen (Ball & Bass, 2003). „Die Konzeptualisierung ist alles andere als einfach" (Hill et al., 2008, S. 396; eigene Übersetzung). Das Modell umfasst also das Wissen, über welches Lehrkräfte verfügen sollten, um einen lernförderlichen und guten Mathematikunterricht gestalten zu können. Zusammenfassend zeigte sich: „most important are knowing and being able to use the mathematics required inside the work of teaching" (Ball et al., 2008, S. 404). Vor

2.1 Lehrer:innenprofessionalität

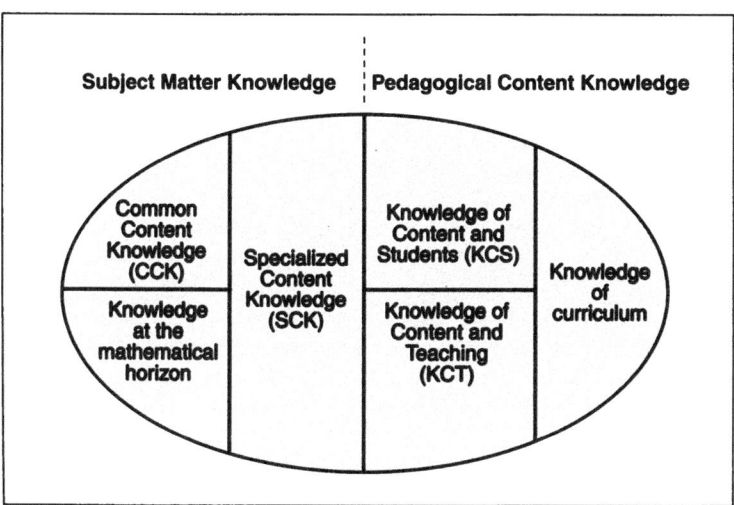

Abbildung 2.1 Mathematical Knowledge for Teaching (Entnommen aus: Hill et al., 2008, S. 377)

allem vor dem Hintergrund der Mathematik fachfremd unterrichtenden Lehrkräfte scheint es lohnenswert, dieser Facette weiter nachzugehen (vgl. Abschnitt 2.2).

„Allerdings ist man sich einig, dass Wissen allein noch nicht imstande ist, den Kompetenzbegriff zu füllen" (Herzmann & König, 2016, S. 108). Auch, wenn das nicht der Anspruch der sogenannten Michigan Gruppe war, die den Fokus bewusst auf die unterschiedlichen Facetten des Wissens von Mathematiklehrkräften gesetzt haben, werden daher nun ergänzend zwei weitere Modelle betrachtet, die die gesamte Kompetenz von Mathematiklehrkräften operationalisieren.

COACTIV

Die COACTIV-Gruppe teilt mit der Projektgruppe um BALL denselben theoretischen Ansatz. Der gemeinsame Focus liegt auf dem mathematischen Wissen, das für Verständnisvermittelndes Unterrichten notwendig ist und sich im Unterricht als fachdidaktisches Handeln manifestiert (Knowledge for Teaching and Knowledge in Action). Er unterscheidet sich jedoch deutlich in der theoretischen Modellierung der Wissenskomponenten. Im Rahmen von COACTIV werden theoretisch vier Formen mathematischen Wissens unterschieden: akademisches Forschungswissen, ein profundes mathematisches Verständnis der in der Schule unterrichteten Sachverhalte, Beherrschung des Schulstoffes auf einem zum Ende der Schulzeit erreichten Niveau und mathematisches Alltagswissen von Erwachsenen, das auch nach Verlassen der Schule noch präsent ist. (Baumert & Kunter, 2006, S. 494 f.)

Neben dem Professionswissen nach Shulman – welches nicht mathematikspezifisch formuliert worden ist – orientierte sich die COACTIV-Studie an der professionellen Kompetenz nach Weinert, in der Kompetenzen als „die persönlichen Voraussetzungen zur erfolgreichen Bewältigung spezifischer situationaler Anforderungen" (Baumert & Kunter, 2011, S. 31) definiert werden.

> Für eine erfolgreiche Berufsausübung benötigen Lehrkräfte verschiedene lehramtsspezifische Fähigkeiten und Fertigkeiten, welche nach Baumert und Kunter (2006) als professionelle Kompetenz bezeichnet werden können. Die professionelle Kompetenz besteht aus verschiedenen Arten des Professionswissens, Überzeugungen, motivationalen Orientierungen und selbstregulativen Fähigkeiten. (Lucksnat et al., 2020, S. 3)

Das Ziel der COACTIV-Studie war es dabei, verschiedenen Kompetenzfacetten auszumachen, die eine Lehrkraft benötigt, um guten Mathematikunterricht gestalten zu können (Baumert & Kunter, 2013a). Dazu wurden bei COACTIV zunächst vier Teilaspekte professioneller Kompetenz unterschieden:

- Professionswissen,
- Überzeugungen, Werthaltungen und Ziele,
- motivationale Orientierung,
- Selbstregulation einer Lehrkraft (u. a. Baumert & Kunter, 2006; 2013a).

Das MKT Modell von Ball und Kolleg:innen wurde somit um weitere Facetten der professionellem Kompetenz erweitert und umfasst nicht ausschließlich die unterschiedlichen Teilbereiche des Fachwissens. „Das zentrale Forschungsanliegen des Projekts COACTIV [...] ist die theoretische Operationalisierung und empirische Erfassung der professionellen Expertise von Mathematiklehrkräften" (Jordan et al., 2008, S. 84). Für die vorliegende Arbeit sind vor allem das Fachwissen und die Überzeugungen von Lehrkräften relevant, sodass die beiden anderen Facetten der professionellen Kompetenz im Folgenden keine genauere Betrachtung finden. Das heißt nicht, dass diesen Facetten im Grundsatz weniger Bedeutung zukommt, aber hier keine Fokusthemen darstellen.

Daraus ergibt sich das in Abbildung 2.2 dargestellte Modell.

2.1 Lehrer:innenprofessionalität

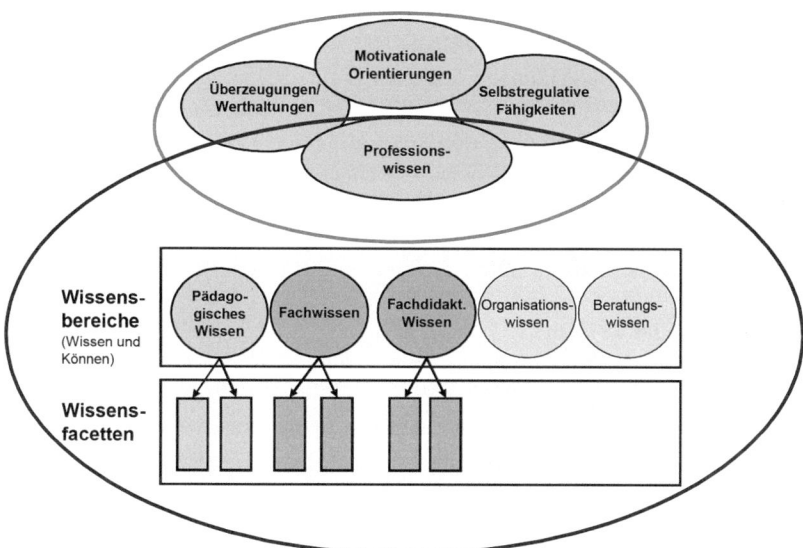

Abbildung 2.2 Professionswissen nach COACTIV (Entnommen aus: Baumert & Kunter, 2006, S. 482)

In dem Modell in Abbildung 2.2 wird deutlich, dass das Professionswissen in fünf Wissensbereiche gegliedert wird. Angelehnt an Shulman „sollen allgemeines pädagogisches Wissen, Fachwissen und fachdidaktisches Wissen als zentrale Kompetenzfacetten übernommen werden" (Baumert & Kunter, 2006, S. 482). Diese werden ergänzt durch Organisationswissen und Beratungswissen.

Die einzelnen Wissensbereiche können wiederum in Wissensfacetten untergliedert werden. Dies wird nun für die beiden Bereiche des Fachwissens und des fachdidaktischen Wissens genauer ausdifferenziert.

Fachwissen

Fachwissen lässt sich nach Baumert und Kunter (2011) in vier Ebenen unterscheiden:

- mathematisches Alltagswissen, welches jede:r Erwachsene nach dem Durchlaufen der Schulzeit erworben hat und worüber er noch verfügt,
- „Beherrschung des Schulstoffs auf einem zum Ende der Schulzeit erreichbaren Niveau" (Baumert & Kunter, 2011, S. 37),

- tieferes Verständnis der mathematischen Inhalte und Zusammenhänge, die in der Schule thematisiert worden sind,
- universitäres Wissen (Baumert & Kunter, 2011; 2013a; Krauss et al., 2008b).

Das Fachwissen der Lehrkräfte wurde mit Hilfe von Paper-Pencil-Tests mit 13 unterschiedlichen Items zu den Themen Arithmetik, Algebra, Geometrie, Funktionalen und Wahrscheinlichkeiten der Jahrgangsstufen 5-10 erfasst. Somit beinhaltet das Fachwissen ein profundes Wissen des mathematischen Unterrichtsinhalts (Baumert & Kunter, 2013a; 2013b; Voss et al., 2011).

Fachdidaktisches Wissen
Das fachdidaktische Wissen spaltet sich bei COACTIV in drei Kategorien auf:

- Erklärungswissen: das Verständlichmachen mathematischer Inhalte – hierbei ist von Interesse, über welche Wege des Erklärens oder Repräsentierens eine Lehrkraft verfügt,
- Wissen über mathematische Denkweisen von Schüler:innen: das fachbezogene didaktische Wissen über Lernende – es umfasst beispielsweise das Erkennen und Benennen typischer Fehlvorstellungen von Schüler:innen,
- Wissen über mathematische Aufgaben: das Wissen über den mathematischen Inhalt, sodass das (mögliche) Potenzial einer Aufgabe erkannt wird (Baumert & Kunter, 2013a; Bruckmaier et al., 2016; Krauss et al., 2008b, Kunter et al., 2011).

Die einzige weitere Studie, die konzeptuell zwischen Fachwissen und fachdidaktischem Wissen unterscheidet, ist TEDS-M (Baumert & Kunter, 2013b). Daher haben beide Operationalisierungen zahlreiche Überschneidungen gezeigt. Die Teilnehmenden der TEDS-M Studie waren – im Unterschied zu COACTIV – Primarstufenlehrkräfte und Lehrkräfte der Sekundarstufe I. „Vorab sei darauf hingewiesen, dass ähnliche Konzeptualisierungen des Professionswissens von Mathematiklehrkräften auch in anderen empirischen Studien verwandt werden, die allerdings meist auf die Sekundarstufe I ausgerichtet sind" (Döhrmann et al., 2010, S. 170). Daher wird nun ein detaillierter Einblick in die TEDS-M Studie gegeben.

TEDS-M

Die international angelegte Studie „Teacher Education and Development Study: Learning to Teach Mathematics" (TEDS-M) basiert auf den Daten von Lehrkräften der Grundschule und der Sekundarstufe I aus 15 Ländern (Döhrmann et al., 2012).

Zur Untersuchung der unterschiedlichen Ausbildungsformen – sowohl international aus auch national – wurde ein Kompetenzmodell entwickelt. Kompetenzen wurden dabei definiert als die kognitive Fähigkeit, effektive Lösungen für die im Job entstehenden Probleme zu finden, und die Bereitschaft, diese anzuwenden (Blömeke & Delaney, 2012). „Umschrieben als Konstrukt professioneller Kompetenzen besteht in der Forschung Konsens hinsichtlich der zweidimensionalen Struktur der Handlungskompetenz bezogen auf das Zusammenspiel kognitiver und affektiv-motivationaler Kompetenzaspekte" (Nentwig, 2018, S. 134).

Während bei COACTIV vier Kompetenzfacetten ausgemacht wurden und sich das Professionswissen weiter aufgliedert, wurden bei TEDS-M zwei Facetten unterschieden. Dazu wurde die Professionelle Lehrer:innenkompetenz bei TEDS-M untergliedert in die kognitive Komponente, also das Professionswissen, angelehnt an die Überlegungen von Shulman (1986), und den Bereich der affektiv-motivationalen Komponenten. In letzterem wurden Überzeugungen, Motivation und selbstregulierende Fähigkeiten zusammengefasst, sodass inhaltlich dieselben Facetten abgebildet wurden wie bei COACTIV – die Konzeptualisierung im Allgemeinen war somit identisch, die Strukturierung war allerdings eine andere.

Das Professionswissen lässt sich hier unterteilen in Fachwissen, fachdidaktisches Wissen und pädagogisches Wissen. Die affektiv-motivationalen Komponenten umfassen Überzeugungen zum Fach und zum Unterricht sowie Berufsmotivation und selbstregulative Fähigkeiten. Es ergibt sich das in Abbildung 2.3 dargestellte Modell.

Fachwissen fokussiert hier die Aufgaben der Lehrkräfte und umfasst das höhere und reflektierte Wissen, welches im Unterricht benötigt wird und die Fähigkeit zur Verknüpfung und Integration in die mathematischen Zusammenhänge und folgenden Themen in der Schullaufbahn (Döhrmann et al., 2012). Die Fachdidaktik wurde wie folgt definiert: „The subject-related didactics [Fachdidaktik] not only deals with mathematical conceptions but also concerns the students' corresponding learning process and its constructive support" (Döhrmann et al., 2012, S. 336). Es sind somit unterschiedliche Facetten des Wissens, die unter der Fachdidaktik zusammengefasst wurden.

18   2 Professionalität von Mathematik fachfremd Unterrichtenden

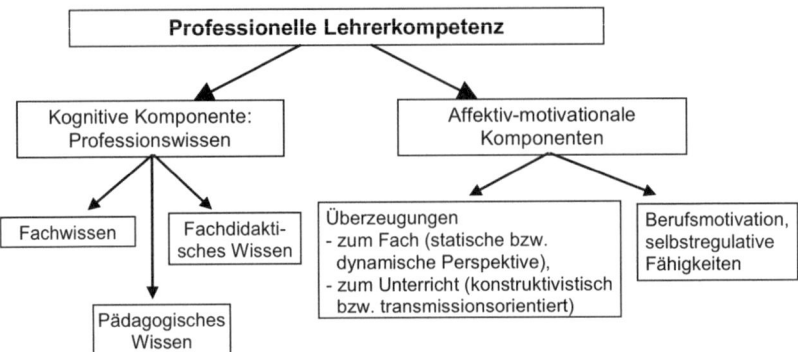

Abbildung 2.3 Professionelle Kompetenz COACTIV (Entnommen aus: Blömeke et al., 2012, S. 423)

Obschon die Konzeptualisierungen der beiden Studien COACTIV und TEDS-M in vielen Aspekten deckungsgleich sind, legten beide Ansätze unterschiedliche Schwerpunkte bei der Erhebung der Daten, sodass die Betrachtung der Ergebnisse der TEDS-M Studie andere – zusätzliche – Einsichten in für die vorliegende Studie interessante und relevanten Themen bringt.

„Die Zielpopulation der TEDS-M-Primarstufenstudie umfasste alle angehenden Lehrkräfte im letzten Jahr einer Ausbildung, die mit einer Lehrberechtigung für den Mathematikunterricht in einer der Klassen 1 bis 4 abgeschlossen wurde" (Blömeke et al., 2012, S. 425). Da „Primarstufenlehrkräfte als Klassenlehrkräfte tätig sind und es damit zu ihrer Aufgabe gehört, Mathematik zu unterrichten, wurde jeweils die gesamte Primarstufenlehrerausbildung in den Blick genommen" (ebd.). Die in der Studie erfassten Lehrkräfte lassen sich in vier Gruppen unterscheiden, die hinsichtlich ihrer Ausbildung, die je nach Bundesland variiert, differieren:

- reine Primarstufenlehrerausbildung mit Mathematik als Schwerpunkt- oder Unterrichtsfach […],
- reine Primarstufenlehrerausbildung ohne Mathematik als Schwerpunkt- oder Unterrichtsfach […],
- Primar- und Sekundarstufen-I-Lehrerausbildung mit Mathematik als Schwerpunkt- oder Unterrichtsfach […],
- Primar- und Sekundarstufen-I-Lehrerausbildung ohne Mathematik als Schwerpunkt- oder Unterrichtsfach […]. (Blömeke et al., 2010a, S. 16)

2.1 Lehrer:innenprofessionalität

Da hier Lehrkräfte betrachtet wurden, die Mathematik ohne Schwerpunkt studiert haben, lassen sich Ergebnisse bezüglich des Umfangs des Mathematikstudiums im Allgemeinen erkennen, auch wenn in Deutschland die Bezeichnung ohne Mathematik als Schwerpunktfach, je nach Bundesland, unterschiedliche Ausprägungen annehmen kann (vgl. Abschnitt 2.2).

Fachwissen
Das Fachwissen wurde durch standardisierte Leistungstests mit insgesamt 72 Item aus den Bereichen Arithmetik, Algebra, Geometrie und Stochastik erfasst (Blömeke et al., 2012). Dabei wurden Facetten des mathematischen Wissens der Sekundarstufe I und II erfasst – sozusagen „elementary mathematics from a higher standpoint" (Baumert & Kunter, 2013a, S. 32) – aber auch universitäres mathematisches Wissen (Blömeke et al., 2008a; 2010a). Denn „[a]ngehende Primarstufenlehrkräfte müssen auf einem höheren, reflektierten Niveau jene Inhaltsgebiete beherrschen, die in den Jahrgangsstufen, in denen sie unterrichten werden, relevant sind" (Döhrmann et al., 2010, S. 171).

Konkret umfasst das in TEDS-M 2008 zugrunde gelegte Konstrukt mathematischen Wissens angehender Primarstufenlehrkräfte damit die folgenden Themen und Inhaltsgebiete:

- Arithmetik: natürliche, ganze, rationale und irrationale Zahlen mit ihren Eigenschaften und Rechenregeln, Bruch- und Prozentrechnung, arithmetische Folgen, Teilbarkeit
- Geometrie: geometrische Figuren und Körper mit ihren Eigenschaften, Messen geometrischer Größen, Abbildungen
- Algebra: Folgen, Terme, Gleichungen und Ungleichungen, proportionale Zuordnungen, lineare, quadratische und exponentielle Funktionen
- Stochastik: Darstellung, Beschreibung und Interpretation von Daten, Grundbegriffe der Wahrscheinlichkeitsrechnung. (Döhrmann et al., 2010, S. 172)

Dabei wurde in Kennen, Anwenden und Begründen unterschieden. Unter Kennen wurden Reproduktionen wie beispielsweise das Wiedererkennen von geometrischen Objekten oder das Erinnern an mathematische Begriffe und Definitionen zusammengefasst. Das Anwenden bezog sich auf Lösungen von Routineaufgaben. Das Begründen definierte den Bereich des Erkennens und Beschreibens von Zusammenhängen und deren mathematischer Begründung (Döhrmann et al., 2010).

Fachdidaktisches Wissen

Unter „dem mathematikdidaktischen Wissen [wird], [...] in Anlehnung an Shulman [...] eine Ausdifferenzierung in curriculares und auf die Planung von Unterricht bezogenes Wissen sowie auf die unterrichtliche Interaktion bezogenes Wissen" (Blömeke et al., 2012, S. 426) verstanden. Dazu wurden insgesamt 32 Item erhoben (Blömeke et al., 2012). Curriculares und planungsbezogenes Wissen umfasste dabei beispielsweise zentrale Themen des Lehrplans, Lernzielformulierungen oder Bewertungsmethoden. Das interaktionsbezogene Wissen fokussierte Diagnose- und Analysefähigkeiten, Unterrichtsgespräche und Erklärungen mathematischer Vorgehensweisen und Sachverhalte (Döhrmann et al., 2010).

Überzeugungen

Im Bereich der Überzeugungen wurde in TEDS-M unterteilt in zwei Kategorien:

- „epistemologische Überzeugungen in Bezug auf die Struktur von Wissensbeständen sowie
- epistemologische Überzeugungen bezüglich des Erwerbs mathematischen Wissens" (Felbrich et al., 2010, S. 298).

Dabei wurde zum einen die dynamische und die statische Perspektive auf die Natur der Mathematik kontrastiert. Zum anderen wurde in die konstruktivistische und die transmissionsorientierte Perspektive auf das Lernen und Lehren von Mathematik entschieden. In der Gesamtheit wurden die unterschiedlichen Überzeugungen über Mathematik und über das Lehren und Lernen von Mathematik mit Hilfe von insgesamt 25 Item erhoben (Blömeke et al., 2012; Felbrich et al., 2010).

Zusammenfassung Modelle professioneller Kompetenz

Insgesamt weisen alle drei unterschiedlichen Konzeptionen des Wissens und Könnens beziehungsweise der Kompetenzen von Lehrkräften zahlreiche Überschneidungspunkte auf. Während die Gruppe um Bass und Ball eine detaillierte Ausdifferenzierung des nötigen Wissens der Lehrkräfte für einen guten Mathematikunterricht vornahm, bildete diese Unterscheidung eine Grundlage für die beiden Konzeptionen der professionellen Kompetenz von Lehrkräften, in der nicht nur das Wissen, sondern auch affektiv-motivationale Aspekte Berücksichtigung fanden. „Teacher professional competence is a complex, multi-dimensional construct. It is inclusive of both professional knowledge and affective-motivational characteristics" (Ríordáin et al., 2019, S. 131). Dabei konnten alle drei Studien die große Relevanz von fachlichem und fachdidaktischem Wissen der Lehrkräfte unterstreichen. COACTIV und TEDS-M zeigten zudem die Bedeutung der Überzeugungen auf. Die für die hier vorliegende Studie relevanten Ergebnisse dieser drei großangelegten Forschungsprojekte werden in Abschnitt 2.1.2 und 2.1.3 genauer beschrieben.

Es werden sowohl die Überzeugungen als Teil affektiv-motivationalen Komponenten sowie das fachliche und fachdidaktische Wissen als Teil der kognitiven Komponenten noch einmal studienübergreifend betrachtet. Denn diese Bereiche scheinen einen besonderen Stellenwert für Mathematik fachfremd unterrichtende Grundschullehrkräfte auszumachen, da diese nicht über dasselbe Ausmaß an Lerngelegenheiten verfügen wie studierte Mathematiklehrkräfte. Die drei behandelten Studien „vermögen nachzuweisen, dass [...] bei entsprechenden Lerngelegenheiten auch Lernentwicklungen stattfinden" (Biedermann et al., 2020, S. 331). Die genaueren Ergebnisse der unterschiedlichen Studien werden nun entsprechend in den Teilkapiteln darstellt. Es wird zunächst auf die affektiv-motivationen Fähigkeiten von Lehrkräften geblickt.

2.1.2 Affektiv-motivationale Fähigkeiten

Zunächst wird auf Überzeugungen zum Fach und zum Unterricht eingegangen. Dazu erfolgt eine kurze Einordnung des Begriffs der Überzeugungen. Im Anschluss werden Befunde zu Überzeugungen kurz dargelegt. Die beiden Modelle der professionellen Kompetenz von COACTIV und TEDS-M beleuchten die Komponenten der affektiv-motivationalen Fähigkeiten ebenfalls – die Ergebnisse werden kurz vorgestellt. Anschließend wird die Selbstwirksamkeitserwartung in den Blick genommen, die je nach Konzeptualisierung an der Schnittstelle zwischen Überzeugungen und selbstregulativen Fähigkeiten angesiedelt werden kann.

„Studying teacher beliefs is an important prerequisite to changing and improving teaching at school" (Maaß & Schlöglmann, 2009, S. ix). Aufgrund dessen wird nun der Blick auf die Überzeugungen von Lehrkräften gelegt.

Die Begrifflichkeiten wie Einstellungen, subjektive Theorien oder Überzeugungen werden teilweise überschneidend benutzt, was nicht zuletzt nicht einheitlich definierten Konzepten oder auch an Übersetzungen aus dem Englischen liegt (Dohrmann, 2021; Eichholz, 2018; Felbrich et al., 2010; Fletemeyer, 2021; Grigutsch et al., 1998; Menge et al., 2021). Pajares (1992) bezeichnet die Beliefs-Forschung daher auch als „messy construct" (S. 307). Deshalb ist eine Begriffsdefinition für die vorliegende Arbeit unumgänglich. „Im deutschsprachigen Raum hat sich als Übersetzung die Bezeichnung Überzeugungen in den letzten Jahren weitgehend durchgesetzt" (Reusser & Pauli 2014, S. 643). Daher wird im Folgenden ebenfalls von Überzeugungen gesprochen. Dieser Begriff lässt sich aber auch inhaltlich von anderen verwendeten Begriffen abgrenzen. „Während sich Einstellungen in vielen Konzeptionen durch eine bewertende Komponente auszeichnen [...], wird bei der begrifflichen Bestimmung von Überzeugungen der Fokus stärker auf kognitive Facetten gelegt" (Menge et al., 2021, S. 4). Eine Überzeugung ist somit laut Richardson (1996) eine: „proposition that is accepted as true by the individual holding the belief" (S. 106). Abgrenzend zu Einstellungen werden Überzeugungen als langsamer veränderbar, schwächer in der Intensität der Empfindung und der Grad als kognitives Konstrukt sehr hoch eingeschätzt (Dohrmann, 2021).

Nicht nur im Kontrast zu Einstellungen lassen sich Überzeugungen abgrenzen, auch im Vergleich zu Wissen gibt es Unterscheidungen: „Wissen lässt sich als gerechtfertigt für wahr gehaltene Überzeugungen ansehen, Überzeugungen dagegen sind lediglich gefühlt wahr. In dieser Unterscheidung spiegelt sich der Unterschied zwischen der Einvernehmlichkeit des Wissens und der Individualität von Überzeugungen wider" (Dohrmann, 2021, S. 26).

Überzeugungen spielen für das Unterrichten eine zentrale Rolle. „Überzeugungen werden als kritisch für die Anwendung von professionellem Wissen in Handlungssituationen gesehen, da ihnen eine orientierende und handlungsleitende Funktion zugesprochen wird" (Felbrich et al., 2010, S. 297). Die orientierende Funktion beeinflusst beispielsweise die Rezeption von Unterrichtssituationen (Blömeke et al., 2012; Pajares, 1992). Aber auch die handlungsleitende Funktion kann in unterschiedlichen Kontexten nachgewiesen werden. So sieht Bräunling (2017) in ihrer Dissertation, dass Überzeugungen „als Brille oder Linse verstanden werden können, durch die die Lehrkraft den Arithmetikunterricht wahrnimmt und entsprechend dieser Wahrnehmung den Unterricht [...] konzipiert und gestaltet" (S. 392). Somit beeinflussen die Überzeugungen der Lehrkräfte den Unterricht und daher auch das Lernen der Schüler:innen sowie die Schüler:innen selbst. „Überzeugungen sind [folglich] eine der zentralen Komponenten der professionellen Handlungskompetenz von Lehrkräften" (Dohrmann, 2021, S. 12) und stellen daher für die hier untersuchte Fortbildungsmaßnahme eine zentrale Komponente dar.

Zudem nehmen Überzeugungen unterschiedliche Funktionen ein. Überzeugungen dienen als Filter dessen, was wahrgenommen wird und wie das Wahrgenommene interpretiert wird (Dohrmann, 2021; Fletemeyer, 2021; Parajes, 1992;). Aber ihnen kommt auch eine rahmengebende Funktion bei Problemen und Aufgaben zu (Fletemeyer, 2021). Überzeugungen lenken ebenso das Handeln der Lehrkräfte und steuern die Reaktionen der Lehrkräfte, ihre didaktischen Entscheidungen und ihr kommunikatives Handeln (Dohrmann, 2021; Fletemeyer, 2021;

Kunter & Pohlmann, 2015). Die Überzeugungen haben „handlungssteuernde Funktionen" (Brunner et al., 2006a, S. 60). In empfundenen Drucksituationen lassen sich Menschen vermehrt von ihren Überzeugungen – und weniger vom Wissen – leiten (Dohrmann, 2021; Pajares, 1992). Somit sind die Überzeugungen vor allem auch für den Bereich der fachfremd unterrichtenden Lehrkräfte relevant, da fachfremder Unterricht als stressiger empfunden werden kann (vgl. Abschnitt 2.2.2).

Dabei entwickeln sich Überzeugungen kumulativ über das gesamte Leben hinweg (Dohrmann, 2021; Kunter & Pohlmann, 2015; Pajares, 1992). Lehrer:innenüberzeugungen im Speziellen entwickeln sich demnach vermutlich hauptaugenmerklich in drei Phasen:

1. „den eigenen Schulerfahrungen,
2. der formalen Ausbildung und
3. den eigenen persönlichen Erfahrungen (,life-experiences')" (Kunter & Pohlmann, 2015, S. 272). Da für die fachfremd unterrichtenden Lehrkräfte der zweite Punkt – also die formale Ausbildung – zumindest in Bezug auf das Fachliche sowie Fachdidaktische entfällt, sind vor allem die biographischen Erfahrungen als aktive Lernende oder Lehrende entscheidend.

„Überzeugungen von Lehrkräften können sich auf ganz verschiedene Aspekte ihres Berufs beziehen" (Kunina-Habenicht et al., 2016, S. 322), beispielsweise auf das Lernen, das Lehren, das Fach als solches oder auf sich selbst als Lehrkraft (Fletemeyer, 2021; Voss et al., 2011; 2013). Im Folgenden werden vor allem die Bereiche des Lehrens und Lernens von Mathematik sowie die Selbstwirksamkeitserwartungen betrachtet.

Überzeugungen zum Lernen und Lehren von Mathematik
„What a teacher believes about teaching and learning is related to how he or she views mathematics" (Putnam et al., 1992, S. 225). Daher sind diese beiden Bereiche nicht isoliert voneinander zu betrachten. Das Lernen von Mathematik beziehungsweise die „Genese mathematischer Kompetenz" (Blömeke et al., 2008b, S. 222) wie Blömeke und Kolleg:innen es bezeichnen, kann in erkenntnistheoretische und begabungstheoretische Komponenten aufgeteilt werden. Den erkenntnistheoretischen Bereich bilden zwei entgegengesetzte Überzeugungen:

> Bei der so genannten transmission view verstehen Lehrkräfte Lernen als das Resultat von Informationsvermittlung und repetitiver Übung, wohingegen bei der construction view Lehrkräfte Lernen als aktive Konstruktion – also tendenziell im Sinne des von uns dargestellten verständnisvollen Lernens – ansehen. (Brunner et al., 2006a, S. 60 f.)

Die begabungstheoretische Dimension „geht auf die Frage ein, ob mathematische Kompetenz von Geburt an festgelegt oder im Laufe der Zeit erlernbar ist" (Hahn, 2019, S. 57). Dabei wird unterschieden in anthropologische Konstante und Conceptual Change (Blömeke et al., 2008b). Anthropologische Konstante versteht mathematische Fähigkeiten als „angeboren, zeitlich stabil sowie durch demographische Merkmale determiniert" (Blömeke et al., 2008b, S. 225). Unter Conceptual Change wird hingegen die Annahme zusammengefasst, dass alle Lernenden mit bereits entstandenen Konzepten in das administrierte Lernen in der Grundschule starten. Die Konzepte müssen durch Lerngelegenheiten angepasst und präzisiert werden (Blömeke et al., 2008b; Hahn, 2019).

Die transmissive sowie die anthropologische Sicht scheinen für einen zeitgemäßen Mathematikunterricht eher weniger adäquat (Krauthausen, 2018; Staub & Stern, 2002). Traditionellere Überzeugungen sind mit traditionellerer Praxis verknüpft, während konstruktivistische Überzeugungen beispielsweise mit der Fokussierung auf strukturierte Aufgaben einhergehen (Porsch, 2015; Stipek et al., 2001; Staub & Stern, 2002; Staub, 2001). Die Überzeugungen einer Lehrkraft haben demnach Einfluss auf die Gestaltung des Unterrichts und die Handlungen der Lehrkräfte; konstruktivistisch orientiere Lehrkräfte legen bei der Aufgabenauswahl einen Fokus auf Struktur- und Verständnisorientierung (Baumert & Kunter, 2006). Eine Studie von Peterson und Kolleg:innen (1989) zeigte beispielsweise einen positiven Zusammenhang von Überzeugungen und Wissen einer Lehrkraft auf der einen und den Problemlöseleistungen der Lernenden auf der anderen Seite. Es kann somit durchaus wichtig sein, zunächst die Überzeugungen zu beeinflussen, um Unterrichtspraktiken verändern zu können (Stipek et al., 2001). Das ist vor dem Hintergrund einer Fortbildungsmaßnahme eine zentrale Erkenntnis – vor allem auch für fachfremd unterrichtende Lehrkräfte.

Dies ist aber durchaus eine Herausforderung. „Da Überzeugungen eine hohe Stabilität aufweisen und sich selten von sich aus verändern, sind maßgeschneiderte Fortbildungen notwendig, damit Lehrkräfte ihre Überzeugungen weiterentwickeln (Kunina-Habenicht, 2016, S. 323). Soll eine Veränderung von Überzeugungen angestoßen werden, ist eine auf Vorträgen beruhende Wissensvermittlung wenig sinnvoll. Denn „am ehesten [sind] Einstellungs- und Überzeugungsveränderungen zu erwarten […], wenn die Lehrkräfte angeregt werden, sich mit eigenen und fremden Überzeugungen" (Hübner-Schwartz, 2013, S. 278) auseinander zu setzen. Das bildet somit einen wichtigen Punkt der Gestaltung der Fortbildungsmaßnahme (vgl. Abschnitt 7.1.1).

Nun wird der Blick auf die Ergebnisse der beiden Studien COACTIV und TEDS-M gelenkt.

Ergebnisse der COACTIV-Studie

Zu den Überzeugungen der Lehrkräfte liegen auch Forschungsbefunde durch die COACTIV-Studie vor. Es wurden die für das Unterrichten relevanten Überzeugungen betrachtet: epistemologische Überzeugungen, Überzeugungen zum Lernen und zum Lehren von Mathematik sowie Überzeugungen bezüglich des Selbst (Baumert & Kunter, 2013a). Dabei zeigten sich unterschiedliche erwartbare Muster. So betonten Lehrkräfte mit konstruktivistischen Überzeugungen die Bedeutung der Co-Konstruktion von Wissen im Diskurs und das aktive Problemlösen der Lernenden, während Lehrkräfte mit transmissiven Überzeugungen das Lernen als Erklären durch die Lehrkraft und Aufnehmen durch die Lernenden verstehen und daher den strukturierten Transfer von Wissen im Unterricht fokussierten (Kunter & Baumert, 2013). Lehrkräfte mit transmissiven Überzeugungen realisierten weniger kognitiv aktivierenden Unterricht, „während Lehrkräfte mit konstruktivistischen Überzeugungen bessere Unterrichtsqualität und entsprechend auch höhere Lernerfolge bei ihren Schülerinnen und Schülern zu verzeichnen hatten" (Kunter & Baumert, 2011, S. 348; siehe auch Kunter & Baumert, 2013).

Zusammenfassend lässt sich auf Grundlage der Ergebnisse der COACTIV-Studie also festhalten: „Transmissive Überzeugungen stehen in einem negativen, konstruktivistische Überzeugungen in einem positiven Zusammenhang mit Unterrichtsqualität und Lernerfolg" (Dohrmann, 2021, S. 35). Somit ist es für die vorliegende Studie zentral, die Überzeugungen der an der Fortbildungsmaßnahme teilnehmenden Lehrkräfte zu erfassen. Zum einen ist dies wichtig, um weitere Informationen darüber zu erhalten über welche Überzeugungen fachfremd unterrichtende Lehrkräfte verfügen und zum anderen bildet die Ausgangslage dann Anknüpfungspunkt für die Thematisierung, Reflexion und – falls nötig – Überarbeitung der Überzeugungen. Dadurch sollen möglichst konstruktivistische Überzeugungen erreicht werden, falls die Lehrkräfte nicht ohnehin schon über diese verfügen. „Critical reflection on one's beliefs and of the extent to which one's belief system may limit one's practice can therefore be seen as an important component of professionalism" (Kunter & Baumert, 2013, S. 349)

Ergebnisse der TEDS-M Studie

Zu den Überzeugungen zeigte TEDS-M, dass der Anteil der mathematischen und mathematikdidaktischen Lerngelegenheiten im Studium einen Einfluss auf die Überzeugungen der angehenden Lehrkräfte hat. „Wie erwartet steigt die Wahrscheinlichkeit, dem leistungsstarken dynamisch-konstruktivistischen Profil zugeordnet zu werden, wenn mehr mathematische oder mathematikdidaktische Inhalte in der Ausbildung belegt worden sind" (Blömeke et al., 2012, S. 433). Dabei machten die Lerngelegenheiten in der Didaktik der Mathematik einen höheren Bedeutungsanteil bezogen auf das Überzeugungsprofil aus als die Lerngelegenheiten in der Mathematik (Blömeke et al., 2012). Es ergeben sich aber auch Ergebnisse, die zeigten, dass Überzeugungen kulturabhängig variieren (Blömeke et al., 2012).

Laut Selbstaussagen von Lehrkräften bezogen diese ihre eigene Befähigung auf ihre fachlichen sowie personalen Kompetenzen. Ihren Erfolg machten sie vermehrt an Persönlichkeit fest und weniger an ihrer Expertise (Bromme & Haag, 2008). Dementsprechend sind die Selbstwirksamkeitserwartungen ein nicht zu vernachlässigender Faktor. „Selbstwirksamkeitserwartungen können als eine spezifische Form von Überzeugungen, nämlich als Überzeugungen über das Selbst („self-beliefs"), verstanden werden" (Menge et al., 2021, S. 4). „[T]o understand teaching from teachers' perspectives we have to understand the beliefs with which they define their work" (Nespor, 1987, S. 323). Um dies möglichst aus – wenn nicht allen, dann zumindest – vielen Perspektiven zu beleuchten, wird im folgenden Abschnitt die Selbstwirksamkeitserwartung zu nächst im Allgemeinen und anschließend für Lehrkräfte im Speziellen genauer betrachtet.

Selbstwirksamkeitserwartungen
„Self-efficacy expectation is the belief by an individual that they are able to perform a specific behavior" (Lippke, 2017, S. 1). Sie ist somit in der Schule von besonderer Relevanz, und das sowohl bei Lehrenden – ungeachtet der Tatsache, ob der Unterricht fachfremd erteilt wird, oder nicht – als auch bei Lernenden.

Bandura (1977; 1989) begründet das Konstrukt der Selbstwirksamkeit und gilt mit seinen Arbeiten somit als „Ursprung des Konzepts der Selbstwirksamkeit" (Nentwig, 2018, S. 139). „Unter Selbstwirksamkeitserwartung (*perceived self-efficacy*) verstehen wir die subjektive Überzeugung, schwierige Aufgaben oder Lebensprobleme aufgrund eigener Kompetenzen bewältigen zu können" (Schwarzer, 1998, S. 159). Dabei wird in *efficacy expectations* und *outcome expectations* unterschieden; wonach die efficacy expectations das Verhalten einer Person bestimmen. Die outcome expectations sind dagegen die Erwartungen, dass ein bestimmtes Verhalten zu einem gewissen Ergebnis führt (Bandura, 1977) (Abbildung 2.4).

Durch die Selbstwirksamkeitserwartung wird auch das Motivationslevel für eine Aufgabe bestimmt; je höher die Selbstwirksamkeitserwartung, desto höher die Anstrengung (Bandura, 1989). Dabei sind Selbstwirksamkeitserwartungen durchaus themen- und situationsspezifisch und können in ihrer Stärke variieren und sowohl hilfreich als auch behindernd sein (Bandura, 1977; 1989; Lippke, 2017).

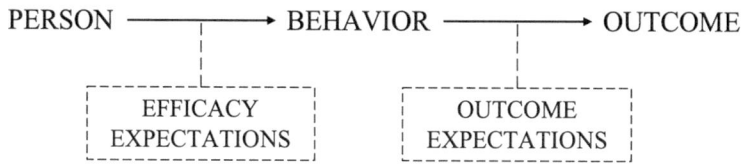

Abbildung 2.4 Selbstwirksamkeitserwartungen (Entnommen aus Bandura, 1977, S. 193)

Bandura (1977) macht vier Quellen aus, die für die Bildung von positiven Selbstwirksamkeitserwartungen herangezogen werden können: „performance accomplishments, vicarious experience, verbal persuasion, and physiological states" (Bandura, 1977, S. 191). Dabei haben Erfolgserlebnisse den größten Einfluss auf die Selbstwirksamkeitserwartungen und entsprechend führen Misserfolge auch zu einer geringeren Selbstwirksamkeitserwartung. Die Rolle der Vorbilder scheint für Bandura ebenfalls eine zentrale zu sein. Erreicht ein Vorbild ein gewisses Ziel, ist die Selbstwirksamkeitserwartung, es selbst ebenso erreichen zu können, höher. „Menschen strengen sich eher an und versuchen, die Herausforderung zu meistern, wenn ihnen gut zugeredet und von anderen zugetraut wird, eine bestimmte Situation zu bewältigen" (Hildebrandt, 2017, S. 139). Somit spielen ebenso verbale Überzeugungen eine Rolle. Die physiologischen Reaktionen, wie beispielsweise Herzklopfen, werden von Menschen mit einer hohen Selbstwirksamkeitserwartung nicht auf ihre Handlung zurückgeführt; wird diese Reaktion als eigene Schwäche wahrgenommen, können Zweifel an der eigenen Selbstwirksamkeitserwartung aufkommen (Bandura, 1977; vgl. auch Hildebrandt, 2017; Lippke, 2017; Pajares, 1992). Schmitz (1998) zeigte in seiner Erhebung aber, dass die allgemeine Selbstwirksamkeit als recht stabil und schwer beeinflussbar angesehen werden kann.

„Self-efficacy beliefs function as an important set of proximal determinants of human motivation, affect, and action. They operate on action through motivational, cognitive, and affective intervening processes" (Bandura, 1989, S. 1175). Eine erfolgreiche Bewältigung einer Situation wird folglich immer auch von der eigenen Selbstwirksamkeitserwartung beeinflusst (Schmitz & Schwarzer, 2002; Schwarzer, 1999; Urton et al., 2015).

Denken, Gefühle, Motivation, Stressempfinden und sogar Auswahl von Aufgaben werden durch Selbstwirksamkeitserwartungen beeinflusst. Das wiederum verdeutlicht, „dass die Selbstwirksamkeitserwartung einer Person eine zentrale Rolle bei der Planung und Durchführung von Handlungen spielt" (Urton, 2017, S. 2 f.), aber auch bei Ausdauer und Anstrengung (Schwarzer & Jerusalem,

2002). Dabei kann die Selbstwirksamkeit nicht mit den tatsächlichen Fähigkeiten gleichgesetzt werden: „Selbstwirksamkeitserwartungen stellen immer nur die Wahrnehmung der eigenen Fähigkeit dar und bilden nicht die wirkliche Fähigkeit ab" (Schulte, 2008, S. 5). Es konnte ebenso in zahlreichen Studien gezeigt werden, dass Selbstwirksamkeitserwartungen einen wichtigen Einflussfaktor auf das menschliche Handeln in unterschiedlichen Situationen darstellen (Bandura, 1993; Klassen et al., 2011). Selbstwirksamkeitserwartungen lassen sich aber zum „Erklären" eines Verhaltens heranziehen: „Zahlreiche empirische Befunde belegen, dass mit Hilfe von Selbstwirksamkeitsindikatoren sowohl kognitive als auch motivationale und affektive Aspekte der Verhaltensregulation relativ gut vorhergesagt und „erklärt" werden können" (Krapp & Ryan, 2002, S. 74).

Auch für Lehrerinnen und Lehrer in ihrem Berufsalltag ist Selbstwirksamkeit eine wichtige Ressource. Lehrer stehen im Rampenlicht. Ihre Handlungen werden von Schülern, Kollegen und Eltern wahrgenommen und bewertet. Ihr beruflicher Erfolg hängt nicht zuletzt davon ab, wie gut sie sich in schwierigen Situationen bewähren. Genauso wichtig ist eine hohe Kompetenzerwartung auch für das eigene Befinden. Kompetent handeln zu können, reduziert Streß und steigert das Wohlbefinden und die Zufriedenheit. (Schmitz, 1998, S. 141)

Selbstwirksamkeitserwartungen sind somit auch für die Forschung zu Lehrkräften von Interesse und hoher Relevanz (Klassen et al., 2011). Sie sind etwa seit Ende der 1990er Jahre auch im deutschsprachigen Raum in den Fokus der schulischen Forschung gerückt (Krapp & Ryan, 2002; Nentwig, 2018). Daher wird im nächsten Abschnitt die Rolle der Selbstwirksamkeit in der Schule genauer betrachtet.

Selbstwirksamkeitserwartungen von Lehrkräften
Schon Bandura (1993) selbst bezog die Selbstwirksamkeitstheorie auf Lehrkräfte. „The task of creating environments conducive to learning rests heavily on the talents and self-efficacy of teachers" (S. 140). Dabei gilt die „Lehrer-Selbstwirksamkeit [als] eine berufsspezifische Persönlichkeitsvariable" (Schwarzer & Schmitz, 1999, S. 1).

In Deutschland wurde in den 1990er Jahren das Projekt *Selbstwirksame Schulen* durchgeführt. Dabei wurde die Selbstwirksamkeit von Lehrkräften weiter aufgegliedert, um weitere *spezifische* Selbstwirksamkeitserwartungen von Lehrerinnen und Lehrern in ihrem Berufsalltag zu erforschen, (a) die Selbstwirksamkeit bezüglich beruflicher Leistungserwartung, (b) Selbstwirksamkeitserwartung bezüglich berufsbezogener sozialer Interaktionen, (c) Selbstwirksamkeitserwartung bezüglich des Umgangs mit Streß und Emotionen sowie (d) die Selbstwirksamkeitserwartung bezüglich innovativen Handelns. (Schmitz, 1998, S. 141)

Dabei konnte gezeigt werden, dass „die Allgemeine Selbstwirksamkeit und die spezifischen Selbstwirksamkeitserwartungen zwischen 25 % und 49 % gemeinsame Varianz teilen" (Schmitz, 1998, S. 147). Dabei scheinen die einzelnen Selbstwirksamkeitserwartungen etwas leichter beeinflussbar zu sein als die allgemeine Selbstwirksamkeit (Schmitz, 1998).

Selbstwirksamkeitserwartungen spielen in vielen Bereichen des Lehrens eine zentrale Rolle. Lehrkräfte mit hoher Selbstwirksamkeitserwartung fühlen sich weniger gestresst und sind weniger anfällig für Bournout (Baumert & Kunter, 2013a; Edelstein, 2002; Nentwig, 2018; Schwarzer & Schmitz 1999; Wudy & Jerusalem, 2011). Selbstwirksamkeit beeinflusst die Planung des Unterrichts und Handlungen im Unterricht (Rjosk et al., 2017; Wudy & Jerusalem, 2011). Selbstwirksame Lehrkräfte sind offener für neue Ideen (Oerke et al., 2018; Schulte, 2008), zeigen mehr Engagement (Schmitz & Schwarzer, 2002), unterstützen die Lernenden mehr und zeigen mehr Geduld (Schwarzer & Jerusalem, 2002). „Selbstwirksamkeitserwartungen von Lehrkräften korrelieren auch mit ihrem Enthusiasmus im Unterricht und der Wertschätzung des Unterrichtens als Kern der beruflichen Tätigkeit" (Baumert & Kunter, 2006, S. 503). Im Gegensatz dazu zeigen Lehrkräfte mit geringen Selbstwirksamkeitserwartung weniger Zufriedenheit und mehr Schwierigkeiten im Unterricht (Klassen et al., 2011).

Selbstwirksamkeitserwartungen einer Lehrkraft haben somit auch Einfluss auf die Lernenden. „Es zeigte sich beispielsweise, dass eine positive Selbstwirksamkeitserwartung von Lehrkräften sich förderlich auf den akademischen Erfolg der Schülerinnen und Schüler, die Motivation sowie deren Selbstwirksamkeitserwartung und das Klassenklima auswirkt" (Urton, 2017, S. 5).

Dabei ist die Selbstwirksamkeit auch für Schüler:innen bedeutend. Denn es „konnte gezeigt werden, dass Schüler mit hohen Selbstwirksamkeitserwartungen schwierigere Aufgaben wählen, eine höhere Anstrengungsbereitschaft bei der Bewältigung von Aufgaben sowie eine längere Persistenz bei schwierigen Aufgaben zeigten" (Schwanzer & Frei, 2014, S. 67).

Zusammenfassend zeigt sich: „Selbstwirksamen Lehrern gelingt es offenbar eher, erfolgreich zu unterrichten, Schülerleistungen kontinuierlich zu verbessern, sich hohe pädagogische Ziele zu setzen und diese hartnäckig zu verfolgen" (Schwarzer & Schmitz, 1999, S. 1).

Dabei sollte folglich auch der Blick auf die fachfremd unterrichtenden Lehrkräfte gerichtet werden. Denn bezogen auf die Selbstwirksamkeit gilt: „Gerade dann, wenn neue Aufgaben zu bewältigen sind, ist es wichtig, möglichst rasch zu Erfolgen zu gelangen" (Hecht, 2013, S. 111). Da das fachfremde Unterrichten zu einem gewissen Zeitpunkt immer eine neue Aufgabe ist, ist es umso wichtige, die fachfremd unterrichtenden Lehrkräfte zu unterstützen. „Höhere Selbstwirksamkeitserwartungen lassen sich dabei vor allem durch positive eigene Erfahrungen ausbilden" (Thurm, 2020, S. 292) und fachfremd unterrichtende Lehrkräfte sollten somit unterstützt werden, positive eigene Erfahrungen zu machen.

„Über die Entwicklung von Selbstwirksamkeitserwartungen während der Lehrerausbildung und der Berufstätigkeit ist weniger bekannt" (Baumert & Kunter, 2006, S. 503). Daher wird in der vorliegenden Arbeit ein Fokus auf die Selbstwirksamkeitserwartungen der teilnehmenden Mathematik fachfremd unterrichtenden Grundschullehrkräfte gelegt.

Wahrnehmung des Fachs Mathematik durch Grundschulstudierende
Auf Grund der Verpflichtung des Studiums des Faches Mathematik beziehungsweise mathematischer Grundbildung für das Grundschullehramt wird die Wahrnehmung der Studierenden von Porsch (2017b) erhoben. „Auf die Frage nach einer angenommenen Wahlmöglichkeit Mathematik als Studienfach zu wählen, antworteten 71.6 % bzw. 202 der 284 Befragten, dass sie gerne ganz auf das Studium des Faches Mathematik verzichtet hätten" (Porsch, 2017b, S. 119). Die Obligatorik des Mathematikstudiums kann durchaus ambivalent eingestuft werden, denn in einer Untersuchung von Porsch und Kolleg:innen (2015) zeigten sowohl Grundschullehramtsstudierende mit Mathematik als auch ohne Mathematik als Schwerpunkt eine relativ hohe Mathematikangst. „Lehramtsstudierende, die Mathematik als ihren Schwerpunkt gewählt haben, verfügen über eine deutlich geringere MA [Mathematikangst] als Studierende mit einer anderen Schwerpunktwahl" (Porsch et al., 2015, S. 13). Negative Einflüsse von Mathematikangst bei Lehrkräften auf die Leistungen der Lernenden oder Leistungserwartungen konnten gezeigt werden (Porsch, 2016b; 2017b; 2019b). Dementsprechend ist auch die Wahrnehmung des Fachs Mathematik in der Fortbildungsmaßnahme mit den teilnehmenden fachfremd unterrichtenden Lehrkräften zu beachten, um Mathematikangst möglichst zu nehmen oder zu verringern. Dabei soll natürlich nicht unterstellt werden, dass jede Mathematik fachfremd unterrichtende Lehrkraft auch unter Mathematikangst leidet. Vielmehr sollen die mathematikbezogenen Selbstwirksamkeitserwartungen generell gestärkt werden.

Motivation

„Motivation is the study of why people think and behave as they do" (Graham & Weiner, 1996, S. 63). Diese Facette der Lehrer:innenprofessionalität findet in der vorliegenden Studie keine Berücksichtigung. Dennoch ist die Motivation selbstverständlich eine zentrale Facette. „Eine umfassende Beschreibung gelungener Lehrprofessionalität muss motivationale (und emotionale) Kategorien berücksichtigen" (Krapp & Hascher, 2009, S. 383). Vor allem da die an der Fortbildungsmaßnahme teilnehmenden Mathematik fachfremd unterrichtenden Lehrkräfte freiwillig an einer umfänglichen Maßnahme teilnehmen, scheint hier eine Motivation vorzuliegen, die eventuell nicht repräsentativ für die gesamte Gruppe der fachfremd unterrichtenden Grundschullehrkräfte sein könnte. Daher wird dieses Thema nicht fokussiert.

Zusammenfassung

Insgesamt zeigt sich für die Überzeugungen der Lehrkräfte, dass diese den Unterricht direkt und indirekt – beispielsweise durch Aufgabenauswahl, Wahrnehmung des Unterrichts oder Handlungsentscheidungen – beeinflussen (Stipek et al., 2001; Staub & Stern, 2002; Staub, 2001; Porsch, 2015; Kunter & Baumert, 2013a; Dohrmann, 2021). Zudem beeinflusst auch die Selbstwirksamkeitserwartung einer Lehrkraft zum Beispiel die Interaktion mit den Lernenden oder das Stressempfinden (Schmitz, 1998), die Planung des Unterrichts sowie Handlungen im Unterricht (Rjosk et al., 2017; Wudy & Jerusalem, 2011), oder das Engagement der Lehrkraft (Schmitz & Schwarzer, 2002). Daher sind sowohl die Überzeugungen als auch die Selbstwirksamkeitserwartungen wichtige Konstrukte, die vor allem auch bei Fortbildungsmaßnahmen für fachfremd unterrichtende Lehrkräfte eingezogen werden sollten.

„Vor allem im Kontext des verständnisvollen Lehrens und Lernens von Mathematik werden Überzeugungen von Lehrkräften neben dem Fachwissen bzw. fachdidaktischen Wissen dabei als strukturierende Faktoren zum Gelingen eines kognitiv aktivierenden, vernetzenden Lehrens von Mathematik angesehen" (Besser, 2014, S. 66). Nach der Betrachtung der Überzeugungen stehen nun folglich die kognitiven Komponenten, also das Fachwissen und das fachdidaktische Wissen im Fokus. Der Zusammenhang von Überzeugungen und Wissen ist dabei komplex (Maaß & Schlöglmann, S. 2009). So konnte sowohl in COACTIV gezeigt werden, dass höheres Fachwissen in Zusammenhang mit weniger transmissiven Überzeugungen einhergeht (Blömeke et al., 2012). TEDS-M zeigte ähnliches: „Hohes fachbezogenes Wissen geht danach mit überdurchschnittlichen, geringeres Wissen mit unterdurchschnittlichen konstruktivistischen Überzeugungen einher" (Blömeke et al., 2012, S. 424).

2.1.3 Kognitive Fähigkeiten

Zu den kognitiven Fähigkeiten zählen das Fachwissen, das fachdidaktische Wissen und das pädagogische Wissen einer Lehrkraft. Zunächst wird auf das Fachwissen eingegangen. Dabei werden die Ergebnisse der in Abschnitt 2.1.1 bereits beschriebenen Operationalisierungen der Studien TEDS-M, COACTIV und MKT erläutert. Anschließend erfolgt dies auch für das fachdidaktische Wissen. Abschließend wird in Kürze das pädagogische Wissen thematisiert.

Fachwissen
„There is consensus in the teacher education literature that a strong knowledge of the subject taught is a core component of teacher competence" (Baumert & Kunter 2013b, 176). Somit steht das konzeptuelle Wissen der Lehrkraft im Fokus. Vor allem in dem Fehlen von Fachwissen wird die Bedeutung desselbigen deutlich (Putnam et al., 1992).

Dass die Lehrkraft eine zentrale Rolle für das Lehren und Lernen einnimmt, ist weitgehend unumstritten (Ríordáin et al., 2019; Ball et al., 2008). Auch die Rolle des Fachwissens ist dabei für viele zweifellos essentiell: „Most people would agree that an understanding of content matters for teaching" (Ball et al., 2008, S. 389). Eine Lehrkraft die Mathematik unterrichtet, sollte also über ein ausreichendes mathematisches Fachwissen verfügen (Shulman, 1986; Prediger, 2010; Augusto, 2019). Welche Ergebnisse die großen drei Studien bezüglich des Fachwissens zeigt, wird nun betrachtet.

Ergebnisse der Studie MKT
Ein hohes Wissen in den ausgemachten Bereichen scheint mit bestimmten Gewohnheiten zu korrelieren, wie etwa das aufmerksame Beachten mathematischer Auffälligkeiten oder stringenten Argumentationen (Hill & Ball, 2009). In Untersuchungen von insgesamt zehn Lehrkräften in unterschiedlichen Schulstufen von Klasse 2 bis 6, zeigte sich in Testungen des MKT, videografierten Unterrichtsstunden und Interviews, dass es einen ausgeprägten Zusammenhang zwischen dem, was eine Lehrkraft wie, wie sie es weiß und was im Rahmen ihres Unterrichts mit diesem Wissen tun kann (Hill et al., 2008).

In einer weiteren Untersuchung (Hill et al., 2005) wurden insgesamt fast 700 Erst- und Drittklässlerlehrkräfte und die Schüler:innen dieser Klassen begleitet. Neben Lernendenassessments wurden Elterninterviews geführt. Die Ebene der Lehrkräfte wurde auch auf zwei Weisen erhoben – zum einen mit einem Protokoll das die Lehrer:innen 60 mal im Schuljahr ausgefüllt haben und zum anderen mittels Fragebogen. Bei der Zusammenführung der Daten zeigte sich, dass das Wissen der Lehrkraft eine große Rolle spielt. „Teachers' content knowledge for teaching mathematics was a significant predictor of student gains in both models at both grade levels" (Hill et al., 2005, S. 396). Dabei waren die Autor:innen selbst überrascht davon, dass die Effekte auch schon für die elementaren mathematischen Inhalte der ersten Klasse nachzuweisen waren (Hill et al., 2005).

Es zeigt sich also zusammenfassend, dass unterschiedlichen Wissensfacetten einer Lehrkraft, die hier ausgemacht werden konnten, für guten Mathematikunterricht zentral sind. Das Wissen erweist sich dabei als wichtiger Prädiktor der Schüler:innenleistungen. Das unterstreicht die Essentialität von Fachwissen für Lehrkräfte – auch gerade für Mathematik fachfremd Unterrichtende, denn über welches mathematikbezogene Wissen Mathematik fachfremd unterrichtende Grundschullehrkräfte verfügen und ob es lernförderliche Prinzipien zur Gestaltung von Fortbildungsmaßnahmen zur Unterstützung dieser Lehrkräfte gibt, sind zentrale Aspekte der vorliegenden Arbeit.

Ergebnisse der COACTIV-Studie
Die COACTIV Studie war in die Erhebungen zu PISA 2003/2004 eingebettet, um das Professionswissen und Überzeugungen der Lehrkräfte mit den Lernerfolgen der Schüler:innen zu vergleichen (Jordan et al., 2008). Obwohl sich die Daten auf Lehrkräfte der Sekundarstufe I beziehen, ergaben sich auch für die Arbeit in der Grundschule – auch mit fachfremd Unterrichtenden – relevante Befunde, die für die vorliegende Studie von Bedeutung sind, welche in Kürze zusammengefasst werden.

Zunächst konnte gezeigt werden, „dass Fachwissen und fachdidaktisches Wissen zwei theoretisch und empirisch trennbare Wissensfacetten darstellen, die bei zunehmender Expertise von Lehrkräften stärker vernetzt sind" (Baumert & Kunter 2006, S. 495). Dennoch zeigte sich eine hohe Korrelation zwischen dem Fachwissen einer Lehrperson und ihrem fachdidaktischen Wissen (Baumert & Kunter 2013a). Die fachwissenschaftliche Grundlage stellte sich als wichtig für das fachdidaktische Wissen heraus (Brunner et al., 2006b; Baumert & Kunter 2013b; Krauss et al., 2008a). So zeigten die Leistungsunterschiede zwischen Gymnasial- und Nicht-Gymnasiallehrkräften, dass erwartungskonform die Gymnasiallehrkräfte, die im Studium intensivere fachliche Lerngelegenheiten haben, über ein höheres Fachwissen verfügten. Aber diese zeigten im Mittel ebenso ein höheres fachdidaktisches Wissen, obwohl die Studiengänge der nichtgymnasialen Lehrämter den Fokus auf die fachdidaktische Ausbildung legen (Brunner et al., 2006b). „Bei gleichem Fachwissen war die mittlere Leistung der Nicht-Gymnasiallehrkräfte um .31 Standardabweichungen besser als die der

Gymnasiallehrkräfte" (Brunner et al., 2006b, S. 535). Die Annahmen, dass zum einen eine fachwissenschaftliche Grundlage die Ausbildung des fachdidaktischen Wissens unterstützt und zum anderen mehr Lerngelegenheiten ebenfalls Einfluss auf das Wissen haben, scheinen aufgrund dieser Befunde bestätigt. Denn ist das Fachwissen identisch, bilden die Nicht-Gymnasiallehrkräfte ein höheres fachdidaktisches Wissen aus. Daraus folgt für die vorliegende Studie, dass zunächst eine fachmathematische Grundlage sichergestellt werden sollte, um darauf aufbauend den Erwerb und die Erweiterung des fachdidaktischen Wissens der fachfremd unterrichtenden Lehrkräfte anzustreben.

Ergebnisse der TEDS-M Studie
Das mathematische Wissen der vier ausgemachten Gruppen an Lehrkräften unterschied sich zum Teil signifikant voneinander. Die beiden unterschiedlichen Lehramtsstudiengänge mit Mathematik als Schwerpunktfach (PS_M und P_M; wobei das PS für die Lehrämtler:innen der Primar- und Sekundarstufe I steht und das P für Primarstufenlehrämtler:innen, das M für mit Mathematik als Schwerpunkt und das oM für ohne Mathematik als Schwerpunkt) erreichten die besten Werte und unterschieden sich nicht signifikant voneinander (Abbildung 2.5).

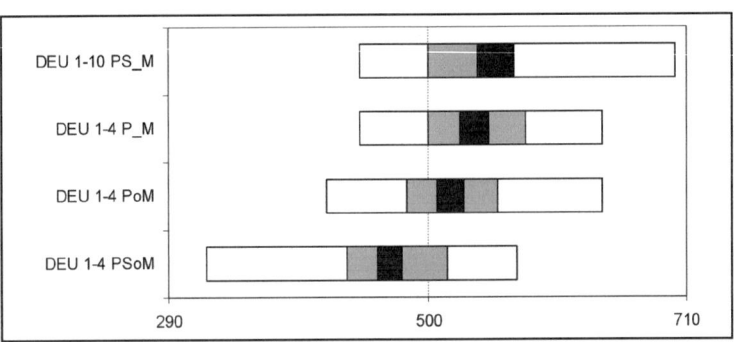

Abbildung 2.5 Perzentilbänder für das mathematische Wissen angehender Primarstufenlehrkräfte in Deutschland nach Ausbildungsgang (entnommen aus Blömeke et al., 2010b, S. 220)

„Als überraschend gut kann auch noch das Abschneiden der speziell für den Unterricht in der Primarstufe ausgebildeten Lehrkräfte ohne Mathematik als Schwerpunkt bezeichnet werden" (Blömeke et al., 2010b, S. 220); auch dieser Wert lag signifikant über dem Mittelwert des internationalen Vergleichs (ebd.).

2.1 Lehrer:innenprofessionalität

Bei der Einteilung in Kompetenzniveaus – wobei das erste Kompetenzniveau der geringsten Kompetenz und das dritte Kompetenzniveau der höchsten Kompetenz entspricht – zeichnete sich ein vergleichbares Bild. Etwas mehr als die Hälfte der Primarstufenlehrkräfte ohne Mathematik als Schwerpunkt und etwa zwei Drittel der Primarstufenlehrkräfte mit Mathematik als Schwerpunkt erreichten das dritte Niveau. Primarstufenlehrkräfte ohne Mathematik als Schwerpunkt sowie Primar- und Sekundarstufen-I-Lehrkräfte mit Mathematik als Schwerpunkt schnitten noch etwas besser ab als die Primastufenlehrkräfte mit Mathematik als Schwerpunkt; von den stufenübergreifenden Lehrämtler:innen ohne Mathematik als Schwerpunkt erreichten nur etwa ein Viertel das dritte Kompetenzniveau.

Zusammenfassung
Zusammenfassend lässt sich sagen, dass Fachwissen kein Allheilmittel ist (Baumert & Kunter, 2013b). COACTIV zeigte beispielsweise keinen direkten Einfluss des Fachwissens einer Lehrkraft auf die Leistungen der Lernenden, konnte aber eine hohe Korrelation von fachlichem und fachdidaktischem Wissen herausstellen (Krauss et al., 2008a). Dabei ist eine fachwissenschaftliche Grundlage essentiell für die Ausbildung des fachdidaktischen Wissens (ebd.; Brunner et al., 2006b).

Die Ergebnisse der TEDS-M Studie zeigten dazu ergänzend, dass Lehrkräfte, die Mathematik als Schwerpunktfach studiert haben, über höheres mathematisches Wissen verfügten als Lehrkräfte, die das Studium ohne Mathematik als Schwerpunktfach absolviert hatten. Das ist vor allem für die vorliegende Studie ein bedeutendes Ergebnis, da hier die Hypothese generiert werden kann, dass die an der Fortbildungsmaßnahme teilnehmenden Mathematik fachfremd unterrichtenden Lehrkräfte eventuell über ein niedrigeres mathematisches Wissen verfügen. In der Förderung des mathematischen Wissens scheint somit ein zentraler Aspekt der Gestaltung der Fortbildungsmaßnahme zu liegen (vgl. Abschnitt 7.1.1)

Die „Auffassung, Fachwissen sei eine notwendige, wenn auch nicht hinreichende Bedingung für guten Unterricht […] kann mittlerweile als weitgehend konsensfähig gelten" (Neuweg, 2011, S. 457; vgl. auch Hobbs, 2013; Ingersoll, 1999; Laczko-Kerr & Berliner, 2009).

Fachdidaktisches Wissen
Fachdidaktisches Wissen – nach Shulman (1986) eine spezifische Form des Fachwissens – ist in allen Modellen der professionellen Kompetenz eine Facette der kognitiven Komponente der Lehrer:innenkompetenz (vgl. Abschnitt 2.1.1). Zunächst werden die Ergebnisse der COACTIV sowie der TEDS-M Studie vorgestellt.

Ergebnisse der COACTIV Studie

„Fachdidaktisches Wissen ist ohne Fachwissen undenkbar" (Baumert & Kunter, 2013b, 182; eigene Übersetzung). Dennoch zeigt sich, dass beide Facetten voneinander unterscheidbar sind und bis zu einem gewissen Grad unabhängig voneinander differieren (Baumert & Kunter, 2013b). „Das Fachwissen des Lehrers kann nur vermittelt über seine Handlungen im Unterricht auf den Lernerfolg der Schüler wirken. In diesen Handlungen kommt ein komplexes Können zum Ausdruck, das regelmäßig als fachdidaktisches Wissen bezeichnet wird" (Neuweg 2011, S. 457). Somit ist es wichtig zu erfassen, inwiefern fachfremd unterrichtende Lehrkräfte über mathematikdidaktisches Wissen verfügen.

Ein hohes fachdidaktisches Wissen zeigte positive Auswirkungen auf Leistungen der Schüler:innen. So zeigte sich, dass Lehrkräfte mit einem höheren fachdidaktischen Wissen kognitiv aktivierendere Aufgaben stellten und bessere Unterstützung der Schüler:innen realisierten. Das wiederum wirkte sich positiv auf die Leistungen der Lernenden und deren Motivation aus (Baumert & Kunter, 2006; Kunter et al., 2013; Kunter & Baumert, 2013). Ein ähnliches sich direkt auf das Fachwissen einer Lehrkraft auswirkendes Ergebnis konnte nicht befunden werden (Baumert & Kunter 2013b). Kunter und Baumert (2013) bezeichnen das fachdidaktische Wissen auch als „key factor" (S. 354). Als Folge dessen zeigt sich, ergänzend zum vorherigen Abschnitt, dass, auch wenn eine fachliche Grundlage wichtig zur Ausbildung des fachdidaktischen Wissens ist, kein exklusiver Fokus auf das fachliche Lernen von fachfremd unterrichtenden Lehrkräften gelegt werden sollte. Die fachdidaktischen Kompetenzen der Lehrkräfte sollten auch immer gefordert und gefördert werden. Somit ergibt sich eine gemeinsame Förderung fachlichen wie fachdidaktischen Wissens (vgl. Abschnitt 7.1.1).

Alle Lehrkräfte, die an der COACTIV-Studie teilgenommen haben, haben Mathematik auf tertiärer Ebene studiert (Baumert & Kunter, 2013b). Dennoch zeigte sich ein substanziell differentes domänenspezifisches Wissen (Kunter & Baumert, 2013). Es ist anzunehmen, dass die Unterschiede in den einzelnen Wissens- und Kompetenzfacetten bei fachfremd Unterrichtenden ebenso groß sind. Zudem zeigte sich, dass sowohl fachliches als auch fachdidaktisches Wissen „primär bereits während der Ausbildung erworben" (Krauss et al., 2008a, S. 251) werden. „Professionelles Wissen ist domänenspezifisch und ausbildungs- bzw. trainingsabhängig" (Baumert & Kunter, 2006, S. 483). Somit scheint der Blick auf die fachfremd unterrichtenden Lehrkräfte in besonderer Weise wichtig, um zu erfassen, welche Kompetenzen und Wissensbereiche die fachfremd unterrichtenden Lehrkräfte bereits erlangt haben und an welchen Anknüpfungspunkten Unterstützungsbedarfe ausgemacht werden können.

Zusammenfassend lässt sich also festhalten: „Insgesamt bestätigten diese Befunde [von COACTIV] die Vermutung, dass sich sowohl fachbezogenes Wissen und Überzeugungen als auch eher generelle Merkmale der Motivation und Selbstregulation der Lehrkräfte auf ihren Unterricht in der Art ihrer Unterrichtsgestaltung niederschlagen" (Brunner et al., 2006a, S. 71). Es scheint also auch in den Befunden von COACTIV deutlich zu werden, dass das fachbezogene Wissen der fachfremd unterrichtenden Grundschullehrkräfte zunächst erfasst werden sollte, damit darauf aufbauend und anschließend eine Förderung und Forderung des Wissens erfolgen kann.

Ergebnisse der TEDS-M Studie
Das mathematikdidaktische Wissen der unterschiedlichen Lehramtsstudiengänge mit und ohne Mathematik als Schwerpunkt wurde in zwei Kompetenzstufen unterteilt. Erneut schnitten die übergreifenden Lehramtsstudierenden mit Mathematik als Fach am besten ab; auch knapp die Hälfte aller Primarstufenlehrkräfte erreichte das zweite Kompetenzniveau. Nur etwa jede vierte Primarstufenlehrkraft erreichte das bessere Niveau und nur 16 % der stufenübergreifenden Lehrkräfte (Blömeke et al., 2010b). In dem Bereich des mathematikdidaktischen Wissens „wird allerdings auch eine Schwäche des reinen Primarstufenlehramts ohne Mathematik als Schwerpunkt deutlich. Während in diesem im Mittel offensichtlich ein angemessenes Leistungsniveau gesichert werden kann, fehlt eine breite Leistungsspitze" (Blömeke et al., 2010b, S. 249).

Insgesamt zeigte sich durch TEDS-M folglich, dass die Lehramtsstudiengänge mit Mathematik als Schwerpunkt – erwartungsgemäß – zu höheren mathematischen sowie mathematikdidaktischen Kompetenzen der Lehramtsstudierenden beitrugen. Dabei schnitten die Primarstufenlehrämtler:innen mit Mathematik als Schwerpunkt beim mathematischem und mathematikdidaktischem Wissen besser ab als die Primarstufenlehrämtler:innen ohne Mathematik als Schwerpunkt. „Die Bedeutsamkeit von Lerngelegenheiten lässt sich auch aus den Ergebnissen der TEDS-M-Studie ablesen: Angehende Grundschullehrkräfte bzw. Referendare ohne das Fach Mathematik im Studium erzielten deutlich geringere Ergebnisse in einem Mathematiktest als diejenigen mit dem Studienfach" (Porsch, 2020a, S. 15).

Für Hefendehl-Hebeker und Kollegen (2019) wurde deutlich, dass Lernende nur dann adäquat in ihrem Lernprozess unterstützt werden können, wenn die Lehrkraft über ein profundes, themenspezifisches Wissen über typische Lernwege, Fehlvorstellungen und Lernvoraussetzungen verfügt.

Zusammenfassung

Somit zeigte sich insgesamt die große Bedeutung des fachdidaktischen Wissens der Lehrkräfte für den Unterricht, die Aufgabenauswahl, die kognitive Aktivierung und somit die Lernenden. „Besseres fachdidaktisches Wissen führt, vermittelt über stärker kognitiv anregende Aufgabenstellungen (erhoben über die Analyse der gestellten Aufgaben), zu besseren Schülerleistungen" (Eichholz, 2018, S. 39). Somit hat fachdidaktisches Wissen – anders als das Fachwissen – einen direkten Einfluss auf die Leistungen der Schüler:innen. „Genauer genommen scheint höheres fachdidaktisches Wissen zu einer höheren Unterrichtsqualität zu führen, welche wiederum zu besseren Schülerleistungen führt" (Kunina-Habenicht et al., 2016, S. 322). Vor allem da TEDS-M zeigen konnte, dass Lerngelegenheiten im Studium eine zentrale Rolle spielen (vgl. Abschnitt 2.1.1), sollte bei der Umsetzung einer Fortbildungsmaßnahme für Mathematik fachfremd Unterrichtende die Förderung des fachdidaktischen Wissens fokussiert werden (vgl. Abschnitt 7.1.1).

Pädagogisches Wissen

„Allgemeines pädagogisches Wissen und Können gehören zweifellos zum Kern der professionellen Kompetenz von Lehrkräften (Baumert & Kunter, 2006, S. 485). Für einen Einblick in die Ergebnisse des pädagogischen Wissens von Lehrkräften vergleiche beispielsweise König, Blömeke und Kaiser (2015). Da in der vorliegenden Arbeit der Blick auf Mathematik fachfremd unterrichtende Grundschullehrkräfte gerichtet wird, die ein Grundschullehramtsstudium absolviert haben, wird dieser Bereich nicht in den Blick genommen, stattdessen werden die fachbezogenen Facetten fokussiert.

Zusammenfassung kognitive Fähigkeiten

„Insbesondere für das Fach Mathematik konnte gezeigt werden, dass das Wissen und die Überzeugungen von Lehrern direkte und auch indirekte Effekte auf Schülerleistungen haben können" (Lipowsky, 2006, S. 64). Eine fachwissenschaftliche Grundlage stellt sich als wichtig für die Ausbildung des fachdidaktischen Wissens heraus (Krauss et al., 2008a). Dabei hat das fachdidaktische Wissen der Lehrkraft einen direkten Einfluss auf Leistungen der Lernenden (Kunter et al., 2013; Baumert & Kunter, 2006; Kunter & Baumert, 2013; Krauss et al., 2008a). Das zeigten allen voran die beiden großen Studien COACTIV und TEDS-M (vgl. Abschnitt 2.1.1). „Fasst man die Ergebnisse der beiden Forschungsgruppen zusammen, so wird man betonen müssen, dass sowohl das Fachwissen als auch das fachdidaktische Wissen von Lehrkräften größter Aufmerksamkeit bedürfen" (Baumert & Kunter, 2006, S. 496).

„Als durchgängiges Ergebnis lässt sich festhalten, dass bereichsspezifisches deklaratives und prozedurales Wissen Voraussetzung für eine erfolgreiche Berufsausübung ist" (Bromme & Haag, 2008, S. 805 f.). Da sowohl Fachwissen als auch fachdidaktisches Wissen hauptsächlich in den ersten beiden Phasen der Lehrer:innenbildung erworben wird (Krauss et al., 2011), ist der Blick auf die Mathematik fachfremd unterrichtenden Lehrkräfte besonders essentiell, um deren Wissen und Überzeugungen zu erfassen und eventuelle Auswirkungen auf die Leistungen der Schüler:innen ableiten zu können. „Die Professionalisierung soll den Lehrpersonen zunächst dabei helfen, ihren komplexen Arbeitsalltag zu meistern" (Fletemeyer, 2021, S. 35). Somit sind beide Bereiche der professionellen Kompetenz – die affektiv-motivationale wie auch die kognitive Komponente – im Folgenden für fachfremd Unterrichtende genauer betrachtet. Denn die „Entwicklung von Expertise verläuft immer bereichsspezifisch (Bromme & Haag, 2008, S. 811).

Um die Expertise, das Wissen und die Überzeugungen von fachfremd unterrichtenden Lehrkräften genauer zu betrachten, erfolgt zunächst eine Begriffsdefinition und die Darstellung der Forschungslage zu fachfremd Unterrichtenden im Allgemeinen. Danach folgt die Vorstellung von Forschungsergebnissen bezüglich der affektiv-motivationalen Komponente bei fachfremd Unterrichtenden und anschließend der kognitiven Komponente im Speziellen.

2.2 Mathematik fachfremd Unterrichtende

„Es kann angenommen werden, dass Lehrkräfte, die fachfremd eingesetzt werden, über ein geringeres fachliches und fachdidaktisches Wissen verfügen als Lehrkräfte, die das Fach studiert haben" (Rjosk et al., 2017, S. 341). Inwiefern dieses tatsächlich belegt werden kann, steht im Fokus des nachfolgenden Kapitels. Dazu erfolgen zunächst eine Begriffsklärung und Darstellung der Forschungslage (vgl. Abschnitt 2.2.1). Daran anschließend wird – analog zum Aufbau des Abschnitten 2.1 – zuerst auf Ergebnisse bezüglich der affektiv-motivationen Komponenten fachfremd unterrichtender Lehrkräfte (vgl. Abschnitt 2.2.2) und dann auf Ergebnisse bezüglich der kognitiven Komponenten fachfremd unterrichtender Lehrkräfte (vgl. Abschnitt 2.2.3) eingegangen.

2.2.1 Begriffsklärung und Darstellung der Forschungslage

Zur Begriffsklärung erfolgt zunächst eine Definition des Begriffs *fachfremd* für die vorliegende Arbeit. Danach wird die Häufigkeit des Mathematik fachfremd erteilten Unterrichts betrachtet und Gründe für fachfremdes Unterrichten werden aufgezeigt. Da nicht zuletzt die erste und zweite Phase der Lehrer:innenbildung als ein Grund ausgemacht werden können, wird das Grundschullehramtsstudium in Deutschland in den Blick genommen. Die allgemeine Forschungslage wird anschließend dargeboten. Abschließend erfolgt eine Übersicht von Forderungen der Forschenden bezüglich Ausbildung und weiterer Forschung.

Definition fachfremd Unterrichtende

Zahlreiche Definitionen von *fachfremdem Unterricht* beziehungsweise im englischsprachigen Raum *out-of-field teaching* (oder seltener auch *non-specialist-teaching* oder *teaching across specialisation* (Du Plessis et al., 2019)) gehen im Kern nahezu immer darauf zurück, dass Unterricht erteilt wird, für den die entsprechende Lehrperson keine Qualifikation erworben hat. Dabei kann sich das ‚Fremde' sowohl auf ein Unterrichtsfach als auch auf einen Jahrgang beziehen (Du Plessis et al., 2019; Du Plessis, 2020; Hobbs, 2013; Hobbs & Quinn, 2021; Hobbs & Porsch, 2021; Hobbs & Törner, 2019a; Ingersoll, 2002; Kenny et al., 2020; McConney & Price, 2009; Porsch, 2016a; Van Overschelde & Piatt, 2020).

Benölken und Veber (2019) definieren das Fachfremd-Sein über die Kontrastierung zum Gegenteil: „eine Lehrpersonen, die Mathematik im Hauptfach in einem Lehramtsstudiengang studiert hat" (S. 17). Porsch (2016a) beschreibt mit ‚fachfremd' den Umstand, dass Lehrkräfte ein Unterrichtsfach unterrichten, „obwohl ihnen die formale Qualifikation bzw. die Lehrbefähigung für dieses Fach fehlt" (S. 11). Der Begriff der Lehrbefähigung ist für die Grundschule allerdings nicht eindeutig definiert (Eichholz, 2018), sodass nicht einheitlich festgelegt ist, wann der Mathematikunterricht einer Grundschullehrkraft als fachfremd erteilter Unterricht zählt. In der *Allgemeinen Dienstordnung für Lehrerinnen und Lehrer, Schulleiterinnen und Schulleiter an öffentlichen Schulen* im Land Nordrhein-Westfalen heißt es beispielsweise: „Lehrerinnen und Lehrer im Primarbereich (Grundschule und Förderschule) erteilen in der Regel nach dem Klassenlehrerprinzip den Unterricht in mehreren Fächern" (MSW NRW, 2012, §12, Abs. 3).

Vor diesem Hintergrund spezifiziert das Deutsche Zentrum für Lehrerbildung Mathematik (kurz DZLM): „Eine Lehrperson *mit* Lehrbefähigung hat Mathematik an einer Universität oder pädagogischen Hochschule studiert und eine praktische Ausbildung in der Erteilung von Mathematikunterricht erhalten" (DZLM,

2.2 Mathematik fachfremd Unterrichtende

2015a, S. 3; Hervorhebung im Original). Das heißt folglich, dass genau diejenigen Lehrpersonen als Mathematik fachfremd Unterrichtende eingestuft werden, die während der ersten Phase (Studium) und der zweiten Phase (Referendariat) der Lehrer:innenbildung Mathematik(didaktik) nicht als Fach in der 1. und der 2. Phase absolviert haben. In Abgrenzung zu Seiten- oder Quereinsteiger:innen – die möglicherweise ein mathematisches Studium, aber kein Lehramtsstudium absolviert haben – haben fachfremd Unterrichtende eine abgeschlossene pädagogische Ausbildung – allerdings nicht im betreffenden Fachbereich.

Porsch (2016a) macht für die spezifischen Bedingungen des deutschen Lehrer:innenbildungssystems drei Lehrkräftegruppen aus, die sich in ihrer Qualifikation, ein Fach zu unterrichten, unterscheiden lassen:

1) Autodidakten: Lehrkräfte unterrichten ohne eine Lehrbefähigung in einem Fach, welches weder Bestandteil im Studium noch im Referendariat war.
2) Semiprofis: Diese Gruppe ist heterogen, da folgende Ausbildungswege möglich sind: (2a) Das Fach war Bestandteil im Studium, i. d. R. im Schwerpunkt mit fachdidaktischen Inhalten. Das Fach war nicht Ausbildungsfach in der 2. Phase. Eine Lehrbefähigung kann vorliegen. (2b) Das Fach war Bestandteil im Studium, ebenfalls mit vorwiegend oder ausschließlich fachdidaktischen Inhalten und Ausbildungsfach in der 2. Phase, so dass eine Lehrbefähigung vorliegt.
3) Experten: Ein Fach, welches Lehrkräfte mit einer Lehrbefähigung unterrichten, war Bestandteil im Studium (fachwissenschaftliche und fachdidaktische Ausbildung), und das Fach war Ausbildungsfach in der 2. Phase. (S. 12 f.)

Laut der Definition des DLZM zählen folglich die Semiprofis 2b und die Experten *nicht* zu den fachfremd unterrichtenden Lehrkräften. Nicht allein auf Grund der Tatsache, dass es im internationalen Kontext eine solch zweiphasige Lehrer:innenbildung nicht in jedem Land gibt, „kann es keine für alle Länder gültige Definition geben" (Porsch, 2020a, S. 5).

Die unterschiedlichen Konzeptualisierungen der Fachfremdheit haben dabei auch eine relevante Auswirkung auf die Datenlage. Die großen Unterschiede in der Ausbildung und der Definition von Fachfremdheit führen nicht zuletzt zu widersprüchlichen Forschungsergebnissen, bei denen individuell immer wieder Definition und Messinstrumente reflektiert werden müssen, um die Ergebnisse entsprechend einordnen zu können (Eichholz, 2018; Hobbs & Törner, 2019a; Ingersoll, 1999; 2019).

Zudem gibt Ingersoll (1999) an, dass ein Zertifikat zur Lehrbefähigung nicht der einzige Weg der Erfassung des Phänomens sein kann: „Far more valid than certification as an indicator of a qualified teacher, many have argued, is the actual preparation teachers receive" (Ingersoll, 1999, S. 27). Diese zu erheben und untereinander zu vergleichen, scheint sehr komplex – vor allem bezogen auf den deutschen Kontext, wo in den einzelnen Bundesländern, Universitäten und Kursen nicht nur Umfang und Inhalt der mathematischen und mathematikdidaktischen Anteile im Studium variieren, sondern auch im Referendariat unterschiedliche Regularien vorliegen (siehe Abschnitt Studium in Deutschland in diesem Kapitel). Es ist folglich zentral, die Konzeptualisierung und den Hintergrund der Lehramtsausbildung sowie die der organisatorischen Strukturen des Landes bei der Analyse der Daten und Forschungsergebnisse zu berücksichtigen.

Grundannahme der Fachfremdenforschung
Im englischsprachigen Raum, vor allem in den USA sowie in Australien, ist das fachfremde Unterrichten seit mehr als zwanzig Jahren im Fokus der Forschung (Ingersoll, 1999; Van Overschelde & Piatt, 2020). Kaum ein bildungspolitisches Problem hat laut Ingersoll (1999) seit Ende der 90er Jahre mehr Aufmerksamkeit erfahren.

In Deutschland ist das Phänomen des fachfremd erteilten Unterrichts erst in den letzten Jahren in den Fokus der Forschung gerückt. Törner und Törner machen im Jahr 2010 auf den Umstand aufmerksam und merken an, dass es „nicht einfach [ist], verlässliche Zahlen über fachfremderteilten Unterricht zusammen zu tragen" (Törner & Törner, 2010, S. 246).

> Auch in Deutschland ist das Thema bis vor wenigen Jahren nicht öffentlich diskutiert worden oder Gegenstand von Forschungsarbeiten gewesen. Erstmals hatten Günter und Anne Törner im Jahr 2010 explizit auf diese Situation in Deutschland mit besonderer Berücksichtigung des Faches Mathematik aufmerksam gemacht. Sie verweisen in ihrem Beitrag u. a. auf die Tatsache, dass Lehrkräfte nach ihrer Ausbildung nicht nur häufig vor der Situation stehen, Mathematikunterricht fachfremd zu erteilen, sondern dieses Thema durchaus von Kolleg*innen kontrovers diskutiert und als Herausforderung im Lehrerberuf betrachtet wird. (Porsch 2020a, S. 3 f.)

Um es mit Terharts Worten zusammenzufassen: „Fachfremder Unterricht war und ist ein eher schamhaft verschwiegenes Phänomen in unserem Schulwesen" (Porsch, 2019c, S. 10).

Obwohl immer noch einige Facetten des fachfremden Unterrichts und Unterrichtens nicht ausreichend beleuchtet sind (Campbell et al., 2019) und es widersprüchliche Studienergebnisse gibt, beruht die intensive Forschung zu dem Themenbereich auf der Annahme, dass eine Lehrkraft über fachliches und fachdidaktisches Wissen des Unterrichtsfachs verfügen sollte, um einen verstehensorientierten und zeitgemäßen Mathematikunterricht gestalten zu können, was sich dann wiederum positiv auf unterschiedliche Bereiche, wie Schüler:innenleistungen und Erleben des eigenen Unterrichts durch die Lehrkraft, auswirkt. „Die Verfügbarkeit über fachspezifisches Wissen stellt für Lehrer*innen eine zentrale Grundlage für eine fach- und sachgerechte Planung, Gestaltung und Analyse von Unterricht dar" (Porsch, 2019a, S. 1).

Dabei ist es aus nachvollziehbaren Gründen schwierig, die professionelle Kompetenz einer Lehrkraft ausschließlich an einem Zertifikat festzumachen (Porsch & Whanell, 2019). Obschon „[i]n der Ausbildung [...] neben bildungswissenschaftlichem Wissen mathematisches Fachwissen und fachdidaktisches Wissen vermittelt" (Porsch, 2020a, S. 3) werden, sollten die Facetten des Fachwissens sowie fachdidaktischen Wissens, aber auch die der Überzeugungen und motivationalen Ebenen genauer betrachtet werden. Als Grundannahme kann also festgehalten werden, dass davon ausgegangen wird, dass es Unterschiede zwischen fachfremd Unterrichtenden und Fachkolleg:innen gibt.

Häufigkeit des fachfremd erteilten Mathematikunterrichts
Für Australien und die USA liegen recht viele Daten vor (Hobbs, 2013; McConney & Price, 2009). So gab etwa ein Drittel der Lehrkräfte an amerikanischen Secondary und High Schools an Mathematik zu unterrichten, die keinerlei Zertifizierung oder Studium – weder Bachelor noch Master – im Bereich der Mathematik(didaktik) hatten (Ingersoll, 1999). Da vor allem in Australien und den USA das fachfremde Unterrichten schon längere Zeit Aufmerksamkeit erfährt, lohnt ein Blick in die Zahlen und Studien – auch wenn die Ausbildung der Lehrkräfte und die Situationen in den Schulen nicht deckungsgleich mit denen in Deutschland sind.

Die TIMS-Studie aus dem Jahr 2015 – anders als die Schwerpunktsetzung im Jahr 2019 – erhob selbstberichtete Daten zum Studium der Lehrkräfte und errechnete dann die entsprechenden Anteile an Schüler:innen der vierten Klasse, die fachfremd unterrichtet wurden. Für Australien zeigte sich, dass 94,5 % der Schüler:innen von Lehrkräften unterrichtet wurden, die entweder ein Primarstufenlehramt oder Mathematik als Schwerpunkt/Spezialisierung studiert hatten. Nur 13 % der Lernenden hingegen wurden von Lehrkräften unterrichtet, die Grundschullehramt mit Mathematik als Schwerpunktfach studiert hatten (Porsch & Wendt, 2016).

Für die USA müssen die Werte unter Vorbehalt betrachtet werden, da die Teilnahmequoten nicht den Vorgaben entsprechen. Es zeigte sich aber ein vergleichbares Bild zu dem in Australien: 86,8 % der Schüler:innen wurden von Lehrkräften unterrichtet, die Primarstufenlehramt oder Mathematik als Schwerpunkt studiert hatten, während nur 13,2 % ihren Mathematikunterricht von Lehrpersonen erhielten, die Grundschullehramt mit Mathematik als Schwerpunktfach studiert hatten (ebd.).

Der internationale Mittelwert lag bei 85,6 % für die erste Gruppe beziehungsweise bei 24,6 % der Kinder, die Mathematikunterricht von Lehrkräften erhielten, die Mathematik als Schwerpunkt im Grundschullehramtsstudium belegt hatten (ebd.). Dabei wurde nach einem Schwerpunkt im Studium gefragt. Der Anteil der Schüler:innen, die von Lehrkräften unterrichtet wurden, die Mathematik als Schwerpunkt im Grundschullehramtsstudium belegt hatten, variierte enorm. „Während in Schweden (71 %) [oder] Deutschland (60 %) [...] über die Hälfte aller Grundschulkinder von entsprechenden Lehrkräften unterrichtet werden, liegt in den meisten Teilnehmerstaaten der Anteil zwischen 10 und 30 Prozent und in acht Teilnehmerstaaten sogar darunter" (ebd., S. 190). Hierbei zeigte sich vermutlich vor allem auch der Unterschied des Studiums; in Deutschland wurden – und werden teilweise immer noch – Grundschullehrkräfte als Spezialist:innen ausgebildet, während in zahlreichen anderen Ländern Lehrkräfte der Primarstufe als Generalist:innen ausgebildet werden (u. a. Vale & Drake, 2019; Campbell et al., 2019). So könnten die großen Unterschiede zwischen den Gruppen möglicherweise erklärt werden, da eventuell kein Schwerpunkt gewählt wird.

In der internationalen Wahrnehmung ist daher das fachfremde Unterrichten in der Primarstufe teilweise gar nicht als Problemfeld bekannt (Eichholz, 2018). Neben den Unterschieden in Curriculum und Strukturen, welche Ingersoll (2019) als mögliche Gründe für eine Fokussierung der empirischen Studien zu fachfremd erteiltem Unterricht auf die Sekundarstufe benennt, könnte dies ein weiterer möglicher Grund sein. „Relativ gut belegt ist ein positiver Zusammenhang zwischen dem Fachstudium und den Schülerleistungen in Mathematik auf High-School-Niveau" (Tiedemann & Billmann-Mahecha, 2007, S. 60).

Der IQB-Bildungstrend für die Grundschule von 2016 (Rjosk et al., 2017) führte an, dass knapp ein Drittel der Lehrkräfte angab, Mathematik fachfremd in der Grundschule zu unterrichten. Somit lag der Wert leicht über dem Wert – 27,2 % – des IQB-Ländervergleichs von 2011 (Richter et al., 2012). Dabei ist vor allem der Unterschied zwischen den einzelnen Bundesländern bemerkenswert. Während der Anteil in Nordrhein-Westfalen bei 16,5 % unterdurchschnittlich war, gab es sowohl Bundesländer – wie Rheinland-Pfalz oder Baden-Württemberg – mit etwa 60 %, aber auch beispielsweise Thüringen mit 1,4 %. Diese großen Unterschiede lassen sich insbesondere auf die unterschiedliche Ausbildung zurückführen, die später in diesem Teilkapitel noch genauer betrachtet wird.

Die TIMS-Studie 2015 erfasste den Anteil der Schüler:innen der vierten Klasse, die von fachfremd unterrichtenden Lehrkräften unterrichtet wurden (Porsch & Wendt, 2016). Dort wurden drei Kategorien erfasst:

2.2 Mathematik fachfremd Unterrichtende

- Lehrkräfte mit Mathematik als Schwerpunktfach im Lehramtsstudium,
- Lehrkräfte mit Mathematik als Nebenfach im Lehramtsstudium,
- Lehrkräfte mit anderen Schwerpunktfächern im Lehramtsstudium.

64,1 % der Lehrkräfte gehören in die erste Gruppe, 17,3 % in die zweite Gruppe und dementsprechend wurden 18,6 % der Grundschüler:innen der vierten Klasse von fachfremd Unterrichtenden in Mathematik begleitet.

Die Unterschiede zwischen TIMSS und der IQB-Ländervergleichsstudie lassen sich auf die Rahmenbedingungen und Konzeptualisierungen der Erhebungen zurückführen. Im IQB-Bildungstrend wurden die Lehrkräfte gefragt, ob sie eine Lehrbefähigung für das Fach haben. Somit könnte es auch sein, dass die Lehrkräfte dies nicht ausschließlich auf ihr Studium – wie bei TIMSS erfasst – beziehen, sondern auch das Referendariat in die Beantwortung der Frage mit einbeziehen (Eichholz, 2018; Porsch, 2016a; 2020a).

Die statistischen Daten beispielsweise des Landes Nordrhein-Westfalen zeigten auf, dass es mehr als 51.500 Lehrkräfte an Grundschulen gab, von denen knapp 44.500 ein zweites Staatsexamen abgelegt hatten. Die Lehrbefähigung Mathematik und mathematische Grundbildung hatten zusammen etwa 32.300 Lehrpersonen (MSW NRW, 2020). Der Anteil an fachfremd erteiltem Unterricht wurde dabei nicht erfasst. „Annahme ist, dass eine solche Erfassung aufgrund des rechtsverbindlichen Klassenlehrerprinzips an Grundschulen nicht stattfinden muss" (Porsch, 2019d, S. 6).

Zusammenfassend lässt sich mit Terharts Worten im Interview mit Porsch (2019c) sagen: „Aber die Kernaussage bleibt richtig: Fachfremdes Unterrichten ist zweifellos eine Realität – insbesondere in der Grundschule" (S. 10).

Gründe für fachfremdes Unterrichten

„Auch wenn es das Ziel ist, dass möglichst viele Lehrkräfte voll umfänglich für die Fächer ausgebildet sind, die sie unterrichten, machen Bedingungen an der Schule es mitunter erforderlich, dass Lehrkräfte fachfremd unterrichten" (Abshagen & Godowski, 2019, S. 2). Als ein Hauptgrund für das Auftreten von fachfremd erteiltem Unterricht gilt, dass dieser eine kurzfristige und für das System Schule verhältnismäßig wenig aufwendige Maßnahme gegen existierenden Lehrkräftemangel in Mangelfächern darstellt (Campbell et al., 2019; Hobbs & Törner, 2019b; Ingersoll, 1999; Kenny et al., 2020; Price et al., 2019). Hobbs und Törner (2019a) führen den Mangel an Fachkräften, die den Lehrberuf wählen, teilweise auf geringes Ansehen, welches Lehrkräfte in eigenen Ländern erfahren, zurück. Ingersoll (2019) stellt fest, dass es nicht zwangsläufig insgesamt zu wenig

Lehrkräfte seien, aber Lehrkräften der Unterricht in einem Fach zugeteilt werden muss, für welches sie nicht (ausreichend) ausgebildet seien. Der fachfremd erteilte Unterricht bildet häufig die „einzige Alternative zu Unterrichtsausfall" (Törner & Törner, 2010, S. 247). In der *Allgemeinen Dienstordnung für Lehrerinnen und Lehrer, Schulleiterinnen und Schulleiter an öffentlichen Schulen* des Landes Nordrhein-Westfalen heißt es dazu beispielsweise:

> Wenn es zur Vermeidung von Unterrichtsausfall oder aus pädagogischen Gründen geboten ist und die entsprechenden fachlichen Voraussetzungen vorliegen, sind Lehrerinnen und Lehrer verpflichtet, Unterricht auch in Fächern zu erteilen, für die sie im Rahmen ihrer Ausbildung keine Lehrbefähigung besitzen (MSW NRW 2012, §12, Abs. 2).

Dabei ist fachfremdes Unterrichten auch ein politisch sensibles Thema (Ingersoll, 2019). Gerade an Grundschulen kommt es besonders häufig zu fachfremd erteiltem Unterricht. Grund dafür ist das dort vorherrschende Klassenlehrer:innenprinzip – also die pädagogische Idee, den Großteil des Unterrichts in einer Klasse auch von einer Lehrkraft betreuen zu lassen (Porsch, 2019a). Diesem „wird von der Kultusministerkonferenz […] große Bedeutung für den Unterricht in der Grundschule beigemessen" (Ziegler et al., 2019, S. 122; vgl. auch KMK, 2015).

Zudem kommen stundenplanorganisatorische Gründe und ungleiche Verteilung von Lehrkräften auf die Schulen hinzu (Hobbs & Porsch, 2021). Ziegler und Kolleg:innen (2019) zeigten in ihrer längsschnittlichen Untersuchung der Entwicklung des fachfremd erteilten Unterrichts, wie die Verteilung des fachfremd erteilten Unterrichts und dessen Entwicklung mit dem Standort und den Lernenden zusammenhängt:

> Die Ergebnisse der vorliegenden Studie legen zumindest auf den ersten Blick nahe, dass es Schulen in weniger privilegierten Lagen schwerer fällt, grundständig ausgebildete Referendar*innen für eine Einstellung an ihrer Schule zu gewinnen, und dass sie daher auf Quereinsteigende zurückgreifen müssen. […] Schulen, die größere Anteile an Schüler*innen mit nicht deutscher Herkunftssprache oder mit Lernmittelbefreiung aufweisen, werden häufiger der Gruppe von Schulen zugeordnet, in der der Anteil fachfremden Unterrichts keine positive Entwicklung zeigt. (Ziegler et al., 2019, S. 136 f.)

Luft und Kolleg:innen (2020) nennen als weitere Gründe für das anhaltende Auftreten fachfremd erteilten Unterrichts die mangelnde Diskussion und die stille Akzeptanz.

2.2 Mathematik fachfremd Unterrichtende

Insgesamt „lassen sich also rechtliche, pädagogische sowie praktische bzw. ökonomische Gründe benennen" (Porsch, 2016a, S. 15), warum Unterricht fachfremd erteilt wird. In Deutschland lassen sich auch die Studienregulationen als einen Grund für fachfremd erteilten Mathematikunterricht in der Grundschule ausmachen.

Grundschullehramtsstudium in Deutschland
Während in vielen anderen Ländern Grundschullehrkräfte zu Generalist:innen ausgebildet werden und somit in jedem Fall mathematische oder mathematikdidaktische Anteile im Studium erlernen, ist die Ausbildungssituation für Grundschullehrkräfte nicht nur im internationalen Vergleich verschieden, sondern auch in der zweigeteilten Phase der Lehrer:innenbildung innerhalb Deutschlands divergent. Das ist auf das das föderale Bildungssystem in Deutschland zurückzuführen.

In allen Ländern außer Niedersachsen ist Mathematik oder mathematische Grundbildung auf dem Stand von 2019 in der ersten Phase der Lehrer:innenausbildung verpflichtend zu studieren (Porsch, 2019a). Auf dem Stand von 2016 waren es vier Länder, in denen Mathematik nicht Teil des Studiums sein musste, und drei Länder, in denen man zwischen Mathematik und Deutsch wählen konnte (Porsch, 2017a). Für Nordrhein-Westfalen ist dies nicht der Fall, „da in Nordrhein-Westfalen alle Lehrkräfte der Grundschulen neben dem Unterrichtsfach Deutsch auch Mathematik studieren müssen" (Klemm, 2020, S. 2).

Auch für die zweite Phase der Lehrer:innenbildung, das Referendariat, zeigt sich ein uneinheitliches Bild in den verschiedenen Bundesländern. Hier gibt es mindestens zwei Fächer, in denen das Referendariat absolviert wird – welche in manchen Fällen zwangsweise Mathematik und Deutsch sein müssen – bis hin zu vier Lernbereichen, die Bestandteil des Referendariats sind (Porsch, 2017a; 2019a). Nicht zuletzt diese Diversität in der Ausbildung erschwert die Vergleichbarkeit von Ergebnissen (Porsch, 2016a) – vor allem auch bezüglich der Erhebungen von Lehrbefähigung und Schwerpunktfach beziehungsweise Nebenfach in Bezug auf die unterschiedlichen Erfassungen von fachfremd erteiltem Unterricht.

Insgesamt „kann eine Entwicklung der letzten Jahre hin zu einer stärker generalistischen Lehramtsausbildung im Primarbereich festgestellt werden" (Porsch, 2019a, S. 11). Diese Entwicklung kann durchaus ambivalent wahrgenommen werden (Porsch, 2020b). Zum einen entspricht die Ausbildung in der Form dem späteren Berufsbild der Grundschullehrkraft in höherem Maße, da so fachfremdem Unterrichten entgegengewirkt werden kann (Porsch, 2019a; Campbell et al.,

2019). Zum anderen bleibt die Frage, wie viel fachliches und fachdidaktisches Wissen in einem recht kurzen Studienumfang erworben werden kann und inwiefern das Auswirkungen auf die Lehrenden, die Lernenden und den Unterricht haben könnte (Campbell et al., 2019; Luft et al., 2020; Porsch 2019a).

Forschungsergebnisse zu fachfremd erteiltem Mathematikunterricht
„Tendenziell gehen höhere Fachabschlüsse mit besseren Leistungen von Schülerinnen und Schülern auf Sekundarstufenniveau einher. Dies scheint vor allem im Fach Mathematik der Fall zu sein" (Baumert & Kunter, 2006, S. 491). Zahlreiche Untersuchungen zeigten einen positiven Zusammenhang zwischen der Qualifikation beziehungsweise dem Fachstudium einer Lehrkraft und den Schüler:innenleistungen – insbesondere für das Fach Mathematik (Dee & Cohodes, 2008; Goldhaber & Brewer, 1996; Monk & King, 1994). Dabei ist einschränkend zu erwähnen, dass diese Studienbefunde sich auf Lehrkräfte in den USA fokussieren und das Lehramtsausbildungssystem schwer mit dem in Deutschland zu vergleichen ist (Porsch, 2016a).

Laczko-Kerr und Berliner (2003) untersuchten in den USA, inwieweit sich unterzertifizierte Lehrkräfte – in diesem Fall solche mit maximal einem Bachelorabschluss, der aber nicht im Bereich des Lehramt liegen muss, und solche, deren Studium nicht zum Erhalt des Lehrzertifikats führte – auf die Leistungen der Schüler:innen auswirken. Dabei zeigten sie, dass die Schüler:innen qualifizierter Lehrkräfte höhere Ergebnisse erreichten als Schüler:innen der Lehrer:innen ohne Lehramtsausbildung. Sie schlossen, dass etwa 20 % weniger Wissen aufgebaut wird.

Die Analysen des IQB-Bildungstrend von 2011 haben ergeben, dass Lernende mit ausgebildeten Mathematiklehrkräften deutlich besser abschneiden – was insbesondere für die leistungsschwächsten 5 % galt (Richter et al., 2012). Allerdings zeigten (Re-)Analysen dieser Daten, dass vermehrt kognitiv schwächere Kinder mit Migrationshintergrund fachfremd unterrichtet wurden (Ziegler & Richter, 2017). Die Leistungsunterschiede waren somit auf die Leistungsdispositionen der Lernenden zurückzuführen und nicht auf die Ausbildung der Lehrkräfte. Das scheint allerdings dennoch nicht ganz unproblematisch, wenn man den Ergebnissen des Reviews von Lipowsky (2006) folgt: „Insbesondere schwächere Schüler profitieren offenbar von guten Lehrern bzw. einem guten Unterricht" (S. 49). Daher ist hier die ungleiche Verteilung von Lehrkräften an Schulen mit herausfordernden Lernenden ein mögliches Problem.

2.2 Mathematik fachfremd Unterrichtende

Auch in den Analysen der Ergebnisse des IQB-Bildungstrends von 2016 ist „das Fachstudium an sich nicht prädiktiv" (Rjosk et al., 2017, S. 350). Dabei wurde eine mögliche Fort- oder Weiterbildung der Lehrkräfte in den Untersuchungen aber nicht erfasst, sodass auch Lehrkräfte als fachfremd erfasst wurden, die eventuell an einer späteren Qualifizierungsmaßnahme teilgenommen haben (ebd.).

TIMSS 2015 zeigte, „dass die Ausbildung der Lehrkräfte allein [...] keinen generellen Einfluss auf die mathematischen oder naturwissenschaftlichen Kompetenzen von Schülerinnen und Schülern hat" (Porsch & Wendt, 2016, S. 201). Zu einem ähnlichen Ergebnis kamen auch Tiedemann und Billmann-Mahecha (2007): „Lehrkräfte mit einem einschlägigen Fachstudium erzielen in dieser Studie keinen höheren Unterrichtserfolg bei Kindern im Grundschulalter als Lehrkräfte ohne dieses Fachstudium. Darüber hinaus erzielen sie auch keine höhere Motivation ihrer Schülerinnen und Schüler" (S. 67). Als mögliche Ursachen dafür nannten sie beispielsweise Berufserfahrungen, Fort- und Weiterbildung als eine mögliche Kompensationsstrategie oder eine Diskrepanz zwischen Theorie und Praxis (ebd.). Für die Berufserfahrung konnte in der Studie aber auch kein signifikanter Effekt auf die Leistungen der Lernenden nachgewiesen werden.

Tiedemann und Billmann-Mahecha (2007) werteten in ihrer Studie die Daten von 1126 Schüler:innen der Jahrgangsstufen 3 und 4 aus – für den Bereich der Mathematik war die Kompetenz der Schüler:innen über den Hamburger Schulleistungstest erfasst worden. „Die Lehrkräfte haben ihr Fachstudium und Berufserfahrung angegeben. Lehrkräfte mit einem einschlägigen Fachstudium erzielen in dieser Studie keinen höheren Unterrichtserfolg bei Kindern im Grundschulalter als Lehrkräfte ohne dieses Fachstudium" (ebd., S. 67).

Die Unterschiede der Studienergebnisse lassen sich, zumindest teilweise, wieder auf unterschiedliche Erhebungen des fachfremd-Seins zurückführen (Mathematik nicht Schwerpunktfach, Lehrbefähigung).

Zum anderen sei darauf hingewiesen, dass allein die Studie von Tiedemann und Billmann-Mahecha (2007) eine Längsschnittstudie darstellt, sodass der Lernzuwachs der Schüler*innen unter Kontrolle des Vorwissens zu Beginn des Schuljahres und der Fach-Qualifikation der Lehrkräfte überprüft werden konnte; alle weiteren Studien nutzten Querschnittsdaten (Porsch, 2020a, S. 19).

Es zeigt sich im Überblick über die unterschiedlichen Studien, deren Erfassung der Fachfremdheit und die Ergebnisse, dass sowohl Definitionen des Kriteriums *fachfremd*, Analyseverfahren und die Feststellung signifikanter Unterschiede variieren (Porsch, 2020a).

Forderungen der Forschenden bezüglich Forschung und Ausbildung
Um der Situation der fachfremd Unterrichtenden gerecht zu werden, machen Hobbs und Törner (2019b; 2014) drei zentrale Handlungsfelder aus, die sowohl zur Verbesserung der Situation für Lernende und Lehrende beitragen sollen als auch unterschiedliche Akteure betreffen:

- Verringerung der Notwendigkeit des fachfremden Unterrichtens,
- Verbesserung der Qualität des fachfremden Unterrichtens,
- Erhöhung der Befähigung von Lehramtsabsolvent:innen, der Herausforderung des fachfremden Unterrichtens zu begegnen.

Die Sensibilisierung der Lehramtsstudierenden für fachfremdes Unterrichten nennt Porsch (2019a), indem sie Forderungen für die Lehrer:innenausbildung anschließt: „Wünschenswert sind Maßnahmen der stärkeren und passgenaueren Regulation in der Lehrerausbildung" (S. 15), wobei hier die Studienfachwahlen der Lehramtsstudierenden – mit Ausnahme der Grundschule – schwer zu beeinflussen sind und dieses Ziel in einigen Fächer schwieriger zu realisieren sein dürfte. Zudem sollte das Klassenlehrer:innenprinzip überdacht werden, um dem Fachlehrer:innenprinzip gegebenenfalls zu weichen. Zumindest für die Grundschule ist eine Veränderung der Studienbedingungen in den vergangenen fünf Jahren bereits angestoßen worden, wobei hier empirisch begleitet werden sollte, „inwieweit eine angemessene Vermittlung von Fachwissen in mehreren Fächern innerhalb eines Studiums überhaupt möglich ist" (Porsch, 2019a, S. 16).

Zusammenfassung
Zusammenfassend zeigt sich, dass fachfremdes Unterrichten in der internationalen Literatur aber immer wieder als *Problem* betitelt wird (u. a. Hobbs & Törner, 2019a; Ingersoll, 1999; Ingersoll, 2019; Luft et al., 2020; Van Overschelde & Piatt, 2020;). „Out-of-field teachers have a lack of qualifications or expertise in specific fields" (Du Plessis, 2020, S. 1470).

Eine extreme Position nehmen Krainer und Benke (2009) ein:

> Nicht einschlägig ausgebildete Lehrkräfte (sie haben Lehramtsabschlüsse für andere Fächer) verfügen im Allgemeinen nicht über die nötige fachliche Souveränität und Freude am Fach. Damit sind sie in einem geringeren Ausmaß befähigt, einen aktivierenden, interessenfördernden Unterricht zu gestalten. Negative Auswirkungen auf die kognitiven und affektiven Prozesse im Unterricht und letztlich auf die Kompetenzen, Einstellungen und Berufs- und Studienwahl von Schüler/inne/n sind erwartbar, Studien dazu fehlen jedoch. (Krainer & Benke 2009, S. 233 f.)

Ein rein defizitorientierter Blick scheint hier aber nicht ausreichend zu sein. Inwiefern nun Forschungsergebnisse diese Aussage entkräften oder bestärken, wird im Folgenden anhand der beiden in Abschnitt 2.1.2 ausgemachten zentralen Themen affektiv-motivationale Komponente und kognitiven Komponente in Bezug auf fachfremdes Unterrichten und fachfremd Unterrichtende in den Fokus gesetzt. „Out-of-field teaching is complex and demanding, both cognitively and affectively" (Hobbs & Quinn, 2021, S. 21). Daher wird im nächsten Abschnitt der Bereich der affektiv-motivationalen Fähigkeiten der professionellen Kompetenz genauer betrachtet.

2.2.2 Affektiv-motivationale Fähigkeiten fachfremd Unterrichtender

Dass die affektiv-motivationalen Fähigkeiten einer Lehrkraft Einfluss auf die Gestaltung der Aufgabenauswahl haben und beispielsweise das Nutzen einer Aufgabe nach dem operativen Prinzip, wie sie in der Einleitung präsentiert wird, beeinflussen kann, wurde in Abschnitt 2.1.2 erörtert. Daher ist es besonders wichtig, sich auch die Forschungsergebnisse bezüglich der affektiv-motivationalen Fähigkeiten von fachfremd unterrichtenden Lehrkräften anzuschauen. Dazu wird zunächst auf die Herausforderungen für Lehrkräfte bei fachfremd erteiltem Unterricht eingegangen. Anschließend wird die Wahrnehmung des Fachs Mathematik durch fachfremd unterrichtende Lehrkräfte thematisiert. Es folgt die Vorstellung bisheriger Forschungsergebnisse zu den Überzeugungen fachfremd unterrichtender Lehrkräfte.

Herausforderungen für die Lehrkräfte
Das Gefühl, sich fremd im Fach zu *fühlen*, spielt für nicht wenige Lehrkräfte eine Rolle (Hobbs, 2013; Hobbs & Törner, 2019a). Sie fühlen sich selbst nicht ausreichend vorbereitet oder schätzen ihr Wissen als unzureichend ein. Das fachfremde Unterrichten stellt die Lehrkräfte somit sowohl im Klassenraum als auch in ihrer Lehrer:innenpersönlichkeit vor Herausforderungen (Hobbs et al., 2019).

Der Umgang der fachfremd unterrichtenden Lehrkräfte mit ihrer Fachfremdheit variiert; einige fühlen sich fast zum Fach zugehörig, andere versuchen trotz des Gefühls, außerhalb des eigenen Fachbereichs zu sein, ihr Bestes (Hobbs, 2013), oder wie Augusto (2019) es fasst: „Once a task is already given to you, what you can do is to deal and cope with it" (S. 38).

Einhergehend mit einem großen Druck, den Lernerfolg der Schüler:innen zu maximieren (Porsch & Whanell, 2019) und mit sich ändernden Anforderungen beispielsweise durch einen Paradigmenwechsel zu einem anderen Lehr-Lern-Verständnis (Bosche, 2017; Fletemeyer, 2021; Krauthausen, 2018; Rzejak & Lipowsky, 2020) oder durch die Einführung neuer Lehrpläne und Kompetenzerwartungen an die Lernenden, verändern sich die Anforderungen an Lehrkräfte und können somit „Lehrkräfte vor Herausforderungen stellen, die lebenslanges Lernen und adaptive Kompetenzen erfordern" (Porsch, 2020a, S. 11).

Dabei kann der erteilte Unterricht in den Fächern, in denen die Lehrkraft ausgebildet ist, sich vom fachfremd erteilten Unterricht in erheblichem Maße unterscheiden. Das Fachfremd-Sein kann also nicht als Eigenschaft der Lehrkraft als Person per se angesehen werden, da der Unterricht in den ausgebildeten Fächern im Vergleich zum fachfremd unterrichtenden Fach anders gestaltet werden könnte. Zum Beispiel kann der Anteil an Erklärungen durch die Lehrkraft im fachfremd erteilten Unterricht deutlich höher sein (Van Overschelde & Piatt, 2020) oder das ‚classroom management' bereitet im nicht studierten Fach Schwierigkeiten (Du Plessis, 2013; Porsch, 2016a). Gerade im naturwissenschaftlichen Unterricht könnten Lehrkräfte auch nicht „gänzlich teilfachfremd oder wenigstens teilfachvertraut" (Lagler & Wilhelm, 2013, S. 64) sein. Die Lehrkraft adaptiert ihr Wissen aus den Fächern, für die sie ausgebildet ist, und überträgt diese in die Bereiche, für die sie nicht ausgebildet ist – sofern möglich. Aber sowohl externe Herausforderungen – wie beispielsweise der Stundenplan – als auch interne Herausforderungen – wie fehlende Adaptivität – erschweren diesen Prozess (Hobbs & Törner, 2019a). Das stellt ein Problem dar: „Highly qualified teachers may actually become highly unqualified if they are assigned to teach subjects for which they have little training or education" (Ingersoll, 2019, S. 22).

Zudem zeigen Studien, dass vor allem unerfahrene Lehrkräfte fachfremd unterrichten (müssen), bei denen es dann wiederum wahrscheinlicher ist, dass sie den Lehrberuf verlassen, als bei solchen Lehrkräften, die nicht fachfremd unterrichten (müssen) (Hobbs, 2013; Hobbs & Porsch, 2021 Van Overschelde & Piatt, 2020). Das fachfremde Unterrichten wird als schwieriger und stressiger erlebt (Van Overschelde & Piatt, 2020).

Natürlich darf fachfremd erteilter Unterricht nicht per se negativ beurteilt werden. „When there is acknowledgement, support, and embracing of the out-of-field phenomenon there is a positive collaborative effort to manage the phenomenon" (Du Plessis et al., 2019, S. 222). Zu einem ähnlichen Schluss kommt Bosse (2017), der Interviews mit fachfremd unterrichtenden Mathematiklehrkräften geführt hat: „Die Gespräche mit einigen der Lehrerinnen und Lehrern zeigten,

2.2 Mathematik fachfremd Unterrichtende

dass es teilweise hochmotivierte, mathematikaffine und für den Fachunterricht interessierte Lehrpersonen gibt" (S. 132).

Es kann somit nicht gefolgert werden, dass alle fachfremd Unterrichtenden dies als Belastung erleben. Einige Lehrkräfte zeigen ein hohes Interesse an ihrem fachfremd zu erteilenden Fach und sehen das fachfremde Unterrichten als eine Lerngelegenheit, um sich nötiges Wissen anzueignen (Du Plessis, 2020). Zudem gibt es auch im Anschluss an die Erst- und Zweitausbildung Lerngelegenheiten für Lehrkräfte. „Ferner können Lehrkräfte als (lebenslang) Lernende bezeichnet werden, die adaptiv an die Voraussetzungen ihres Berufes und der Schüler*innen anknüpfend im Beruf weitere Kompetenzen erwerben können" (Porsch, 2020a, S. 7).

Überzeugungen fachfremd unterrichtender Lehrkräfte
Porsch konnte in ihrer Analyse der TIMSS-Daten von 2007 zeigen, dass sich die unterrichtsbezogenen Überzeugungen von fachfremd unterrichtenden Grundschullehrkräften von jenen, die für das Unterrichten von Mathematikunterricht in der Grundschule ausgebildet wurden, unterscheiden.

> Die fachfremd unterrichtenden Lehrkräfte stimmten im Mittel seltener einer konstruktivistischen Lehr-Lern-Überzeugung zu und realisieren laut ihren Aussagen diese weniger häufig im Unterricht. Diese Befunde deuten auf den Einfluss der fachspezifischen Ausbildung der Lehrkräfte hin. Sie können Hinweis darauf sein, dass fachfremd unterrichtende Lehrkräfte über geringeres fachliches und/oder fachdidaktisches Wissen verfügen, so dass sie in ihrer Wahrnehmung mathematische Prinzipien, welche sich an einer konstruktivistischen Überzeugung orientieren, weniger gut in ihrem unterrichtlichen Handeln umsetzen können als ihre Fachkollegen. (Porsch, 2015, 27 f.)

Auch Bosse und Törner (2013) zeigten, dass die affektiv motivationalen Komponenten von fachfremd unterrichtenden Lehrkräften von denen der Fachkolleg:innen unterscheiden. Das ist vor allem vor dem Hintergrund des Einflusses der Überzeugungen auf die Gestaltung des Unterrichts, die Aufgabenauswahl und die kognitive Aktivierung der Lernenden (vgl. Abschnitt 2.1.2) von zentraler Bedeutung. Das heißt für eine Fortbildungsmaßnahme, die für fachfremd unterrichtende Lehrkräfte ausgerichtet ist, dass diese sich intensiv mit den Überzeugungen auseinandersetzen sollten (vgl. Abschnitt 7.1.1)

Zudem zeigten Lünne und Kolleg:innen (2015), „dass fachfremd Unterrichtende kognitiv aktivierenden Unterricht nicht in dem Maße mit Aufgabenauswahl und Unterrichtsmethodik [verbinden] wie ausgebildete Mathematiklehrpersonen" (S. 606). Folglich wurde auch hier deutlich, dass die fachfremden Lehrkräfte andere – gegebenenfalls weniger aktivierende – Aufgaben auswählen. Das beeinflusst den Unterricht und das Lernen der Schüler:innen in besonderem Maße.

„The teaching profession needs confident, well-prepared and well-positioned beginning teachers" (Du Plessis & Sunde, 2017, S. 146) Das ist vor allem dann schwierig, wenn zunehmend unerfahrene Lehrkräfte für fachfremdes Unterrichten eingesetzt werden (Hobbs, 2013; Hobbs & Porsch, 2021, Van Overschelde & Piatt, 2020). Dabei wird die professionelle Identität der Lehrkräfte vor allem in den ersten Jahren der Berufsausübung konstruiert. Derweil wird die Bildung der professionellen Identität durch das fachfremde Unterrichten beeinflusst. Die Lehrkräfte sind weniger zufrieden mit ihrer Berufswahl und die Wahrnehmung, dass sie als Lehrkraft etwas bewirken können, wird beeinträchtigt (Du Plessis & Sunde, 2017). So gab eine Lehrkraft an: „I feel frustrated, and it influences how I teach my specialist subject, which is accounting, but they (the leaders) don't understand" (Du Plessis & Sunde, 2017, S. 141). Ähnliche Aussagen konnten in den Interviews mit fachfremd unterrichtenden Lehrkräften am Anfang der Lehrtätigkeit mehrfach ausgemacht werden; dabei überwog das Gefühl, nicht zu wissen, ob das Geschehen im Klassenzimmer gut genug ist (ebd.). Der Unterricht der studierten Fächer macht „zufriedener" (Pinnig, 2019, S. 29). Somit ist es besonders wichtig, für die Lehrkräfte bereits zu Beginn ihrer Lehrtätigkeit ein entsprechendes Unterstützungssystem aufzubauen und ausreichend sowie vor allem bedarfsgerechte Fortbildungsmaßnahmen anzubieten. Daher stellt die Entwicklung und Beforschung einer Fortbildungsmaßnahme speziell für fachfremd unterrichtende Lehrkräfte eine zentrale Aufgabe dar.

Eichholz (2018) stellt in ihrer Dissertation zu einer Fortbildungsmaßnahme für fachfremd unterrichtende Mathematiklehrkräfte noch einmal die Rolle der eigenen Erfahrungen als Schüler:in heraus: „In den Interviews bestätigt sich zunächst einmal, dass die eigenen Schulerfahrungen (als Lernende), die eine Person mit Mathematik gemacht hat, Grundlage für die Entwicklung von Überzeugungen sind" (S. 199). In einem Pre-Post-Design wurden Überzeugungen der Lehrkräfte durch einen Fragebogen erfasst. Eichholz zeigte auch, dass die fachfremd unterrichtenden Mathematiklehrkräfte bereits vor der Fortbildungsmaßnahme über konstruktivistisch orientierte Überzeugungen zu gutem Mathematikunterricht und eine dynamische Perspektive verfügten. In ihren quantitativen Analysen zeigte sich, dass die statische Perspektive sowie die transmissive Sicht auf das Lehren und Lernen Mathematik nach ihrer Fortbildungsmaßnahme signifikant stärker

2.2 Mathematik fachfremd Unterrichtende

abgelehnt wurden. Für die dynamische Perspektive und die konstruktivistische Sicht auf das Lehren und Lernen von Mathematik sind die Veränderungen nicht signifikant. „Grund dafür kann der bereits hohe Ausgangswert […] sein" (Eichholz, 2018, S. 196). Dabei ist jedoch ambivalent, was die Lehrkräfte angeben, wie guter Unterricht aussehen sollte und wie sie nach eigenen Angaben ihren Unterricht gestalten. In ihrer Begleitforschung zeigte Eichholz (2018), dass ihre Fortbildungsmaßnahme dazu beitragen konnte, diese Diskrepanz aufzuzeigen und aktiv zu thematisieren – „dabei waren aber vor allem die gut umsetzbaren praktischen Beispiele von Bedeutung" (Eichholz, 2018, S. 225).

Lagies (2020) machte in ihrer Dissertation vier unterschiedliche Typen von Mathematik fachfremd unterrichtenden Grundschullehrkräften aus. 16 Mathematik fachfremd unterrichtende Grundschullehrkräfte wurden interviewt und diese Interviews qualitativ und rekonstruktiv untersucht. Die vier Typen waren:

- „Der neugierig-reflektierende pragmatische Typus […]
- Der demütig-zweifelnde idealistische Typus[…]
- Der resigniert-passive stoische Typus[…]
- Der kontrolliert-ressourcenschonende realistische Typus" (S. 191)

Dabei lassen sich die vier Typen in insgesamt 15 verschiedenen Dimensionen unterscheiden – wie beispielsweise Fachlichkeit, Professionalität, Überzeugungen zum Wesen von Mathematik, Vorbereitungen auf den fachfremd erteilen Unterricht, Schulbuchnutzung, die Ansprüche an den fachfremd erteilten Unterricht und sich selbst, sowie der Umgang mit Scheitern und weitere (Lagies, 2020).

Der neugierig-reflektierende pragmatische Typ (Typ P) lässt sich durch ein hohes Maß an Engagement, Neugier sowie Reflexivität charakterisieren (Lagies, 2022). Dabei stehen Orientierung am Kind und Fach(didaktik) im Vordergrund. Die Lehrkräfte, die diesem Typ zuzuordnen sind, sind mathophil und sehen Flexibilität, Dynamik, Struktur und einen hohen Lebensweltbezug als Wesen der Mathematik an. Als Vorbereitung auf den fachfremd erteilten Mathematikunterricht werden verschiedene Materialien genutzt, sodass das Schulbuch eine von zahlreichen Möglichkeiten bildet (Lagies, 2020). Der Typ P empfindet das fachfremde Unterrichten nicht als Belastung: „Teaching outside the subject is constructed as a broadening of horizons, an opportunity and an enrichment" (Lagies 2021, S. 658).

Im Gegensatz dazu zeigen die Lehrkräfte des demütig-zweifelnden idealistische Typus (Typ I) Angst vor dem Scheitern – was nicht zuletzt auf die hohen Ansprüche an sich selbst zurückzuführen ist (Lagies, 2020). Sie haben sich nicht selbstständig für das Unterrichten von Mathematik entschieden, sondern werden beispielweise durch krankheitsbedingten Ausfall von Kolleg:innen zum fachfremden Unterrichten gebracht (Lagies, 2021; Lagies, 2022). Dies bringt Lehrkräfte dieses Typs an die Stress- und Belastungsgrenze. Häufig sind Lehrkräfte des Typ I mathophob und weniger erfahren. Um aber ihren hohen Ansprüchen – wie sie es auch in ihren studierten Fächern gewohnt sind – gerecht zu werden, ist die Vorbereitung des fachfremd erteilten Mathematikunterrichts (zeit)aufwendig und fordernd. So orientieren sie sich am Schulbuch und ergänzen durch weitere Materialien (Lagies, 2020).

Der resigniert-passiv stoische Typus (Typ S) ist gekennzeichnet durch Passivität, Anstrengungsvermeidung und Selbstüberschätzung in Bezug auf die eigene Tätigkeit als Mathematik fremdfremd Unterrichtende (Lagies, 2022). Auf diese Weise vermeidet er die Herausforderungen, die in der aktiven Auseinandersetzung mit Mathematik und Mathematikdidaktik entstehen könnten (Lagies, 2021). In ihrer eigenen Biographie zeigen Lehrkräfte des Typs S Scheitern; es stehen im fachfremd erteilten Unterricht organisatorische Prozesse im Vordergrund. Als Wesen von Mathematik lässt sich ein enges Bild identifizieren, in dem es richtig und falsch gibt. „Inzwischen entwickelte Routinen zeigt sich in Türschwellenpädagogik" (Lagies, 2020, S. 269), sodass in der Vorbereitung vor allem auf das Schulbuch fokussiert wird, welches kleinschrittig abgearbeitet wird, was vor allem für Übungsaufgaben zutrifft (Lagies, 2020).

Der vierte Typus ist der kontrolliert-ressourcenschonend realistische Typ (Typ R). Dieser hat das fachfremde Unterrichten für sich gewählt und sieht das Unterrichten von Mathematik – eben auch fachfremd – als selbstverständlich in der Rolle als Klassenlehrer:in an (Lagies, 2021). Dabei lassen sie sich die entsprechenden Lehrkräfte durch Selbstbewusstsein, Machtanspruch und Gelassenheit in Bezug auf ihre Tätigkeit als fachfremd Unterrichtende beschreiben (Lagies, 2022). Es werden weder Professionalität noch Fachwissen fokussiert, sondern Lehrkräfte des Typs R orientieren sich vornehmlich an Erfahrung und Intuition. In der Tendenz sind Lehrkräfte dieses Typs älter und erfahrener und stehen Mathematik eher neutral oder gleichgültig gegenüber (Lagies, 2022; Lagies, 2020). Das Wesen von Mathematik beschreiben sie dabei eindimensional und rücken Rechenverfahren in den Fokus. Die Vorbereitung wird als händelbar empfunden, wobei die Orientierung am Schulbuch groß ist und durch eigene Aufgaben ergänzt wird (Lagies, 2020).

Insgesamt zeigte sich für alle Typen, dass ihre eigene Schulerfahrung eine Rolle bei ihrer Identität als Mathematik fachfremd unterrichtende Lehrkraft spielt. „Experiences from their own school years therefore shape their current teaching practice and will have influenced some decisions, e.g. the choice of subjects

2.2 Mathematik fachfremd Unterrichtende

during their studies" (Lagies, 2021, S. 659). Dabei stellten die eigenen Erfahrungen entweder eine Barriere oder eine Ressource für das Lehrer:innenhandeln dar (ebd.). Alle 16 interviewten Lehrkräfte berichteten über positive Erfahrungen im Mathematikunterricht der Grundschule und über negative Erfahrungen in der Sekundarstufe (Lagies 2020; 2021). Dies ist nicht nur, wie Lagies beschreibt, ein verbindendes Element der fachfremd Unterrichtenden, sondern könnte eventuell auch ein Grund für die Studienwahl gewesen sein.

Somit zeigte sich in der Studie von Lagies, dass sich die Lehrkräfte, die Mathematik fachfremd in der Grundschule unterrichten, durch höchst unterschiedliche Charakteristika, Überzeugungen und Herangehensweisen an das fachfremde Unterrichten auszeichnen. Somit sind auch ihre Bedarfe in einer Fortbildungsmaßnahme ambivalent und sollten zunächst erfasst werden, damit eine möglichst passgenaue Anknüpfung an die Teilnehmenden realisiert werden kann.

Bosse (2017) machte in seiner Dissertation in einer Interviewstudie mit Unterrichtsbeobachtungen von Mathematik fachfremd unterrichtenden Lehrkräften der Sekundarstufe I insgesamt sechs unterschiedliche Typen fachbezogener Lehrer:innen-Identitäten aus. Damit legte er „[e]inen Forschungsmeilenstein auf dem Gebiet des fachfremd unterrichtenden Mathematikunterrichts im deutschsprachigen Raum" (Lagies, 2020, S. 152) und ist somit auch für die vorliegende Studie von Bedeutung, obwohl diese sich nicht mit Grundschullehrkräften befasst (Tabelle 2.1).

Die herausgearbeiteten Typen der Mathematik fachfremd unterrichtenden Sekundarlehrkräften zeigen eine beachtliche Diversität auf zahlreichen Ebenen. Fachinteresse, Motivation, Entwicklungsbereitschaft, Communityzugehörigkeit, Umgang mit und Ursachenzuschreibung von Schwierigkeiten, Überzeugungen zum Lernen und Lehren von Mathematik sowie Lehrer:innen-Identität variieren zum Teil erheblich. Es wird vermutlich folglich auch in der Grundschule nicht *den einen* Typus der fachfremd unterrichtenden Lehrkraft geben. Auch wenn nicht alle ausgemachten Typen fachfremd unterrichtender Lehrkräfte gleich häufig an Fortbildungsmaßnahmen teilnehmen, werden auch in der hier untersuchten Fortbildungsmaßnahme unterschiedliche Typen teilgenommen haben. Daher ist für die vorliegende Studie die Berücksichtigung der unterschiedlichen Überzeugungen der Mathematik und dem Mathematikunterrichten gegenüber in der entwickelten Fortbildungsmaßnahme besonders zentral und wird bei der Konzeption stets mitbedacht.

Tabelle 2.1 Typen fachbezogener Lehrer:innen-Identitäten nach Bosse (2017)

Typ	Aktiv-motivationales Verhältnis	Weltbilder und Perspektiven	Professionalität fachbezogener Lehrer:innen-Identität	Schwierigkeiten und Bedarfe	Umgang mit Unsicherheit
A: Aktiv-lernender Insider	- intrinsisch motiviert - vor der Lehrtätigkeit bereits ein positives Verhältnis zu Mathematik - wenig Mathematikunterrichtserfahrung	- Anwendungsaspekt der Mathematik vordergründig - Lernen von Mathematik als individueller und konstruktiver Prozess	- fühlt sich der Community zugehörig	- nimmt Defizite in dem eigenen fachdidaktischen Wissen als hinderlich wahr - Schwierigkeiten und Probleme macht Typ A an sich selbst fest - arbeitet eigeninitiativ an Defiziten - artikuliert Bedarf an Unterstützung und ausreichend Zeit	- in der Lage Schwierigkeiten durch Ausnutzung personaler sowie materieller Ressourcen zu begegnen - Lesen von Fachliteratur - Austausch mit Kolleg:innen - Entwicklung vor allem im fachdidaktischen Bereich
B: Erfahrener Semi-Profi	- intrinsisch motiviert - einige Mathematikunterrichtserfahrung - hohe Einsatzbereitschaft - gemischt affektives Verhältnis zur Mathematik	- Formalismusaspekt der Mathematik vordergründig - konstruktivistische Überzeugung - kommunikative und kreative Prozesse im Fokus des Unterrichts - Lehrkraft sieht sich als pädagogische und diagnostische Begleitung	- nimmt sich als peripheres Mitglied der Community wahr - Bereitschaft zur Weiterentwicklung auch fachbezogenen durch Fortbildungen	- Schwierigkeiten führt Typ B auf fehlende fachdidaktische Kompetenz zurück - Motivation und Heterogenität der Schüler:innen wird als hinderlich wahrgenommen - falls Stress empfunden wird, resultiert dies aus dem Engagement, nicht aus erfahrenen Schwierigkeiten	- greift auf personelle oder materielle Ressourcen zurück - es wird viel Arbeitszeit investiert - Austausch mit Kolleg:innen auch zum Ausbau fachdidaktischen und mathematischen Wissens

(Fortsetzung)

2.2 Mathematik fachfremd Unterrichtende

Tabelle 2.1 (Fortsetzung)

Typ	Aktiv-motivationales Verhältnis	Weltbilder und Perspektiven	Professionalität fachezogener Lehrer:innen-Identität	Schwierigkeiten und Bedarfe	Umgang mit Unsicherheit
C1: Fachaffiner Pragmatiker	- extrinsisch motiviert - sieht größere Chancen für die berufliche Zukunft durch fachfremdes Unterrichten - eher Freude an Mathematik als an Mathematikunterricht	- Mathematik durch Klarheit, Logik und Regelhaftigkeit gekennzeichnet - Lebensweltbezug wichtig für guten Mathematikunterricht - Mathematikunterricht fokussiert Regeln und Verfahren	- nicht mehr notwendig in Community integriert - nimmt dieselbe Bedeutung ein wie studierte Fächer - sieht bei sich selbst weniger Fachwissen als auch unterrichtsspezifisches Wissen	- nimmt fehlendes Fachdidaktisches Wissen wahr - Motivation und Heterogenität der Schüler:innen wird als hinderlich wahrgenommen	- Nutzung personeller Ressourcen - Austausch mit Fachkolleg:innen zur Kompensation von Unsicherheiten - Austausch mit fremdfremd unterrichtenden Kolleg:innen zur detaillierten Planung
C2: Fachfremder Pädagoge	- viel Berufserfahrung – auch im fachfremden Mathematikunterricht - extrinsisch motiviert - versteht sich als universelle Lehrkraft - großes Interesse am Mathematikunterricht, eher auf pädagogischem Interesse - negative Mathematikerfahrungen in der eigenen Schulzeit - fachfremd erteilter Mathematikunterricht wird sowohl positiv als auch negativ wahrgenommen - Angst bei fehlendem Fachwissen	- Mathematik als Werkzeug - Lebensweltbezug zentral für Mathematikunterricht - Mathematik erlernen erfolgt durch wiederholtes Vorführen und Erklären sowie imitierendes Üben	- Identität als Mathematiklehrkraft unwichtig, Identität als Pädagoge entscheidend - Kooperation mit Fachkolleg:innen vor allem zur Erfragung von fachlichen Hürden für Lernende - keine professionelle Entwicklung angestrebt	- nimmt zwei Schwierigkeiten wahr: 1. Lernende sind weniger motiviert und erfolgreich als in anderen Fächern 2. eigenes methodisches Repertoire für den Mathematikunterricht gering eingeschätzt	- Kooperation als Kompensation von Unsicherheiten - gestaltet den Unterricht so, dass er gut lenkbar ist - fokussiert pädagogische Ziele

(Fortsetzung)

Tabelle 2.1 (Fortsetzung)

Typ	Aktiv-motivationales Verhältnis	Weltbilder und Perspektiven	Professionalität fachbezogener Lehrer:innen-Identität	Schwierigkeiten und Bedarfe	Umgang mit Unsicherheit
D1: Passiv-indifferenter Outsider	- vermeidet Probleme durch fachfremd erteilten Mathematikunterricht und nimmt diesen als Entlastung wahr (z.B. ermöglicht Klassenleitung, was wiederum zu Stundenreduktion führt; geringere Geräuschbelästigung als bei Musik oder Sport) - Mathematikunterricht wird als fachfremdes Fach gewählt, weil es vermeintlich wenig Arbeit und Vorbereitung erfordert - Frustration bei Nicht-Verstehen von Lernenden	- Mathematik als Wissenschaftsdisziplin gekennzeichnet durch Formeln und festgelegte Lösungs- und Rechenwege - ausreichend viel Zeit zum Üben als Kriterium für guten Mathematikunterricht - Mathematikleistungen durch Begabung erklärbar; kein Einfluss der Lehrkraft	- Identität als universelle Lehrkraft, die auch Mathematik unterrichtet - Selbsteinschätzung als überdurchschnittlich kompetent – fachlich und fachunterrichtspraktisch, da kein spezielles Wissen notwendig - keine Zugehörigkeit zur Community - formale Qualifikation wird als überflüssig erachtet - ist sich der fehlenden Bereitschaft zu Kooperation und Entwicklung bewusst, sieht darin keinen Nutzen	- es werden ausschließlich Schwierigkeiten wahrgenommen, deren Ursache auf Schüler:innenseite liegt (Motivation, Sprachschwierigkeiten, Disziplin,...)	- Nutzung von Schulbuch und weitere materielle Ressourcen bei Schwierigkeiten - Auffassung, dass eine fachfremd unterrichtende Lehrperson eine der Tätigkeit nicht so gut erledigen *muss* bzw. mathematisches mathematikdidaktisches Studium für die unterrichtenden Klassenstufen wird als überflüssig angesehen; in höheren Klassen wird nicht unterrichtet
D2: Resignierend-besorgter Outsider	- unterrichtet Mathematik fachfremd ausschließlich nach Beauftragung durch Schulleitung - weder Interesse an Mathematikunterricht noch Freude am Mathematikunterricht - negative Erfahrungen in Mathematik und dem fachfremd erteilten Mathematikunterricht	- Mathematik wird als kompliziert, theoretisch und formal-streng wahrgenommen - vordergründige Ziele des Mathematikunterrichts sind Motivation zur Beschäftigung mit Mathematik und Abbau von Ängsten der Lernenden	- nimmt sich nicht als Mathematiklehrkraft wahr - keine Zugehörigkeit zur Community angestrebt - fachliche und fachdidaktische Kompetenz wird als gering eingeschätzt - kein Bestreben nach professioneller Entwicklung - Austausch nur selten	- Schwierigkeiten werden auf fehlendes eigenes fachliches und fachdidaktisches Wissen zurückgeführt	- resigniert angesichts von Schwierigkeiten - Flucht vor dem fachfremden Unterrichten statt Ursachenbearbeitung der negativen Emotionen

Selbstwirksamkeitserwartungen von fachfremd unterrichtenden Lehrkräften

Es konnte gezeigt werden, dass das fachfremde Unterrichten Lehrer:innenidentität und Selbstwirksamkeitserwartungen beeinflussen kann (Hobbs, 2013; Du Plessis, 2020).

„Sofern FFU[fachfremd unterichtende]-Lehrkräfte Lücken in ihrem Fachwissen wahrnehmen, ist häufig die Folge, dass sie geringe selbstbezogene Überzeugungen besitzen" (Porsch, 2016a, S. 26 f.). Dazu konnten beispielsweise auch Tiedemann und Billmann-Mahecha (2007) zeigen: „Wie aus den von uns geführten Lehrerinterviews hervorgeht, schreiben sich etliche fachfremd eingesetzte Lehrkräfte weniger fachwissenschaftliche und fachdidaktische Expertise zu wie einschlägig vorgebildete Kolleginnen und Kollegen" (S. 58). Porsch (2015) konnte zudem zeigen, dass sich fachfremd unterrichtende Mathematiklehrkräfte auf die inhaltlichen Bereiche schlechter vorbereitet fühlen.

Hobbs (2013) weist aber darauf hin, dass formale Qualifikation und Selbstbild nicht immer übereinstimmen. Sie definiert so genannte „boundary objects", worunter sie das Können und Wissen einer fachfremd unterrichtenden Lehrkraft zusammenfasst, dass sie aus einem ihrer studierten Fächer übertragen kann. Somit scheint es relevant, Mathematik fachfremd unterrichtende Lehrkräfte und deren Selbstwirksamkeitserwartungen genauer in den Blick zu nehmen. „Für Grundschullehrkräfte kommt es darauf an, das vorhandene Wissen über guten Grundschulunterricht und methodisches Wissen aus anderen Fächern für den Mathematikunterricht konkret zu machen" (Eichholz, 2018, S. 64 f.). Somit zeigt sich, dass nicht nur die affektiv-motivationalen Komponenten der professionellen Kompetenz von Lehrkräften Berücksichtigung finden dürfen, sondern auch die kognitive Komponente betrachtet werden muss – wie in Abschnitt 2.1.3 erfolgt.

Selbstwirksamkeitserwartungen fachfremd unterrichtender Grundschullehrkräfte am Beispiel Musik

Da vor allem der Musikunterricht in der Grundschule in Bezug auf Selbstwirksamkeitserwartungen fachfremd unterrichtender Lehrkräfte in den letzten Jahren einige Forschungsergebnisse hervorgebracht hat, wird dieser nun kurz betrachtet, um gegebenenfalls Implikationen für den fachfremd erteilten Mathematikunterricht ableiten zu können.

Vor allem die Häufigkeit des fachfremd erteilten Musikunterrichts übersteigt die des Mathematikunterrichts um ein Vielfaches. Zwischen 75 und 80 % des Musikunterrichts in der Grundschule werden fachfremd unterrichtet (Hammel 2011; Schellberg, 2018). In knapp der Hälfte der Grundschulen arbeitet keine Lehrkraft, die für Musikunterricht ausgebildet ist (Hammel, 2012). „Deskriptiv betrachtet stellen also fachfremde Grundschulmusiklehrer schon lange den ‚Normalfall' dar und studierte Musiklehrer eher den ‚Sonderfall'" (Hammel, 2011, S. 16). Daher ist beispielsweise das Angebot an Schulbüchern, die auf die Bedarfe fachfremd unterrichtender Lehrkräfte zugeschnitten sind, erhöht (Hammel, 2011).

In diesem Forschungsfeld werden a fortiori die Selbstwirksamkeitserwartungen von fachfremd unterrichtenden Musik Lehrkräften betrachtet (Hammel 2011; Hammel 2012; Schellberg 2018). Vor allem auch, weil sich zeigt, dass das Selbstvertrauen und -bewusstsein der Lehrkräfte in Musik im Vergleich zu anderen Fächern besonders niedrig ist (Holden & Button, 2006).

In ihrer Interviewstudie mit insgesamt acht Lehrkräften – sieben fachfremd unterrichtenden – konnte Hammel (2011; 2012) herausstellen, dass zahlreiche Lehrkräfte eigene Unzulänglichkeiten empfanden. Ähnliches berichtete Pinnig (2019) in ihrem Erfahrungsbericht über fachfremdes Unterrichten: „Fachfremd Musik zu unterrichten, hat mich sehr unzufrieden gemacht. Besonders weil die Kinder einen besseren Unterricht verdient hätten" (S. 28). Aber in Unterrichtsbeobachtungen der interviewten Lehrkräfte „wurden einige der selbstzugeschriebenen Unzulänglichkeiten in der Unterrichtsbeschreibung oder der Unterrichtsbeobachtung widerlegt" (Hammel, 2011, S. 367). Somit konnte das schlechte Selbstbild der Lehrkraft nicht objektiv durch Beobachtende bestätigt werden.

Schellberg (2018) untersucht einen Pflichtkurs zur Basisqualifikation Musik. Dabei konnte im vorher-nachher-Vergleich der Selbsteinschätzung der Studierenden gezeigt werden, dass bei den „Items, die sich auf die *Selbstwirksamkeitserwartung* beziehen, sind überwiegend hochsignifikante positive Veränderungen festzustellen" (S. 156).

> In Fortbildungen, Weiterbildungsmaßnahmen oder Studienveranstaltungen für (angehende) fachfremde Musiklehrer sollte Wert auf das Bewusstmachen eigener musikalischer und musikpädagogischer Erfahrungen und Einstellungen gelegt werden mit dem Ziel, realistische Selbstbewertungen vor dem Hintergrund angemessener Maßstäbe zu ermöglichen. (Hammel, 2011, S. 382)

Auch Holden und Button (2006) betonen, wie zentral es ist, den fachfremd unterrichtenden Lehrkräften mehr Selbstvertrauen zu ermöglichen. Diese Komponente lässt sich sicherlich auch auf den fachfremd erteilten Mathematikunterricht übertragen. Auch hier ist es besonders wichtig, dass die Lehrkräfte über eine positive Selbstwirksamkeitserwartung verfügen und diese vor allen Dingen in Fortbildungsmaßnahmen gestärkt wird.

Da aber nicht nur affektiv-motivationale Facetten zentrale Komponenten der professionellen Kompetenz von Lehrkräften sind (vgl. Abschnitt 2.1.1), wird nun auch auf die kognitiven Fähigkeiten von fachfremd Unterrichtenden eingegangen.

2.2.3 Kognitive Fähigkeiten fachfremd Unterrichtender

„Schulische Lernprozesse professionell zu unterstützen setzt ein wissenschaftlich fundiertes Wissen über die Unterrichtsinhalte voraus" (Kolbe & Combe, 2008, S. 882). Diese These von Kolbe und Combe ist sicherlich wenig umstritten und in der Literatur bereits gut unterstützt – wie auch in Abschnitt 2.1.3 gezeigt wird. Dazu ist es aber ebenso essenziell zu betrachten, welche Ergebnisse die Forschung bereits in Bezug auf fachfremd unterrichtende Lehrkräfte herausgearbeitet hat. Daher wird nun der Blick auf das Fachwissen und das fachdidaktische Wissen fachfremd unterrichtender Lehrkräfte gelegt. Abschließend erfolgt die Beschreibung zentraler Forschungsergebnisse bezüglich fachfremd erteilten Mathematikunterrichts.

Fachwissen und fachdidaktisches Wissen der fachfremd Unterrichtenden
„At the heart of the problem of out-of-field teaching is subject matter knowledge" (Luft et al., 2020, S. 720). Der Bereich des Fachwissens stellt somit eine bedeutende Herausforderung des fachfremd erteilten Mathematikunterrichts dar. Diese Annahme konnte durch einige Studien belegt werden (Hobbs, 2013; Porsch, 2016a; Hobbs & Törner, 2019a). „It is self-evident that teachers cannot teach what they do not know" (National Mathematics Advisory Panel, 2008, S. xxi).

Dieses fehlende Fachwissen führt beispielsweise dazu, dass Lehrkräfte im Unterricht häufiger auf das jeweilige Lehrwerk zurückgreifen und im Umgang mit Aufgaben weniger flexibel agieren (Bosse & Törner, 2013; Du Plessis, 2020; Porsch, 2015). Putnam und Kolleg:innen (1992) schließen, dass das fehlende mathematische Verständnis dazu führt, dass die Lehrkräfte ihre Schüler:innen mit weniger wertvollen mathematischen Erlebnissen konfrontieren. „Im Fachunterricht wird sich die konstruktive Unterstützung oftmals im fachlichen Können der Lehrkraft zeigen, wenn bei Verständnisschwierigkeiten die richtige Hilfe und die an das Vorwissen anschließende Erklärung gegeben werden" (Baumert & Kunter, 2006, S. 488).

„Lehrer erwerben ihr fachliches Wissen vorwiegend in ihrem Fachstudium" (Neuweg, 2011, S. 456). Das konnte auch durch die Daten von TEDS-M gestützt werden: Wurde im Studium der Schwerpunkt Mathematik gewählt, sind die erreichten Kompetenzniveaus der Lehrkräfte höher (Blömeke et al., 2010b). „Umfangreiches Fachwissen […] kann Lehrkräften jedoch fehlen, wenn sie Fächer regelmäßig unterrichten, die kein Bestandteil ihrer Ausbildung waren" (Porsch, 2019a, S. 29).

Das Wissen der Lehrpersonen beeinflusst aber auch zu großen Teilen, wie sie sich mit ihrem fachfremden Unterricht fühlen (Hobbs, 2013). Es ist allerdings anzumerken, dass nicht ausschließlich auf den einzelnen Faktor des fachfremden Unterrichtens geschaut werden darf: „Just because a teacher is technically out-of-field does not mean necessarily that he is ill-equipped to be an effective teacher" (Hobbs, 2013, S. 293).

„Fachfremd eingesetzte Lehrkräfte sind als solche demgegenüber bisher kaum in ihren Haltungen, Handlungen und Wirkungen erforscht, etwa auch vergleichend zu fachgerecht eingesetzten Lehrkräften" (Porsch, 2019c, S. 10). Auch, wenn große Einigkeit darüber herrscht, dass das Fachwissen, wie auch das fachdidaktische Wissen einer Lehrkraft eine zentrale Rolle für den Unterricht und das Lernen der Schüler:innen spielt (Baumert & Kunter, 2006; Hascher, 2014), sind die Forschungsergebnisse – mit Ausnahme der in TEDS-M erfassten Rolle des Schwerpunkts Mathematik im Studium – in Bezug auf das Fachwissen von Mathematik fachfremd unterrichtenden Lehrkräften rar.

In einer erweiterten Analyse der im Rahmen dieser Arbeit erhobenen Daten bezüglich der grundschulgemäßen und algebraischen Lösung der nach dem operativen Prinzip veränderten Zahlenketten werden die Unterschiede zwischen den Lösungen von fachfremd unterrichtenden Lehrkräften vor der Fortbildungsmaßnahme mit denen von Grundschullehramtsstudierenden des letzten Semesters der Technischen Universität mit mathematischer Grundbildung verglichen (Huethorst, 2022). Insgesamt 47 Lehrkräfte und 48 Studierende haben die Aufgaben bearbeitet. Dabei zeigt sich, dass die Studierenden in den grundschulgemäßen Begründungen der Veränderung signifikant besser abschneiden als die fachfremd unterrichtenden Fortbildungsteilnehmenden vor der Fortbildungsmaßnahme. Dazu liegt eine mittlere Effektstärke vor. Für die algebraische Begründung schneiden die Studierenden ebenfalls signifikant besser ab, dies aber bei einer starken Effektstärke. Vor allem auch bei der Betrachtung der Unterschiede auf qualitativer Ebene zeigt sich, dass es den Studierenden besser gelingt, die Unterschiede durch die Veränderung darzustellen. Dazu nutzen sie – anders als die fachfremd unterrichtenden Lehrkräfte vor der Fortbildungsmaßnahme – zwei Darstellungen. Zum einen wird die Ausgangszahlenkette dargestellt und zum anderen die Zahlenkette nach der Veränderung. Dieser Vergleich ermöglicht eine eindeutigere und anschaulichere Begründung auf grundschulgemäßem Niveau. Sicherlich bildet

2.2 Mathematik fachfremd Unterrichtende

diese Studie nur einen kleinen Ausschnitt des fachlichen Wissens – das grundschulgemäße und algebraische Begründen – in einem Aufgabenformat ab, aber es lässt sich tendenziell erkennen, dass hier Unterschiede zwischen Studierenden der mathematischen Grundbildung und Mathematik fachfremd unterrichtenden Lehrkräften vorliegen. Die Studierenden scheinen besser in der Lage algebraische und grundschulgemäße Begründungen der operativen Veränderung zu formulieren.

Binner (2021) untersuchte in ihrer Dissertation Fortbildungsmaßnahmen für den Bereich Stochastik mit heterogenen Lehrer:innengruppen. Es besuchten sowohl fachfremd unterrichtende Lehrkräfte, Grundschullehrkräfte als auch Lehrkräfte der Sekundarstufe I und II die Fortbildungsmaßnahmen. Sie konnte zeigen, dass sich das Fachwissen über die gesamte Gruppe hinweg nach der Fortbildungsmaßnahme im Vergleich zu vor der Fortbildungsmaßnahme verbesserte. Fachfremd unterrichtende Lehrkräfte betonen die Bedeutung einzelner Themen beziehungsweise Lernsituationen mehr als Fachlehrpersonen. Diese reflektieren vermehrt ihr bisheriges Fachwissen. „Die Untersuchung zeigt, dass die Durchführung und damit das Lernen der Lehrpersonen von der Heterogenität der Gruppe profitieren kann" (Binner, 2021, S. 200).

Da sich eine fachwissenschaftliche Grundlage als zentral für das Ausbilden des fachdidaktischen Wissens herausstellt (Krauss et al., 2008a), ist ein entsprechend fundiertes Fachwissen wichtig – auch für fachfremd Unterrichtende. Vor allem die Ergebnisse der TEDS-M Studie belegen, dass die Wahl des Faches Mathematik als Schwerpunkt im Studium zu einem höheren mathematikdidaktischen Wissen führt (Blömeke et al., 2010b). Daher legen die Ergebnisse nahe, dass fachfremd unterrichtende Mathematiklehrkräfte über weniger fachdidaktisches Wissen verfügen als Kolleg:innen mit einem Mathematik(didaktik)studium.

Fehlt das fachdidaktische Wissen, so fühlt sich die Lehrkraft oft fremd im Fach: „Teaching the subject requires knowledge of teaching strategies, methodological issues, the curriculum and how to bring the topic alive for the students. Many of the teachers referred to a lack of this knowledge as their justification for feeling out-of-field" (Hobbs, 2013, S. 282). Das Wissen um Konzepte des Mathematikunterrichts von fachfremd unterrichtenden Lehrkräften ist eingeschränkt (Du Plessis, 2020). Somit kann es sein, dass die Lehrkräfte den Herausforderungen des Unterrichtens nicht vollumfänglich gewachsen sind. Zudem konnte Eichholz (2018) in ihrer Dissertation zeigen, dass fachfremd unterrichtende Grundschullehrkräfte teilweise wenig über die prozessbezogenen Kompetenzen zu wissen scheinen.

Dass fachliches und fachdidaktisches Wissen fehlt und dies negative Auswirkungen auf den Unterricht und die Leistungen der Lernenden hat, legen die unterschiedlichen Indikatoren – Fachwissen wird primär in der Ausbildung erworben – nahe. Entsprechend argumentieren auch Lünne und Biehler (2018) für ihren Zertifikatskurs für fachfremd unterrichtende Mathematiklehrkräfte. Ihre Erfahrungen „bestätigen die naheliegende Vermutung, dass vor allem das mathematische und fachdidaktische Professionswissen bei den Teilnehmenden aufgebaut werden muss. Empirische Studien dazu sind den Autoren allerdings nicht bekannt" (Lünne & Biehler, 2018, S. 346). Die Indikationen bleiben daher implizit.

Zusammenfassend lässt sich festhalten: „Zur Frage nach Unterschieden in den Professionskompetenzen ist festzustellen, dass bislang keine Studie Wissensbestände fachfremd tätiger Lehrkräfte mit fachkonform ausgebildeten (Mathematik-)Lehrkräften systematisch verglichen hat" (Porsch, 2020a, S. 15). Dennoch gibt es zentrale Befunde in dem Forschungsfeld. Vor allem die Kombination einiger Ergebnisse von verschiedenen Studien ermöglicht Schlüsse auf die Situation des fachfremden Unterrichts. So zeigt sich beispielsweise, dass fachliches Wissen einen indirekten und fachdidaktisches Wissen einen direkten Einfluss auf Schüler:innenleistungen hat (COACTIV – vgl. Abschnitt 2.1.1) und dass Mathematik als Schwerpunkt im Lehramtsstudium zu höherem fachlichen wie fachdidaktischen Wissen führt (vgl. Abschnitt 2.1.1). Somit bildet das Erfassen der fachlichen und fachdidaktischen Wissenskomponenten von fachfremd unterrichtenden Grundschullehrkräften eine Forschungslücke. Dem wird im Rahmen dieser Arbeit im Bereich des grundschulgemäßen und algebraischen Begründens von operativstrukturierten Aufgabenformaten wird dem im Rahmen dieser Arbeit nachgegangen.

2.3 Zusammenfassung

Überblicksartig werden die zentralen Erkenntnisse des zweiten Kapitels noch einmal kurz zusammengefasst.

Affektiv-motivationale Kompetenzen
„Einstellungen, Motivation und Selbstwirksamkeit sind Teil einer professionellen Handlungskompetenz von Lehrkräften, die sich über den Unterricht auf den Lernerfolg der Schüler/innen auswirken können" (Oerke et al., 2018, S. 793).

- Die Überzeugungen von Lehrkräften haben Einfluss auf die Gestaltung des Unterrichts (Kunter & Baumert, 2011; 2013).
- Die Selbstwirksamkeit kann als eine zentrale Facette der Lehrerkräfte wie der Lernenden ausgemacht werden (Bandura 1977; 1989).

2.3 Zusammenfassung

Daher ist es wichtig, dass Überzeugungen in einer Fortbildungsmaßnahme thematisiert werden, um eventuell lernförderlichere Überzeugungen und somit Veränderungen im Unterricht realisieren zu können.

Fachliches und fachdidaktisches Wissen
Bei der Konzeption professioneller Lehrer:innenkompetenz können fachliches, fachdidaktisches sowie pädagogisches Wissen auf der kognitiven Ebene unterschieden werden. Diesbezüglich zeigen Ergebnisse der Forschung:

- Hohes fachdidaktisches Wissen einer Lehrkraft steht in positivem Zusammenhang mit Schüler:innenleistungen (Krauss et al., 2008a).
- Eine solide fachwissenschaftliche Grundlage scheint für die Ausbildung fachdidaktischen Wissens essentiell (Krauss et al., 2008a).
- Fachliches und fachdidaktisches Wissen werden vor allem in der Ausbildung erworben – Mathematik als Schwerpunkt im Studium führt zu höherem fachlichen und fachdidaktischem Wissen (Krauss et al., 2008a; Blömeke et al., 2010b).

„Angehende Primarstufenlehrkräfte müssen auf einem höheren, reflektierten Niveau jene Inhaltsgebiete beherrschen, die in den Jahrgangsstufen, in denen sie unterrichten werden, relevant sind" (Döhrmann et al., 2010, S. 171). Daher ist es vonnöten, zu untersuchen, über welches mathematisches wie mathematikdidaktisches Wissen fachfremd unterrichtende Grundlehrkräfte verfügen.

Eine Bestandsaufnahme sollte dann genutzt werden, um darauf aufbauend ableiten zu können, wo Unterstützungsbedarfe vorliegen und wie diesen nachgekommen werden kann. Fachfremd unterrichtende Grundschullehrkräfte sollten – ebenso wie ihre fachlich ausgebildeten Lehrkräfte auch – über ein solides Fachwissen verfügen.

Mathematik fachfremd unterrichten

- Das fachfremde Unterrichten stellt die Lehrkräfte vor Herausforderungen.
- „Fachfremd unterrichtende Lehrkräfte stimmen im Mittel seltener einer konstruktivistischen Lehr-Lern-Überzeugung zu und realisieren laut ihren Aussagen diese weniger häufig im Unterricht" (Porsch, 2015, S. 27 f.).
- Fachfremd unterrichtende Lehrkräfte zeigen geringe selbstbezogene Überzeugungen, falls sie ihr Fachwissen als lückenhaft empfinden (Porsch, 2016a).
- Es zeigen sich unterschiedliche Typen der Identität (Lagies, 2020; 2021; 2022; Bosse, 2017).

- Die Datenlage zum fachlichen und fachdidaktischen Wissen von fachfremd unterrichtenden Lehrkräften ist noch relativ dünn (Lünne & Biehler, 2018), Indikatoren weisen aber auf Defizite hin.
- Eine vergleichende Studie zwischen Masterstudierenden mathematischer Grundbildung und Mathematik fachfremd unterrichtenden Grundschullehrkräften sieht bessere grundschulgemäße wie algebraische Begründung auf Seiten der Studierenden (Huethorst, 2022).

„Studies have shown that subject-specific training of teachers is responsible for more effective teaching resulting in higher student proficiency" (Hobbs & Porsch, 2021, S. 601). Zunächst muss fachfremdes Unterrichten also als Problem erkannt werden, um es dann mit allen nötigen Ressourcen lösen zu können (Luft et al., 2020). Da die erste und zweite Phase der Lehrer:innenbildung höchstens die Voraussetzungen für einen nachhaltigen Aufbau der professionellen Kompetenz von Lehrkräften darstellen kann (Fey et al., 2007; Vigerske 2017), rückt die Bedeutung der Fortbildungsmaßnahmen für Lehrkräfte in den Fokus. Daher wird im folgenden Kapitel *Fortbildungen von Lehrer:innen* genauer beleuchtet. Dabei wird folgender Frage nachgegangen: „Whether out-of-field teachers require different PD [Professional Development] to in-field teachers is a critical question for research and practice at present" (Hobbs & Porsch, 2021, S. 605).

Fortbildungen von Lehrer:innen 3

„Professional teachers require professional development" (Wilson & Berne, 1999, S. 173). Was unter „professional development" zu verstehen ist und was eine Fortbildung zu einer guten Fortbildung macht, wird in diesem Kapitel genauer beleuchtet. Dabei umfasst das im Deutschen genutzte Wort ‚Fortbildung' beziehungsweise ‚Fortbildungsmaßnahme' für länger angelegte Kurse etwas anderes als der englische Begriff. Development, also Entwicklung, findet auch im alltäglichen Unterrichten, im Gespräch mit Kolleg:innen, durch Planen und Durchführen von Unterricht und die Reflexion dessen sowohl formal als auch weniger formell, geplant und ungeplant sowie strukturiert und unstrukturiert statt (Day, 1999; Desimone, 2009; Hahn, 2019). „Teachers' professional development takes place every day, inside as well as outside the classroom, through reflecting or talking about practice or students' work, preparing for the next day, being encouraged in school conferences or meeting with parents and so forth" (Rösken-Winter et al., 2015, S. 2). Es sind somit nicht nur Fortbildungsmaßnahmen im Fokus des englischen Begriffs. Hier wird von Fortbildungsmaßnahme gesprochen; inwieweit sich die Lehrkräfte unabhängig von der untersuchten Fortbildungsmaßnahme im Unterricht, durch Gespräche mit Kolleg:innen und ähnlichem entwickeln, kann nicht abgebildet werden.

Unter Lehrer:innenfortbildung wird hier in Anlehnung an Hippel (2011) „die Aktualisierung der einmal erworbenen Lehrbefähigung" (S. 249) verstanden. Im Gegensatz dazu wird durch Lehrer:innenweiterbildung das Erreichen einer zusätzlichen Qualifikation angestrebt, beispielsweise in einem anderen Fach (Hippel, 2011; Richter & Richter, 2020; Rzejak & Lipowsky, 2020). Anders als an den weiterführenden Schulen im Sekundarbereich, erhält man jedoch für die Grundschule keine Lehrbefähigung für einzelne (studierte) Fächer, sondern die fächerunabhängige Lehrbefähigung für die Grundschule (vgl. Abschnitt 2.2.1; Eichholz, 2018). Im Folgenden wird die Lehrer:inne**fort**bildung in den Blick genommen, da bei der für diese Arbeit durchgeführten und untersuchten Fortbildungsmaßnahme für Grundschullehrkräfte keine zusätzliche Qualifikation erworben werden konnte, diese aber Lehrkräfte in ihrer Situation – Fächer unterrichten zu müssen, ohne darin (vollständig) ausgebildet worden zu sein – unterstützt. Von Fortbildungsmaßnahme wird gesprochen, weil diese langfristig angelegt ist und mehr als einen Termin umfasst.

Dass Fortbildungsmaßnahmen zum Wachstum des professionellen Wissens von Lehrkräften beitragen kann, ist von unterschiedlichen Studien gezeigt worden (Desimone, 2009; Kunter et al., 2013). Daher ist eine genauere Betrachtung und vor allem auch detaillierte Forschung im Bereich der Fortbildungen von Lehrkräften wichtig, um Fortbildungen möglichst effektiv und für die teilnehmenden Lehrkräfte sowie deren Schüler:innen wertvoll gestalten zu können.

„Da die Kompetenz von Lehrkräften starken Einfluss auf die Qualität von Unterricht und die Leistungen von Schülerinnen und Schülern hat" (Orschulik, 2021, S. 7; vgl. auch Abschnitt 2.1.1), ist es umso wichtiger, die Lehrkräfte durch Fortbildungen und Konzepte möglichst gut zu unterstützen. Insgesamt „können Lehrkräfte als Lernende verstanden werden, die individuelle Fähigkeiten, aber auch Einschränkungen mitbringen" (Kunina-Habenicht et al., 2016, S. 326). Das gilt im Besonderen für fachfremd unterrichtende Lehrkräfte, da diese eventuell sowohl bei fachlichem und fachdidaktischem Wissen Unterstützungsbedarfe ausweisen als auch ihre Überzeugungen reflektieren sollten und ihre Selbstwirksamkeitserwartungen gestärkt werden könnten (vgl. Abschnitt 2.2.2).

Fortbildung ist insbesondere dann von Bedeutung, wenn sich neue Anforderungen ergeben. Nicht zuletzt mit der Einführung der Bildungsstandards (KMK, 2005) und des Lehrplans – in Nordrhein-Westfalen im Jahr 2008 beziehungsweise 2021 – haben sich die Anforderungen an die Schüler:innen und somit unweigerlich auch an die Lehrkräfte verändert.

Nun ist zwar „die kontinuierliche Fortbildung für Lehrkräfte in allen Ländern prinzipiell verpflichtend" (Richter et al., 2012, S. 241), die konkreten Regelungen in den Bundesländern Deutschlands sind dennoch recht unterschiedlich. Die *Allgemeine Dienstordnung für Lehrerinnen und Lehrer, Schulleiterinnen und Schulleiter an öffentlichen Schulen* des Landes Nordrhein-Westfalen besagt dazu:

> Lehrerinnen und Lehrer sind verpflichtet, sich zur Erhaltung und weiteren Entwicklung ihrer Kenntnisse und Fähigkeiten selbst fortzubilden und an schulinternen und schulexternen dienstlichen Fortbildungsmaßnahmen auch in der unterrichtsfreien Zeit teilzunehmen. (MSW NRW, 2012, §11, Abs. 1)

Dazu gibt es keine expliziteren Vorgaben für Lehrkräfte, wie häufig und in welchem Umfang Fortbildungen besucht werden sollten. Und dies obwohl gilt: „Die eigene Fort- und Weiterbildung ist eine zentrale Aufgabe im Berufsleben einer Lehrkraft" (Lipowsky, 2013, S. 1). Somit ist den Lehrkräften die Entscheidung, welche Fortbildungen und in welchem Umfang Fortbildungen besucht werden, selbst überlassen, auch wenn die Bedeutung derer sowohl in den Vorgaben als auch im wissenschaftlichen Diskurs immer wieder herausgestellt werden.

Bei der IQB-Ländervergleichsstudie von 2011 gab etwa ein Drittel der Grundschullehrkräfte an, an fünf oder mehr Veranstaltungen innerhalb der letzten zwei Jahre teilgenommen zu haben. Ein weiteres Drittel hat an drei bis vier Fortbildungsterminen teilgenommen, und lediglich ca. 15 % gaben an, an keinerlei Fortbildungsmaßnahme teilgenommen zu haben (Richter et al., 2012). Dabei zeigte sich bei der Analyse der Daten der TIMS-Studie, dass Lehrkräfte häufiger an mathematikbezogenen Fortbildungen teilnehmen, wenn sie auch die Lehrbefähigung für Mathematik haben (Porsch, 2015; Porsch & Wendt, 2016). Ähnliches ließ sich auch in der IQB-Ländervergleichsstudie in der Sekundarstufe I feststellen (Richter et al., 2013). „In diesem Zusammenhang spricht man auch von der Vertiefungs- oder Neigungshypothese" (Porsch & Wendt, 2016, S. 196). Besser und Kolleg:innen (2015c) zeigen: „Lehrkräfte entscheiden sich in Abhängigkeit von relativ ausgeprägtem Interesse und relativ geringer Selbstwirksamkeit für oder gegen Fortbildungsangebote" (S. 46).

Richter und Richter (2020) sehen das als durchaus problematisch an:

> Dieser Befund ist für die schulische Praxis insofern problematisch, als dass die Ergebnisse darauf hinzudeuten scheinen, dass an solchen Veranstaltungen eher Lehrkräfte teilnehmen, die durch ihr Studium bereits weitreichende fachliche Kompetenzen erworben haben dürften. Fortbildungen würden vor diesem Hintergrund weniger dazu beitragen, Kompetenzunterschiede zwischen Lehrkräften auszugleichen als vielmehr bestehende Unterschiede zu perpetuieren. (S. 349)

Vor diesem Hintergrund scheint es noch wichtiger, die Bedürfnisse und Bedarfe von fachfremd unterrichtenden Lehrkräften zu analysieren und aufzugreifen, um passgenaue Fortbildungsmaßnahmen anbieten zu können, die dann auch von den fachfremd Unterrichtenden besucht werden.

Neben dem Auffrischen oder Aufbauen von Wissen gibt es weitere Gründe, warum Lehrkräfte an Fortbildungen teilnehmen. Dabei ist beispielsweise das Erhalten von Material oder Konzepten, der Austausch mit Kolleg:innen oder die Aufrechterhaltung der Motivation zu nennen (Krille, 2020). Aber auch einige Eigenschaften der Fortbildungsmaßnahme können die Bereitschaft daran teilzunehmen beeinflussen – der Inhalt, Dauer, Zeitpunkt im Schuljahr (ebd.).

Im Folgenden wird ein Überblick über Ergebnisse der Wirkungsforschung zu Lehrerfortbildungen gegeben. Forschungen zeigen, dass Lehrer:innenfortbildungen auf unterschiedlichen Ebenen wirken können (Lipowsky, 2010; Rzejak & Lipowsky, 2020). Zunächst werden diese Ebenen beschrieben, um anschließend Kernaspekte, sogenannte *core features* herauszuarbeiten, die eine Fortbildung mindestens erfüllen sollte. Auf dieser Grundlage werden die Gestaltungsprinzipien des Deutschen Zentrums für Lehrerbildung Mathematik (DZLM) erläutert, die für die in dieser Arbeit thematisierte Fortbildungsmaßnahme leitend sind.

3.1 Wirksamkeit von Lehrer:innenfortbildungen

Während noch vor knapp fünfzehn Jahren das Feld der Wirksamkeit von Fort- und Weiterbildungsmaßnahmen wenig untersucht war, ist die sogenannte dritte Phase der Lehrer:innenbildung vermehrt in den Fokus der (mathematik-) didaktischen Forschung gerückt (Lipowsky, 2004; Lipowsky, 2010). Dies passierte nicht zuletzt, weil dieser Phase eine wichtige Bedeutung zugeschrieben wird (Bonsen, 2009; Rzejak & Lipowsky, 2020; Vigerske, 2017). So kann laut Bonsen (2009) „die Erstausbildung von Lehrkräften keine hinreichende Qualifizierung für den Beruf gewährleisten" (S. 1). Jede Lehrkraft sollte somit kontinuierlich an Fortbildungen teilnehmen, denn es zeigt sich, „dass sich während der Ausbildung nicht vollständig jene Kompetenzen erwerben lassen, die der Berufsausübung nötig sind" (Rzejak & Lipowsky, 2020, S. 645).

Zudem hat nicht zuletzt die Einführung neuer Standards auch zur Folge, dass bereits praktizierende Lehrkräfte sich fort- und weiterbilden müssen – sie bilden sozusagen den Mittelpunkt einer solchen Reform (Garet et al., 2001; Fletemeyer, 2021). Um dem Bedarf an Fortbildungsmaßnahmen und -bedarfen gerecht zu werden, haben die Wirkungsforschung und Gelingensbedingungen einen großen Stellenwert eingenommen, was im folgenden Kapitel dargestellt wird.

Die Untersuchung und Beforschung von Wirkungen von Fortbildungen „gilt grundsätzlich als besonders komplexes, anspruchsvolles und schwieriges Unterfangen" (Lipowsky, 2004, S. 462). Viele – zum Teil schwer beeinflussbare – Faktoren, wie beispielsweise Überzeugungen von Lehrkräften (vgl. Abschnitt 2.2.2), spielen gerade in der Lehrer:innenfortbildung eine große Rolle (Lipowsky, 2004; Lipowsky & Rzejak, 2012). So sind beispielsweise Motivation, Vorkenntnisse, Gewissenhaftigkeit und schulische Kontextbedingungen auf Seiten der Teilnehmenden wesentliche Faktoren beim Fortbildungserfolg. Auch wenn sie teilweise für Fortbildner:innen schwer beeinflussbar sind, ist es zentral, sich derer bewusst zu sein (Lipowsky, 2014; Lipowsky & Rzejak, 2012).

Neben diesen Faktoren werden dennoch Elemente und Charakteristika von Fortbildungen ausgemacht, die zum Erfolg einer Fortbildungseinheit beitragen können. Hierbei wird zunächst darauf eingegangen, welche Wirkungsebenen nach Lipowsky in der Forschung unterschieden werden. Anschließend werden Kernaspekte aus der Literatur herausgearbeitet, die mindestens erfüllt sein sollten, damit eine Fortbildung möglichst viel Einfluss – auf den unterschiedlichen Wirkungsebenen – nehmen kann.

Wirkungsebenen nach Lipowsky
Nach Lipowsky gibt es vier Ebenen der Wirksamkeit, die bisher – in unterschiedlicher Ausführlichkeit – untersucht worden sind. Darunter fallen die *Meinung der Lehrkräfte*, die *Veränderung des professionellen Lehrerwissens* sowie die *Veränderung des Lehrerhandels* und die *Effekte auf Schülerleistungen*. Dabei ist auch anzunehmen, dass derselbe Fortbildungskurs weder von allen Teilnehmenden in derselben Weise wahrgenommen wird, noch bei allen Teilnehmenden dieselben Effekte aufweist. Das lässt sich nicht nur durch unterschiedliche Voraussetzungen erklären, sondern auch dadurch, dass die Teilnehmenden ein Angebot unterschiedlich intensiv nutzen (Lipowsky, 2014).

Meinung der Lehrkräfte
Auf der Ebene der Meinung der Lehrkräfte haben zahlreiche Studien gezeigt, dass gerade eine Anbindung an die Praxis und somit auch ein direkter Unterrichtsbezug zu einer positiven Wahrnehmung durch die Teilnehmenden führt (Bruder & Böhnke, 2014; Hippel, 2011; Lipowsky, 2004). „Demnach bemessen die Teilnehmer den Nutzen einer Fortbildung primär daran, inwiefern sie neue Impulse und Anregungen für ihren alltäglichen Unterricht erhalten" (Lipowsky & Rzejak, 2012, S. 236). Fortbildungen sollten folglich so angelegt sein, dass die Lehrkräfte einen Bezug zum eigenen Unterricht herstellen können und Anregungen für die Umsetzung in ihrem Unterricht erhalten. Dabei sollte ebenfalls eine Verbindung von Inhalt und Didaktik – also fachlichem und fachdidaktischem Wissen – in Verknüpfung mit Diagnose hergestellt werden (Lipowsky, 2004; Hippel, 2011). Dabei scheint es nicht ausreichend, Handlungsanweisungen zu geben – es sollten auch immer wieder Phasen des aktiven Lernens durch die Teilnehmenden in die Fortbildungstermine integriert werden (Lipowsky, 2004).

Ein weiteres zentrales Element, das die Meinung der Lehrkräfte positiv beeinflusst, ist eine Schaffung von Kooperationen innerhalb der Fortbildungsgruppen. „Kooperation [hat] im Rahmen von Lehrerfortbildungen eine Schlüsselrolle für die Akzeptanz und den selbstberichteten Kompetenzgewinn" (Lipowsky, 2004, S. 463).

Auch, wenn „kein nennenswerter Zusammenhang zwischen der Zufriedenheit von Teilnehmer/innen einerseits und dem Erwerb von Wissen bzw. einem veränderten Verhalten im Beruf andererseits" (Lipowsky, 2010, S. 54) besteht, so scheint die Ebene der Zufriedenheit der Lehrkräfte dennoch wichtig, um das Angebot an die Nachfrage anzupassen und die Bedürfnisse der teilnehmenden Lehrkräfte aufzugreifen und ihnen, so weit möglich, nachzukommen (Göb, 2017). Vor allem, weil angenommen werden kann, dass eine hohe Zufriedenheit sich positiv auf die Motivation der Teilnehmenden auswirken könnte beziehungsweise eine geringe Zufriedenheit die Umsetzung im eigenen Unterricht unwahrscheinlicher erscheinen lässt (Lipowsky & Rzejak, 2012).

Veränderung der Komponenten der professionellen Kompetenz
Das Lernen der Lehrenden bildet die zweite Wirkungsebene. Die Veränderung der professionellen Kompetenz stellt sich als besonders große Herausforderung heraus. „Professionelles Lehrerwissen umfasst nicht nur fachliches und curriculares Wissen, sondern auch pädagogisches Wissen, Handlungsroutinen, analytische und reflexive Fähigkeiten sowie Überzeugungen und Einstellungen, so genannte ‚Beliefs'" (Lipowsky, 2004, S. 465; vgl. auch Abschnitt 2.2.2). So wird deutlich, dass die professionelle Kompetenz von Lehrkräften zahlreiche Facetten umfasst (vgl. Abschnitt 2.1.1), die erfasst, beeinflusst und gegebenenfalls durch die Fortbildungseinheit verändert werden können. Dies ist in einer einzelnen Sitzung kaum möglich, sodass sich zeigt, dass Fortbildungsreihen über einen längeren Zeitraum als einflussreicher angesehen werden können (Lipowsky, 2004). Veränderung der Einstellungen und Überzeugungen sind dann am wahrscheinlichsten, „wenn Lehrerinnen und Lehrer dazu angeregt und herausgefordert werden, sich mit ihren eigenen Beliefs auseinanderzusetzen" (Lipowsky, 2004, S. 465).

Die Reflexion von Unterrichtselementen auf der einen und der Überzeugungen auf der anderen Seite sollte in einer Lehrer:innenfortbildung folglich nach Möglichkeit angestrebt werden. Aber nicht nur fachliches und fachdidaktisches Wissen und Überzeugungen der Lehrkräfte zu Lernen und Lehren können durch Lehrer:innenfortbildungen verändert werden, sondern auch die weiteren Komponenten der affektiv-motivationalen Merkmale, wie beispielsweise die Lehrer:innenselbstwirksamkeitserwartungen (Lipowsky, 2009; 2014), welche für den Unterricht eine wichtige Rolle spielt (vgl. Abschnitt 2.2.2).

Veränderung des Lehrer:innenhandels
Die dritte Ebene umfasst die Veränderung des Lehrer:innenhandelns. Forschungen konnten zeigen, dass Fortbildungsmaßnahmen für Lehrkräfte Änderungen auf der Unterrichtsebene bewirken können. Während in früheren Forschungen einzelne

3.1 Wirksamkeit von Lehrer:innenfortbildungen

als sinnstiftend geltende Verhaltensweisen trainiert wurden, fokussiert sich die jüngere Forschung vornehmlich auf das Ändern komplexerer Strukturen. Hierbei wurden früher vor allem auch aufgrund der Komplexität und der Annahme, dass die dritte Ebene sich durch die Veränderung der zweiten Ebene vollzieht und als Konsequenz Effekte auf Schüler:innenleistungen (vierte Ebene) hat, verhältnismäßig wenig Forschungen zu dieser Ebene betrieben (Reinold, 2016). Heute werden vor allem Videografien und Befragungen der Schüler:innen genutzt, um Erkenntnisse über diese Ebene der Wirkungsforschung zu generieren. „In diesen Studien können Wirkungen von Fort- und Weiterbildungsmaßnahmen auf das unterrichtliche Handeln der teilnehmenden Lehrpersonen nachgewiesen werden" (Lipowsky & Rzejak, 2012, S. 238). Somit können Fortbildungsmaßnahmen den Unterricht – zumindest in Teilen – beeinflussen und verändern. Das scheint sich ebenso auf die Motivation der Teilnehmenden auszuwirken (Rzejak & Lipowsky, 2020; Lipowsky & Rzejak, 2017).

> Lehrpersonen dürften dann stärker motiviert und bereit sein, Fortbildungsinhalte vertieft zu verarbeiten und sich um einen Transfer in die Unterrichtspraxis zu bemühen, wenn sie erleben, dass sie ihr unterrichtliches Handeln spürbar verändern können und dass sich mit diesen Veränderungen im eigenen Lehrerhandeln auch Veränderungen in den Lernprozessen der Schüler/-innen einstellen. (Lipowsky, 2013, S. 3)

Effekte auf Schüler:innenleistungen
Obwohl Forschungen zeigen, dass Fortbildungsmaßnahmen Effekte auf das Lehrer:innenwissen haben können, zeigt sich dadurch nicht zwangsläufig auch ein Effekt auf der Ebene der Schüler:innen (bspw. Garet et al., 2008; Lipowsky & Rzejak, 2012). Daher wird auf einer vierten Ebene der Effekt auf Schüler:innenleistungen ebenfalls untersucht – dennoch unter der Annahme, dass eine höhere Schul- und Unterrichtsqualität einen positiven Einfluss auf die Leistungen der Schüler:innen hat. Es zeigt sich, dass Maßnahmen, mit inhaltlichen, curricularen und epistemologischen Zielen positive und vergleichsweise starke Effekte auf die Leistungen der Schüler:innen der teilnehmenden Lehrkräfte haben (Lipowsky, 2004; 2009). Eine Verbindung von inhaltlichen Elementen mit Zielen aus Kernlehrplänen und Bildungsstandards sowie den Überzeugungen und Vorstellungen zum Wissenserwerb im Allgemeinen und dem grundschulgemäßen Mathematikunterricht im Speziellen ist also ein wichtiges Element einer Fortbildung. „Mittlerweile zeigt eine Vielzahl von Studien, dass sich die Teilnahme an Lehrerfortbildungen bis auf Schüler auswirken kann" (Lipowsky & Rzejak, 2012, S. 238).

Die vier Wirkungsebenen *Meinungen der Lehrkräfte, Veränderung der Komponenten der professionellen Kompetenz, Veränderung des Lehrer:innenhandelns und Effekte auf Schüler:innenleistungen* zeigen auf, auf welchen Ebenen Fortbildungsmaßnahmen wirken und Veränderungen anstoßen können. Diese geben bereits einige Elemente vor, die nun bei den Kernaspekte für Fortbildungsmaßnahmen thematisiert werden.

3.2 Kernaspekte für Fortbildungsmaßnahmen

Neben den vier Wirkungsebenen nach Lipowsky, die angeben, auf welcher Ebene eine Fortbildung wirken – und somit auch beforscht werden – kann, hat die Forschung einige sogenannte „core features", also Kernaspekte, herausgearbeitet, die sich in verschiedenen Studien als zielführend erwiesen haben. Diese stellen dabei eine Mindestanforderung an Fortbildungen dar, sind aber allein kein Garant für eine erfolgreiche Fortbildung. Dabei konnten Studien zwar nachweisen, dass Fortbildungsmaßnahmen einen Einfluss auf den Unterricht und auf Schüler:innenleistungen haben können, es ist aber nicht vollständig geklärt, was die Lehrkräfte lernen und wie das Lernen der Lehrkräfte unterstützt werden kann (Borko, 2004). Somit sind die Kernaspekte wichtig, um gelingende Fortbildungsmaßnahmen gestalten zu können.

In der Literatur werden diese Mindestanforderungen aber immer wieder aufgegriffen und als Mindestmaß für gelingende Fortbildungsmaßnahmen genutzt. Dazu zählen vor allem fünf zentrale Punkte: *Dauer, aktives (-entdeckendes) Lernen, kollektive Zusammenarbeit, Anknüpfung an Wissen und Überzeugungen und fachbezogene Elemente* (Desimone, 2009; Garet et al., 2001; Lipowsky, 2004; Besser et al., 2015a; Berner, 2008).

Dauer
Unter dem Punkt Zeit (*duration*) werden zwei verschiedene und dennoch auch zusammenhängende Punkte zusammengefasst. Zum einen ist damit die Dauer des gemeinsamen Austauschs gemeint. Zum anderen ist aber auch die Zeitspanne gemeint, über die sich die Fortbildungsmaßnahme insgesamt erstreckt. Das heißt, zwei Tage direkt hintereinander erscheinen weniger sinnvoll als zwei Tage mit einiger Zeit der Erprobung durch die Teilnehmenden in ihrem Unterricht. Dabei konnte Garet und Kolleg:innen (2001) feststellen, dass längerfristig angelegte Fortbildungen auf wiederum zweierlei Ebenen Vorteile ausweisen. Steht mehr Zeit zur Verfügung, werden mehr Gelegenheiten bereitgestellt, um zum Austausch über die Themen der Fortbildung oder beispielsweise Vorstellungen der Lehrenden zur Mathematik, Lehren und Lernen und auch inhaltliche Vorstellungen der Lernenden zu gelangen.

3.2 Kernaspekte für Fortbildungsmaßnahmen

Eine größere Zeitspanne hat zudem den Vorteil, dass die Teilnehmenden eigene Erfahrungen sammeln und Feedback bekommen können (Kennedy, 1998; Berner, 2008; Bruder & Böhnke, 2014). Dass Selbsterfahrungen innerhalb einer Fortbildungsmaßnahme zu Veränderungen der Überzeugungen beitragen kann (Kleickmann, 2008), nutzte Eichholz (2018) in den Fortbildungsmaßnahmen zu ihrer Dissertation. „Die Selbsterfahrung in der Fortbildung hat [...] das Bild von Mathematikunterricht verändert" (S. 220). Gemeinsam mit der eigenen Umsetzung im Unterricht und der anschließenden Reflexion bilden die Selbsterfahrungen einen zentralen Aspekt ihrer Gestaltungsmerkmale (ebd.). „Da bestehende Handlungsroutinen und Vorstellung der Lehrkräfte nicht durch punktuelle Interventionen verändert werden können, sollten Lehrerfortbildungen längerfristig angelegt sein und beim Transfer der Fortbildungsinhalte in die Praxis Hilfestellungen anbieten" (Kunina-Habenicht et al., 2016, S. 326).

„The best models for the professional development are longitudinal and extended rather than one-off events with cycles of learning-implementation- reporting" (Hobbs & Törner, 2019b, S. 316). Ein Richtwert von mindestens 20 Stunden wird dabei häufig angegeben (Besser et al., 2015a; Garet et al., 2001; Desimone, 2009). In Untersuchungen konnte gezeigt werden, dass Fortbildungsmaßnahmen mit mehr Umfang häufiger signifikante Einflüsse auf die Lesekompetenz aufweisen als kürzere (Garet et al., 2008). Dabei ist die der Zusammenhang von Umfang und Effektivität sicherlich nicht durch eine lineare Funktion modellierbar, vielmehr sind auch die Aufgaben, mit denen sich die Lehrkräfte auseinander setzen von großer Bedeutung (Lipowsky & Rzejak, 2015).

Aktives (-entdeckendes) Lernen
Damit ergibt sich das zweite Kernelement gelingender Fortbildungen – das aktive Lernen. Eng verbunden mit dem fachlichen Fokus, den eine Fortbildung aufweisen sollte, ist hierbei wichtig – wie im Unterricht mit Kindern auch – dass die Lehrkräfte aktiv in den Entdeckungsprozess neuer Inhalte, Ideen und Erkenntnisse eingebunden werden (Kunina-Habenicht et al., 2016). „Dabei sollten nicht nur Informationen an die Lehrkräfte weitergegeben werden, sondern auch aktives Lernen und vertiefte Verarbeitungsprozesse angeregt werden" (ebd., S. 8).

Diese Aufgaben des aktiven Lernens müssen dabei aber nicht unbedingt auf den fachlichen Lernstoff und das Fachwissen abzielen. Sie können allgemein pädagogisches Wissen, Methodik oder Planung von Unterricht betreffen (Garet et al., 2001). Aufgaben die zum aktiven Lernen zählen, sind sehr vielfältig (Krauthausen, 2018). So zählt neben der Auseinandersetzung mit Schüler:innenprodukten das Beobachten und beobachtet werden, aber auch gemeinsame Diskussion über Unterricht dazu (Garet et al., 2001, Desimone 2009; Kunina-Habenicht et al.,

2016). Aber auch die Auseinandersetzung mit den Aufgaben für die Schüler:innen wird als Form des aktiven Lernens genutzt: „The opportunity for teachers to engage in the same learning activities they are designing for their students is often utilized as a form of active learning" (Darling-Hammond et al., 2017, S. 8). Vor allem auch in Hinblick auf fachfremd unterrichtende Lehrkräfte scheint dieser Ansatz sinnvoll, um nicht nur die aktive Auseinandersetzung zu erreichen, sondern auch den vierten Kernaspekt – das an knüpfen an Wissen und Überzeugungen – gewährleisten zu können.

Kollektive Zusammenarbeit
Daraus entsteht die dritte Mindestanforderung an Fortbildungsmaßnahmen – die kollektive Zusammenarbeit. Diese kann unter anderem über die gemeinsame Teilnahme von mehreren Lehrpersonen derselben Schule realisiert werden. Dazu

> hat sich gezeigt, dass es von Vorteil ist, wenn mehrere Kolleginnen und Kollegen einer Schule an ein und derselben Fortbildung teilnehmen können, um die positiven Eindrücke zusammen in den Schulalltag zu integrieren – auch bei auftretenden Widerständen, die erst gemeinsam überwunden werden müssen (Hildebrandt, 2017, S. 146)

Alternativ kann kollektive Zusammenarbeit durch das Bilden von (beispielsweise Jahrgangs-)Teams innerhalb einer Fortbildung umgesetzt werden. „Such arrangements set up potential interaction and discourse, which can be a powerful form of teacher learning" (Desimone, 2009, S. 184). So kann der Austausch unter Lehrkräften, die mit ähnlichen Anliegen und Veränderungen in ihrem Unterricht beschäftigt sind, dazu führen, dass sie ihre Lösungen miteinander teilen oder auch ein besseres Verständnis dafür aufbauen, was Ziele des Unterrichts sind – und so voneinander profitieren (Garet et al., 2001). Das Anerkennen eines Vorbildes – seien es die Fortbildende oder andere Teilnehmende der Fortbildungsmaßnahme – scheint in Bezug auf Umsetzungsideen wichtig (Hildebrandt, 2017).

Anknüpfung an Wissen und Überzeugungen
Als weiteres Element der Kernaspekte wird die Kohärenz genannt (Garet et al., 2001; Berner, 2008; Desimone, 2009; Eichholz, 2018). Damit ist zum einen gemeint, dass eine Kohärenz zwischen dem, was die teilnehmenden Lehrkräfte lernen sollen, und dem, was sie zu Beginn der Fortbildungsmaßnahme wissen und glauben, vorherrscht. Zum anderen muss das Erlernte auch dazu passen, was in den Schulen, Reformen und Vorgaben vorausgesetzt ist und verlangt wird (vgl.

3.2 Kernaspekte für Fortbildungsmaßnahmen

Desimone, 2009). Dass eine Fortbildung in sich kohärent sein sollte, ist sicherlich auch ein wichtiger Punkt.

Vor allem auch Überzeugungen der teilnehmenden Lehrkräfte sollten thematisiert werden, da diese Einfluss auf die Gestaltung des Unterrichts haben (vgl. Abschnitt 2.2.2). „Personale Überzeugungen gelten – wenigstens im Prinzip – als veränderbar durch Erfahrung, Reflexion und Argumentation" (Staub, 2001, S. 182). Dabei sollten immer Wissen und Überzeugungen gleichermaßen in den Blick genommen werden. „Whatever approach is used, it is clear that beliefs and practices are linked, and emphasis in teacher professional development on either one without considering the other is likely to fail" (Stipek et al., 2001, S. 225).

Dies kann beispielsweise durch den Einsatz von Fallbeispielen gelingen (Krammer et al., 2012; Syring et al., 2016). Die Teilnehmenden erhalten so die Möglichkeit, neue Perspektiven zu erfahren und unterschiedliche Strategien sowie Lösungsgedanken und -wege von Schüler:innen zu betrachten, zu thematisieren und nachzuvollziehen (Lipowsky, 2004).

Die Reflexion des eigenen Handelns, aber auch Handlungsentscheidungen anderer können zu einer Veränderung der Überzeugungen beitragen. Dazu bieten sich vor allem auch videobasierte Analysen von Unterrichtsszenen an. Denn spontane Reaktionen gehen immer auch auf eigenes Erleben, eigene Erfahrungen und Gewohnheiten zurück (Bräuning & Nührenbörger, 2010). „Daher scheint es evident, dass Lehrerfortbildungen auch auf eine Veränderung von Lehrerkognitionen abzielen sollten" (Lipowsky, 2004, S. 464), denn durch neue Erfahrungen und Veränderungen der Überzeugungen kann auch die spontane Reaktion im Unterrichtsalltag verändert werden. Videovignetten bieten dabei den Vorteil, durch einen gewissen Abstand und weniger direkten Handlungsdruck eine detailliertere Reflexion zu ermöglichen, welche Entscheidungen getroffen worden sind und ob es alternative und gegebenenfalls effektivere Reaktionen und Handlungen hätte geben können (Aufschnaiter et al., 2017; Hebenstreit et al., 2016; Krammer et al., 2012). Durch eine Thematisierung auf Metaebene der dahinterliegenden Überzeugungen könnte eine Veränderung dieser angeregt werden (Lipowsky, 2014). Um es mit Hippels (2011) Worten zusammenzufassen: „Um vom professionellen Wissen zum Können und Handeln zu gelangen, sind Analyse und Reflexion notwendig" (S. 257).

Vor allem auch das eigene Erleben – sei es innerhalb der Fortbildungsmaßnahme oder im erteilten Unterricht – sowie die Motivation von Lehrkräften kann zur Überzeugungsveränderungen anstoßen (Eichholz, 2018).

Aber auch das fachliche Lernen sollte an den Kenntnisstand der Teilnehmenden angepasst werden. In Bezug auf die Selbstwirksamkeitserwartungen (vgl. Abschnitt 2.2.2), zeigt sich, dass eine Überforderung der Teilnehmenden sich negativ auf die Selbstwirksamkeitserwartungen auswirken würden, während Erfolgserlebnisse zu hören Selbstwirksamkeitserwartungen führen (Bandura, 1977; Hecht, 2013; Thurm, 2020).

Fachbezogene Elemente
Neben den vier bereits genannten Kernaspekten ist auch der Fachbezug beziehungsweise ein fachlicher Fokus von zentraler Bedeutung und bildet den fünften Kernaspekt (Darling-Hammond et al. 2017; Desimone, 2009; Garet et al., 2001). Diesem wurde in der Fachliteratur und -forschung wenig Aufmerksamkeit gewidmet, wie Garet und Kolleg:innen (2001) feststellen. Dabei „erwarten die pädagogischen Fachkräfte hauptsächlich praxisbezogene Inhalte und handlungsorientierte Strategien" (Hippel, 2011, S. 260). Diese sind kaum umzusetzen, ohne dies an einem konkreten Inhalt anzuknüpfen. Dazu gehört nicht nur, dass die Teilnehmenden ein fachspezifisches Element oder einen Themenbereich erarbeiten, sondern auch, dass sie sich mit den Vorstellungen und Lernwegen der Kinder befassen, um „zu einem besseren Verständnis des Lernens der Schülerinnen und Schüler [zu] kommen, und auch Verstehenshindernisse besser identifizieren können" (Berner, 2008, S. 275).

Die Kombination aus fachlichem Lernen der teilnehmenden Lehrkräfte und dem Lernen über das Lernen der Kinder „gilt als wirksamstes Merkmal von Lehrerfortbildungen" (Besser et al., 2015a, S. 288) und wird oft als zentral herausgearbeitet (Hunter et al., 2018; Laczko-Kerr & Berliner, 2003; Faulkner et al., 2019). Ein Fokus auf Inhalte regt sowohl den Zuwachs von Lehrer:innenwissen – zu diesem spezifischen Themenbereich – an, als auch höhere Schüler:innenleistungen (Desimone, 2009). Um das Lernen der Kinder unterstützen und die Hürden beim Lernen abbauen zu können, muss der entsprechende mathematische und mathematikdidaktische Inhalt erarbeitet werden; „professional teacher training must offer opportunities to learn the theoretical backgrounds that are needed for analysing and understanding student thinking" (Prediger, 2010, S. 78). Fortbildungsmaßnahmen, die einen Inhalt und das Lernen der Schüler:innen dieses Inhalts in den Blick nehmen, haben einen positiveren Effekt auf das Lernen der Kinder als Fortbildungsmaßnahmen, die hauptaugenmerklich das Verhalten von Lehrkräften fokussieren (Kennedy, 1998).

Um das Lernen der Kinder bestmöglich zu unterstützen, scheint ein fundiertes Fachwissen essentiell (vgl. auch Abschnitt 2.1.3). „To foster students' conceptual understanding, teachers must have rich and flexible knowledge of the subjects they teach. They must understand the central facts and concepts of the discipline, how these ideas are connected" (Borko, 2004, S. 5).

3.2 Kernaspekte für Fortbildungsmaßnahmen

Hier lassen sich folglich auf unterschiedlichen Wirkungsebenen nach Lipowsky Veränderungen betrachten. Es scheint anzunehmen, dass sich das professionelle Wissen einer Lehrkraft in Bezug auf das Fachwissen verändern wird, wenn die Fortbildungsmaßnahme einen fachlichen Schwerpunkt setzt. Inwiefern das auf Mathematik fachfremd unterrichtende Grundschullehrkräfte zutrifft, bildet eine der zentralen Fragestellungen der vorliegenden Untersuchung. „Dazu sollten die unterschiedlichen Voraussetzungen der Lehrkräfte berücksichtigt werden, indem Fortbildungen ausschließlich für fachfremd tätige Lehrkräfte […] entwickelt bzw. angeboten werden" (Porsch, 2020a, S. 23). Auch dieser Forderung wird mit der vorliegenden Studie nachgekommen.

Diese fünf Kernaspekte sollten also in jeder Fortbildung mindestens erfüllt sein (Desimone, 2009; Lipowsky, 2004; Garet et al., 2001).

Zusammenfassend lassen sich einige zentrale Elemente herausstellen, die – auf unterschiedlichen Ebenen – die Wirksamkeit und Effektivität einer Fortbildungseinheit steigern. Ein Zusammenspiel von Phasen des Inputs, der aktiven Arbeit und der praktischen Erprobung ist wichtig, um vielfältige Anregungen zu geben und zentrale Bereiche des Unterrichts, und deren Einschätzungen abzudecken und gleichzeitig die Möglichkeit zu bieten neue Erfahrungen zu sammeln, sich darüber auszutauschen und dies zu reflektieren (Lipowsky, 2004; 2014).

Während Abwechslungsreichtum in der Gestaltung einer Fortbildungssitzung unabdingbar ist, ist eine Fokussierung bezüglich der Inhalte angebracht. Eine fachdidaktische Fragestellung als Kern einer Fortbildungseinheit zu nehmen und die Konzentration auf einen Schwerpunkt zu legen, scheint dabei wünschenswert (Lipowsky, 2004). Da nicht alle Themen und Inhalte behandelt werden können, sollten die ausgewählten ausführlich, auf unterschiedlichen Ebenen und mit Schüler:innenbeispielen und Handlungsvorschlägen thematisiert werden.

Das Ansetzen an Voraussetzungen und Überzeugungen der Teilnehmenden ist ein weiterer Schritt, um eine Fortbildung möglich wirksam zu gestalten. Dabei ist es aber auch wichtig, nicht nur Methoden zu vermitteln, sondern eben auch zu Entwicklungen der Überzeugungen beizutragen (Selter, 2006). Es kann also gesagt werden, dass eine Fortbildung zahlreiche Facetten und Ebenen umfasst. Zentral ist die Vermittlung von Inhalten und Methoden gleichermaßen, von Fachwissen und (fach-) didaktischem Wissen, von Theorie und Praxis, von „Wissen und Bewusstheit" (Selter, 2006, S. 59).

Das Lernen in Fortbildungsmaßnahmen
In ihrer Dissertation adaptierte Eichholz (2018) das Rahmenmodell von Clarke und Hollingsworth (2002), um das Lernen der Lehrkräfte im Rahmen einer Fortbildungsmaße beschreiben zu können. Hier wird deutlich, dass (Vor-)Wissen und

Überzeugungen einer Lehrkraft und die Erfahrungen in der Praxis beim Lernen jeder Lehrkraft relevant sind und daher Fortbildungsmaßnahmen unterschiedlich wirken können (Eichholz, 2018) (Abbildung 3.1).

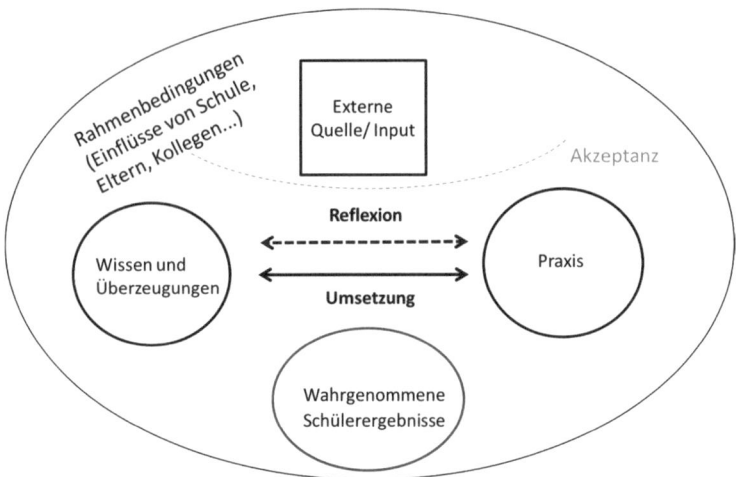

Abbildung 3.1 Rahmenmodell (Entnommen aus: Eichholz, 2018, S. 93)

Die Fortbildungsmaßnahme bildet dabei eine Quelle externen Inputs. Ist die Akzeptanz – also eine der Wirkungseben nach Lipowsky (2004) – gegeben, so kann das Gelernte Einfluss auf das Wissen, die Überzeugungen und die Praxis nehmen (Eichholz, 2018). Dabei bedingen sich die Elemente stets gegenseitig. Insgesamt kommt Lehrer:innenfortbildungsmaßnahmen eine wichtige Rolle zu: „Teacher professional development is essential to efforts to improve our schools" (Borko, 2004, S. 3).

Es zeigt sich also zusammenfassend, dass das Lernen von Lehrkräften in Fortbildungsmaßnahmen komplex ist.

3.3 Gestaltungsprinzipien einer DZLM-Lehrer:innenfortbildung

Im Rahmen des DZLM werden zahlreiche Fortbildungsmaßnahmen entwickelt, durchgeführt und evaluiert (Binner, 2021; DZLM 2015b; Eichholz,

3.3 Gestaltungsprinzipien einer DZLM-Lehrer:innenfortbildung

2018; Lünne & Biehler, 2018). Um die Komplexität der Verschachtelung der Unterrichts-, Fortbildungs- und Qualifizierungsebene zu verdeutlichen und Zusammenhänge übersichtlicher darzustellen, haben Prediger und Kolleg:innen das Drei-Tetraeder-Modell gegenstandsbezogener Professionalisierung entwickelt. Es „baut auf dem bekannten Didaktischen Dreieck auf und wird auf dieser Basis zu einem dreidimensionalen Modell erweitert" (Prediger et al., 2017, S. 163).

Auf der Ebene des Unterrichts bilden die Schüler:innen wie auch Lehrer:innen, Material und Medien und der fachliche Lerngegenstand die Eckpunkte des Tetraeders. Auf der Fortbildungsebene bildet der gesamte Unterrichtstetraeder den Fortbildungsgegenstand, was durchaus als Herausforderung angesehen werden kann (Prediger et al., 2017). Der Tetraeder auf der Fortbildungsebene wird durch die drei Punkte Lehrer:innen – diesmal in der Rolle der Lernenden – Material und Medien sowie Multiplikator:innen – die die Rolle der Lehrenden einnehmen – komplettiert (Abbildung 3.2).

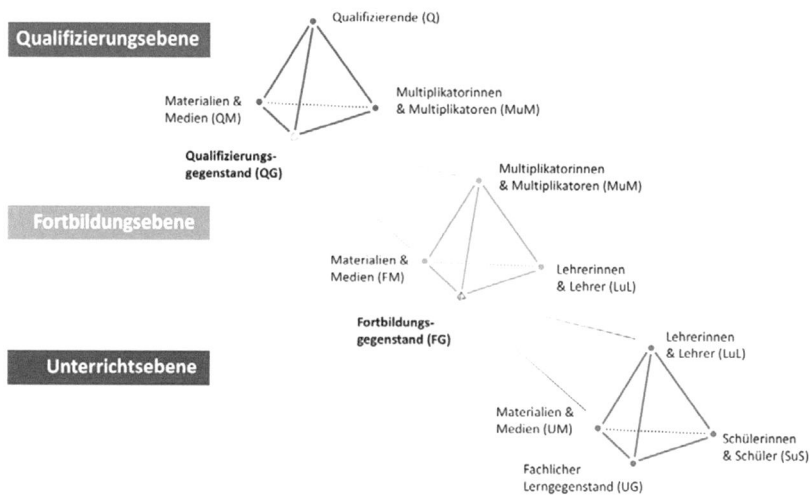

Abbildung 3.2 Drei-Tetraeder-Modell (Entnommen aus: Prediger et al., 2017, S. 160)

Dies impliziert folglich, dass der gesamte Unterrichtsbereich und alle dort relevanten Entscheidungen, Ideen und Prinzipien sowie Umsetzungsmöglichkeiten auch ein Bestandteil der Fortbildung sind. Daraus folgt aber auch, dass die Konzeption einer Fortbildung immer auch ein umfassendes und komplexes Thema darstellt. Daher ist eine Fokussierung auf exemplarische Inhalte besonders wichtig.

Exemplarisch für den Mathematikunterricht in der Sekundarstufe I zeigt der DZLM-Kompetenzrahmen, wie facettenreich eine Fortbildungsmaßnahme sein kann und wie vielfältig die Elemente sind, die fokussiert werden können, beziehungsweise, die implizit bleiben. Auch hier finden sich die Elemente des Modells nach TEDS-M wieder. Die für die vorliegende Arbeit besonders zentralen Komponenten des Professionswissens – also der kognitiven Fähigkeiten – und die Überzeugungen – also die affektiv-motivationalen Fähigkeiten – stellen auch hier die wesentliche Unterscheidung und die zentralen Facetten dar (Abbildung 3.3).

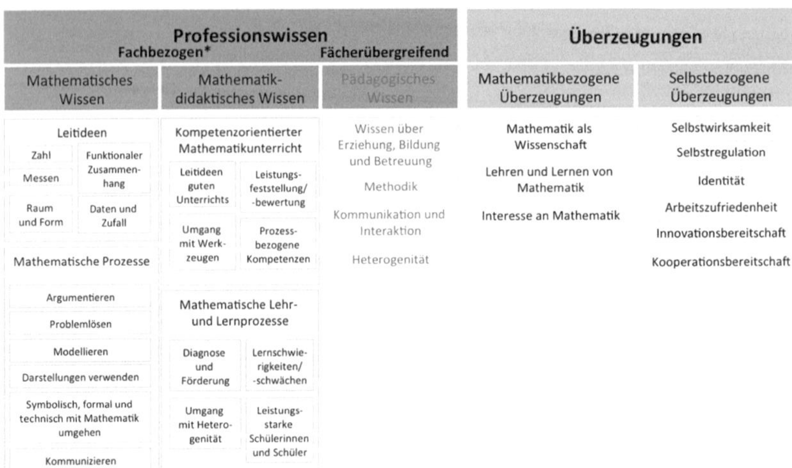

Professionswissen				Überzeugungen	
Fachbezogen*			Fächerübergreifend		
Mathematisches Wissen	Mathematik-didaktisches Wissen		Pädagogisches Wissen	Mathematikbezogene Überzeugungen	Selbstbezogene Überzeugungen
Leitideen	Kompetenzorientierter Mathematikunterricht		Wissen über Erziehung, Bildung und Betreuung	Mathematik als Wissenschaft	Selbstwirksamkeit
Zahl / Funktionaler Zusammenhang					Selbstregulation
Messen	Leitideen guten Unterrichts	Leistungs-feststellung/-bewertung	Methodik	Lehren und Lernen von Mathematik	Identität
Raum und Form / Daten und Zufall			Kommunikation und Interaktion	Interesse an Mathematik	Arbeitszufriedenheit
	Umgang mit Werkzeugen	Prozess-bezogene Kompetenzen			Innovationsbereitschaft
Mathematische Prozesse			Heterogenität		Kooperationsbereitschaft
Argumentieren	Mathematische Lehr- und Lernprozesse				
Problemlösen					
Modellieren	Diagnose und Förderung	Lernschwierigkeiten/-schwächen			
Darstellungen verwenden					
Symbolisch, formal und technisch mit Mathematik umgehen	Umgang mit Heterogenität	Leistungsstarke Schülerinnen und Schüler			
Kommunizieren					

Abbildung 3.3 Bestandteile professioneller Kompetenz (Entnommen aus DZLM, 2015c, 4)

Daher haben Barzel und Selter (2015) für das DZLM auf Grundlage der in Abschnitt 3.1 und Abschnitt 3.2 vorgestellten Kernaspekte und Wirkungsebenen sechs zentrale Gestaltungsprinzipien erstellt, die in einer jeden Lehrer:innenfortbildungsmaßnahme des DZLM berücksichtigt werden sollten. Sie gelten daher als Minimalkonsens für Fortbildungsmaßnahmen im Rahmen des DZLM. Das sind: *Kompetenzorientierung, Teilnehmerorientierung, Lehr-Lern-Vielfalt, Fallbezug, Kooperationsanregung* und *Reflexionsförderung*. Im Folgenden sollen diese nur kurz vorgestellt werden; für einen Übersichtsartikel siehe Barzel & Selter, 2015.

Kompetenzorientierung

Unter Kompetenzorientierung wird eine Orientierung an Kompetenzen verstanden, die die teilnehmenden Lehrkräfte erwerben sollen. Diese Orientierung an „zu erwerbenden inhaltlichen und methodischen Kompetenzen ist eine entscheidende Vorbedingung zu deren didaktischer und organisatorischer Gestaltung, welche dem Anspruch nachhaltiger Wirksamkeit genügt" (Barzel & Selter, 2015, S. 268).

Die Bewusstmachung ebendieser Ziele für die Teilnehmenden ist dabei eine zentrale Facette des ersten Gestaltungsprinzips, nicht zuletzt, um den Teilnehmenden eine Reflexion ihres Kompetenzzuwachses zu erleichtern (Barzel & Selter 2015; Rösike et al., 2016). Die Teilnehmenden sollen wissen, was sie in der Fortbildung im Allgemeinen und in den einzelnen Terminen im Speziellen lernen sollen. Dies kann beispielsweise durch Kompetenzformulierungen realisiert werden, sodass die Lehrer:innen wissen, was sie erwartet und was sie erlernt haben sollen (DZLM, 2015c; Höveler et al., 2018). Denn diese Kompetenzen „bieten Orientierung für die inhaltliche Planung von Fortbildungen" (Rösike et al., 2016, S. 3).

Teilnehmer:innenorientierung

> DZLM-Fortbildungen beziehen die individuellen, heterogenen Voraussetzungen und Bedürfnisse der Teilnehmenden ein und sind partizipativ gestaltet. Sie fördern und fordern die aktive und eigenverantwortliche Teilhabe der Teilnehmenden in Gestaltung und Durchführung. Die Teilnehmenden werden nicht belehrt, sondern als aktiv Lernende in diesen Prozess einbezogen. (Barzel & Selter, 2015, S. 271)

Dabei werden – neben den mathematischen und mathematikdidaktischen Kompetenzen – die Überzeugungen und Bedarfe, aber auch Ressourcen der Teilnehmenden berücksichtigt (Barzel & Selter, 2015; Rösike et al., 2016).

Dass es wichtig ist, sich mit dem Inhalt und Vorgehen der Fortbildung an den Teilnehmenden zu orientieren, konnte zahlreiche Studien zeigen (vgl. Abschnitt 3.1). Denn wenn die Lehrer:innen nicht an die Umsetzbarkeit des Erlernten glauben, probieren sie es weniger wahrscheinlich aus. Zudem zeigt das Rahmenmodell zum Lernen der Lehrkräfte, dass das eigene Wissen und die Überzeugungen einer jeden Lehrkraft das Lernen im Rahmen der Fortbildungsmaßnahme beeinflusst (Eichholz, 2018). Zusätzlich sollen konkrete Unterrichtsbeispiele genutzt werden, um den Teilnehmenden die Relevanz des Themas zu verdeutlichen (DZLM, 2015c; Höveler et al., 2018). Die Bedarfe sowie Wissensstände sollten im Idealfall schon vor Beginn der Fortbildung erhoben werden, um daran anknüpfen zu können (Rösike et al., 2016).

Lehr-Lern-Vielfalt

Unter Lehr-Lern-Vielfalt wird verstanden, dass zahlreiche verschiedene Methoden und Medien genutzt werden. Wie auf den Ebenen der drei Tetraeder zu erkennen ist, wiegt dieser Punkt doppelt. Zum einen geht es dabei um Umsetzungsmöglichkeiten im Unterricht und zum anderen soll das Lernen der Teilnehmenden ebenfalls abwechslungs- und facettenreich gestaltet werden (Barzel & Selter, 2015; DZLM 2015c; Prediger et al., 2017). Dazu gehört es auch, dass eigene Erprobungen durchgeführt werden können, da es Präsenz- und Distanzphasen gibt.

Fallbezug

Da eine Fortbildung – und sei sie noch so langfristig angelegt und komplex – nie alle entscheidenden Elemente guten Mathematikunterrichts abdecken kann, wird eine gewisse Exemplarität aus der Sache heraus notwendig. Die Lehrkräfte sollten darin bestärkt werden, lernförderliche Entscheidungen zu treffen (Carpenter & Fennema, 1992). Dabei ist ein Fallbezug eine gute Möglichkeit, dies umzusetzen. Die Grundlage bildet dabei ein real(istisch)er Fall (Goeze, 2010). Die Fallarbeit „wird als eine geeignete Methode betrachtet, um Kompetenzen, die für ein professionelles Handeln von Lehrkräften relevant sind, aufzubauen und zu entwickeln" (Syring et al., 2016, S. 86). Das gilt nicht nur für die erste Phase der Lehrer:innenbildung, sondern auch für die dritte Phase (Pflugmacher et al., 2009).

> Der Nutzen der Fallanalysen wird für mehrere Adressaten und Bereiche der Lehrerbildung aufgezeigt: Pädagogische Kasuistik kann zur fortlaufenden Professionalisierung von Lehrenden eingesetzt werden und erschliesst dabei Seiten des Unterrichtsgeschehens, die von der empirischen Bildungsforschung nicht beobachtet werden können. (Pflugmacher et al., 2009, S. 372)

„Fortbildungsteilnehmende brauchen konkrete Anregungen für die Umsetzung des Gelernten, um es in die Praxis zu integrieren und die eigenen Unterrichts-[…]routinen und -praktiken verändern zu können" (Rösike et al., 2016, S. 15). Das gelingt durch Fallarbeit (Hebenstreit et al., 2016; Heinzel, 2021). Ein gutes Beispiel für Fortbildungen zeichnet dabei beispielsweise aus, dass es zum Begründen anregt, zur intensiven Auseinandersetzung motiviert und Handlungsmöglichkeiten offeriert (Kiel et al., 2014). Es können zahlreiche Perspektiven eingenommen werden, ohne direkten Handlungsdruck zu verspüren (Krammer et al., 2012). So lässt sich auch die Vielzahl der Einzelfälle besser bewältigen (Selter et al., 2017).

Dabei bildet der Einbezug von „Beispielen aus der eigenen Praxis der Teilnehmenden einen wesentlichen Kern der Arbeit" (Barzel & Selter 2015, S. 274). Dadurch werden Praxisanregungen konkret greifbar für die Teilnehmenden und man kann ebenfalls einer Orientierung an den Bedarfen der Lehrkräfte gerecht werden, da diese ihre eignen Erfahrungen einbringen und Fragen zu auftretenden Herausforderungen anhand ihres eigenen Beispiels geklärt werden können. Vor allem auch für fachfremd unterrichtende Lehrkräfte, die an der hier untersuchten Fortbildungsmaßnahme teilnehmen, ist das Probehandeln innerhalb der gemeinsamen Präsenzsitzungen und die Nähe zum Unterricht besonders relevant.

Kooperationsanregung
Ein weiterer wichtiger Punkt von Fortbildungen besteht in der Kooperationsanregung. Angelehnt an den Kernaspekt „kollektive Zusammenarbeit" werden innerhalb der Fortbildungen Möglichkeiten geboten, um zu einem Austausch innerhalb der Teilnehmendengruppe zu gelangen. Da „eine Veränderung von Handlungsroutinen [...] eine diskursive Auseinandersetzung in einer Gemeinschaft" (Barzel & Selter, 2015, S. 269) erfordert, stellt die Anregung zur Kooperation und gegebenenfalls zur Bildung sogenannter Professioneller Lerngemeinschaften (PLG) (Bonsen & Rolff, 2006) ein weiteres wichtiges Gestaltungsprinzip dar.

Dabei kann die Kooperation über gemeinsame Arbeitsprozesse innerhalb der Präsenzsitzungen, außerhalb dieser über geeignete Plattformen, durch gemeinsame Planung und Reflexion oder durch Unterrichtshospitationen realisiert werden (Barzel & Selter, 2015, Rösike et al., 2016).

Das Teilen von Lösungsansätzen sowie der Austausch über ähnliche Probleme, Erfolge und Erfahrungen bilden einen wichtigen Baustein im Lernen der Lehrer:innen. Nicht nur die Forschung konnte dies zeigen; zudem ist dies auch ein Bedürfnis der Teilnehmenden (vgl. Abschnitt 3.1). Ein aktivierender Unterricht wird beispielsweise dadurch gestärkt, dass die Teilnehmer:innen des Fortbildungskurses zur Kooperation beziehungsweise gegenseitiger Hospitation angeregt werden (Lipowsky, 2010; DZLM, 2015c).

Reflexionsförderung
Als letzter Punkt der DZLM Gestaltungsprinzipien ist die Reflexionsförderung zu nennen. Sie umfasst ebenfalls mehrere Facetten. Zum einen ist sowohl die Reflexion des Erlernten als auch die des eigenen Handels gemeint (Rösike et al., 2016). Zum anderen sollten aber auch die Aufgaben, denen im Rahmen der Fortbildung begegnet wird, Lösungen der Schüler:innen, Übertragbarkeit der Erkenntnisse auf andere Themen und Unterrichtsfacetten, konkrete Fallbeispiele, eigene Unterrichtsmomente und damit verbunden das eigene Lehr- sowie Lernverhalten und Überzeugungen reflektiert werden (Barzel & Selter, 2015).

Die Reflexion gilt laut Hippel (2011) als „übergeordnetes Ziel von Fortbildungsangeboten" (S. 257). Zudem sollten die Teilnehmer:innen der Fortbildung die Möglichkeit haben – in Anlehnung an den Praxisbezug – die Inhalte der Fortbildung direkt umsetzen zu können (Bruder & Böhnke, 2014). Eine anschließende Reflexion der Durchführung ist besonders wichtig. Dies setzt aber auch voraus, dass es sich bei der Fortbildung um mehr als einen Präsenztermin handelt (DZLM, 2015c).

Vor allem auch im Bereich der Fortbildungsmaßnahmen für fachfremd unterrichtende Lehrkräfte stellen sich einige – bereits erwähnte wie auch zusätzliche – Elemente als besonders wichtig heraus, die im Folgenden kurz erläutert werden.

Fortbildungsmaßnahmen für fachfremd unterrichtende Lehrkräfte
Vor allem beim Anknüpfen an die Wissensstände der Teilnehmenden ist es essentiell, zu reflektieren, dass die fachfremd unterrichtenden Lehrkräfte die Adressaten der Fortbildungsmaßnahme sind, die eine Lehramtsausbildung abgeschlossen haben. Somit verfügen sie bereits über einige – fachübergreifend zentrale – Lehrmethoden (Ríordáin et al., 2019). Das Fachwissen, an welches angeknüpft werden kann, ist dabei sicherlich ein Punkt, in dem sich Fortbildungsmaßnahmen für fachfremd und für Mathematik ausgebildete Lehrkräfte unterscheiden (Faulkner et al., 2019; Hobbs & Quinn, 2021). Worin der Unterstützungsbedarf im Detail liegt, ist dabei individuell: „Teacher support needs vary, but the adequacy of the support according to teacher needs will strongly influence whether teachers simply cope or manage their out-of-field teaching load." (Du Plessis et al., 2019, S. 217).

Der Praxisbezug und die Umsetzbarkeit spielen dabei ebenfalls eine wichtige Rolle (Eichholz, 2018; Ríordáin et al., 2019). Das Gefühl, etwas aus ihrer eigenen Praxis und ihrer Expertise aus einem anderen Fach einbringen zu können, kann dazu führen, dass die Teilnehmenden sich wohler fühlen (Kenny et al., 2020).

Die affektiv-motivationale Komponente der Lehrkräfte ist somit die zweite zentrale Facette, die in den Überlegungen für fachfremd Unterrichtende einbezogen werden sollte.

Bei der Gestaltung von Fortbildungen durch die Orientierung an Praxiserfahrung sollte berücksichtigt werden, dass sich die Unterrichtspraxis bei fachfremd Unterrichtenden von der nicht-fachfremd Unterrichtender unterscheiden kann. Grund dafür können nicht nur Defizite im professionellen Wissen, sondern auch die AMC [affektiv-motivationale Kompetenz] der Lehrpersonen sein. Was für reguläre Mathematiklehrkräfte unterrichtsrelevant ist, kann für fachfremd Unterrichtende keine

3.3 Gestaltungsprinzipien einer DZLM-Lehrer:innenfortbildung

Bedeutung haben. Will man erreichen, dass auch diese Lehrpersonen andere, wünschenswerte Praxismomente des Mathematikunterrichts (er)kennen, sollte Mathematik als Prozess und Wissenskörper neu erfahrbar gemacht werden. (Bosse, 2014, S. 223)

Bosse und Törner (2013) zeigen, dass sich fachfremd unterrichtende Lehrkräfte grade in den affektiv-motivationalen Komponenten von den Lehrkräften, die nicht fachfremd unterrichten, unterscheiden. Sie müssen ihre Lehreridentität neu definieren und ausbauen (Faulkner et al., 2019; Hobbs, 2013; Hobbs et al., 2019). Eine Schlüsselrolle nehmen dabei die Selbstwirksamkeitserwartungen ein. Somit ist die Verknüpfung von inhaltlichem Fachwissen und der Thematisierung der selbstbezogenen Komponenten eng miteinander verknüpft. Um fachliches Wissen aufzubauen und gleichzeitig Selbstwirksamkeitserwartungen zu stärken, „ist es notwendig, zunächst Aufgaben zu wählen, die von jeder Teilnehmerin und von jedem Teilnehmer erfolgreich bewältigt werden können." (Hildebrandt, 2017, S. 139 f.). Der inhaltliche Fokus der Fortbildungsmaßnahme sollte somit auch immer verknüpft sein mit Vorwissen, Überzeugungen und Zielen der teilnehmenden Lehrkräfte.

Obwohl Porsch (2015) zeigen konnte, dass alle Lehrkräfte „[d]ie Nutzung von Fortbildungsangeboten und das Selbststudium […] als relevant für guten Mathematikunterricht bewerten[n]" (Porsch, 2015, S. 28), zeigt sich auch nach der Vertiefungs- oder Neigungshypothese, dass Lehrkräfte mit Fachausbildung häufiger an fachlichen Fortbildungen teilnehmen als ihre fachfremd unterrichtenden Kolleg:innen (Porsch & Wendt, 2016).

Bosse (2017) führt das darauf zurück, „dass diese Lehrkräfte im selben Moment nicht wissen, was sie nicht wissen und können" (S. 332). Neben der extrinsischen Motivation, beispielsweise durch den Erwerb eines Zertifikates, gibt es durchaus auch intrinsische Motive zur Teilnahme an Fortbildungsmaßnahmen, wie das Erweitern des eigenen – fachlichen und fachdidaktischen – Wissens (Kenny et al., 2020; Lünne et al., 2021). Wie Lehrkräfte zur Teilnahme an Fortbildungsmaßnahmen bewegt werden können, scheint bisher noch nicht ausreichend untersucht.

Eichholz (2018) leitet aus der Begleitforschung zu den Fortbildungsmaßnahmen für Mathematik fachfremd unterrichtende Grundschullehrkräfte in ihrer Dissertation fünf Konsequenzen für Fortbildungsmaßnahmen für Fachfremde ab. Die „Anknüpfung an exemplarische Unterrichtsbeispiele" (Eichholz, 2018, S. 249) bildet nicht nur ein verbindendes Element über die Jahrgänge in der Grundschule hinweg, sondern zeigt auch einen konkreten Ansatzpunkt für die fachfremd unterrichtenden Lehrkräfte auf. Sie spricht von Überzeugungen als Boundary Object; „das liegt aber weniger an ihren Überzeugungen als vielmehr daran, dass sie keine Umsetzungsmöglichkeiten für guten, konstruktivistisch orientierten Mathematikunterricht kennen" (Eichholz, 2018, S. 250). Die Übertragung der dynamischen und konstruktivistische Überzeugungen auf die Mathematik und das Handeln im Mathematikunterricht ist daher eine zentrale Aufgabe von Fortbildungsmaßnahmen für Fachfremde. Als dritten Punkt führt Eichholz (2018) das positive Erleben von Mathematik durch die fachfremd unterrichtenden Lehrkräfte an, um möglichst eigene negative Erfahrungen abzubauen (vgl. auch Bosse, 2017). Als vierten Aspekt führt sie die Unterstützung durch die Schulen auf, auch, wenn diese wenig beeinflussbar sind. Die nötigen Ressourcen wie zum Beispiel die Freistellung für den Besuch der Fortbildungsmaßnahme sind dabei ebenso inkludiert wie die Möglichkeiten des Coaching und Austauschs mit Fachkolleg:innen. Als letzter Aspekt wird das Ermöglichen des Weiterlernens genannt, sodass die Fortbildungsmaßnahme nicht mit dem letzten Präsenztermin endet und über sich hinausweisen kann (vgl. auch Bosse, 2017).

Da das Phänomen des fachfremd erteilten (Mathematik-)Unterrichts auch in den nächsten Jahren noch aktuell sein wird (Hobbs & Törner, 2019a; 2019b), scheint Forschung in diesem Bereich in Bezug auf die Bedarfe der fachfremd unterrichtenden Lehrkräfte, auf das Lernen der Lehrkräfte und ihr Überzeugungen zentral. „Weitestgehend unklar ist jedoch, wie sich Expertise von Lehrkräften (weiter)entwickelt bzw. inwieweit diese im Kontext von Lehrerfortbildungen gezielt aufgebaut werden kann" (Besser et al., 2015b, S. 110). Eine Verknüpfung von Entwicklungs- und Forschungsinteresse scheint an dieser Stelle sinnvoll, um die unterschiedlichen Ebenen zu adressieren.

3.4 Zusammenfassung

„Hervorragende Lehrkräfte brauchen neben einer soliden Ausbildung qualitätsvolle Fortbildung, um am neuesten Stand zu bleiben" (Krainer & Benke, 2009, S. 244). Daher ist die Forschung zu Fortbildungsmaßnahmen für Lehrkräfte seit mehr als drei Jahrzehnten ein wichtiger Aspekt – zunehmend auch im Bereich der fachfremd unterrichtenden Lehrkräfte (Eichholz, 2018; Porsch & Wendt, 2016). Es zeigt sich, dass für Fortbildungsmaßnahmen Elemente wie *Dauer, fachbezogene Elemente, aktives (-entdeckendes) Lernen, kollektive Zusammenarbeit* und *Anknüpfung an Wissen und Überzeugungen*, aber auch *Kompetenzorientierung, Teilnehmerorientierung, Lehr-Lern-Vielfalt, Fallbezug, Kooperationsanregung* und *Reflexionsförderung* zentrale Elemente einer gelingenden Fortbildungsmaßnahme sind (Barzel & Selter, 2015; Darling-Hammond et al., 2017; Desimone, 2009;

3.4 Zusammenfassung

Garet et al., 2001). Diese sollten in Fortbildungsmaßnahmen möglichst berücksichtigt und ungesetzt werden.

„Das Wissen und Können der Lehrkräfte ist der bedeutendste Faktor im Hinblick auf das Lernen der Schülerinnen und Schüler" (Berner, 2008, S. 268). Wie Kapitel 2 zeigt, ist es vor allem auch bei fachfremd unterrichtenden Lehrkräften wichtig, dass fachliches und fachdidaktisches Wissen wie auch affektiv-motivationale Elemente in einer Fortbildungsmaßnahme in den Blick genommen werden. Hier sollten konkrete Umsetzungsideen für den Unterricht einen Baustein einer jeden Fortbildungsmaßnahme bilden, die die Lehrkräfte zunächst durch positive Selbsterfahrungen im Rahmen der Fortbildungsmaßnahme erleben (Bosse, 2017; Eichholz, 2018). Vor allem für fachfremd unterrichtende Grundschullehrkräfte ist die Verknüpfung von fachlichem und fachdidaktischem Lernen sowie der Vernetzung mit Unterrichtsbeispielen zentral.

Aber auch für die Auseinandersetzung mit den eigenen Überzeugungen und der Übertragung vorhandener Überzeugungen auf das Denken und Handeln im Mathematikunterricht stellt ein wichtiges Element von Fortbildungsmaßnahmen – auch für fachfremd Unterrichtende – dar (Lipowsky, 2004; 2009; Stipek et al., 2001). Das kann sowohl beispielsweise durch konkrete Umsetzungsideen, Selbsterfahrungen, gemeinsamen Austausch und Reflexion sowie eine längere Auseinandersetzung begünstigt werden. Dabei ist die Berücksichtigung des Wissens der Teilnehmenden essentiell.

Dabei sind Lehrkräfte, deren Lernen und Lehren, Unterricht und Fortbildungsmaßnahmen noch nicht abschließend erforscht. „Research is needed into the experiences that lead to confident and competent teachers" (Hobbs & Törner 2019b, S. 317). Somit ist vor allem eine gegenstandspezifische Forschung wichtig (Prediger et al., 2017). Um nun die in der vorliegenden Arbeit entwickelte und erforschte Fortbildungsmaßnahme in die Rahmung des DZLM und die bestehende Fortbildungsforschung einzubetten, wird im folgenden Kapitel auf die kursspezifischen Designprinzipien eingegangen, die sich an die Gestaltungsprinzipien des DZLM anschließen.

Da Lehrer:innenfortbildungen neben den ebengenannten Facetten auch fachbezogene Elemente beinhalten sollten, ist nicht zuletzt mit Blick auf fachfremd unterrichtende Lehrkräfte ein inhaltlicher Fokus folgerichtig.

Auch, wenn ein Fokus bezüglich der Inhalte sinnvoll ist, da nie alle Themen in einer Fortbildungsmaßnahme bearbeitet werden können, damit übergreifender gelernt werden kann, sollten die Inhalte eine gewisse Exemplarität aufweisen, sodass das Erlernte auch auf andere Bereiche oder Themen übertragen werden kann. Der inhaltliche Fokus der hier untersuchten Fortbildungsmaßnahme liegt auf der Förderung der prozessbezogenen Kompetenzen durch geeignete Aufgabenformate. Reichhaltige Aufgabenformate bieten ebenso das Potenzial für mathematische Entdeckungen durch Lehrkräfte und Schüler:innen gleichermaßen und damit auch „vielfältige[...] Möglichkeiten zur Entwicklung prozessbezogener Kompetenzen" (Walther, 2004, S. 31). Um nun den in diesem Kapitel aufgezeigten Forderungen nach Fachbezug, aktivem Lernen und Anknüpfung an Wissen und Überzeugungen gerecht zu werden, scheint die Thematisierung von Aufgabenformaten zur Förderung der prozessbezogenen Kompetenzen eine Möglichkeit zur Umsetzung.

Auf der fachlichen Ebene muss zunächst auf den mathematischen Inhalt geblickt werden. Daher wird erst auf Algebra im Grundschulunterricht, und anschließend auf die prozessbezogene Facette eingegangen, indem das Begründen im Grundschulunterricht genauer beleuchtet wird. Aus den unterschiedlichen Aspekten der verknüpften Themen, werden anschließend die wichtigsten Elemente der hier untersuchten Fortbildungsmaßnahme abgeleitet.

Algebra im Mathematikunterricht der Grundschule 4

„Viele der Perspektiven und Ziele, die im Mathematikunterricht in den letzten Jahrzehnten in den Fokus gerückt sind, insbesondere die verständigen Einsichten in mathematische Muster und Strukturen, betreffen die Entwicklung des algebraischen Denkens" (Akinwunmi, 2017, S. 7). Algebra – und damit verbunden algebraisches Denken sowie das Lehren und Lernen beider Aspekte ist spätestens seit der Jahrtausendwende immer mehr in den Fokus der Forschung gerückt – nicht zuletzt, weil die algebraischen Leistungen der Lernenden als nicht zufriedenstellend aufgefasst werden (Radford, 2018).

So wird die Idee, das algebraische Denken in die Grundschule aufzunehmen, unter Wissenschaftler:innen, Ausbildenden und Lehrkräften mittlerweile weitgehend befürwortet (Du Plessis, 2018; Ferrucci, 2004; Kaput, 1995; Kaput et al., 2008; Schoenfeld, 1995). Eine Förderung des algebraischen Denkens soll bereits in der Schuleingangsphase beginnen (Carraher & Schliemann, 2007). Die damit einhergehende engere Verknüpfung zwischen Arithmetik und Algebra – statt einer strikten Trennung, in der die Arithmetik als Grundlage für Algebra gesehen wird – soll im Folgenden zunächst genauer betrachtet werden.

Dazu erfolgt eine Abgrenzung der beiden Teildisziplinen der Mathematik. Dies stellt vor allem aus dem unterrichtlichen Blickwinkel einen zentralen Aspekt dar, da eine klare Abgrenzung erfolgen muss, um die Förderung beider Elemente erreichen zu können, statt nur eine frühere Einführung oder eine längere Thematisierung der Algebra zu erreichen (Herscovics & Linchevski, 1994; Radford, 2014). Nur mit Bezug zu konkreten Beispielen kann eine Einführung der Algebra in die Grundschule gelingen (Radford, 2014). Die beiden unterschiedlichen Teildisziplinen sind eng miteinander verknüpft, sodass eine Ableitung der Gemeinsamkeiten und die Sinnhaftigkeit der gemeinsamen Thematisierung vor allem auch in der Grundschule darauffolgend erläutert werden. „Algebraisches

Denken ist [...] keineswegs ein zusätzliches Gebiet in der Grundschule und keinesfalls nur etwas für die Leistungsstarken. Vielmehr ist der Arithmetikunterricht der Grundschule bei genauerem Hinsehen durchzogen mit algebraischen Ideen" (Akinwunmi, 2017, S. 11).

Nachdem das Verhältnis von Arithmetik und Algebra dargestellt wurde, wird algebraisches Denken und early algebra – was in der untersuchten Lehrerfortbildung einen zentralen Bestandteil bildet – von der (formalen) Algebra abgegrenzt. Die zentrale Rolle des algebraischen Denkens für die Grundschule wird anschließend herausgestellt. Dass bereits Grundschulkinder in der Lage sind, algebraisch zu denken, zeigen zahlreiche Studien für den deutschsprachen wie auch den internationalen Raum (u. a. Akinwunmi, 2013; 2017; Blanton & Kaput, 2005; Blanton et al., 2017; Carraher et al., 2008b; Schliemann et al., 2013), die in einem kurzen Überblick vorgestellt werden.

Wie die Förderung des algebraischen Denkens in der Grundschule konkret umgesetzt werden kann, wird im dritten Teilkapitel erläutert, indem vor allem auch auf die Wichtigkeit des Beschreibens und Begründens von Zusammenhängen eingegangen wird (vgl. auch Abschnitt 5.2). Denn vor allem bei der Einführung der Algebra in der Grundschule ist es wichtig, dass nicht einfach Algebra – mit allen formalen Regeln und Konventionen – in die Grundschule integriert wird und früher beginnt, sondern inhaltliche Vorstellungen aufgebaut werden.

Den Abschluss des Kapitels zu Algebra in der Grundschule bildet das Teilkapitel zu Lehrkräften und Algebra. Dass fachliches und fachdidaktisches Wissen einer Lehrkraft eine zentrale Rolle spielen, ist unumstritten (u. a. Krauss et al., 2008; Shulman, 1986). Dies gilt insbesondere für den Bereich des algebraischen Denkens. Hier nimmt die Lehrperson als Unterstützung und Lernbegleitung eine zentrale Rolle ein. Um dies zu verdeutlichen, werden algebrabezogene Studien über fachliches und fachdidaktisches Wissen vorgestellt. Dazu wird die Bedeutung der einzelnen Teilbereiche, wie beispielsweise die Aufgabenauswahl oder das Unterrichtsgespräch, erläutert.

4.1 Arithmetik und Algebra

Die Arithmetik umfasst große Teile der inhaltlichen Kompetenzen des Mathematikunterrichts der Grundschule, wie der Lehrplan in Nordrhein-Westfalen exemplarisch zeigt (MSW NRW, 2008; 2021). Es ist somit unumstritten, dass die Arithmetik einen zentralen Baustein der mathematischen Bildung in der

4.1 Arithmetik und Algebra

Grundschule darstellt. Dass aber auch vor allem die (Prä-)Algebra und frühes algebraisches Denken in den letzten Jahren in den Fokus der Forschung gerückt ist, zeigt auch, dass die Algebra nicht – wie lange geschehen – aus der Grundschule mehr oder weniger ausgeschlossen werden sollte.

Es handelt sich bei beiden Themenbereichen um zwei unterschiedliche Teildisziplinen der Mathematik. „Arithmetik und Algebra unterscheiden sich zunächst in ihrem Anliegen: während Kinder im Arithmetikunterricht zumeist eine numerische Lösung einer Rechenaufgabe geben sollen, interessiert man sich in der Algebra für gemeinsame Strukturen verschiedener Terme und sucht Beschreibungen oder Lösungsstrategien, die eine Vielzahl von Situationen zugleich erfassen" (Fischer, 2009, S. 4). Vor allem auch in der Sprache unterscheiden sich diese beiden Disziplinen – während die Arithmetik sich auf Zahlen beschränkt, nutzt Algebra Variablen (ebd.). Mit eben dieser algebraischen Symbolsprache können Objekte benannt und beschrieben werden, „die ohne Symbolsprache nur schwer zugänglich wären" (Meyer & Fischer, 2013, S. 178).

Nach Malle (1993) lassen sich auf der Ebene der Variablen in der Symbolsprache drei Variablenaspekte ausmachen: der Gegenstandsaspekt, der Einsetzungsaspekt und der Kalkülaspekt. Während der Einsetzungsaspekt die Variablen als einen Platzhalter für etwas sieht, steht beim Kalkülaspekt das kalkülhafte Rechnen im Vordergrund, bei dem den Variablen wenig inhaltlich gefüllte Bedeutung zukommt. Der Gegenstandsaspekt hingegen lässt sich in Unbekannte und Unbestimmte unterteilen (Radford, 1996). Bei der unbekannten Zahl handelt es sich um eine zunächst nicht explizierte Variable, die aber bestimmt werden kann. Im Gegensatz dazu bildet die Unbestimmte eine Variable, die nicht näher bestimmt werden kann und muss (Malle, 1993).

Vor allem das Nutzen einer Variablen, um Unbekanntes und Unbestimmtes in der mathematischen Sprache zu nutzen, „stellt eine entscheidende Kluft zwischen der Arithmetik und der Algebra dar" (Fischer, 2009, S. 5). Mit Unbekannten oder Unbestimmten zu agieren, ist in der Arithmetik nicht nötig oder gar möglich – dies stellt für viele Lernende die zentrale Herausforderung zur Algebra dar (Herscovics & Linchevski, 1994). Somit muss ein Umdenken erfolgen, neue Konzepte und Vorstellungen müssen aufgebaut werden. Für die hier vorliegende Studie gilt das im Besonderen für das Konzept der Unbestimmten, da Verallgemeinerungen im Vordergrund stehen und daher die Variable nicht bestimmt werden, sondern für alle Beispiele gelten soll.

Auch wenn Arithmetik und Algebra sich in zentralen Aspekten unterscheiden, bedeutet die strikte Abgrenzung der Algebra eine große Hürde für Lernende (bspw. Berlin, 2010; Gerhard, 2008; Kieran, 1992; Mason, 2007; Sfard & Linchevski,1994; van Dooren et al., 2003). Arithmetische Kenntnisse werden lange als Grundlage dafür angesehen, dass sich algebraisches Wissen aufbauen kann (Carraher et al., 2000; Warren & Cooper, 2005). Somit werden die beiden Bereiche in vielen Curricula lange isoliert betrachtet (Chimoni et al., 2018). „There may be many reasons for viewing algebra as more advanced than arithmetic and therefore placing it after arithmetic in the mathematics curriculum. But there are more compelling reasons for introducing algebra as an integral part of early mathematics" (Carraher et al., 2006, S. 110). Dabei ist Algebra nicht nur ein Teilbereich der Mathematik, sondern auch ein „way of thinking" (Carraher & Schliemann, 2018, S. 3).

Aber „[a]ls wesentliche Ursache für diese Schwierigkeiten gelten die Diskontinuitäten zwischen Arithmetik und Algebra, die gelegentlich sogar als Bruch im mathematischen Denken und Arbeiten beschrieben werden" (Fritzlar, 2015, S. 6). Dass diese Kluft zwischen den beiden Bereichen überwunden wird und eine Verknüpfung von Arithmetik und algebraischem Denken angestrebt wird, ist ein zentraler Bestandteil der Forderung nach frühem algebraischem Denken (Carraher & Schliemann 2007; Carraher et al., 2000; Demonty et al., 2018). „Generalized arithmetic is one of the several roots of, and routes into, algebra" (Mason, 2018, S. 342) – daher sollte diese Chance der verstehensorientierten Anbahnung der algebraischen Konzepte nicht ungenutzt bleiben. Denn die Verknüpfung und integrierte Thematisierung der beiden Bereiche kann den Einstieg in die formale Algebra erleichtern (Booth et al., 2017; Mc Auliffe & Vermeulen, 2018).

Nicht nur ist das arithmetische formale Zeichensystem Teil des Zeichensystems der Algebra (Fischer, 2009), sondern haben die beiden Teildisziplinen weitere wichtige Überschneidungspunkte. So ist die Auseinandersetzung mit Mustern und Strukturen beiden inne (Steinweg, 2013). Muster werden hier angelehnt an Akinwunmi und Lüken (2021) beziehungsweise Akinwunmi und Steinweg (2022) verstanden „als jegliche Art von wahrnehmbaren Regelmäßigkeiten" (Akinwunmi & Lüken 2021, S. 10). „Im Gegensatz dazu bilden Strukturen eine nicht direkt als Phänomen wahrnehmbare Basis für die Bildung von Mustern. Struktur verstehen wir als mathematisch festgelegte Eigenschaften und Relationen" (ebd., S. 10 f.). Steinweg (2020) führt weiter aus: „Die Sichtbarkeit der Muster erlaubt den konkreten Zugriff des Erkennens, Fortsetzens und Beschreibens. Die Suche nach Begründungen des Musters erwartet, die Tür zu du dahinterliegenden Strukturen zu öffnen" (S. 40) (Abbildung 4.1).

4.1 Arithmetik und Algebra

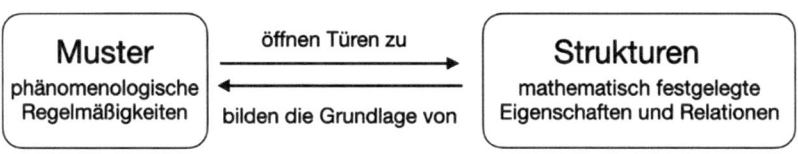

Abbildung 4.1 Muster und Strukturen (Entnommen aus Akinwunmi & Lüken, 2021, S. 11)

„Über die Erkundung von Mustern in geeigneten Aufgabenstellungen […] eröffnet sich für Kinder in der Grundschule ein intuitiver Zugang zu grundlegenden fachlichen Strukturen der Mathematik" (Link, 2012, S. 40). Somit zeigt sich der Stellenwert der Betrachtung der Muster und Strukturen im Mathematikunterricht der Grundschule.

„Algebraisches Denken passt zu in der Grundschule ohnehin üblichen arithmetischen Inhalten. Oft ist es nur ein kleiner Schritt und eine Erweiterung der Perspektive" (Fritzlar, 2015, S. 6). Es werden folglich sowohl in der Algebra als auch in der Arithmetik Muster und Strukturen betrachtet. Dabei fällt es den Lernenden schwerer auf Grundlage der mathematischen Strukturen zu argumentieren als auf dem beispielgebundenen Level (Küchemann & Hoyles, 2005).

Akinwunmi (2017) geht in ihren Ausführungen noch einen Schritt weiter: „Kinder denken bereits im Mathematikunterricht der Grundschule algebraisch. Diese Tatsache können und sollten wir explizit nutzen: einerseits, um Lernprozesse langfristig – auch über die Grundschule hinaus – zu gestalten; andererseits, um den Arithmetikunterricht zu bereichern" (S. 6). Carraher und Kolleg:innen betonen den inhärenten algebraischen Charakter der Arithmetik (Carraher et al., 2006). Somit profitieren von einer früheren, intensiveren und vorstellungsaufbauenden Einführung des algebraischen Denkens sowohl Arithmetik als auch Algebra – kurzfristig wie langfristig.

Um diese Erweiterung der Perspektive anzustoßen, sollte eine Verdinglichung der arithmetischen Prozesse und Beziehungen der Zahlen untereinander genutzt werden (Sfard & Linchevski, 1994). Als Anknüpfungspunkt beziehungsweise Schnittstelle wird immer wieder die generalisierte Arithmetik (englisch: Generalized Arithmetic) benannt – so stellte Branford schon 1908 deutlich heraus: „the radical mistake of algebraical teaching for many generations was in passing by a jump from Particular Arithmetic to purely Symbolic Algebra, and thereby omitting a sufficient training in Generalized Arithmetic... the simplest type of significant symbolic algebra" (S. 253). Vor allem das Herausarbeiten der Strukturen an konkreten Zahlenbeispielen, aber im nächsten Schritt dann auch das Verallgemeinern, Generalisieren und Begründen – sowohl mündlich als auch schriftlich oder mit Hilfe von Forschermitteln – bilden einen sanfteren Übergang von der Arithmetik zur Algebra. „Schon in der Arithmetik könnte durch das Ausdrücken von allgemeinen Strukturen und Mustern algebraisches Denken entwickelt werden" (Meyer, 2015, S. 18). Denn so kann gewährleistet werden, dass der Bruch zwischen Algebra und Arithmetik nicht entsteht und algebraisches Denken zusammenhängend und verstehensbasiert erlernt werden kann.

Geht man davon aus, dass das Erkennen von Mustern und Gesetzmäßigkeiten in Problemkontexten eine wichtige Voraussetzung und Hilfe für einen verständigen Umgang mit der algebraischen Formelsprache ist, so kann der Mathematikunterricht schon in den früheren Jahrgangsstufen das Erfassen von Strukturen mit algebraischen Mitteln anbahnen. (Berlin, 2010, S. 21)

Nicht nur bildet das Generalisieren arithmetischer Inhalte einen Vorteil für das Entwickeln des algebraischen Denkens, vielmehr ist die Algebra auch hilfreich und zentral für ein fundiertes und erfolgreiches Lernen der Arithmetik – es kann sicherlich nicht jede einzelne konkrete Aufgabe auswendig gewusst werden, sodass das Ausnutzen der allgemeinen Beziehungen unabdingbar ist (Mason, 2007; 2018; Sawyer, 1964). Somit sind es einerseits die Stellen des Stellenwertsystems auf deren Grundlage bestimmte Operationen, Rechnungen und Algorithmen ausgeführt werden können. Andererseits können auf Grundlage der Zusammenhänge und Zahlbeziehungen auch Strukturen erkannt und genutzt werden (Sfard, 1991; Steinweg et al., 2018). „In order to do arithmetic you already need to do algebra" (Hewitt, 1998, S. 19).

Daher sollten beide miteinander verflochtenen Bereiche im Unterricht der Grundschule ihren Platz finden. Auch Steinweg hält eine "*Erstbegegnung* mit algebraischen oder auch potenziell algebraisch zu denkenden Aufgabenstellungen [...] bereits *von Anfang an* auch im Mathematikunterricht der Primarstufe" (Steinweg, 2013, S. 10; Hervorhebung im Original) für sinnvoll. Dabei soll Algebra nicht schlichtweg früher eingeführt werden, sondern das Potenzial zur Anbahnung des algebraischen Denkens im bereits bestehenden (Arithmetik-)Unterricht erkannt und früher oder gar von Anfang an genutzt werden (Blanton & Kaput 2005; Stephens, 2006). Dazu sind in zahlreichen Fällen weder andere noch neue Aufgaben vonnöten, vielmehr müssen die Potenziale, die die Aufgaben zur Förderung des algebraischen Denkens bieten, erkannt und genutzt werden (Carraher & Schliemann, 2007; Demonty et al., 2018).

Mason (2007) betont, dass die natürlichen Kräfte der Kinder bei beiden Disziplinen genutzt werden können und sollen und daher Arithmetik nicht nur als notwendig zur Erfassung der Algebra gesehen werden soll. Nachdem im englischsprachigen Raum eine Integration der Algebra in die Lehrpläne seit längerem gefordert wird – wenn auch in sehr unterschiedlichen Umsetzungsideen – (Carraher et al., 2006; Carraher et al., 2008b; Kaput, 1998; Mason, 1996), wird auch in Deutschland eine Algebraisierung der Grundschulcurricula gefordert (Steinweg et al., 2018). Denn „[m]it einem sensiblen Blick für das algebraische Denken in der Grundschule kann der gesamte Arithmetikunterricht eine Bereicherung und Vertiefung erfahren" (Akinwunmi, 2017, S. 11). Die Erkenntnisse, die in der Arithmetik gewonnen werden, sollten möglichst auch verallgemeinerbar sein beziehungsweise bereits als verallgemeinerte Erkenntnisse wahrgenommen werden (Sawyer, 1964).

Algebra und Arithmetik bereichern sich dabei gegenseitig – nicht nur die Arithmetik wird in einem tieferen Umfang durchdrungen, sondern auch das Erlernen von Algebra wird erleichtert: „So zeigen Lernende Probleme beim Übergang von der Arithmetik zur Algebra, wenn Arithmetik nur in der Durchführung von Operationen besteht und keine Strukturen, z. B. Beziehungen zwischen Aufgaben und Eigenschaften von Operationen thematisiert werden" (Abshagen et al., 2019, S. 269). Um mit mathematisch komplexeren Ideen und Konzepten umgehen zu können, ist es unabdingbar, das Spezielle im Allgemeinen aber auch das Allgemeine im Speziellen zu sehen (Mason, 2018). „Early algebra is about teaching arithmetic more deeply" (Carraher et al., 2000, S. 18). „In other words, it would be appropriate to *revise arithmetic in a pre-algebraic perspective*" (Cusi et al., 2011, S. 484, Hervorhebung im Original).

Es ist somit deutlich geworden, dass der Mathematikunterricht der Grundschule aus Arithmetik und der Anbahnung der Algebra zum Beispiel durch Verallgemeinerungen – sowie anderen (hier vernachlässigten) Teildisziplinen wie Geometrie – bestehen sollte. Da das Feld des algebraischen Denkens – im Gegensatz zur Arithmetik – in der Grundschule in Deutschland immer noch nicht weit verbreitet ist, wird im Folgenden auf algebraisches Denken eingegangen. Anschließend erfolgt die Einordnung der Rolle der Lehrkraft und abschließend wird die Förderung des algebraischen Denkens in der Grundschule näher beleuchtet.

4.2 Algebraisches Denken

In der Sekundarstufe wird das Gebiet der ‚elementaren Algebra' oftmals als Umgang mit Variablen, Termen, Gleichungen und Funktionen bezeichnet. Diese algebraischen Mittel helfen beim Generieren, Untersuchen und Begründen von allgemeinen Ideen. Mit dem Begriff ‚algebraisches Denken' werden entsprechende Denkhandlungen bezeichnet, die typisch für elementare Algebra sind. Das sind unter anderem das Verallgemeinern, das Abstrahieren, das Strukturieren, das Darstellen, das Konstruieren, das Deuten und Umdeuten usw. (Fischer et al., 2010). Algebra und algebraisches Denken werden immer wieder als eine der wichtigsten mathematischen Aufgaben der Mathematik bezeichnet (vgl. bspw. Filloy & Sutherland, 1996; van Dooren et al., 2003), als „gateway to higher mathematics" (Stephens, 2006, S. 249). Somit ist die Bedeutung der Algebra vor allem auch für den Erfolg gesamtheitlicher Mathematikleistungen anerkannt (Fritzlar, 2015; Scharloth, 1999).

Dennoch gibt es bisher keine einheitliche Definition, was algebraisches Denken ausmacht (Kaput, 2008; Kieran, 2004; Meyer, 2015; Wilkie, 2014). Um für diese Arbeit algebraisches Denken zu operationalisieren, werden zunächst verschiedene Kernaspekte der (formalen) elementaren Algebra, des algebraischen Denkens und der early algebra benannt und beschrieben, anschließend einzelne Definitionen herausgestellt, um dann auf Unterschiede zwischen Algebra und algebraischem Denken näher einzugehen und die Bedeutung in der Grundschule genauer herauszustellen, indem aufgezeigt wird, dass die Kinder bereits in der Grundschule zu algebraischem Denken fähig sind.

Dass (formale) Algebra, early algebra und algebraisches Denken verschieden sind beziehungsweise unterschiedliche Aspekte und Facetten in den Vordergrund stellen, ist unumstritten (Hohensee, 2017).

(Formale) Algebra
Es lassen sich verschiedene Konzeptualisierungen von Algebra in der Forschung erkennen. Der Zusammenhang zur Arithmetik wird in einigen besonders deutlich. So umfasst Usiskin (1999) Definition von Algebra vier Punkte.

Hierbei werden beispielsweise Gleichheitsverständnis, Zahlaspekte und Gleichheit unter dem Punkt der generalisierten Arithmetik zusammengefasst. Unter funktionalem Denken werden Veränderungen und Kovariation gefasst. Der dritte Punkt ist in den beiden vorherigen verankert und umfasst zahlreiche Problemstellungen (Chimoni et al., 2018).

Wie Tabelle 4.1 zeigt, gibt es bei den unterschiedlichen Definitionen verschiedener Forscher:innen Überschneidungen und Unterschiede in der Konzeptualisierung von *Algebra*. Häufig werden unterschiedliche Schwerpunkte gesetzt, aber die generalisierte beziehungsweise verallgemeinernde Arithmetik bildet in vielen Fällen einen wichtigen Baustein. Dabei können Benennungen durchaus unterschiedlich ausfallen, sodass unterschiedliche Fokussierung ebenfalls deutlich werden. Die Muster und Strukturen werden in drei Definitionen (Usiskin,

4.2 Algebraisches Denken

Tabelle 4.1 Konzeptualisierungen Algebra

Usiskin 1999	Kieran (1996; 2004)	Kaput (2008)	Van Amerom (2003)	Hohensee (2017)
Generalisierte/ verallgemeinerte Arithmetik	Generalisierende	Generalisierte Arithmetik	Generalisierte Arithmetik	
Problemlösestrategien	Transformierende		Problemlösewerkzeug	Operieren mit Buchstabensymbolen
Zusammenhänge von Mengen		Funktionales Denken	Wissenschaft der Beziehungen	Funktionen
Muster und Strukturen	Globale Metalevel-Aktivitäten		Wissenschaft der Strukturen	
		Verallgemeinerung in der Sprache		Buchstabensymbole

Kieran und van Amerom) zudem noch – unter verschiedenen Begriffen – gesondert aufgeführt. Der Schwerpunkt der meisten Definitionen liegt allerdings nicht auf den Buchstabenvariablen – beziehungsweise Symbolen. Das Erkennen von Beziehungen und Zusammenhängen sowie funktionales Denken, spielt in den unterschiedlichen Definitionen von Algebra eine zentrale Rolle. Diese Aspekte – sofern losgelöst von der Symbolsprache – können durchaus bereits in Inhalten der Grundschule erkannt, gefordert und gefördert werden.

Zusammenfassend lässt sich also durch die Darstellung der unterschiedlichen Konzeptualisierungen erkennen, dass Algebra und Arithmetik beziehungsweise generalisierte Arithmetik eng miteinander zusammenhängen. Die verschiedenen Facetten der unterschiedlichen Definitionen zeigen, dass es sowohl Überschneidungen als auch Unterschiede in der Definition von Algebra gibt.

Diese hier aufgezeigten beispielhaften Konzeptualisierungen von Algebra stellen keinerlei Anspruch auf Vollständigkeit, sie geben vielmehr einen Überblick darüber, was unter Algebra zusammengefasst wird und wie multiperspektivisch und unterschiedlich die Schwerpunktsetzung ausfällt. So vielfältig wie die unterschiedlichen Definitionen der Algebra sind, kann kaum ein einzelner Zugang der ungreifbaren Komplexität der Algebra gerecht werden (Carraher et al., 2008a).

Trotz der nicht einheitlichen und nicht alle Aspekte umfassenden Definitionen bilden Verallgemeinerungen den einen Baustein, der in fast jeder Konzeptualisierung vorhandenen ist (Mason, 2007; Wilkie, 2014). Verallgemeinerung ist nach Mason und Kolleg:innen (2010) „the life-blood of mathematics" (S. 8). Durch diese Kraft „lassen sich nicht nur einzelne konkrete Probleme lösen, viel mehr kann eine ganze Klasse von Problemen gleichzeitig bearbeitet werden" (Fritzlar, 2015, S. 6).

Zwar ist für den „Einstieg in die Algebra eine Ablösung vom konkreten Objekt erforderlich" (Bertalan, 2007, S. 30), aber diese „auf Konventionen beruhende Sprache" (Scharloth, 1999, S. 104) wird erst in der Mittelstufe eingeführt und bildet nicht den Ausgangspunkt für algebraisches Denken (Hefendehl-Hebeker, 2007; Fischer et al., 2010; Meyer & Fischer, 2013; Schill, 2014). Ist also im Folgenden von Algebra die Rede, ist immer die mit der Algebra verbundene Symbolsprache impliziert, um die Unterscheidung zum algebraischen Denken zu untermauern.

Dass dort ein Unterschied besteht, zeigte zum Beispiel eine Studie von MacLaren und Koedinger (1996), in der gezeigt werden konnte, dass Lernende algebraische Problemstellungen ohne formale Algebra(ische Sprache) lösten, zum Beispiel durch Strategien wie Raten-und-Versuchen. Symbolische Algebra wird als eine Fremdsprache wahrgenommen (MacLaren & Koedinger, 1996).

4.2 Algebraisches Denken

„Algebra, as it is often taught, presents tools too soon, before the questions these tools help to answer are meaningfully understood" (Arcavi, 1995, S. 152). Daher wird nun das algebraische Denken genauer betrachtet.

Algebraisches Denken
Inwiefern algebraisches Denken auf die Symbolsprache der Algebra *angewiesen* ist, bleibt umstritten. Während einige diese für essentiell halten, um algebraisch denken zu können, ist die Symbolsprache für andere nur ein Kommunikationsmittel und ein Ergebnis des algebraischen Denkens (Zazkis & Liljedahl, 2002). Welche Rolle die Symbolsprache für das algebraische Denken spielt, wird durchaus als kontrovers angesehen (Kieran, 2011; Meyer, 2015), wobei die unabhängige Auffassung der beiden algebraischen Elemente häufiger vertreten wird (Zazkis & Liljedahl, 2002). Hier soll algebraisches Denken unabhängig von der algebraischen Symbolsprache verstanden werden.

Vielmehr beginnt das algebraische Denken frühzeitig und unabhängig von der „kraftvollen Sprache" (Mason, 2007, S. 85; eigene Übersetzung) der Algebra. Auch für Radford kann das algebraische Denken nicht auf das Nutzen von Buchstabenvariablen reduziert werden (2014; 2018). Das Erkennen, Benennen und Begründen von Zusammenhängen und Strukturen, vor allem nach dem operativen Prinzip in arithmetischen Ausdrücken, bildet den Kern des algebraischen Denkens (Fischer et al., 2010; Wittmann, 1985; Wittmann & Müller, 2011).

Für Blanton und Kolleg:innen (2017) gelten Verallgemeinern, Darstellen, Begründen und Argumentieren als zentrale Elemente des algebraischen Denkens. Ähnlich wie bei Algebra wird auch hier deutlich, dass es nicht *die eine* Konzeptualisierung des algebraischen Denkens gibt. Vielmehr werden in den unterschiedlichen Definitionen diverse Elemente in den Fokus gerückt und für verschieden zentral erklärt. Ähnlich wie für die Algebra lassen sich auch hier unterschiedliche Definitionen und Ansätze ausmachen, die versuchen, algebraisches Denken genauer zu fassen.

Insgesamt zeigt Tabelle 4.2 vier unterschiedliche Konzeptualisierungen des algebraischen Denkens. Anders als bei den Definitionen der Algebra zeigen sich hier auf den ersten Blick Überlappungen beziehungsweise Ausschärfungen und Zusammenfassungen noch deutlicher. Die Unterschiedlichkeit der Definitionen scheint deutlich größer. Schaut man genauer hin, ist jedoch auch hier klar zu erkennen, das Muster und Strukturen sowie die generalisierte Arithmetik und funktionale Zusammenhänge eine zentrale Rolle spielen. Ergänzt wird das Gleichheitszeichen, sowie Variablenaspekte, die besonders für Radford (2014) essentiell zu sein scheinen.

Tabelle 4.2 Konzeptualisierungen algebraisches Denken

Hohensee (2017)	Kaput (1995)	Chimoni et al., (2018)	Radford (2014)
Generalisierte Arithmetik	Arithmetik, um Verallgemeinerungen anzudrücken	Muster und Strukturen der drei der Algebra zugehörigen Elemente der generalisierten Arithmetik, Funktionen und Modellieren	
Funktionale Zusammenhänge	Verallgemeinerte Muster, um funktionale Zusammenhänge zu beschreiben		
	Modellierungen von Verallgemeinerungen		
Gleichheitszeichen und seine Bedeutung		Verständnis von algebraischen Grundkonzepten, wie zum Beispiel Gleichheit und Variablen	Das Unbestimmte – wie beispielsweise Variablen
			Bezeichnung der nicht Bekannten
	Verallgemeinerungen mathematischer Gesetzmäßigkeiten	Prozesse wie Verallgemeinern, Repräsentieren oder Begründen	Analytizität, indem das Unbekannte oder Unbestimmte wie etwas Bekanntes behandelt wird
		Induktives, deduktives und abduktives Folgern und Schließen	

Hohensee (2017), der in seiner Definition von Algebra einen Schwerpunkt auf Buchstabensymbole und den Umgang mit ihnen legt, fokussiert nun bei der Definition von algebraischem Denken ebenfalls die generalisierte Arithmetik funktionale Zusammenhänge sowie das Gleichheitszeichen und seine Bedeutung. Hier wird der Unterschied von Algebra zu algebraischem Denken in seiner Definition exzellent herausgestellt. Es zeigt sich folglich, vor allem im Vergleich zu den Definitionen der Algebra, die das Unterscheidungen sowohl minimal als auch essentiell sein können, je nach betrachteter Definition. Daher ist eine Definition, was im Rahmen in dieser Arbeit unter algebraischem Denken verstanden wird, essenziell.

4.2 Algebraisches Denken

In Anlehnung an Meyer und Fischer (2013) wird algebraisches Denken im Rahmen dieser Arbeit ebenfalls „verstanden als das mentale Umgehen mit Strukturen, mit dem Ziel, gefundene Beziehungen zu generalisieren" (S. 179). Es umfasst somit mehr als das Kennen und Nutzen symbolsprachlicher Konventionen. Algebraisches Denken kann folglich ohne das bewusste Nutzen der Symbolsprache geschehen. Vielmehr ist ein verallgemeinerndes und begründendes Denken und Handeln unter algebraischem Denken zu verstehen. Vor allem auch ein Blick in die mathematische Entstehungsgeschichte und Entwicklung zeigt, dass algebraisches Denken und Symbolsprache unabhängig voneinander betrachtet werden können. „The birth of algebra is not the birth of its modern symbolism" (Radford, 2014, S. 260).

Early algebra

Im Gegensatz dazu wird hier unter early algebra kein Konstrukt verstanden, das dem algebraischen Denken gleichzusetzen ist und synonym verwendet wird – auch wenn dies in einigen (englischsprachigen) Artikeln durchaus der Fall ist. Vielmehr sind unter dem Begriff hier die Konzepte zusammengefasst, die sich mit frühem, prä-algebraischem Denken befassen. „Early algebra is not algebra, just earlier. It is a novel approach, or family of approaches, to interpreting and implementing existing topics of early mathematics" (Carraher et al., 2008b, S. 2), "an approach to educating elementary students that cultivates habits of mind that focus on the deeper, underlying structure of mathematics" (Katz, 2007, S. 2). „In den letzten Jahren wird diese Perspektive unter verschiedenen Bezeichnungen – etwa „Early-Algebra", „Prä-Algebra" oder „frühe Algebra" – diskutiert" (Nührenbörger & Schwarzkopf, 2019, S. 21). Es steht hier bei der Verwendung des Begriff *early algebra* also der Ansatz der frühen Integration des algebraischen Denkens in der Grundschule im Vordergrund.

Dabei wird eine Gruppe von Kompetenzen angesprochen, die in der Schnittstelle zwischen Arithmetik und Algebra anzutreffen sind (Koedinger & MacLaren, 1997). Es ist eine Umstellung konzeptioneller Art impliziert, da hierbei nicht einfach Algebra früher in die Schule gebracht wird und die Lernenden in jüngerem Alter mit Algebra konfrontiert werden; vielmehr beinhaltet die Idee der early algebra die Verknüpfung der Arithmetik und der Algebra, sowie konzeptuelle Vorerfahrungen mit algebraischem Denken zum Vorstellungsaufbau, ohne die formale Sprache der Algebra erlernen und gebrauchen zu müssen (Carraher et al. 2008b; Hohensee, 2017; Nathan & Koedinger, 2000). Algebraisches Denken soll somit früher angeregt, gefordert und gefördert werden, ohne die Symbolsprache früher einzuführen und verfrüht zur formalen Algebra zu wechseln. Da vor allem die Geschwindigkeit, mit der Algebra eingeführt wird, als auch die formale Grundhaltung bei der Einführung als Ursachen für Probleme beim Erlernen der Algebra angesehen werden, scheint ein solcher (neuer) Zugang sinnvoll (Herscovics & Linchevski, 1994).

Im Gegensatz zur traditionellen Einführung von Algebra, nutzt der Ansatz der early algebra reichhaltige Problemstellungen zum Aufbau von Vorstellungen zu Unbekannten und Unbestimmten – hier sei an die Aufgabe der Zahlenketten aus der Einleitung erinnert, die ebendiese Potenziale des Vorstellungsaufbaus zu Unbestimmten zeigt. Die Einführung der Symbolsprache und Buchstabenvariablen erfolgt sukzessiv und bezieht andere Themenbereiche – wie beispielsweise die viel beschriebene generalisierte Arithmetik – mit ein (Carraher et al., 2008b). In ihrer Studie konnten Britt und Irwin (2011) zeigen, dass Kinder, die nach einem neuen Curriculum nach den Konzepten der early algebra unterrichtet wurden, in einem Test, der vor allem die algebraischen Strukturen der Arithmetik fokussierte, besser abschnitten als Kinder, die nach dem traditionellen Curriculum unterrichtet wurden.

Vor allem seit dem Ansatz der early algebra ist die Rolle des algebraischen Denkens für den Grundschulunterricht bedeutsamer geworden. Wie bereits detailliert beschrieben, profitieren sowohl die Arithmetik als auch Algebra von der Zusammenführung und verbundenen Thematisierung. Vor allem die Förderung des algebraischen Denkens ist essentiell, da in der Mathematik – mit Ausnahme der Arithmetik – kein Erfolg ohne Algebra gelingen kann (Fumador & Agyei, 2018). Algebraisches (und analytisches) Denken wird immer wichtiger. Daher ist es auch nicht verwunderlich, dass die Lernenden heute etwas anderes lernen müssen als es noch ihre Eltern mussten (Blanton & Kaput, 2005). Auch wenn Algebra oder algebraisches Denken noch nicht in allen Ländern in den Curricula der Primarstufe vertreten ist (Fong, 2004; Steinweg et al., 2018), in vielen Bereichen ist es implizit enthalten – beispielsweise bei Verallgemeinerungen in arithmetischen Entdeckungen.

Dass Kinder auch bereits vor der Einführung der Symbolsprache der Algebra zu algebraischen und vor allem generalisierenden Denkhandlungen in der Lage sind, konnten zahlreiche Studien aus unterschiedlichsten Kontexten zeigen (u. a. Blanton & Kaput, 2005; Carraher et al., 2006; Mulligan & Mitchelmore, 2009; Radford, 2011; Warren, 2006). Für Radford (2014) wird aus der menschlichen Kognition bereits deutlich, dass Kinder schon ab dem achten Lebensjahr in der Lage sind, algebraisch zu denken. Sawyer (1989) gibt an, dass das beste Alter etwa neun bis 10 Jahre sei, um das algebraische Manipulieren einzuführen. In einer empirischen Studie konnte Akinwunmi (2012) verschiedene Verallgemeinerungsweisen von Schüler:innen der vierten Jahrgangsstufe aufzeigen. So nutzen die Lernenden beispielsweise repräsentative Beispiele, Quasi-Variablen,

4.2 Algebraisches Denken

bei denen zwar konkrete Zahlwerte benannt wurden, diese aber verallgemeinert genutzt wurden oder Variablenbegriffe wie *die Zahl* oder Ähnliches (Akinwunmi, 2012). Dies kann auf beschreibender Ebene geschehen, aber auch mit Hilfe von Sprache, Gesten oder Zeichnungen – also unabhängig von der algebraischen Symbolsprache – unterstützt stattfinden (Fischer, 2009; Kieran, 2004; Radford, 2001; 2011; Schill, 2014).

> Wir verlangen von den Kindern in der Grundschule, dass sie ihre allgemeinen Ideen äußern, ohne dass sie dafür entsprechende Werkzeuge wie Variablen und Terme verwenden können – die hier dargestellten Verallgemeinerungsweisen sind Möglichkeiten für solche Versprachlichungen von Ideen. Deshalb müssen wir diese als solche würdigen und vorantreiben. Kinder sollten darin unterstützt werden, je nach Kontext die passenden Begriffe für ihre Beschreibungen zu finden. Wir können diese Verallgemeinerungsweisen dann als notwendige Vorläufer von Buchstabenvariablen verstehen und die allgemeine Beschreibung als Teil des algebraischen Denkens erkennen. (Akinwunmi, 2017, S. 10)

Ebenso sind die Darstellungsweisen, die Kinder nutzen, um beispielsweise Funktionen zu beschreiben, äußerst vielfältig – Worte, Kovariationen, symbolische Sprache (Blanton & Kaput, 2005). In einigen Untersuchungen wurde ebenfalls herausgestellt, dass diese auch die algebraischen Notationen wie Buchstabenvariablen anwenden können (Carraher, et al., 2008b; Carraher et al., 2006). Dennoch lässt sich festhalten, „dass algebraische Symbolsprache nur eine untergeordnete Rolle für algebraisches Denken spielt" (Meyer & Fischer, 2013, S. 180). Kinder können algebraisch Denken, ohne die formale Sprache der Algebra zu kennen. „Es ist davon auszugehen, dass bereits Grundschulkinder über ein erstes Verständnis zu Verallgemeinerungen und Abstraktionen verfügen" (Böttinger & Steinbring, 2007, S. 37) und daher in der Lage sind, algebraisch zu denken.

Die Bedeutung der algebraischen Sprache im Allgemeinen und des kalkülhaften Umformens soll damit nicht in Frage gestellt oder gemindert werden. Vielmehr sollten – sowohl in der Primar- als auch in der Sekundarstufe – Verallgemeinerungen und Strukturierungen explizit werden (Fischer et al., 2010). Auch Melzig (2010) betont, dass das Strukturieren und Deuten von Termen „als wesentliche Voraussetzung dafür [gilt], dass die gewonnenen Einsichten über Variable und Terme im schon vorhandenen mathematischen Wissen verwurzelt werden" (S. 11). Early algebra und somit die Förderung des algebraischen Denkens in der Grundschule leistet so „eine gute Vorarbeit in der Entwicklung algebraischer Denkhandlungen, die auf den Umgang mit algebraischen Mitteln vorbereiten" (Akinwunmi, 2017, S. 8).

So ist in der Grundschule das (prä-)algebraische Denken und Anbahnen eines verstehensorientierten Variablenverständnisses zentral. „Thinking algebra is considered as a very important thinking skill to be developed in elementary school" (Andini & Suryadi, 2017, S. 1). Dazu legen Generalisierungen, Verallgemeinerungen von konkreten Zahlbeispielen und das Beschreiben und Begründen von Mustern, Strukturen und Zahlzusammenhängen einen wichtigen Grundstein (Aké et al., 2013; Cusi & Malara, 2013; van Dooren et al., 2003). Nicht zuletzt zeigt sich in nahezu allen Definitionen zu Algebra auf der einen und algebraischem Denken auf der anderen Seite, dass Verallgemeinerungen und generalisierte Arithmetik einen Kernaspekt ausmachen.

Es gilt folglich allgemein, „dass algebraisches Denken durch deutlich mehr substanzielle Denkhandlungen charakterisiert werden kann als durch das Aufstellen und Umformen von Termen und Gleichungen" (Fischer et al., 2010, S. 2). Um genauer zu beleuchten, wie das in der Grundschule geschehen kann, wird im nächsten Schritt die Förderung des algebraischen Denkens in den ersten Jahrgangsstufen thematisiert.

4.3 Förderung des algebraischen Denkens

Wie bereits in Abschnitt 4.1 genauer beschrieben, hat die Loslösung der Algebra von der Arithmetik und die Exklusivität der Algebra für die Sekundarstufe in der Vergangenheit eine zentrale Hürde dargestellt (Kieran, 2004). Die Curricula der Primarstufe in Deutschland thematisieren Algebra immer noch recht wenig, es wird zudem noch nicht häufig in den Lernumgebungen umgesetzt (Steinweg et al., 2018). „Algebra is foundational to mathematics" (Wilkie, 2014, S. 399). Das zeigt erneut auf, dass algebraisches Denken eine zentrale Rolle in der Mathematik spielt und dies auch bereits im Mathematikunterricht der Grundschule spielen sollte. Vor allem mit einem Fokus auf dem Entdecken, Beschreiben und Begründen von Mustern kann dies realisiert werden.

Dazu ist es „absolut zentral, das Strukturieren, Verallgemeinern, Darstellen und Deuten im Algebraunterricht expliziter zu thematisieren" (Fischer et al., 2010, S. 9). Vor allem auch Aufgabenformate, die nach dem operativen Prinzip nach Wittmann (1985; 2014; 2021) angelegt sind, bieten hierfür reichhaltiges Potenzial – wie die in der Einleitung bereits kurz vorgestellten Aufgaben im Bereich der Zahlenketten (vgl. Kapitel 1). Das Herausarbeiten von Mustern, Strukturen und das Beschreiben und Begründen dieser Zusammenhänge stellt einen wichtigen Übergang von der Arithmetik zur Algebra dar (vgl. Abschnitt 4.1).

4.3 Förderung des algebraischen Denkens

Besonders weil alle Mathematik auf Mustern und Strukturen beruht, sind die Erkenntnisse, die aus Verallgemeinerungen entstehen, Ziel des mathematischen Lernens (Mulligan & Mitchelmore, 2009; Warren, 2005). Die zentrale Rolle des Erkennens und Ausnutzens solcher mathematischen Muster und Strukturen für Mathematiklernen konnte von Mulligan und Mitchelmore (2009) gezeigt werden und spielt in der vorliegenden Studie eine zentrale Rolle. Dennoch sind Verallgemeinerungen nicht nur in der Mathematik von Bedeutung; auch in anderen wissenschaftlichen Disziplinen sowie im alltäglichen Denken sind Verallgemeinerungen unabdingbar (Radford, 1996).

Das Erkennen und Beschreiben eines Musters anhand eines konkreten Zahlenbeispiels hat und soll seine Berechtigung in der Primarstufe durchaus erhalten und schließt nicht aus, dass die Kinder tatsächlich verallgemeinert denken. „Oftmals nutzen [die Kinder] dann konkrete Zahlen in ihren Beschreibungen, deuten aber gleichzeitig an, dass sie allgemeiner verstanden werden wollen" (Akinwunmi, 2016, S. 19). „Sich von den konkreten Zahlen zu lösen und etwas Allgemeines in die erkannten Muster hineinzudeuten, ist wichtig für die Entwicklung des algebraischen Denkens" (ebd.). Die Kinder sollten folglich erkennen können, dass sich dasselbe Muster mit anderen Zahlen ebenso verhält und diese Zusammenhänge objektinvariant sind (Akinwunmi, 2012; Erath, 2017; Götze, 2019a). „Damit wird ein Zugang zur Algebra über Muster und Strukturen gewählt, der den Variablenaspekt der generalisierenden Zahl anspricht" (Fischer, 2009, S. 7).

Es scheint nicht nur sinnvoll, dass die Kinder selbstständig zu Verallgemeinerungen von Zusammenhängen finden, sondern auch, dass sie immer wieder angeleitet werden, zu überprüfen, ob Aussagen allgemeingültig oder beispielbezogen sind (Jahnke, 2008). Um in Steinwegs (2020) Bild zu bleiben: Die Kinder sollten „die Tür zu dahinterliegenden Strukturen […] öffnen und einen mathematischen Blick hinter die Kulissen des Musters […] werfen" (S. 40). Neben den Zusammenhängen und dem Prüfen der Allgemeingültigkeit, ist ebenfalls die Thematisierung des Gleichheitszeichens in seiner symmetrischen Bedeutung. Hier sollte vor allem auch fokussiert werden, für welche Beispiele Gleichheiten gelten. Dabei sollte weniger eine Aufgabe-Ergebnis-Deutung angestrebt werden, sondern bei den Kindern sollte der anschlussfähiges Wissen aufbaut werden, sodass dies für spätere, symbolische Ausdrücke der Algebra genutzt werden kann (Prediger, 2010; Winter, 1982).

Bei der Konkretisierung der Algebra für die Grundschullehrpläne gibt es zwei Pole bei dem Umgang mit Mustern und Strukturen der Mathematik: Einerseits als eigenes separates Thema im Curriculum mit dem Problem, dass das Thema für die Lehrkraft als bereits thematisiert und somit „abgehakt" empfunden werden kann und andererseits als übergreifend in allen Bereichen des Grundschulmathematikunterrichts mit dem Problem, dass sie sich nicht einordnen lassen und die Vielzahl erdrückend wirken kann (Steinweg, 2014). Für Krauthausen (2018) sind Muster „aufgrund ihres übergreifenden Charakters den bisherigen Inhaltsbereichen übergeordnet" (S. 35). Im Lehrplan für Grundschulen des Landes Nordrhein-Westfalen „bestimmen [Muster und Strukturen] häufig die einzelnen Themenbereiche und können zur Verdeutlichung zentraler mathematischer Grundideen genutzt werden" (MSW NRW, 2008, S. 56). Eine explizitere Thematisierung der Algebra in den Lehrplänen ist dennoch eine häufige Forderung (bspw. Kieboom et al., 2014)

Werden Arithmetik und Algebra miteinander verknüpft unterrichtet, ist dies für beide Teilbereiche der Mathematik gewinnbringend, da sich die algebraischen Entdeckungen vor allem auch auf den inhaltsbezogenen Bereich der Rechenkompetenz positiv auswirken (Steinweg, 2013). Die prozessbezogenen Kompetenzen wie Darstellen, Argumentieren und Kommunizieren profitieren ebenfalls von der Verknüpfung – bereits 1993 stellte Malle die Bedeutung des algebraischen Denkens für das Darstellen und Argumentieren heraus.

Zur Verknüpfung der Bereiche Arithmetik und Algebra können Vorformen von Variablen einen wichtigen Zwischenschritt darstellen. Fischer (2009) arbeitet vier Stufen heraus, die als Vorform der Variable angesehen werden können. Als erste Abstraktionsstufe werden Zahlen und Rechnungen benutzt, um ein konkretes Ergebnis zu erhalten. Die zweite Stufe bilden die Terme, die zwar weiterhin aus konkreten Zahlenwerten bestehen, aber nicht mehr mit einem (ausgerechneten) Ergebnis versehen werden. Die dritte Abstraktionsebene umfasst einen Zahlnamen, der aber nicht mehr nur diese konkrete Zahl repräsentieren soll, sondern vielmehr eine Stellvertreterfunktion einnimmt. Die vierte und letzte Stufe umfasst keinerlei Benennung einer konkreten Zahl, sodass eine Art Platzhalter – als Variable oder Lücke – genutzt wird (Fischer, 2009).

> Der Stellvertretergedanke scheint für einige Lernende ein Konzept zu sein, mit dem sie selbstständig den Aspekt der Unbestimmten erfassen und kommunizieren können. Auch das Prinzip, dass eine Zahl nicht immer in ihrer absoluten Größe relevant ist, sondern als ein Baustein auftreten kann, der unverändert beibehalten werden kann und im Endergebnis erscheint, wird von vielen der an der Unterrichtsreihe beteiligten Schülerinnen und Schüler genutzt. Hier erweisen sich diese beiden Auffassungen als hilfreiche Zwischenstufen zwischen arithmetischen und algebraischen Objekten. Es kann lohnend sein, Schülerinnen und Schülern innerhalb eines arithmetischen, voralgebraischen Rahmens Zeit zu geben, Zahlen als Bausteine und als Stellvertreter für andere Einsetzungen zu gebrauchen. (Fischer, 2009, S. 26)

4.3 Förderung des algebraischen Denkens

An dieser Stelle sei erneut herausgestellt, dass hier keineswegs eine frühere Einführung der Algebra in der Grundschule impliziert werden soll. Vielmehr sollen die elementaren Vorstellungen erworben werden. Dazu ist die algebraische Symbolsprache nicht vonnöten – eine grundschulgemäße Bezeichnung und Notation, die sich im Sinne des Spiralcurriculums in der Sekundarstufe zur Symbolsprache erweitern lässt, sollte das Ziel der Förderung des algebraischen Denkens sein (Andini & Suryadi, 2017; Fischer, 2009; Kieran, 2004; 1996; Scharloth, 1999).

> In der Grundschule lassen sich eben diese beschriebenen algebraischen Denkweisen im Mathematikunterricht ansprechen und weiterentwickeln – aber natürlich nicht im Umgang mit abstrakten Objekten oder Symbolen. Mit natürlicher Sprache oder anhand von konkreten Beispielen und Veranschaulichungen entwickeln Lernende algebraische Denkweisen. (Akinwunmi, 2017, S. 8 f.)

Es besteht also in der Förderung des frühen algebraischen Denkens ein Unterschied zwischen der früheren Einführung von Algebra und der Förderung des algebraischen Denkens ohne Symbolsprache. „A rush to symbolism is counterproductive to the learning process" (Moyer et al., 2004, S. 34). Denn die Förderung des algebraischen Denkens in der Grundschule sieht vor, dass zunächst verstehensbasierte Konzepte aufgebaut werden. Dadurch sollen die Kinder beispielsweise durch Verallgemeinerungen erlernen mit unbestimmten Zahlen zu argumentieren. So ist in manchen operativstrukturierten Aufgaben die Veränderung unabhängig von dem konkreten Wert, den das Kind in der Aufgabe nutzt. Wird ein solches Konzept aufgebaut bevor die Variablen eingeführt werden, steht der Vorstellungsaufbau im Vordergrund. Ähnlich sind Aufgaben angelegt, die Regeln oder Strukturen hinter Mustern beschreiben; auch hier ist es wichtig zunächst auf sprachlicher Ebene Regeln und Verallgemeinerungen einzufordern, damit die Einführung der Variablen dann bedeutungsvoll und sinnstiftend für die Lernenden ist (Welder, 2012). Die symbolische Sprache kann sich also aus der Sprache der Kinder ergeben (Blanton & Kaput, 2005).

„To move algebra-as-most-of-us-were-taught-it to elementary school is a recipe for disaster" (Carraher et al., 2008b, S. 235). Dennoch bestanden einige Aufgaben und Bücher, die frühes algebraisches Denken fördern, schlichtweg aus einer früheren Einführung der Variablen und der formalen Einführung der Algebra (Herscovics & Linchevski, 1994). Die frühe Förderung algebraischen Denkens setzt daher mittlerweile auf verstehensbasierter Einführung der Variablenkonzepte. Dazu können bestehende Inhalte der Grundschule genutzt werden, um algebraisches Denken anzuregen (Carraher et al., 2006). In diesem Sinne ist es laut Mason (2018) niemals zu früh, mit der Förderung des algebraischen

Denkens zu beginnen, und das zur Förderung der algebraischen Kompetenzen gleichwohl wie der arithmetischen. „In order to learn arithmetic it is necessary to think algebraically, although not necessarily using symbols" (Mason, 2018, S. 329).

Gerade bei algebraischem Denken in der Grundschule ist es zentral, dass konzeptuelle Vorstellungen wichtiger sind als Kalkül. „Selbst Lernende, die Terme umformen können, verfügen oft nicht über die dem Kalkül zugrunde liegenden inhaltlichen Vorstellungen" (Zwetzschler & Prediger, 2013, S. 141). Inhaltlich nicht trag- und anschlussfähige Konzepte für Variablen und Gleichungen sind ein häufiger Grund (Kieran, 2004; Usiskin, 1999; Zwetzschler & Prediger, 2013). Prediger und Götze (2017) geben am Beispiel des algebraischen Denkens konzeptuelle Lernpfade vor, die in den verschiedenen Klassenstufen thematisiert werden sollten. Bereits in der Schuleingangsphase sollten demnach Muster strukturiert gezählt werden. In der dritten und vierten Klasse sowie nach dem Übergang zur Sekundarstufe – zumindest in Deutschland – sollen dazu zusätzlich Wort- und Quasivariablen von Kindern genutzt werden – vor allem zur Begründung allgemeiner Muster und Strukturen. Erst in der siebten Klasse erfolgt dann die Einführung der Variablen (Prediger & Götze, 2017). Ein solches frühes algebraisches Denken soll den Einstieg in die symbolische Algebra erleichtern (Loska & Hartmann, 2006; Radford, 2014; Rosnick, 1981; Warren & Cooper, 2005).

Um zu erfassen, welche unterschiedlichen Facetten bei algebraischem Denken aktiviert werden, haben Kieboom, Magiera und Moyer (2014) in Anlehnung an Driscoll (2001) sieben Merkmale eines algebraischen Denkens für das Bilden von Regeln für funktionale Zusammenhänge aufgestellt – die sogenannten „Features of Algebraic habits of Mind" (S. 433) (Tabelle 4.3).

„Essentially, these features are mental processes that students use to acquire a robust concept of function and to understand change" (Moyer et al., 2004, S. 30). Nicht nur für Schüler:innen sind die Merkmale des algebraischen Denkens relevant, sondern auch für die Lehrenden. Zum einen, weil sie natürlich selbst in der Lage sein müssen, diese Facetten zu aktivieren, zum anderen aber auch, weil sie das algebraische Denken ihrer Lernenden diagnostizieren und identifizieren müssen; Lehrkräfte mit fundiertem Wissen sind besser auf die Unterstützung der Lernenden vorbereitet (Magiera et al., 2010; 2013).

In einer Interviewstudie konnten Magiera und Kolleginnen (2010), für ihre untersuchte Stichprobe von 18 Studierenden für die Klassen 1 bis 8, ein zufriedenstellendes Ergebnis für alle Merkmale des algebraischen Denkens zeigen, wobei das Begründen der Regel am schwächsten ausfiel. Über alle Aufgaben und Merkmale zusammengefasst erreichen die Studierenden einen Wert von 2,44 von 3 (Magiera et al., 2010). Zudem konnte gezeigt werden, dass die drei Merkmale

4.3 Förderung des algebraischen Denkens

Tabelle 4.3 Merkmale des algebraischen Denkens nach Kieboom et al., 2014

Informationen organisieren	Informationen können so organisiert werden, dass Muster, Zusammenhänge und Regeln herausgearbeitet werden können
Muster voraussagen	Entdecken und verarbeiten können von Regelhaftigkeiten der gegebenen Situation
Informationen einteilen	Suchen nach wiederkehrenden Elementen, um herauszuarbeiten, wie das Muster entsteht
Regel beschreiben	Beschreiben der einzelnen Schritte des Prozesses oder der Regeln explizit oder rekursiv ohne spezifischen Input
Repräsentationen variieren	Denken und Ausprobieren verschiedener Repräsentationen, um unterschiedliche Informationen aufzudecken
Veränderung beschreiben	Beschreiben können einer Veränderung im Prozess oder einer Beziehung als funktionaler Zusammenhang zwischen Variablen
Regeln begründen	Begründen können, warum eine Regel für *jede* Zahl gilt

(entnommen aus: Kieboom et al., 2014, 433; eigene Übersetzung)

Muster voraussagen, *Informationen einteilen* und *Regel beschreiben* paarweise signifikant miteinander korrelieren (ebd.).

Mit diesen drei Merkmalen korrelieren auch *Informationen organisieren* sowie *Regel begründen* – aber weniger stark und im Fall von *Regel beschreiben* und *Regel begründen* nicht mehr signifikant (Magiera et al., 2010). Somit wird deutlich, dass die beiden Merkmale *Repräsentation variieren* und *Veränderung beschreiben* mit keinem der anderen Merkmale korreliert (ebd.).

In einer weiteren Untersuchung mit 18 Studierenden, in der diese je zwei klinische Interviews mit Schüler:innen der Sekundarstufe I führten, zeigten Kieboom, Magiera und Moyer (2010), dass Studierende, die über höhere algebraische Fähigkeiten verfügen, besser in der Lage sind geeignete Fragen zu stellen. So stellte beispielsweise keine:r der teilnehmenden Studierenden, deren algebraisches Denken zuvor als niedrig eingestuft wurde, eine Frage, die das Denken der Lernenden fokussierte (Kieboom et al., 2010).

Algebraisches Denken – mit all seinen unterschiedlichen Merkmalen und Facetten – kann und soll in der Grundschule bereits gefordert und gefördert werden, ohne dabei die formale Sprache der Variablen früher einzuführen. Dazu eignen sich vor allem auch Aufgaben nach dem operativen Prinzip (vgl. Kapitel 1 und Kapitel 7 zum Fortbildungsdesign). „Zusammenfassend läßt sich feststellen, daß es in der Grundschule viele Möglichkeiten gäbe, die Benutzung von Variablen expliziter zu machen" (Scharloth, 1999, S. 108). Diese müssen aber genutzt und durch die entsprechenden Aufgabenstellungen, Impulse und Lerngelegenheiten angeleitet werden, damit der Bruch zwischen Arithmetik und Algebra, zwischen dem Konkreten und dem Abstrakten, weniger dominant und somit besser zu bewältigen für die Schüler:innen wird. Dabei spielt vor allem auch die Lehrkraft eine zentrale Rolle, die im folgenden Teilkapitel genauer betrachtet wird. In der vorliegenden Studie wird eine Fortbildungsmaßnahme zur fachfremd unterrichtende Grundschullehrkräfte untersucht, sodass die Thematisierung des Wissens der Lehrkraft einen besonderen Stellenwert einnimmt (vgl. auch Kapitel 2).

4.4 Die Rolle der Lehrkraft

„Variable, Term und Formel so zu unterrichten, dass sie nicht nur auf ein bloßes Regelwerk verengt bleiben, sondern in ihrer inner- wie außermathematischen Bedeutung erfasst werden und der Umgang mit ihnen verständig geschieht, stellt für Lehrpersonen eine große Herausforderung dar" (Barzel & Hußmann, 2008, S. 5). Das gilt sowohl für die Lehrkräfte der Sekundarstufe I, wie gleichwohl auch für Grundschullehrkräfte, die inhaltliche Vorstellungen bei den Schüler:innen aufbauen sollen, ohne sich der formalen Sprache der Algebra bedienen zu können. Dazu müssen Grundschullehrkräfte auf unterschiedlichen Ebenen über Wissen verfügen.

Dass Lehrkräfte, die Mathematik unterrichten, ein ausreichendes fachliches, fachdidaktisches und pädagogisches Wissen benötigen, ist seit langem unumstritten (Cooney &Wiegel, 2003; Krauss et al., 2008b; Shulman, 1986 vgl.; Abschn. 2.1.3). So konnte COACTIV – eine Ergänzungsstudie zu den Erhebungen der Pisa-Studie – beispielsweise zeigen, dass fachliches und fachdidaktisches Wissen der Lehrperson Einfluss auf die Schüler:innenleistungen haben (Baumert & Kunter, 2011). Eine fachwissenschaftliche Grundlage stellt sich für die Ausbildung fachdidaktischen Wissens als essentiell heraus (Krauss et al., 2008b; vgl. auch Abschnitt 2.1.3). Aber darüber, was genau die Bestandteile des mathematischen Fachwissens sind, über die die Lehrkräfte verfügen sollten, ist die Übereinstimmung in der Forschung deutlich geringer (McAuliffe & Vermeulen, 2018; Prediger, 2010). Das gilt insbesondere auch für den Bereich des algebraischen Denkens. So geben Fey und Kolleg:innen (2007) an, dass es bedauernswert wenige Antworten auf die Fragen nach dem Benötigen algebraischen Wissen der Lehrkraft für effektives Unterrichten, den Unterstützungsmöglichkeiten der zukünftigen Lehrkräfte beim Aufbau des nötigen algebraischen Wissens oder der

4.4 Die Rolle der Lehrkraft

bereits praktizierenden Lehrkräfte beim Ausbau innerhalb des Unterrichts, dessen Reflexion und in Fortbildungsmaßnahmen, gibt.

Dass Algebra ein zentrales Thema der Mathematik darstellt – wie gezeigt vor allem auch, aber nicht nur in der Sekundarstufe – stellt wieder einen unstrittigen Fakt dar (vgl. Kapitel 4). So sollten folglich auch die Lehrkräfte über algebraisches Denken verfügen. Es zeigt sich aber auch, dass es nicht ausreichend ist, nur über Fachwissen zu verfügen (Wilkie, 2014). Beides gilt insbesondere auch für die Lehrer:innen in der Grundschule, da hier die Grundlagen für erfolgreiches Weiterlernen gelegt werden und viele Aufgaben der Grundschule das Anbahnen des algebraischen Denkens nahelegen. Dazu muss die Lehrkraft aber sowohl fachlich als auch fachdidaktisch in der Lage sein, das Potenzial einer Aufgabe zu erkennen und die Aufgabe entsprechend aufzubereiten, sowie entsprechende Fragen zu stellen, Unterstützungen anzubieten und das algebraische Denken anzuleiten. Steinweg (2017) gibt aber an, dass weder Lehrende noch Lernende sich des Potentials zum algebraischen Denken vieler Aufgaben nicht bewusst sind.

Um diesbezüglich die aktuelle Forschungslage herauszuarbeiten, wird zunächst kurz darauf eingegangen, welche Elemente bei Algebra und early algebra für den Unterricht zu beachten sind, was Lehrkräfte unter algebraischem Denken verstehen, was Lehrkräfte zum algebraischen Denken wissen und wie sie dem gegenüber eingestellt sind. Abschließend wird genauer auf die Rolle der Lehrperson, der Aufgabenauswahl und der Führung des Unterrichtsgesprächs in der Grundschule für das algebraische Denken eingegangen.

Algebraisches Wissen Erwachsener stellt in verschiedenen Studien eine Forschungsfrage dar. In einer Studie von Rosnick (1981) wurde beispielsweise gezeigt, dass 37 % der Studierenden des Ingenieurstudiengangs nicht in der Lage sind aus dem Kontext „An einer Universität sind sechsmal mehr Studierende als Professoren" (S. 418, eigene Übersetzung) die richtige Formel $6 S = 1P$ ableiten zu können. Ist das Verhältnis nicht 1:6, sondern 4:5 steigt die Fehlerquote auf über 73 % (Rosnick, 1981, S. 419).

„There is no doubt that teaching algebra and algebraic thinking is both complex and dynamic" (Ferrucci, 2004, S. 131). Zusätzlich stellt dies vor allem eine Herausforderung dar, da – wie oben bereits herausgearbeitet – Algebra und early algebra keineswegs dasselbe sind. Daher gilt auch: „Algebra unterrichten ist nicht dasselbe wie early algebra unterrichten" (Carraher et al., 2008b, S. 2; eigene Übersetzung). Es werden folglich nicht nur an Lernende, sondern eben auch an Lehrende neue Anforderungen gestellt (Carraher et al., 2008b; Cusi et al., 2011; Nathan et al., 2000). Dabei zeigt sich, dass noch nicht alle Lehrkräfte die (neuen) Ideen des Konzepts der early algebra umsetzen können (Hodgen et al., 2014; Koellner et al., 2011). „Elementary teachers need their own experiences with a richer and more connected algebra and an understanding of how to build these opportunities for their students" (Blanton & Kaput, 2003, S. 70). Hier zeigt sich somit ein Unterstützungsbedarf der Lehrkräfte im Bereich des algebraischen Denkens – dem wird in der vorliegenden Studie für die spezielle Zielgruppe der Mathematik fachfremd unterrichtenden Lehrkräfte nachgekommen.

Dadurch, dass die Lehrenden aller Voraussicht nach noch nach dem alten algebraischen Konzept gelernt haben, stellt das Unterrichten nach dem Konzept der early algebra und des frühen algebraischen Denkens und Begründens eine besondere Herausforderung dar (Blanton & Kaput, 2005; Hunter et al., 2018; Kaput & Blanton, 2000; Spiegel & Selter, 2015). Solange early algebra und deren Umsetzung im Unterricht also nicht in der Lehrer:innenaus- und weiterbildung thematisiert wird, ist es wahrscheinlich, dass die Lehrkräfte unvorbereitet in das Themenfeld des frühen algebraischen Denkens starten (Hohensee, 2017). Es werden beim Übergang zwischen early algebra und Algebra beide Richtungen aktiv. Die Kinder müssen den Übergang von der präsymbolischen early algebra zur formalen Algebra schaffen, während die Lehrkräfte den Übergang in die andere Richtung vollziehen müssen.

Sie müssen von der formalen Ebene der Algebra zu dem konzeptionellen Ansatz der early algebra wechseln (Hohensee, 2017). Küchemann (2010) sieht bei einigen Lehrkräften zudem die Gefahr, dass diese die formalalgebraische Sprache zum Nachteil des (Unter-)Suchens von Mustern und Strukturen zu stark gewichten. Es ist aber wichtig, „Algebra verstehensorientiert und damit nachhaltig zu unterrichten" (Abshagen et al., 2019, S. 265). Das eigenständige Durchlaufen eines Argumentationsprozesses befähigt die Lehrkräfte dazu, sowohl die eigenen Begründungsschritte zu reflektieren als auch dazu, die Argumente der Kinder besser nachvollziehen zu können (Abshagen et al., 2019).

„Fragt man Lernende und Lehrkräfte, was algebraisches Denken ausmacht, so nennen sie zuallererst das Umformen von Termen und Lösen von Gleichungen" (Fischer et al., 2010, S. 1). Doch, dass algebraisches Denken deutlich mehr umfasst, wurde im vorherigen Teilkapitel 4.2 deutlich herausgearbeitet. Zudem sind das Wissen und die en dem algebraischen Denken gegenüber häufig in besonderer Weise auch durch den eigenen Unterricht geprägt (Kieboom et al., 2014).

Vor allem die Lehrkräfte müssen algebraische Sprache verstehensbasiert nutzen können, um den Lernenden unterstützend zur Seite stehen zu können (Fischer et al., 2010.). „Die Lehrkräfte sind demnach aufgefordert, an diese individuellen Vorgehensweisen der Lernenden anzuknüpfen und den Schülern zu ermöglichen, die algebraische Formelsprache als Mittel des Denkens und des Selbstausdrucks sowie des Konstruierens von Wissen zu erleben" (Berlin, 2010, S. 113). Auch,

4.4 Die Rolle der Lehrkraft

wenn die Formelsprache in der Grundschule nicht im Fokus steht, sollten auch die Grundschullehrkräfte in der Lage sein, die Kinder im algebraischen Denken zu fördern, an ihre individuellen Denkweisen anzuknüpfen und vor allem auch das verallgemeinerte Denken zu ermöglichen und für die Kinder erfahrbar zu machen. Die Lehrkräfte sollten daher durchaus in der Lage sein, Variablen sinnvoll einzusetzen (DMV, GDM & MNU, 2008). Dass die Rolle der Lehrkraft somit im Übergang von Arithmetik hin zur Algebra zentral ist, wird immer wieder herausgestellt (Kieran, 1992; van Dooren et al, 2003). Allgemein wird die Lehrkraft häufig als Designer des Lernens betitelt (Andini & Suryadi, 2017).

Mit Blick auf die Grundschule bedeutet dies, dass die Lehrkräfte Zusammenhänge nicht nur erkennen, sondern auch begründen können sollten, um dieses Wissen wiederum für die Kinder aufbereiten und erklären zu können (Baumert & Kunter, 2013a; Kieboom et al., 2014). Dazu müssen in der Grundschule keine neuen Themen oder Aufgaben genutzt werden. Vielmehr muss das vorhandene Potenzial der genutzten Aufgaben erkannt und genutzt werden – sowohl Lehrende als auch Lernende sind sich dieses Potenzials selten bewusst (Blanton & Kaput, 2005; Krauthausen, 2018; Steinweg et al., 2018). „Operative Aufgabenserien sind den meisten Kindern aus der Grundschule bekannt. Sie lassen sich nutzen, um Auswirkungen kleiner Veränderungen zu beobachten und den Veränderlichenaspekt inhaltlich zu erfassen" (Siebel, 2010, S. 20). Dabei bieten gerade solche Aufgaben ein großes Potenzial zur Förderung des algebraischen Denkens (Steinweg et al., 2018). Allerdings zeigen Höveler, Laferi und Selter (2018), dass sich in der von ihnen evaluierten und beforschten Fortbildung, „ein Großteil der Teilnehmenden hinsichtlich des Umgangs mit *substanziellen Lernumgebungen* noch nicht kompetent (73,3 %)" (S. 167; Hervorhebung im Original) fühlt.

Bezogen auf die Aufgaben wird der Fokus neu gelegt, wenn Fragen gestellt werden, die die Schüler:innen nicht nur zum Beschreiben, sondern auch zum Begründen von Zusammenhängen auffordern. Diese Fragen nach dem Warum „fördern das Nachdenken und das Suchen von Zusammenhängen und damit das tiefe Verstehen und die Einsicht" (Brunner, 2018, S. 9). Je mehr Aufforderungen die Kinder zum Begründen und Generalisieren erhalten, desto eher werden sie diese generalisieren lernen (Mason, 2007).

Insgesamt „bedarf es einer inhaltlichen Offenheit des Lernangebots gegenüber unterschiedlichen Schwerpunkten eines mathematischen Themas" (Rütten et al., 2019, S. 4). Darunter wird verstanden, dass derselbe Gegenstand, also beispielsweise ein spezielles Aufgabenformat wie Zahlenketten, -gitter oder -mauern, unter unterschiedlichen Blickwinkeln und mathematischen Schwerpunktsetzungen betrachtet werden kann. Geschieht all dies nicht, werden wertvolle Lernchancen verpasst.

Wenn aber eine Auseinandersetzung mit operativen Mustern im Mathematikunterricht der Grundschule lediglich in einer Manipulation von Zahlen endet, werden wertvolle Lernchancen vertan, die allgemeinen Zusammenhänge der mathematischen Prozesse zu erkennen, zu beschreiben und zu erklären. Eine oftmals stattfindende zahlenfokussierte Musterfortsetzung und Beschreibung wird dem operativen Prinzip – wie Wittmann (2014) es definiert – nicht gerecht. (Götze, 2019a, S. 96 f.)

Nicht nur die Aufgabenauswahl und die darin enthaltenen Fragestellungen sind bei der Anleitung zu algebraischem Denken von zentraler Bedeutung, sondern auch der Umgang der Lehrkräfte mit den Antworten der Schüler:innen. Es „handelt […] sich beim Unterrichtsgeschehen um einen oftmals spontan ablaufenden sozialen Prozess, der nach seinen eigenen Regeln darüber entscheidet, ob eine Lernumgebung auch wirklich die anvisierten Lernprozesse unterstützt" (Nührenbörger & Schwarzkopf, 2019, S. 15). Die Lehrkräfte sollten somit auch im Unterrichtsgespräch die fruchtbaren Elemente erfassen. Sind sie sich der Reichhaltigkeit bewusst, werden sowohl vorher bewusst geplante Lernchancen geboten, als auch spontan auf die Aussagen eingegangen, die die Lernenden anbieten (Fischer et al., 2010). Dazu gehört in der early algebra eine fachliche Grundlage, die es den Lehrkräften erlaubt, in der Mathematik, die sie bereits unterrichten – vornehmlich also der Arithmetik – die Potenziale des algebraischen Denkens zu sehen und zu nutzen (Blanton & Kaput, 2005).

Neben den Potenzialen der Aufgaben und der spontanen Aussagen der Kinder, sollten die Lehrkräfte ebenfalls über forschungsbasierte Erkenntnisse zu Konzepten und Fehlkonzepten der Kinder verfügen (Schulz, 2014; Stephens, 2006). Zudem sollten sie sowohl arithmetische als auch algebraische Problemlösestrategien kennen, nutzen können und zu schätzen wissen (van Dooren et al., 2003). Kieboom und Kolleginnen (2014) fanden in einer Studie mit angehenden Lehrkräften heraus, dass solche angehenden Lehrkräfte mit geringeren algebraischen Fähigkeiten keinerlei Fragen stellten, die das Denken der Schüler:innen hinterfragten oder prüften. Im Gegensatz dazu fanden angehende Lehrkräfte mit höheren algebraischen Fähigkeiten durch ihre (Nach-) Fragen mehr über das Denken und Vorgehen der Kinder heraus. Bezogen auf die Hürden, mit denen die Kinder konfrontiert werden, ist es für die Lehrkraft ebenfalls hilfreich, sich der Rolle der Sprache zum Verallgemeinern bewusst zu machen, die den Lernenden noch nicht immer zur Verfügung steht. Eine Förderung sollte daher auf konzeptueller wie auf sprachlicher Ebene stattfinden (Götze, 2019b).

Dabei spielen auch die Darstellungen eine wichtige Rolle. „Arithmetisch-algebraisches Denken ist nicht nur durch das Verstehen und da Beherrschen eines regelgeleiteten Operierens mit Zahlen und Symbolen gekennzeichnet, sondern auch durch das Vergewissern anhand konventionalisierter Darstellungsmittel" (Sjuts, 2010, S. 14).

Vor allem auch das Explizieren der Lerngelegenheiten und direktere Anregungen zum algebraischen Denken werden von einigen Lernende benötigt (Mason, 2007). Durch das Wahrnehmen des algebraischen Denkens als Kontinuum vom Kindergarten bis zur Höheren Mathematik, können die Lehrkräfte ihren Schüler:innen bereits helfen, indem beispielsweise Zusammenhänge – auch bei Aufgaben nach dem operativen Prinzip – benannt und begründet werden (Kieran, 2004). „Zu hilfreichen Kompetenzen der Lehrenden gehört also auch, die Kernthemen oder Grundideen des Themas – also hier der Algebra – zu identifizieren" (Steinweg, 2013, S. 9). Nur gut ausgebildete Lehrer:innen können Zusammenhänge erkennen, begründen und für die Lernenden nutzbar machen (Steinweg et al., 2018). Mason vertritt eine radikale Meinung: „Indeed, a lesson without the opportunity for learners to generalize cannot be considered to be a mathematics lesson" (ebd., S. 86).

Zusammenfassend wird deutlich, dass die Lehrkraft – im Allgemeinen, aber auch vor allem für algebraisches Denken im Speziellen und somit sowohl für die Teilbereiche der Arithmetik als auch der Algebra – eine zentrale Rolle spielt. Sie muss über fachliches sowie fachdidaktisches Wissen verfügen, Zusammenhänge erkennen, benennen und begründen können, Aufgabenpotenziale erkennen, für die Lernenden nutzbar machen und sich der Entwicklung des algebraischen Denkens über die Schuljahre hinweg bewusst sein, sodass möglichst viele Lerngelegenheiten geschaffen werden. Dazu muss die Lehrkraft insbesondere beide Formen – das frühe algebraische Denken sowie die formale Algebra – beherrschen und sich des Ansatzes der early algebra bewusst sein.

„Das Bemühen des Unterrichts muss vielmehr darauf abzielen, den Kindern authentische Anlässe zu eröffnen, die sie zur Weiterentwicklung des arithmetischen Könnens zu einem mehr algebraischen Verstehen anregt" (Nührenbörger & Schwarzkopf, 2019, S. 22 f.).

4.5 Zusammenfassung

Eine enge Verzahnung von Arithmetik und Algebra hat sich für beide Teilbereiche der Mathematik als lernförderlich herausgestellt: Zum einen wird die Arithmetik tiefer durchdrungen und verstanden, wenn durch algebraisches Denken Verallgemeinerungen angestrebt werden (u. a. Kieran, 2004; Nührenbörger & Schwarzkopf, 2019; Radford, 2014), zum andern wird dadurch aber auch der Einstieg in die (formale) Algebra erleichtert (u. a. Berlin, 2010; Kieran, 1992; Mason,

2007; 2018). Early algebra – also ein Konzept bei dem Muster und Strukturen verallgemeinernd durchdrungen werden sollen, um die Vorstellungen der Algebra aufzubauen, ohne direkt die Einführung von Variablen zu realisieren – hat daher in den letzten Jahren vermehrt vor allem auch im Primarbereich Einzug erhalten.

Insgesamt hat sich gezeigt, dass die Lehrkraft, ihr Wissen und ihre Überzeugungen eine zentrale Rolle für die frühe Förderung des algebraischen Denkens in der Primarstufe spielen – schließlich sind es die Lehrenden, die die Fragen stellen, die Lernenden anleiten und Hilfestellungen anbieten (Schifter, 2018). Das gilt sicherlich für viele Bereiche des (Mathematik-) Unterrichts der Grundschule. Insbesondere aber im Übergang von Arithmetik zu Algebra ist die Rolle der Lehrperson besonders zentral. Vor allem auch die sieben Merkmale des algebraischen Denkens – Informationen organisieren, Muster voraussagen, Informationen einteilen, Repräsentation variieren, Regel beschreiben, Veränderung beschreiben und Regel begründen (Kieboom et al., 2014) – spiegeln das Facettenreichtum der verschiedenen Anforderungen wider. Diese Elemente sollten zum einen von den Lehrenden beherrscht werden, zum anderen bieten sie auch Anknüpfungspunkte zur Förderung des algebraischen Denkens bei Grundschulkindern.

Es gibt aber zahlreiche Anknüpfungspunkte an den Arithmetikunterricht und entsprechende Unterrichtskonzepte, die „lediglich" um den Blick der Algebra und die Fokussierung auf Muster und Strukturen einerseits, sowie die prozessbezogenen Kompetenzen des Darstellens, Problemlösens, Argumentierens und Kommunizierens andererseits zu erweitern sind. „Zudem ist die Förderung algebraischen Denkens auch eine Förderung prozessbezogener Kompetenzen" (Steinweg, 2013, S. 16).

„Damit Lernende elementare Algebra verstehen und nutzen können, sollen zunächst inhaltliche Aktivitäten (also das Verallgemeinern und das Beschreiben z. B. von (Sach-) Situationen mit Termen) angeregt und erst anschließend kalkülhafte Aktivitäten durchgeführt werden" (Abshagen et al., 2019, S. 268). Somit spielen auch das Beschreiben und Begründen im Mathematikunterricht der Grundschule eine zentrale Rolle. Algebraisches Denken eignet sich in besonderer Weise zum Anleiten von Beschreibungen und Begründungen durch Kinder, sodass im Sinne der early algebra tiefes mathematisches Verständnis aufgebaut werden kann. Daher wird im folgenden Kapitel der Bereich des Beschreibens und Begründens in der Grundschule detaillierter betrachtet.

Begründen im Mathematikunterricht der Grundschule 5

"A lesson without the opportunity for learners to generalise mathematically, is NOT a mathematics lesson" (Mason et al., 2005, S. 1; Hervorhebung im Original). Die Bedeutung von Verallgemeinerungen scheint somit unumstritten für das Lernen und Lehren von Mathematik, vor allem in Bezug zum algebraischen Denken (Kieran, 2018). Die Allgemeingültigkeit eines Musters lediglich zu entdecken und zu beschreiben, verpasst das mathematische Potenzial, diese auch zu begründen, zu erklären, *warum* diese Entdeckung *allgemein* gilt. "A generalization (often referred to as a theorem) is taken to be true if and only if it is supported by a valid proof" (Carraher et al., 2008a, S. 3). Welche Facetten beim Verallgemeinern aktiviert, gefordert und gefördert werden sollen, wird im folgenden Kapitel genauer herausgearbeitet.

„Wer die algebraische Symbolsprache verständig handhaben und ihre Leistungsfähigkeit würdigen will, muss […] in typische mathematische Denkhandlungen wie Strukturieren, Abstrahieren, Verallgemeinern investieren" (Berlin, 2010, S. 95). Unabhängig von der Verwendung von Variablen, ist ein verallgemeinerndes Denken auch in der Grundschule sowohl ein zentraler als auch ein realisierbarer Prozess (vgl. Kapitel 4). „Es ist davon auszugehen, dass bereits Grundschulkinder über ein erstes Verständnis zu Verallgemeinerungen und Abstraktionen verfügen" (Böttinger & Steinbring, 2007, S. 36). Warum aber eine Verallgemeinerung gilt, also warum Entdeckungen sowie beobachtete Muster und Strukturen immer gelten, sollte *begründet* werden.

Gerade das Zusammenspiel von algebraischem Denken, Verallgemeinern und daher auch Begründen, kann in der Grundschule produktiv genutzt werden. Wie Mason (2018) es formuliert: „Thinking algebraically is appreciating the generality, recognizing an instance of a general property" (Mason, 2018, S. 343). Muster und Strukturen sollten also erfahren, erforscht und erklärt werden. Dabei ist es essentiell „über Eigenschaften und Beziehungen nachzudenken, mathematische Aussagen zu hinterfragen, logische Schlussfolgerungen zu ziehen und Entdeckungen zu begründen" (Bezold, 2010c, S. 1). Es lassen sich drei Facetten von Verallgemeinerungen ausmachen. Erstens muss eine Verbindung zwischen mehreren Objekten oder Fragestellungen erkannt werden. Als zweites müssen wiederkehrende Elemente identifiziert werden, um dann zu verallgemeinern, welche Elemente sich in einer Struktur wiederholen (Ellis, 2007). „Einer Entdeckung fehlt es ohne Begründung an Sicherheit. Begründungen ohne Entdeckung hingegen verfehlen den Kern des aktiven Lernens" (Meyer, 2007, S. 29).

Auch zur Rolle des Lehrens und Lernens von Mathematik wird bereits seit mehr als dreißig Jahren geforscht; so werden mehr als 100 Paper in den führenden Journalen der Mathematikdidaktik allein zwischen 1900 und 1999 publiziert (Hanna, 2000). Das liegt gewiss nicht zuletzt an der zentralen Rolle des Beweisens für die Mathematik: „Für die Mathematik sind Beweise essenziell, weil sie als Träger mathematischen Wissens [...] wirken" (Brunner, 2014b, S. 12). Dass aber streng logisches Beweisen nicht Gegenstand des Grundschulmathematikunterrichts sein sollte, wird sicherlich wenig angezweifelt.

Dem gegenüber ist das Argumentieren – als eine von fünf allgemeinmathematischen oder sogenannten prozessbezogenen Kompetenzen – integraler Bestandteil des Mathematikunterrichts der Grundschule (KMK, 2005). Dabei umfasst das Argumentieren drei zentrale Aspekte:

- „mathematische Aussagen hinterfragen und auf Korrektheit prüfen,
- mathematische Zusammenhänge erkennen und Vermutungen entwickeln,
- Begründungen suchen und nachvollziehen" (KMK, 2005, S. 8)

„Zum Verhältnis zwischen Argumentieren, Begründen und Beweisen besteht in der Literatur kein grundsätzlicher Konsens" (Brunner, 2014b, S. 29). Nicht zuletzt dem geschuldet, werden auch die einzelnen Begriffe nicht einheitlich verwendet. Auf der einen Seite wird Argumentieren in einen engen Zusammenhang mit dem Beweisen gestellt (u. a. Pedemonte, 2007; Winter, 1983), auf der anderen Seite werden Beweisen und Argumentieren als unterschiedliche Tätigkeiten verstanden (u. a. Balacheff, 1991; Duval, 1991), wobei teilweise „das Argumentieren als Ursache für Fehlvorstellungen vom Beweisen verstanden" (Fetzer, 2011, S. 28) wird. „Deductive thinking does not work like argumentation. However, these two kinds of reasoning use very similar linguistic forms and propositional connectives. This is one of the main reasons why most of the students do not understand the requirements of mathematical proofs" (Duval, 1991, S. 233).

Ist das konzeptualisierte Verhältnis von Begründen ein anderes, sind auch die Definitionen und Konnotationen der Begriffe verschieden. Um die Begriffsdefinitionen für diese Arbeit herauszuarbeiten, wird im Folgenden zunächst eine Abgrenzung der drei zentralen Begrifflichkeiten Begründen, Argumentieren und Beweisen vorgenommen. In einem nächsten Abschnitt wird dann die Bedeutung und Umsetzung des Begründens in der Grundschule thematisiert, um anschließend die Bedeutung der Lehrkraft für diesen Bereich des Mathematikunterrichts genauer zu betrachten.

5.1 Begründen, Argumentieren und Beweisen

Dass Begründen, Argumentieren und Beweisen wichtige mathematische Elemente darstellen, ist unumstritten (u. a. Brunner 2014b; Nagel & Reiss, 2016; Schwarzkopf, 2001a; 2001b). Und das nicht zuletzt, weil sie international in die Bildungsstandards und Lehrpläne eingebunden sind, wie sich an den Beispielen Deutschland (KMK, 2005; MSW NRW, 2008; 2021), USA (NCTM, 2005) oder Schweiz (Erziehungsdirektorenkonferenz, 2011) exemplarisch zeigen lässt (Brunner 2014a; 2018; Reiss & Ufer, 2009). „So sehr hinsichtlich des Stellenwerts dieser Kompetenzen Konsens besteht, so vielfältig sind die verwendeten Begrifflichkeiten" (Brunner, 2014b, S. 31). Zum einen wird das Verhältnis der Elemente untereinander divers konzeptualisiert (Brunner, 2014a; Fetzer, 2011), zum anderen werden diese Begriffe – allein in der Mathematikdidaktik – aus unterschiedlichen Perspektiven beleuchtet (Reiss & Ufer, 2009). Als logische Konsequenz werden nun zunächst die drei Begriffe Begründen, Beweisen und Argumentieren vorgestellt und für die vorliegende Arbeit definiert.

Begründen

„Begründungsvorgänge zielen darauf ab, den Wahrheitsgehalt der gewonnenen Vermutungen zu untersuchen und damit auch zu einem tieferen Verständnis von Mathematik beizutragen" (Bezold, 2012a, S. 80). Bardy (2006) definiert das Begründen – ähnlich wie Müller (1995) – als eine „schlüssige Argumentation für *eine* Aussage" (S. 162; Hervorhebung im Original). Ein Beweis hingegen erfordert mathematische Strenge und besteht aus zahlreichen Aussagen, bis die zu beweisende Aussage vollständig gezeigt wurde (Bardy, 2006; Bezold, 2012a). „Begründungen und Beweise unterscheiden sich also bei dieser Auffassung nicht in der Stichhaltigkeit, sondern in der Komplexität" (Müller, 1995, S. 54). Angelehnt an Bardy (2006) und die von Winter bereits 1975 formulierten Lernziele konzeptualisiert Bezold

(u. a. Bezold, 2012b; 2010a; Bezold & Ladel, 2014) das Argumentieren als aus drei Bausteinen bestehend:

- Beschreiben von Entdeckungen
- Hinterfragen von Entdeckungen
- Begründen von Entdeckungen

Diese Konzeptionalisierung lässt sich auch in den Bildungsstandards und im Lehrplan Mathematik für Grundschulen in Nordrhein-Westfalen wiederfinden (KMK, 2005; MSW NRW, 2008; 2021). Die vier Teilkompetenzen Vermuten, Überprüfen, Folgern und Begründen machen die prozessbezogene Kompetenz des Argumentierens aus (MSW NRW, 2008). Im neuen Lehrplan Mathematik für Grundschulen in Nordrhein-Westfalen wird vor allem das Nachvollziehen anderer Begründungen und das Begründen der eigenen Vorgehensweise ergänzt (MSW NRW, 2021). Hier ist also das Begründen eine Facette des Oberbegriffs Argumentieren. Und dies wird durch die Komplexität abgegrenzt vom Beweisen: „Dadurch beinhaltet das Beweisen in der Regel eine höhere Komplexität als das Begründen" (Bezold, 2012a, S. 79).

Brunner (2014b; 2018) hingegen spannt in ihrer Definition ein Kontinuum des Begründens auf, bei dem das alltagbezogene Argumentieren auf der einen Seite und das formal-deduktive Beweisen auf der anderen Seite die beiden Extrema bilden. Auf das alltagsbezogene Argumentieren folgt das Argumentieren mit mathematischen Mitteln, darauf das logische Argumentieren mit mathematischen Mitteln bis schließlich das formal deduktive Beweisen erreicht wird. Es wird also deutlich, dass Begründen ein Oberbegriff für die unterschiedlichen Ausprägungen von Argumentieren und Beweisen ist (u. a. Brunner 2014a; 2014b; Meyer & Prediger, 2009) (Abbildung 5.1).

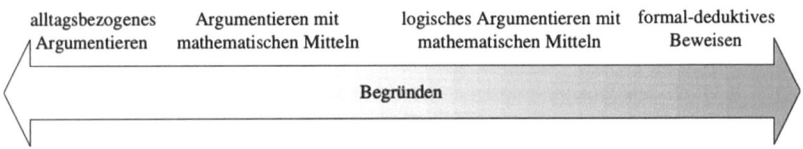

Abbildung 5.1 Kontinuum des Begründens (Entnommen aus: Brunner, 2014b, S. 31)

5.1 Begründen, Argumentieren und Beweisen

„Die Tätigkeit des Begründens zielt darauf ab, den Wahrheitsgehalt der gewonnenen Vermutungen zu untersuchen" (Bezold, 2010a, S. 4). Diese Aussage von Angela Bezold behält ihren Wahrheitsgehalt in beiden unterschiedlichen Konzeptualisierungen der Begriffe Begründen und Argumentieren. In der vorliegenden Arbeit wird dieser Aspekt in den Fokus gerückt – Entdeckungen und die daraufhin erstellten Vermutungen sollen begründet werden. Das Begründen kann sowohl grundschulgemäß, also im Sinne des Argumentierens nach Brunner, als auch mathematisch beziehungsweise algebraisch, nach Brunner weiter vorangeschritten im Kontinuum des Begründens hin zum formal-deduktiven Beweisen von Aussagen, erfolgen. Begründungen werden also als eine Kategorie definiert, unter die sowohl grundschulgemäßes als auch mathematisches Begründen fällt. Für Winter (1975) ist „[d]ie Mathematik […] nun einmal die beweisende Wissenschaft, hier gehört die logisch begründende Rechtfertigung, die Analyse der Begründung, sozusagen mit zum Inhalt" (S. 46). Das gilt auch schon im Mathematikunterricht der Grundschule – wenn auch sicherlich auf einem anderen Niveau als in der Sekundarstufe oder einem mathematischen Studium.

Der Zusammenhang von getätigten Entdeckungen und deren Verallgemeinerungen beziehungsweise Generalisierungen zum Begründen ist stark (Hanna, 2000; Bezold, 2009). Gerade die Aspekte des algebraischen Denkens (vgl. Abschnitt 4.2) legen nahe, dass das Entdecken von Zusammenhängen und Gemeinsamkeiten mit dem Begründen ebendieser eng verknüpft ist. Tiefere Einblicke in Muster und die dahinterliegenden Strukturen werden nicht ausschließlich durch das Entdecken getätigt, sondern vor allem auch durch das Beschreiben und Begründen dieser Zusammenhänge wird für die Grundschule ein zentrales Wissensfeld für die Lernenden aufgespannt. Dabei kann das Verallgemeinern sowohl als Prozess als auch als Produkt aufgefasst werden. Beim Verallgemeinern als Prozess stehen die Aktivitäten der Lernenden im Fokus, während beim Verallgemeinern als Produkt das Ergebnis dieser Aktivitäten (Magiera & Zambak, 2021) zentral ist. Gerade das Produkt einer Verallgemeinerung bedarf einer Begründung, *warum* dies allgemein gilt (Brunner, 2016; 2018).

„Mathematisches Begründen, insbesondere im Sinne streng logischen Beweisens, gilt als Kern der Mathematik überhaupt" (Brunner, 2018, S. 6). Daher wird im nächsten Abschnitt das Beweisen genauer beleuchtet.

Beweisen

„Die Mathematik definiert sich über den Beweis" (Heintz, 2000, S. 210). Somit ist die Rolle des Beweises für die Mathematik essenziell. Beweisen wird als *das* zentrale Element der Mathematik wahrgenommen wird, wie in zahlreichen Definitionen deutlich, wie beispielsweise

- „Mathematik als beweisende Disziplin" (Ufer et al., 2009, S. 31)
- „[b]ekanntlich ist die wissenschaftliche Disziplin Mathematik untrennbar gebunden an das mathematische Beweisen" (Nührenbörger & Schwarzkopf, 2019, S. 20),
- „Beweise gelten als Herzstück der Mathematik und als Königsweg, um neue analytische Vorgehensweisen und Werkzeuge zu erschaffen, die für die Weiterentwicklung der Mathematik eingesetzt werden können" (Brunner, 2014b, S. 1), oder auch international als
- „Proofs and proving are at the heart of mathematics" (Komatsu, 2010, S. 2)

Ebenso ist das „Beweisen […] die Tätigkeit, durch die sich mathematisches Arbeiten von der Vorgehensweise in allen anderen Wissenschaften unterscheidet" (Reiss & Ufer, 2009, S. 155) und somit ein Alleinstellungsmerkmal der Mathematik.

Im Gegensatz zu den Begriffen Begründen und Argumentieren, scheint der Begriff des Beweisens zunächst recht klar umrissen (Brunner, 2014b). „Unter einem mathematischen Beweis versteht man die deduktive Herleitung eines mathematischen Satzes aus Axiomen und zuvor bereits bewiesenen Sätzen nach spezifizierten Schlussregeln" (Jahnke & Ufer, 2015). Vor allem die logische Strenge wird dabei häufig in den Vordergrund gerückt (Aberdein, 2012; Meyer, 2007). „Natürlich gibt es keine genaue Definition für den Begriff Beweis in der Mathematik" (Nührenbörger & Schwarzkopf, 2019, S. 20), aber es scheint dennoch als wäre Mathematiklehrenden bewusst, woraus ein Beweis besteht (Balacheff, 1991). Ein Beweis ist ein Argumentationsstrang, der für oder gegen eine mathematische Aussage genutzt wird, um bezüglich dieser Aussage eine mathematische Gewissheit zu erlangen (Brunner, 2014b; Stylianides, 2007; 2008). "The proof is an important aspect of mathematical reasoning" (Sulianto et al., 2020b, S. 98). Hierbei wird deutlich, dass der Beweis aber auch nur eine Form des Begründens darstellt. „In diesem Sinne ist Beweisen als Spezialfall von Begründen zu verstehen" (Reiss & Ufer, 2009, S. 157).

"Mathematical proof is a central but difficult topic in school mathematics." (Leuders & Schulz, 2019, S. 228). Nichtsdestotrotz nimmt das Beweisen in der Schule eine zentrale Rolle ein: „Als eine wesentliche Funktion des Beweisens im Unterricht wird die Vermittlung von Einsichten gesehen" (Vollrath, 1980, S. 4). Vor allem durch die soziale Akzeptanz der Gültigkeit wird ein Beweis als solcher anerkannt: „Ein Beweis wird nur dadurch zu einem Beweis, daß er in einem sozialen Akt als solcher akzeptiert wird" (Wittmann & Müller, 1988, S. 240). Ein Beweis muss folglich überzeugend sein (Aberdein, 2012; Nührenbörger & Schwarzkopf, 2019; Reiss & Ufer, 2009). Dabei werden beide Seiten – die produzierende wie auch die rezipierende – als wichtig und komplex wahrgenommen: "To find a not obvious

5.1 Begründen, Argumentieren und Beweisen

proof is a considerable intellectual achievement but to learn such a proof, or even to understand it thoroughly costs also a certain amount of mental effort" (Polya, 1957, S. 168).

Neben ebendieser Überzeugungsfunktion werden Beweisen noch zahlreiche andere Funktionen zugeschrieben. De Villiers (1990) macht vier weitere Funktionen aus: das Erklären (explanation), das Herstellen von Zusammenhängen (systematization), das Entdecken (discovery) sowie das Kommunizieren (communication). Das Erklären umfasst dabei die Funktion des Begründens, warum eine Behauptung gilt. Unter dem Herstellen von Zusammenhängen werden Systematisierung von unterschiedlichen Sätzen oder Begriffen gefasst (siehe auch Meyer & Prediger, 2009; Wittmann, 2014). „Die […] Funktion (Entdecken) mag zunächst verwundern. Doch ist in der Tat das Auffinden von Ansatzpunkten einer Begründung oft ein Akt der Entdeckung" (Meyer & Prediger, 2009, S. 5). Das Kommunizieren macht das mathematische Wissen auch für andere zugänglich (de Villiers, 1990; vgl. auch Brunner, 2014b; Hanna, 2000; Meyer & Prediger, 2009). Einige weitere Funktionen wie beispielsweise das Inkorporieren (incorporation) von Fakten in andere Perspektiven oder das Konstruieren (construct) neuer empirischer Theorien werden ergänzt (Hanna, 2000).

Dabei wird aber vor allem den ersten beiden Funktionen – Überzeugungsfunktion sowie Erklärfunktion – die größte Bedeutung für die Schule zugeschrieben: "But just as such a richly differentiated view of proof and proving could arise only as the product of a long historical development, so must every student just entering the world of mathematics start with the fundamental functions: verification and explanation" (Hanna, 2000, S. 8), wobei das Erklären noch in drei Teilbereiche Erklären-Was, Erklären-Wie und Erklären-Warum unterteilt werden kann (Götze 2019a; Müller-Hill, 2017; Schmidt-Thieme, 2009). Dabei wird das Erklären aber nicht mit dem Begründen gleichgesetzt (für eine detailliertere Abgrenzung der Begriffe siehe bspw. Müller-Hill, 2017).

Neben den unterschiedlichen Funktionen von Beweisen lassen sich auch unterschiedliche Beweistypen ausmachen. Tall (2014) spannt drei verschiedene Ebenen auf: Praktische Mathematik, Theoretische Mathematik und Formale Mathematik. Unter der Formalen Mathematik wird dann der axiomatische, formale Beweis gefasst und somit die höchste Ebene verstanden. Aberdein (2009) zweifelt an der Häufigkeit eines solchen Beweises: "not all – indeed hardly any – mathematical proofs are strict formally valid logical derivations" (S. 1).

In der vorliegenden Arbeit werden ausschließlich die beiden anderen Ebenen thematisiert – vor allem in der Grundschule wird sicherlich kein streng formaler Beweis angestrebt. Auf der Ebene der theoretischen Mathematik wird, unter anderem, wie beispielsweise dem euklidischen Beweis in der Geometrie, der symbolische Beweis gefasst. Dieser umfasst die Algebra, "based on 'the rules of arithmetic'" (Tall, 2014, S. 2). Auch das wird in der Grundschule noch nicht mithilfe von Variablen erwartet, bildet aber sicherlich einen Wissensbereich für die Lehrkräfte (vgl. Abschnitt 4.4). Die dritte und unterste Ebene der Praktischen Mathematik wird durch die generischen Beweise bestimmt (Tall, 2014; vgl. auch Mason & Pimm, 1984). "A generic example is a proof that uses a particular case seen as representative of the general case" (Stylianides, 2008, S. 11).

Für die Grundschule haben Wittmann und Müller (1988) den Begriff des operativen Beweisens geprägt. Operative Beweise stützen sich „auf Konstruktionen und Operationen, von denen intuitiv erkennbar ist, daß sie sich auf eine ganze Klasse von Beispielen anwenden lassen und bestimmte Folgerungen nach sich ziehen" (Wittmann & Müller, 1988, S. 249). Vor allem in der Grundschule ist ein solcher Beweis sinnvoll, da er „kein großes mathematisches Vorwissen und auch keine Verwendung von formal-symbolischer Sprache (Brunner, 2016, S. 1005) benötigt – insbesondere sinnvoller als ein Beweis, der zu sehr an formaler Strenge orientiert ist. „Denn wenn das Ziel beispielsweise im Verstehen und Durchschauen eines Zusammenhangs besteht, kann ein operativer Beweis dafür durchaus geeigneter sein" (Brunner, 2014a, S. 247).

Da den Kindern, wie in Abschnitt 4.3 herausgestellt, beispielsweise noch die formal-algebraische Ausdrucksweise fehlt und Variablenkonzepte erst aufgebaut werden müssen, ist ein operativer Beweis eine grundschulgemäße Möglichkeit, das Beweisen zu thematisieren und die Lernenden dadurch früh in das Beweisen einzuführen (Brunner, 2016; Wittmann, 2014; Wittmann & Müller, 1988). „Beweise dienen in erster Linie dazu zu verstehen, warum der betreffende Satz gilt" (Wittmann & Müller, 1988, S. 254); daher sollten möglichst alle Hürden des Verständnisses zunächst umgangen werden und den Kindern so einen Einstieg in das Beweisen, diese zentrale Tätigkeit der Mathematik, ermöglicht werden. "Proof is a construct of mathematical communities over many generations and is introduced to new generations as they develop cognitively in a social context" (Tall, 2009, S. 1). Der Einstieg in der Grundschule in das Beweisen erfolgt somit auf der Ebene der praktischen Mathematik nach Tall (2014), um einen Grundstein hin zu den formaleren Ebenen der Mathematik und formaleren Beweisen zu legen. Dabei stehen vor allem auch in der Grundschule die Funktionen des Überzeugens und Erklärens nach de Villiers (1990) im Fokus. Dabei ist es zentral, dass die Lehrkräfte sich dessen bewusst sind.

Eine von anderen mathematischen Aktivitäten isolierte Betrachtung des Beweisens wird problematisch gesehen (Stylianides, 2008). „Beweisen ist eine komplexe Aktivität, und das ist sie auch in Abgrenzung von anderen argumentativen Tätigkeiten" (Reiss & Ufer, 2009, S. 161). Wenn ein Beweis publizierbar ist, dann wird eine argumentative Phase eingeläutet (Aberdein, 2009).

Nachdem eine Kategorisierung des Begriffs Beweisen erfolgt ist, schließt nun das Argumentieren an. Es wird auch als Teil der Oberkategorie des Begründens angesehen, was im Folgenden genauer erläutert wird.

Argumentieren

„Das Interesse am Phänomen des Argumentierens im Kontext des Mathematiklernens ist groß" (Fetzer, 2011, S. 28). Entsprechend vielfältig sind die Forschungsergebnisse und aber eben auch, wie zu Beginn des Kapitels erläutert, die Definitionen.

So werden etwa

- Argumentationen als fundamental verschieden von Beweisen betrachtet und als Ursache für Fehlvorstellungen von Beweisen aufgefasst;
- Argumentationen in einer komplexen Beziehung zu Beweisen verstanden, zugleich aber als Hindernis beim Lernen von Beweisen gesehen;
- Argumentationen als verschieden von Beweisen begriffen, aber als vereinbar mit dem Lernen von Beweisen diskutiert;
- Argumentationen als elementarer Bestandteil vom Lernen und Lehren von Beweisen beschrieben. (Knipping, 2010, S. 67)

Wie auch beim Begründen – welches hier als Oberkategorie gesehen wird – wird die Definition an Brunner (2014b) angelehnt. Argumentieren ist eine Form des Beweisens, die sich nicht durch formale Strenge auszeichnet, sondern mit einfachen mathematischen Argumenten auf leichtem Niveau möglich ist. Das Kontinuum des Beweisens erstreckt sich von alltagsbezogenem Argumentieren, über Argumentieren mit mathematischen Mitteln sowie logischem Argumentieren mit mathematischen Mitteln hin zum formal-deduktiven Beweisen (Brunner, 2014b).

Unter alltagsnahem Argumentieren können auch nicht mathematik-typische Argumente genutzt werden. „Argumentieren mit mathematischen Mitteln hingegen bezieht zwingend mathematische Mittel in die Argumentation ein, nicht aber notwendigerweise logisches Schließen" (Brunner, 2014b, S. 31). Es grenzt sich folglich deutlich vom Beweisen ab. „Denkbar ist hier beispielsweise auch ein Argumentieren auf der Basis eines speziellen Beispiels" (ebd.). Das schließt beispielsweise auch das operative Beweisen mit ein (vgl. oben Abschnitt Beweisen). So wird das Argumentieren mit mathematischen Mitteln nach Brunner (2014b) hier als die zentrale Ausprägung des Argumentierens in der Grundschule angesehen. Kinder können so zum Verallgemeinern und Argumentieren angeregt werden, um einzelne Aussagen auf grundschulgemäßem Niveau zu begründen. „Logisches Argumentieren mit mathematischen Mitteln verlangt demgegenüber ein streng logisches Vorgehen" (ebd., S. 31), was nicht Ziel der Grundschulmathematik sein muss.

Auch Reiss und Ufer (2009) fassen unter der weiteren Definition von Argumentieren mehr als das Beweisen: „Insbesondere sind durchaus auch nicht-deduktive Formen der Argumentation miteingeschlossen" (S. 157). Krummheuer (2010) fasst Argumentationen auf als „eine Folge von Äußerungen, durch welche die *Gültigkeit* einer anderen Äußerung gestützt wird" (S. 4; Hervorhebung im Original).

Andere Autoren (bspw. Krummheuer & Brandt, 2001; Nührenbörger & Schwarzkopf, 2019; Schwarzkopf, 2001a; 2001b; 2003; von Schroeders, 2019) stellen vor allem auch den kommunikativen Charakter des Argumentierens heraus: „Unter einer Argumentation wird hier ein *zwischenmenschlicher Prozess* verstanden" (Schwarzkopf, 2001a, S. 254, Hervorhebung im Original). So wird der Prozess in den Vordergrund gerückt. „Mathematisches Argumentieren ist ein vielschichtiger, anspruchsvoller Prozess, der eingebettet ist in eine soziale Situation und ein Gespräch" (Brunner, 2018, S. 5). Ohne ein Gegenüber – ähnlich der Überzeugungs- oder Erklärfunktion des Beweisens (vgl. oben Abschnitt Beweisen) – ist das Erstellen einer Argumentation weniger zielführend. Dabei ist nicht nur das Erstellen, sondern auch das Nachvollziehen einer Argumentation ein zentraler und anspruchsvoller Prozess (Brunner, 2014b). „Eine Argumentation wird immer in der Intention geführt, jemanden von etwas zu überzeugen" (Nührenbörger & Schwarzkopf, 2021, S. 130).

„Das Argumentieren gehört unbestritten zum Mathematikunterricht in allen Schulstufen" (Fetzer, 2011, S. 28), was die Grundschule explizit miteinschließt. Daher ist es auch evident, dass die Bildungsstandards und Curricula verschiedener Länder dies widerspiegeln. In den USA umfassen die Standards des National Council of Teachers of Mathematics (NCTM) den Bereich des Argumentierens – im Sinne von Reasoning und Proof (NCTM, 2005), welche sich vom Kindergarten bis in die zwölfte Klasse durchziehen. „Reasoning mathematically is a habit of mind, and like all habits, it must be developed though consistent use in many contexts" (ebd., S. 56). Somit bilden Argumentationen und Argumentationsprozesse immer weiter aufeinander aufbauend einen zentralen Baustein des Mathematikunterrichts über alle Jahrgangsstufen hinweg (vgl. auch Bezold, 2012a). „Mathematical reasoning and proof offer powerful ways of developing and expressing insights about a wide range of phenomena" (NCTM, 2005, S. 56). Dennoch zeigen auch noch Studierende beim Argumentieren oder Beweisen einige Probleme (Nagel & Reiss 2016; Ottinger et al., 2016).

Wie bereits beschrieben, bildet bereits im Grundschullehrplan Mathematik der Grundschule des Landes Nordrhein-Westfalen (MSW NRW, 2008; 2021) und in den Bildungsstandards der Kultusministerkonferenz (2005) das Argumentieren eine der fünf allgemeinmathematischen beziehungsweise prozessbezogenen Kompetenzen. Auch hier ist das Argumentieren eng mit dem Entdecken von Lösungen verbunden.

5.1 Begründen, Argumentieren und Beweisen

Argumentieren ist in den Bildungsstandards gefasst als „mathematische Aussagen hinterfragen und auf Korrektheit prüfen, mathematische Zusammenhänge erkennen und Vermutungen entwickeln, Begründungen suchen und nachvollziehen" (KMK, 2005, S. 8). „Die Schülerinnen und Schüler stellen begründet Vermutungen über mathematische Zusammenhänge unterschiedlicher Komplexität an und erklären Beziehungen und Gesetzmäßigkeiten (sprachlich, handelnd, zeichnerisch)" (MWS NRW, 2008, S. 8).

Um Vermutungen anstellen zu können, ist das Entdecken von Zusammenhängen, Mustern und Strukturen unabdingbar. „Argumentieren bedeutet Vermutungen über mathematische Eigenschaften und Zusammenhänge (kurz: Entdeckungen genannt) zu beschreiben (Baustein 1), diese zu hinterfragen (Baustein 2) sowie sie zu begründen bzw. hierfür eine Begründungsidee (Baustein 3) zu liefern." (Bezold, 2010b, S. 2). Um begründen zu können – und das sowohl auf einer argumentativen als auch einer beweisenden Ebene – ist eine Entdeckung eine Grundvoraussetzung. Die Tätigkeit des Begründens zielt darauf ab, den Wahrheitsgehalt der gewonnenen Vermutungen zu untersuchen" (Bezold, 2010a, S. 4).

Somit ist vor allem beim Begründen von Zusammenhängen die Nähe zum algebraischen Denken offensichtlich (vgl. Abschnitt 5.2). Dabei fächern sich drei Teilelemente auf: Das Beschreiben des Musters, das begründen können, warum das Muster aus der dahinterliegenden Struktur gilt und letztendlich die Verallgemeinerung, warum diese Struktur *immer* so gilt (Brunner, 2016; 2018). Vor allem, um verstehensbasiert Mathematik zu erlernen, ist das Argumentieren und Argumentationen erforderlich: „Being able to reason is essential to understanding mathematics" (NCTM, 2005, S. 56).

Zusammenfassung

Zusammenfassend lässt sich festhalten, dass das Argumentieren in dieser Arbeit als eine Facette des Begründens verstanden wird, wobei durchaus auf mathematisch unterschiedlichem Niveau und unterschiedlich formal beziehungsweise streng logisch argumentiert werden kann.

Beweisen – was im Verständnis dieser Arbeit das Argumentieren und Begründen einschließt – ist ein zentrales Thema des Mathematikunterrichts der Grundschule. „Reasoning and proof cannot simply be taught in a single unit on logic, for example, or by "doing proofs" in geometry" (NCTM, 2005, S. 56). Eine Kontinuität des Beweisens in den unterschiedlichen Ausprägungen, entsprechend der jeweiligen Entwicklungs- und Jahrgangsstufe, ist wichtig, um mathematische Entdeckungen und Vermutungen über Zusammenhänge verallgemeinern und begründen zu können. Die wichtigste Frage ist dabei die Frage nach dem „Warum?" (Hanna, 2000) – wenn auch auf mathematisch einfachen Ebenen und mit noch relativ simplen Entdeckungen, ist ein Begründen schon in der Grundschule sinnvoll und umsetzbar. „Und: Mathematisches Argumentieren ist nicht nur eine anspruchsvolle, sondern auch eine lustvolle Tätigkeit" (Brunner, 2018, S. 26).

„Für den MU [Mathematikunterricht] ist es notwendig, den Begriff des Beweisens weiter zu fassen als in der Fachwissenschaft üblich und ihn an die allgemeineren Begriffe des Begründens und des rationalen Argumentierens anzubinden" (Tietze et al., 1997, S. 151). Da das Begründen hier als Oberkategorie des Kontinuums vom alltäglichen Argumentieren hin zum formal-deduktiven Beweisen verstanden wird, wobei das Argumentieren den Hauptfokus des Begründens in der Grundschule einnimmt, wird im Folgenden von Begründen gesprochen. Dabei ist das Begründen auf grundschulgemäßem Niveau fokussiert, was ohne formale Strenge, aber mit mathematischen Argumenten vollzogen wird. In der Schule, insbesondere in der Grundschule, wird in der Regel keine axiomatische Mathematik betrieben (Marx & Huhmann, 2011). Wie eine solche Umsetzung in der Grundschule aussehen kann, wird im folgenden Teilkapitel dargelegt.

5.2 Förderung des Begründens

Nachdem die Abgrenzung der drei Begriffe Begründen, Beweisen und Argumentieren erfolgt ist (vgl. Abschnitt 5.1), wird nun eine genauere Beleuchtung der Förderung des Begründens im Mathematikunterricht der Grundschule thematisiert.

Bezold (2010a) zeigt in einer Studie, dass Grundschulkinder einer dritten Klasse „(bei entsprechender Förderung) in der Lage sind, nicht nur mathematische Besonderheiten zu entdecken, sondern diese auch zu begründen" (S. 4 f.). Einige Studien zeigen, dass auch Kinder der ersten Klassenstufen begründen können (Carpenter et al., 2000). Die Frage, was dabei eine „entsprechende Förderung" darstellt, welche Aspekte des Begründens in der Grundschule thematisiert werden können und welche Aufgaben sich eignen, wird im Folgenden geklärt.

Dass das Begründen – im weiteren Sinne seiner Definition – bereits in der Grundschule eine zentrale Rolle spielt, zeigen zum einen Bildungsstandards und Lehrpläne (KMK 2005; MSW NRW 2008; 2021; NCTM 2005); zum anderen ist dies aber auch in der (Forschungs)Literatur weitgehend anerkannt (bspw. Bezold 2010a; Nagel & Reiss, 2016; Nührenbörger & Schwarzkopf, 2019; Komatsu, 2010; Krummheuer, 2003; Winter, 1975).

5.2 Förderung des Begründens

Dabei wird immer wieder deutlich, dass Begründen einen zentralen Stellenwert in der Sekundarstufe einnimmt (Erath, 2017; Prediger & Götze, 2017) und daher „das Beschreiben und Begründen allgemeiner Zusammenhänge und Muster nicht erst in der Sekundarstufe beginnen darf" (Prediger & Götze, 2017, S. 17), sondern die Kinder in der Grundschule für das Begründen sensibilisiert werden müssen, um den Inhalt spiralcurricular aufzubauen. Die Kontinuität des Aufbaus der Fähigkeit zum Begründen wird hierbei immer wieder betont (KMK, 2005; NCTM, 2005; Reiss & Ufer, 2009). Ellis (2007) hebt hervor, dass die Verallgemeinerungen, die auch begründet werden können, diejenigen sind, welche in besonderem Maße mit anderem Wissen verknüpft sind.

Auch im Zusammenhang mit dem Begründen wird – ähnlich wie beim algebraischen Denken (vgl. Abschnitt 4.2) – von habits of mind gesprochen (NCTM, 2005; Reiss & Ufer 2009).

> Es geht entsprechend nicht mehr um einen Unterrichtsinhalt, der zu einem bestimmten Zeitpunkt behandelt und gelernt wird, sondern vielmehr um den Aufbau einer wichtigen Kompetenz und einer übergreifenden Einstellung zum Fach, um einen *habit of mind*, der vom ersten bis zum letzten Schultag eine zentrale Rolle im Unterricht spielt. (Reiss & Ufer, 2009, S. 158)

Auch wenn dies schon erläutert wurde, ist es wichtig noch einmal hervorzuheben, dass beim Begründen – auch wieder ähnlich wie algebraischen Denken (vgl. Abschnitt 4.2) – nicht das strenge Beweisen einfach früher thematisiert werden sollte, sondern dass entsprechend der Fähigkeiten der Kinder begründet werden soll (Schwarzkopf, 2001a). Dazu

> ist es legitim, dass man im Mathematikunterricht – erst recht in dem für die Grundschule – von der strengen Auslegung der logischen Stringenz und der formalen Darstellungsweise von Beweisen absieht, um im Gegenzug die sinnstiftende Wissensvermehrung und inhaltliche Vernetzung zu betonen, ohne aber ein grundschulgemäßes Beweisen aufzugeben. (Nührenbörger & Schwarzkopf, 2019, S. 20)

In der Grundschule bauen Argumentationen auf konkreten Phänomenen auf (Reiss & Ufer, 2009); es werden repräsentative Einzelfälle betrachtet (Bezold, 2012a). Es muss also nicht formalisiert werden. „Vielmehr muss man versuchen, die im Unterricht stattfindenden Argumentationen *in ihrer Vielschichtigkeit* zu verstehen" (Schwarzkopf, 2001a, S. 254, Hervorhebung im Original).

„Natürlich stellt das Begründen hohe Anforderungen an die Kinder" (Bezold 2010a, S. 18). Nichts destotrotz ist es essentiell, das Begründen bereits in der Grundschule ausreichend zu thematisieren. Auch wenn das Argumentieren und

Begründen auf grundschulgemäßem Niveau im Vordergrund des Mathematikunterrichts der Grundschule steht, zeigte Stein bereits vor über 20 Jahren, „daß auch jüngere Kinder zu Argumentationen fähig sind, die auch nach sehr strengen Kriterien *Beweis-Charakter* haben" (Stein, 1999, S. 3, Hervorhebung im Original).

„In der Grundschule geht es zunächst darum, Vermutungen an weiteren (repräsentativen) Einzelbeispielen positiv zu testen und bei Anwendung nichts Widersprüchliches zu entdecken. Dies erfordert auch eine Einordnung in das (bekannte) mathematische Gesamtgefüge" (Bezold, 2010a, S. 4). Auch, wenn Entdeckungen und Begründungen in einer Beziehung zueinanderstehen, ist das Begründen eine besonders anspruchsvolle Tätigkeit: „Eine mathematische Entdeckung nicht nur zu formulieren, sondern auch zu begründen, stellt einen hohen Anspruch in der Grundschule dar" (ebd., S. 5). Aber nur, weil dies sowohl Lehrende als auch Lernende vor Herausforderungen stellt, heißt das nicht, dass Grundschulkinder dann auf der Ebene des Entdeckens verweilen können sollten – im Gegenteil, um auf die Anforderungen des 21. Jahrhunderts vorbereitet zu sein, ist es obligat, Begründungen einzufordern und die Kinder darin zu fordern und zu fördern und so auf das Beweisen in der Mathematik und somit auch auf das lebenslang (in vielen Bereichen) notwendige Begründen-Können vorzubereiten (Sulianto et al., 2020a; Tall, 2014). In Verbindung mit einem dynamisierten Entdeckerpäckchen untersucht Baldus (in Vorbereitung) die Begründungen von Grundschulkindern. So werden unterschiedliche Anforderungen des 21. Jahrhunderts verbunden.

Tietze und Kolleg:innen (1997) machen drei Zielsetzungen aus, die für das Thematisieren von Begründen und Beweisen in der Schule zentral sind. Als erstes ist es wichtig, eine positive Grundeinstellung zu argumentativen Tätigkeiten zu fördern. Als zweite Zielsetzung nennen sie die Anschlussfähigkeit in beide Richtungen; die Begründung muss anschlussfähig sein zu bereits Erlerntem und zu neuem Lernen beitragen. „Schulische Beweise sollen nicht in erster Linie dazu dienen zu verstehen, daß etwas so ist, sondern, warum etwas so ist. Damit kommt dem inhaltlich-anschaulichen Beweisen eine besondere Wichtigkeit zu" (Tietze et al., 1997, S. 167). Als dritte und letzte Zielsetzung nennen sie die Aufgabe des Mathematikunterrichts in der Schule, dass „das Forschungsparadigma der Mathematik als das einer zentralen Wissenschaftsdisziplin in Ansätzen zu vermitteln" (ebd.) gilt. Dabei ist vor allem auch die Abgrenzung der Mathematik zu anderen Disziplinen relevant (ebd.) – das mag vor allem auch an dem Alleinstellungsmerkmal der Mathematik, dem Beweisen, liegen (Heintz, 2000; Nagel & Reiss, 2016; Reiss, 2002).

5.2 Förderung des Begründens

Fetzer (2011) konnte in einer Studie zeigen, dass sich die Begründungen von Grundschulkindern im Mathematikunterricht im Wesentlichen durch vier Charakteristika beschreiben lassen:

(1) einfache Schlüsse,
(2) substanzielle Argumentationen,
(3) geringe Explizität und
(4) verbales und non-verbales Argumentieren. (S. 33)

Bei einfachen Schlüssen schließt Fetzer beispielsweise Ein-Wort-Antworten mit ein. „Einfache Schlüsse enthalten ein Datum und eine Konklusion, nicht aber eine Regel (Brunner, 2014b, S. 84). Als substantielle Argumentationen werden Argumentationen bezeichnet, die auf einem unsicheren Schluss beruhen. Viele Argumentationen von Kindern in der Grundschule blieben implizit. Das Zeigen und Verweisen – und eben nicht nur die gesprochene oder geschriebene Sprache – werden bei Begründungen durch Grundschulkinder viel genutzt (Fetzer, 2011).

Zur Analyse nutzt Fetzer die Argumentationsanalyse nach Toulmin (2003). Dabei bildet etwas als wahr Angesehenes, das Datum, die Grundlage für die Konklusion. Als Legitimation für diesen Schluss wird ein Garant genutzt (Toulmin 2003; vgl. auch u. a. Fetzer, 2011; Schwarzkopf 2000; 2003). Die Argumentationsanalyse nach Toulmin ist bei der Analyse von Begründen – nicht nur, aber eben auch in der Grundschule – ein zentrales Analyseinstrument der Forschung (Bezold, 2009; Fetzer, 2011; Meyer & Prediger, 2009; Schwarzkopf, 2000; Zacharos et al., 2016). Dennoch wird der Fokus dieser Arbeit nicht auf die Analyse nach Toulmin gelegt, für einen Überblick über das Toulmin Schema siehe Schwarzkopf 2001a.

Umsetzungsideen

„Insbesondere die prinzipielle Offenheit substanzieller Argumentationen bietet den nötigen Raum für die Weiterentwicklung eines kollektiven Argumentationsprozesses" (Fetzer, 2011, S. 46). Somit ist es wichtig die Offenheit von möglichen Argumentationen nicht zu sehr einzuschränken. Dazu bieten sich beispielsweise Aufgaben, die nach dem operativen Prinzip strukturiert sind, in besonderer Weise an (Prediger & Götze, 2017; Steinweg, 2014; Wittmann, 2014). Das operative Prinzip umfasst in der Mathematikdidaktik drei Elemente: Objekt, Operationen und Wirkung (Wittmann 1985; 2014; 2021).

Daher müssen die Lernenden systematisch angeleitet werden,

(1) die Operationen, die man auf die Objekte anwenden kann, in ihrer Gesamtstruktur zu erforschen,
(2) dabei herauszufinden, welche Eigenschaften den Objekten durch die Konstruktion aufgeprägt werden,
(3) und unter der Leitfrage „Was geschieht, wenn …?" zu beobachten, welche Wirkungen die Operationen auf die Eigenschaften und Beziehungen haben. (Wittmann, 2014, S. 227)

Dabei sind „Analysen im Sinne des operativen Prinzips […] kein Selbstzweck, sondern sie sollen den Weg für einen Unterricht eröffnen, bei dem die Schüler an geeignetem Material handelnd tätig werden und dabei Erkenntnisse gewinnen und anwenden" (Wittmann, 1985, S. 9). Götze (2019a) betont noch einmal, dass „eine Beschäftigung mit operativen Aufgabeserien nicht darin münden [darf], dass die Kinder ein operatives Muster lediglich Zahl für Zahl beschreiben ohne die eigentlichen mathematischen Zusammenhänge der Zahlen innerhalb des Musters wahrzunehmen" (S. 104). Es ist also auch schon im Mathematikunterricht der Grundschule essentiell, die Lernenden zu Entdeckungen anzuleiten und diese zu begründen. Geschieht dies nicht, bleibt Potenzial von Aufgaben nach dem operativen Prinzip unausgeschöpft. „In elementary school mathematics, reasoning about numbers and operations provides essential context for formulating and critiquing mathematical arguments" (Zambak & Magiera, 2020, S. 21).

Wittmann bringt Aufgaben nach dem operativen Prinzip direkt mit Begründungen und Beweisen in Beziehung: „Die Beziehung des operativen Prinzips zu operativen Beweisen ist offenkundig: Operative Beweise hängen an den Wirkungen der Operationen" (Wittmann, 2014, S. 227). Somit wird noch einmal deutlich, dass sich Aufgaben nach dem operativen Prinzip besonders zur Förderung von Verallgemeinerungen – sowohl im Sinne des algebraischen Denkens als auch im Sinne des Beweisens – eignen.

„Zur Entwicklung einer Beweiskultur in der Schule gehört das Herausarbeiten von Mustern und Strukturen aus geeigneten Problemstellungen" (Amann, 2017, S. 55). Aber nicht nur Aufgabenserien nach dem operativen Prinzip bieten sich zur Förderung des Begründens in der Grundschule an; es gibt zahlreiche weitere – unterschiedlich umfangreiche – Anlässe, das Argumentieren zu fördern. Bezold (2010a) nennt dazu beispielsweise elementare Aussagen, wie größer-kleiner-Relationen oder Rechenstrategien. Drei Aspekte macht sie für die Auswahl von Aufgaben, die sich zum Anregen von Begründungen eignen, aus. Als erstes sollten solche Aufgaben das Entdecken, Begründen und Hinterfragen anregen – so kann „der natürliche

5.2 Förderung des Begründens

Forscherdrang des Kindes" (Bezold, 2010a, S. 12) angeregt werden. Zudem sollten Aufgaben sowohl „Entdeckungen als auch Begründungen auf unterschiedlichen Niveaustufen ermöglichen" (ebd.). Als dritten Aspekt nennt Bezold (2009; 2010a) die zeitgleiche Förderung von inhaltsbezogenen und argumentativen Fähigkeiten.

Zu dem zweiten Punkt – den Entdeckungen und Begründungen auf unterschiedlichem Niveau – spannt Bezold in ihrer Dissertation (2009; vgl. auch Bezold, 2012b) eine Ebene auf, indem die beiden Facetten *Begründungsniveau* und *Komplexität der entdeckten Zahlbeziehungen* jeweils eine Richtung vorgeben und so miteinander kombiniert werden können. Diesbezüglich ergeben sich für Bezold insgesamt vier Kompetenzstufen. Dabei ist nicht nur das Begründungsniveau entscheidend, sondern eben auch die Komplexität der Zahlbeziehungen, die entdeckt werden. So kann eine Lösung in die höchste Kompetenzstufe eingeordnet werden, wenn die Zahlbeziehungen sehr komplex sind, obwohl die Lösung auf einer beschreibenden beziehungsweise erläuternden Ebene bleibt und nicht als Begründung angesehen werden kann (Bezold, 2009; 2012a; 2012b) (Abbildung 5.2).

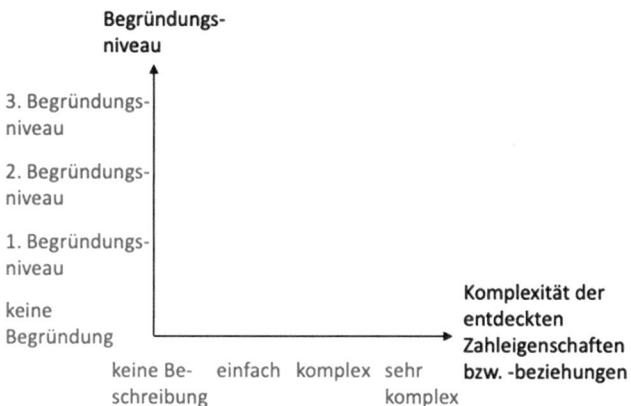

Abbildung 5.2 Vereinfachtes Kompetenzmodel nach Bezold, 2009, S. 161

Gerade das schriftliche Verfassen von Begründungen ist für viele Kinder in der Grundschule herausfordernd (Bezold 2009; 2010a; 2012b; Prediger & Götze, 2017), was die sprachliche Unterstützung der Lernenden noch wichtiger macht. „Ein Blick in die Praxis lässt jedoch erkennen, dass Kinder, die von Anfang an motiviert werden, sich im Mathematikunterricht schriftlich auszudrücken, weitaus weniger Unsicherheiten zeigen" (Bezold, 2010a, S. 9). Aber vor allem auch in der Grundschule

„sind nichtsymbolische Darstellungen mathematischer Objekte unverzichtbar, da sie eine leicht zugängliche „Quasi-Realität" verkörpern. Muster werden gewissermaßen ‚sichtbar'" (Wittmann, 2014, S. 227). Somit wird auch hier wieder deutlich, wie wichtig es ist, dass bereits ab dem ersten Tag der Schullaufbahn Begründungen, später eben auch in schriftlicher Form, thematisiert werden. Und das anzuregen ist Aufgabe der Lehrkraft.

„Begründen und Beweisen ist also […] eine für Lernende wie auch für Lehrpersonen gleichermaßen anspruchsvolle Tätigkeit" (Brunner, 2014b, S. 4). Erstes wurde oben herausgestellt, auf die Rolle der Lehrkraft wird nun im folgenden Teilkapitel genauer eingegangen.

5.3 Die Rolle der Lehrkraft

„While recent mathematics curricula place great emphasis on the development of mathematical reasoning in all students, the optimal teaching and learning conditions to foster this reasoning is not yet known" (Freiman & Applebaum, 2016, S. 18). Daher wird im nächsten Abschnitt das, was zur Rolle der Lehrkraft im begründenden Mathematikunterricht aus der Forschung bekannt ist, herausgearbeitet. „Ihre primäre Aufgabe besteht in der Gestaltung von anregenden Lerngelegenheiten im Unterricht und Förderung der Entwicklung von Schüler(inne)n" (Kunina-Habenicht et al., 2016, S. 319, vgl. auch beispielsweise Moyer, 2001). Dabei spielt die professionelle Kompetenz der Lehrkräfte eine zentrale Rolle (vgl. auch Abschnitt 2.1.1).

Zum einen ist das fachliche und fachdidaktische Wissen der Lehrkraft von großer Bedeutung (vgl. Abschnitt 2.2.3; Krauthausen, 2018). „But proof can make its greatest contribution in the classroom only when the teacher is able to use proofs that convey understanding" (Hanna, 2000, S. 7). Wie Polya (1995) es formulierte: „Die erste Regel des Lehrens ist, zu wissen, was man lehren muss. Die zweite Regel des Lehrens ist, mehr zu wissen als das, was man lehren muss" (S. 198). Vor allem im Bereich des Begründens ist dies für die Lehrkräfte wichtig, da sie im Zweifelsfall schnell entscheiden müssen, ob eine Aussage beispielsweise nur für das Zahlenbeispiel gilt, welches die Kinder gerade nutzen, oder ob diese Begründung bereits allgemeingültig ist. Das sollten die Lehrkräfte nicht nur wissen, sondern auch diese Situationen nutzen, um die Kinder zu Überlegungen zur Allgemeingültigkeit und Verallgemeinerung anzuleiten, wobei Lehrenden das Beweisen durchaus schwerfällt (z. B. Stylianides, 2008). „Teachers can help students revisit conjectures that hold in one context to check to see whether they still hold in a new setting" (NCTM, 2005, S. 57).

5.3 Die Rolle der Lehrkraft

Das Fachwissen der Lehrkraft – wie in Bezug auf Mathematik fachfremd unterrichtende Grundschullehrkräfte in Abschnitt 2.2.3 beleuchtet – spielt sicherlich indirekt auch bei dem nächsten zentralen Punkt eine tragende Rolle. So ist die Auswahl der Aufgaben, die geeignet sind, um Grundschulkinder zum Entdecken, Verallgemeinern und Begründen von Mustern und Strukturen anzuleiten, ebenfalls eine zentrale Aufgabe der Lehrkraft (Jansen, 2010; NCTM, 2005). „Before expressing a generality, it is essential to have some underlying general structure to" (Mason, 2018, S. 337). Ohne eine geeignete Aufgabe kann somit kein Begründungsprozess angestoßen werden, wenn es keine Entdeckungen oder Zusammenhänge gibt, die begründet werden können. Die Lehrkraft schafft folglich durch die Aufgabenauswahl Gelegenheiten zum Begründen (Krauthausen, 2018; Sulianto et al., 2020a; Priemer et al., 2019; Steinweg, 2014). „Herausfordernde Aufgaben sind eine notwendige, aber keineswegs hinreichende Bedingung für effektiven kompetenzorientierten Unterricht" (Jansen, 2010, S. 45). Daher obliegt der Lehrkraft neben der Aufgabenauswahl auch die kommunikative Gestaltung:

> Lehrerinnen und Lehrer haben damit bei Begründungs- und Beweisprozessen einerseits eine inhaltliche und andererseits eine kommunikative Aufgabe. Sie übernehmen sowohl Gestaltungs- wie auch Steuerungsfunktionen und begleiten und unterstützen den Prozess inhaltlich und kommunikativ. Diese hohe Anforderung macht eine sorgfältige Planung von Begründungs- und Beweisphasen im Unterricht unabdingbar. (Brunner, 2014b, S. 94)

Zum kommunikativen Prozess zählt dabei zum einen das Stellen der richtigen Fragen wie *Ist das immer so?* als Aufgabe der Lehrkraft, um Begründungen immer wieder, auch von Anfang an, einzufordern und anzuregen (Bezold, 2010a; Brunner, 2014b; Götze 2019a; Krauthausen, 2001; 2018; Komatsu 2010; Nührenbörger & Schwarzkopf, 2017; Reid, 2002; Steinweg, 1997). Zum anderen ist auch das Schaffen eines adäquaten kommunikativen Raums und Klimas für Argumentationen eine die kommunikativen Argumentationen betreffende Aufgabe der Mathematiklehrkräfte (Brunner, 2014a; Schwarzkopf, 2001a). Fahse und Linnemann (2015) zeigen „[d]ass die Lehrperson tatsächlich bei der Moderation der Diskussion um gute Erklärungen eine wichtige Rolle spielt" (S. 23). Vor dem Hintergrund der Mathematik fachfremd unterrichtenden in der vorliegenden Studie werden diese Punkte noch einmal zentraler: auch eine fachfremd unterrichtende Lehrkraft steht vor den Herausforderungen diesen Aspekten und Ansprüchen gerecht werden zu müssen.

Eine Besonderheit von Schule ist, dass, obwohl die Lehrkraft die Aussage schon bestätigt oder für wahr erklärt hat, dennoch eine Begründung eingefordert wird (Schwarzkopf, 2001a).

Trotz dieser unterschiedlichen Rollen und Fähigkeiten der Akteurinnen und Akteure zu einem produktiven Dialog zu gelangen und die Schülerinnen und Schüler aktiv am Gespräch partizipieren zu lassen, stellt für die Lehrpersonen bei der Gestaltung eines Unterrichtsgesprächs eine große Herausforderung dar. Diese bereits hohe Anforderung wird im Zusammenhang mit Begründen, Argumentieren und Beweisen noch zusätzlich erhöht durch die anspruchsvolle mathematische Aktivität, auf die sich das Unterrichtgespräch bezieht. (Brunner, 2014a, S. 231)

Das Stellen der richtigen Fragen ist wichtig, denn: Die Kinder verallgemeinern zwar selbstständig (NCTM, 2005), haben aber nicht zwangsläufig ein inneres Begründungsbedürfnis (Brunner, 2014b; Nührenbörger & Schwarzkopf, 2017; Steinweg, 2013). „Das Aufspüren oder Entdecken von Mustern liegt wohl in der Natur eines Kindes. Kinder haben aber selten von sich aus das Bedürfnis ihre Entdeckungen auch zu begründen oder mathematische Phänomene zu hinterfragen" (Bezold, 2008, S. 35).

„So muss es im Mathematikunterricht darum gehen, eine sich fragende Grundhaltung durch gezielte Maßnahmen vom ersten Schultag an zu erhalten bzw. neu zu entfachen" (Bezold, 2012a, S. 78). Ziel ist es dabei, dass die Kinder „einen impliziten Begründungsansporn verinnerlichen und aus der Sache heraus eine Selbstverständlichkeit empfinden, gewonnene Einsichten sich selbst oder Anderen gegenüber zu begründen" (Bezold, 2012b, S. 79). Dabei ist die Neugier der Kinder eine große Chance für die Lehrkräfte; geben sie den Kindern zu ihren aktuellen Fähigkeiten passende Problemstellungen, kann eigenständiges Denken unterstützt werden (Polya, 1957). Dazu muss die Lehrkraft sich der Bedeutung des Begründens aber bewusst sein – auch dann, wenn sie im Rahmen des Studiums und/oder Referendariats keine Ausbildung im Fach Mathematik erhalten hat.

Neben der Verantwortung für eine geeignete Aufgabenauswahl und den kommunikativen Prozess des Begründens trägt die Lehrkraft auch die Verantwortung für die Auswahl einer geeigneten Repräsentationsform. „Ein Problem verstehen zu können, bedeutet aber auch, eine geeignete Repräsentation – auf enaktiver, ikonischer, sprachlich-symbolischer oder formal-symbolischer Ebene [...] dafür zu finden" (Brunner, 2014b, S. 58). Dabei ist zu unterscheiden, welche Repräsentationsform die Lehrkraft für sich selbst wählt, um ihre eigenen Entdeckungen zu tätigen und zu begründen und der für die Kinder verständlichen und anschaulichen Darstellung. „In der Schule werden häufig inhaltlich-anschauliche Beweise

5.3 Die Rolle der Lehrkraft

geführt, da das Verstehen, warum mathematische Aussagen gelten, im Fokus stehen sollte" (Nagel & Reiss, 2016, S. 303).

Nicht nur die Repräsentationsform muss für die Kinder sinnstiftend ausgewählt werden. Ebenso ist es wichtig, die Kinder gegebenenfalls mit Tipps unterstützen zu können und/oder Aufgaben so aufzubereiten, dass der Blick der Kinder auf Wesentliches und für die Begründung Relevantes gelenkt wird, denn die „Unterscheidung von relevanten und irrelevanten Informationen ist für Kinder nicht immer leicht, so dass u. U. Anstöße von außen (Forschertipps) erforderlich sind" (Bezold, 2010a, S. 6). Nicht zuletzt deswegen sollten die Lehrkräfte den Argumentationen ihrer Schüler:innen aufmerksam folgen, was sie wiederum ebenfalls vor Herausforderungen stellt (Reid, 2002) – vor allem auch die Mathematik fachfremd unterrichtenden Lehrkräfte der hier vorliegenden Studie.

Lehrkräfte haben gerade im Bereich des Begründens – auf beiden Ebenen des Produzierens und Erkennens – Schwierigkeiten (Melhuish et al., 2020), was auch daran liegen könnte, dass viele von ihnen das in ihrem eigenen Mathematikunterricht in der Form noch nicht erfahren haben (Hunter et al., 2018; Spiegel & Selter, 2015). Vor allem wenn die schriftliche Ebene hinzukommt, werden die Herausforderungen auf Seiten der Lernenden wie auch der Lehrenden noch einmal größer: „Das schriftliche Argumentieren – ein Neuland für Schüler und Lehrkräfte – wird auch in der Zukunft im Mathematikunterricht eine Rolle spielen" (Bezold, 2012a, S. 99). Vor allem für fachfremd unterrichtende Grundschullehrkräfte scheinen die prozessbezogenen Kompetenzen noch immer nicht eindeutig greifbar zu sein (Eichholz, 2018).

Um die Lehrkräfte bei all den Herausforderungen zu entlasten, bedarf es Unterstützungen „beispielsweise in Form einer knappen Darstellung wesentlicher theoretischer Grundlagen und deren Konkretisierung an Beispielen" (Brunner, 2014b, S. 2). Aber auch das Wissen um Beweistypen und deren Eignung ist zentral für die Lehrenden (Brunner, 2014a). Sie sollten folglich in verschiedenen Anforderungen an sie, wie

- Auswahl geeigneter Aufgaben mit Entdeckungs- und Begründungspotenzial,
- Anregung des Begründungsbedürfnisses,
- Schaffung eines kommunikativen Raums für die produktiven und rezeptiven Facetten des Begründens,
- Auswählen einer geeigneten Repräsentationsform und
- Bereitstellen von zielführenden Tipps

unterstützt werden. Ein erster Schritt dahin ist die Anerkennung der Komplexität des begründenden Unterrichts. Aber auch weitere Unterstützungen – wie gezielte

Fortbildungsmaßnahmen – scheinen wünschenswert. Denn die Lehrkraft spielt beim Begründen-Lernen der (Grund-)Schüler:innen eine zentrale Rolle (z. B. Brunner, 2014b; Krauthausen, 2018; Misailidou & Williams, 2004). „Pointiert ausgedrückt: Erst die Lenkung der Lehrerin ermöglicht die Entwicklung der Kinder im eigenständigen Argumentieren" (Schwarzkopf, 2001a, S. 274).

5.4 Zusammenfassung

„Begründen, Argumentieren und Beweisen gelten als wichtige mathematische Kompetenzen, die es in der Schule zu erwerben und zu fördern gilt" (Brunner, 2014a, S. 230). Dabei gilt – angelehnt an Brunner (2014b) – für die vorliegende Arbeit der Begriff des Begründens als Oberkategorie. Hierbei wird ein Kontinuum aufgespannt von *alltagsnahem Begründen*, über *Begründen mit mathematischen Mitteln* und *logischem Begründen mit mathematischen Mitteln* hin zum *formal-deduktiven Beweis* (vgl. Abschnitt 5.1; siehe auch Brunner, 2014b). Ziel des Mathematikunterrichts der Grundschule ist dabei nicht das frühere Formalisieren und das thematische Vorziehen des Beweises in die Primarstufe, sondern ein Heranführen an die Idee des mathematischen Beweisens. Die Überzeugungs- und Erklärfunktion (de Villiers, 1990; Hanna, 2000; Meyer & Prediger, 2009) sollten dabei im Vordergrund des Grundschulunterrichts stehen, um die Kinder nicht zu überfordern und dennoch das Begründen auf mathematischer Ebene immer wieder einzufordern und anzuregen.

Der Beweis muss dabei sicherlich nicht formal-deduktiv geführt werden. Wittmann und Müller (1988) prägen den Begriff der operativen Beweise, der anschauliche Aspekte in den Vordergrund rückt. Eine Anschaulichkeit der Beweisführung ist dabei für Grundschulkinder von großer Bedeutung und sollte demnach auch einen größeren Stellenwert haben als formale Strenge. „Die Suche nach einer allgemeinen Beziehung ist damit von Anfang an durch ein konkretes Problem motiviert" (Knipping, 2002, S. 261). Das heißt auch, wenn die Begründung verallgemeinert sein soll, so ist ein Zahlenbeispiel immer Ausgangspunkt eines Begründungsprozesses. Das konkrete Problem muss für die Kinder der Grundschule verständlich sein und Entdeckungen und Begründungen ermöglichen.

Vor allem da der Beweis in der Sekundarstufe von großer Relevanz ist (Erath, 2017; Prediger & Götze, 2017), ist auch schon eine Förderung und Anbahnung in der Grundschule zentral. Dabei werden – ebenso wie beim algebraischen Denken – habits of mind aufgebaut (NCTM, 2005; Reiss & Ufer, 2009). Lebenslanges Lernen umfasst sicherlich auch den argumentativen Bereich (Sulianto et al.,

5.4 Zusammenfassung

2020a; Tall, 2003) – vor allem durch Begründen als eine Grundhaltung kann dem Sorge getragen werden.

„Mathematisches Begründen und Beweisen ist eine hoch anspruchsvolle Tätigkeit, und zwar sowohl für Schülerinnen und Schüler wie für Lehrerinnen und Lehrer. Deshalb muss diese Aktivität sorgfältig aufgebaut und didaktisch sinnvoll geplant, begleitet und unterstützt werden" (Brunner, 2014b, S. 79). Daher werden in dieser Arbeit auch die fachfremd unterrichten Lehrkräfte in den Blick genommen. Ihnen kommt bei der Forderung und Förderung des Begründens eine große Bedeutung zu, denn auf unterschiedlichen Ebenen bestimmen und beeinflussen sie den Prozess des Begründens, wofür nicht zuletzt ein ausgebautes Fachwissen vonnöten ist (Krauthausen, 2018).

Es wird folglich deutlich, dass das Begründen zwar einen großen Stellenwert im Mathematikunterricht der Grundschule einnimmt. Denn, „[e]rst eine Begründung und letztendlich erst der Beweis ermöglicht es zwischen einer Vermutung und einer mathematischen Sicherheit zu unterscheiden" (Bezold, 2012a, S. 80). Aber die Herausforderungen sowohl für Lernende als auch für Lehrende sind dabei groß. Daher ist eine Unterstützung beider Parteien wünschenswert. Die hier vorliegende Studie fokussiert auf fachfremd unterrichtende Lehrkräfte, um die entwickelte und untersuchte Fortbildungsmaßnahme möglichst passgenau, an die Bedarfe anschließend, weiterentwickeln und überarbeiten zu können.

Zusammenhang von algebraischem Denken und Begründen

Im Mathematikunterricht der Grundschule kommt es „gerade darauf an, Argumentationen von mehr algebraischer Qualität zu kultivieren" (Winter, 1982, S. 195). Eine Verbindung von algebraischem Denken und Begründen liegt nahezu auf der Hand. „Generalizations are the life-blood of mathematics" (Callejo & Zapatera, 2016, S. 312). Um die Frage der Allgemeingültigkeit beantworten zu können, um zu begründen, warum ein Zusammenhang *immer* so ist, muss eben auch verallgemeinernd gedacht und sich vom konkreten Beispiel gelöst werden. Es muss folglich in einer gewissen Weise algebraisch gedacht werden, um entscheiden zu können, ob ein entdecktes Phänomen auf andere Zahlenbeispiele übertragbar ist und ob ebendieses entdeckte Phänomen auf *alle* Zahlenbeispiele übertragbar ist. „Processes of reasoning finally lead to finding a mathematical truth (Bezold & Ladel, 2014, S. 410). Und ebendieses Begründen einer mathematischen Wahrheit schließt das algebraische Denken mit ein, sodass die Förderung von algebraischem Denken und dem Begründen in der Grundschule in besonderer Weise gemeinsam thematisiert, gefordert und gefördert werden können.

Forschungsdesign 6

Nachdem die vier für diese Arbeit zentralen Themen theoretisch beleuchtet wurden, erfolgt nun die Vorstellung des Forschungsdesigns. Dazu wird die vorliegende Arbeit zunächst in das Paradigma der fachdidaktischen Entwicklungsforschung eingeordnet. Zudem wird der mathematische Hintergrund der hier betrachteten Aufgabenstellungen geklärt. Auf der Grundlage der Erkenntnisse der vorangehenden Kapitel wird sodann die Forschungslücke aufgezeigt, aus der das Entwicklungsinteresse und die Forschungsfragen abgeleitet werden. Abschließend werden die Methoden der Datenerhebung und Datenauswertung vorgestellt, mit denen die aufgestellten Forschungsfragen beantwortet werden können. In dem daran anschließenden Kapitel wird das Fortbildungsdesign genauer vorgestellt.

6.1 Theoretische Rahmung

Die vorliegende Arbeit ist angelehnt an das Konzept der fachdidaktischen Entwicklungsforschung. Unter Begriffen wie *design research, design-based research, design science* oder *educational design research* werden ähnliche Ansätze verstanden, die unterschiedliche Fokusse setzen (Hußmann et al., 2013; Hußmann & Schacht, 2015; Prediger et al., 2015; Schlund et al., 2018). „Als besonders produktiv hat sich dabei der enge Bezug von Forschung und Entwicklung erwiesen" (Schlund et al., 2018, S. 109), durch den sich all diese Ansätze auszeichnen.

Fachdidaktische Entwicklungsforschung
In der fachdidaktischen Entwicklungsforschung werden Entwicklung und Erforschung miteinander verknüpft (Prediger et al., 2015). Dadurch werden zwei unterschiedliche, aber dennoch ineinandergreifende Ziele verfolgt:

1. Qualitätssteigerung von Unterricht und das Bestreben nach Praxisveränderung durch Entwicklung von Lernumgebungen und Design-Prinzipien.
2. Empirisch gestützte Weiterentwicklung der lokalen Theorien zum Lehren und Lernen, die längerfristig auch Beiträge zu globalen Theorieentwicklungen leisten. (Hußmann et al., 2013, S. 28 f.)

Dabei sind einige Aspekte von zentraler Bedeutung für fachdidaktische Entwicklungsforschung. Sie sieht einen „iterativ mehrfach zu durchlaufenden Zyklus in miteinander vernetzten Phasen der Forschung und Entwicklung vor" (Prediger et al., 2012, S. 454). Durch das zyklische Vorgehen werden das Bilden und Überprüfen von Hypothesen, (Re)Design der Lehr-Lernarrangements und der Materialien ermöglicht (Gravemeijer & Cobb, 2006; Hußmann et al., 2013; Komorek et al., 2015; Prediger et al., 2015; Prediger et al., 2012)

Derweil sind Forschung und Entwicklung immer gegenstandsbezogen und prozessorientiert (Hußmann et al., 2013; Komorek et al., 2015; Prediger et al., 2015). Die Klärung des fachlichen Inhalts – also Gegenstands der fachdidaktischen Entwicklungsforschung – ist in aller Regel Ausgangspunkt (Gravemeijer & Cobb, 2006). Damit werden Ziele auf der Forschungs- und Entwicklungsebene miteinander verwoben. Dabei ist auch „die Generierung und Weiterentwicklung gegenstandsspezifischer Theorien zu Lernständen und Lerninhalten, zu Verläufen, Hürden, Wirkungsweisen und Bedingungen bei spezifischen fachlichen Lerngegenständen" (Prediger, 2013, S. 28) von zentraler Bedeutung. Der fachliche Gegenstand und seine spezifischen Charakteristika sollten dabei immer Berücksichtigung finden (Gravemeijer & Cobb, 2006).

Das Dortmunder Modell der fachdidaktischen Entwicklungsforschung (vgl. Hußmann et al., 2013; Prediger et al., 2012) bezieht sich auf Lehr-Lernprozesse in der Schule. Prediger und Kolleginnen (2016) bringen den Zyklus der fachdidaktischen Entwicklungsforschung auf die Ebene der Professionalisierungsforschung. Prediger (2019b) übersetzt das Modell (vgl. Abbildung 6.1) ins Deutsche.

In Abbildung 6.1 wird deutlich, dass der zyklische, vernetzte und iterative Aufbau identisch geblieben ist. Die Zweiteilung in Entwicklung und Forschung einer Lehrer:innenfortbildung ist für die vorliegende Arbeit genutzt worden. Zunächst wird der Professionalisierungsgegenstand spezifiziert und strukturiert – hier das Fördern der prozessbezogenen Kompetenzen mit Hilfe ausgewählter grundschulgemäßer Aufgabenformate. Es wird ein Professionalisierungs-Design entwickelt und dann auf die Ebene der Forschung gehoben, durchgeführt und prozessbegleitend ausgewertet. Daraus werden lokale Theorien entwickelt, die wiederum zur Spezifizierung und Strukturierung des Professionalisierungsgegenstandes herangezogen werden. Es entsteht eine zyklische Überarbeitung der Professionalisierungsforschung:

6.1 Theoretische Rahmung

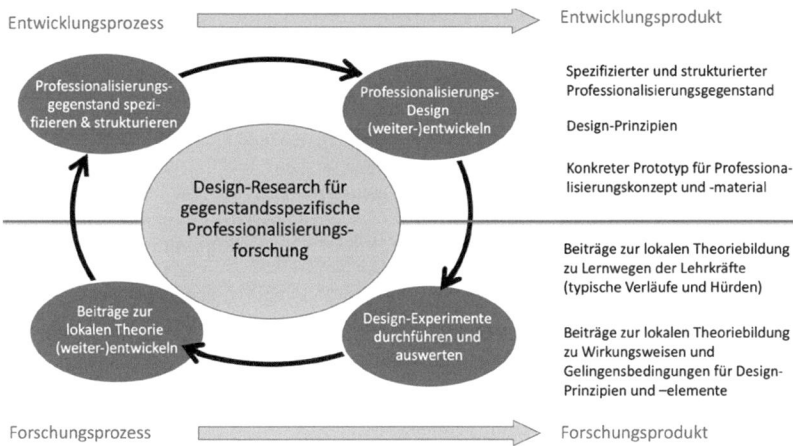

Abbildung 6.1 Design-Research für gegenstandsspezifische Professionalisierungsforschung (Entnommen aus: Prediger, 2019b, S. 7)

> The data sets typically include (but are not limited to) videotapes of all classroom lessons, video-recorded individual interviews conducted with all students before and after the experiment to assess their mathematical learning, copies of all the students' written work, field notes, and audio tapes of both the daily debriefing session and weekly project meetings. (Gravemeijer & Cobb, 2006, S. 37 f.)

Dabei soll vor allem durch die Videoaufzeichnungen gewährleistet werden, dass die Prozesse in den Fokus der Forschung gerückt werden können (Gravemeijer & Cobb, 2006; Kelly, 2006).

So sind insgesamt in drei Zyklen drei jeweils überarbeitete Fortbildungsmaßnahmen durchgeführt worden. Der letzte Zyklus ist in Kooperation mit dem Regierungsbezirk Arnsberg umgesetzt worden und bildet die Datengrundlage für die vorliegende Arbeit.

Adaption für die vorliegende Arbeit

In der fachdidaktischen Entwicklungsforschung werden in der Regel videografierte Unterrichtsszenen oder Fördereinheiten erhoben. Dies gilt nicht für die vorliegende Studie. Ähnlich wie bei der Studie von Kempen und Biehler (2021), die das Beweisen in der Hochschule mit den Ideen des Design-Based Research erforscht haben, werden auch hier vor allem „retrospektive[n] Analysen der verschiedenen Durchführungen" (S. 483) der Zyklen der Fortbildungsmaßnahme genutzt, um weitere Erkenntnisse zur Weiterentwicklung des Designs zu erlangen.

Die Prozesse werden in der vorliegenden Studie indirekt durch retrospektive Interviews mit ausgewählten Teilnehmenden erfasst. In die Überarbeitung der Fortbildungsmaßnahme werden diese Erkenntnisse integriert.

> Dabei sind bei der vorwiegend qualitativen Analyse sowohl (im Sinne von Beiträgen zur lokalen Theorie des Lernens) die typischen Verläufe und Hürden der Lernprozesse im Blick als auch (im Sinne von Beiträgen zur lokalen Theorie des Lehrens) die Wirkungsweisen und Bedingungen der verschiedenen Design-Elemente. Die gewonnenen Einsichten werden in die nächsten Zyklen der Entwicklungsforschung einbezogen. (Prediger, 2013, S. 29)

Vor und nach der Fortbildungsmaßnahme haben die teilnehmenden Lehrkräfte eine Standortbestimmung (vgl. Abschnitt 6.4) ausgefüllt. Dabei werden die grundschulgemäßen und die algebraischen Begründungen der Teilnehmenden erfasst. Die Daten der vorangegangenen Zyklen werden zur Überarbeitung genutzt. Wie Abschnitt 5.2 zeigt, ist das Begründen auch in der Grundschule in den Fokus des Mathematikunterrichts gerückt. Es lässt sich in besonderer Weise mit algebraischem Denken verknüpfen (vgl. Abschnitt 4.2). In beiden mathematischen Teilbereichen spielt die Lehrkraft eine zentrale Rolle (vgl. Abschnitt 4.4 und Abschnitt 5.3).

Zudem werden im Mixed-Methods-Design (Kuckartz, 2014, S. 33) unterschiedliche Daten erhoben. „[M]ixed methods research may be an appropriate response to calls for greater generalizability of results while maintaining enough detail about the processes of teaching and learning to be valid and useful" (Hart et al., 2009, S. 39). Nicht nur das Wissen und Können der Lehrkräfte, sondern auch ihre Überzeugungen sind beispielsweise für den Unterricht, die Planung und Durchführung von Lernangeboten und Rückmeldungen von Bedeutung, wie in Abschnitt 2.1.2 herausgestellt wurde. Um diese zu erheben, werden Fragebögen vor und nach der Fortbildungsmaßnahme eingesetzt (vgl. Abschnitt 6.3).

Im Folgenden wird erst der mathematische Hintergrund der verwendeten Aufgaben der Standortbestimmung (vgl. Abschnitt 6.5) vorgestellt. Daran anschließend werden zunächst die Forschungsfragen und das Entwicklungsinteresse abgeleitet, um darauffolgend die einzelnen Erhebungsinstrumente und Analysemethoden detaillierter vorzustellen.

6.2 Mathematischer Hintergrund

Neben dem theoretischen Rahmen muss auch der mathematische Hintergrund der beiden hier genutzten Aufgabenstellungen zunächst geklärt werden. Dies ist zum einen vonnöten, um den folgenden Ausführungen zu den Standortbestimmungen und den Kategorien (vgl. Abschnitt 6.5.1 und 6.5.2) besser folgen zu können. Zum anderen gilt auch in der vorliegenden Arbeit, dass das Niveau der Durchdringung über dem der Lernenden liegen sollte. Dazu werden zunächst jeweils die Zahlenketten und -gitter vorgestellt. Anschließend erfolgt eine algebraische Beschreibung der jeweiligen Aufgabenstellungen. Darauffolgend werden einige ausgewählte mathematische Aspekte der Fibonacci-Folge sowie der Diophantischen Gleichungen dargestellt.

Zahlenketten
Der Bildungsregel der Zahlenketten (vgl. auch Kapitel 1) liegt die Idee der Fibonacci-Folge zugrunde: „Jedes Glied der Folge ist die Summe seiner beiden Vorgänger" (Ziegenbalg & Wittmann, 2007, S. 209).

Als Aufgabenformat in der Grundschule sind die ersten beiden Startzahlen freiwählbar und die Anzahl der Folgenglieder kann variieren. Damit verändern sich auch die Entdeckungen, die gemacht werden können. Vor mehr als 20 Jahren bestätigte Selter (1999) bereits ein Zusammenspiel von operativem Prinzip (Wittmann, 2014; vgl. auch Abschnitt 6.2) und den Zahlenketten als Folgen: „Operative Variationen bieten eine Fülle von Anlässen, Folge zu untersuchen" (Selter, 1999, S. 13). In zahlreichen Praxisbeiträgen (Scherer & Selter, 1996; Scherer, 1996; Sprenger, 2010; Uerdingen & London, 2006; Verboom, 1998) werden Bearbeitungen und Begründungen von Schüler:innen, zahlreiche Aufgabenvorschläge und -variationen sowie Verknüpfungen zu Prinzipien eines guten Mathematikunterrichts – wie beispielsweise aktiv-entdeckendem Lernen – präsentiert. Die Zahlenketten sind folglich eine Umsetzungsidee, um das algebraische Denken (vgl. Kapitel 4) und das Begründen (vgl. Kapitel 5) miteinander zu verknüpfen.

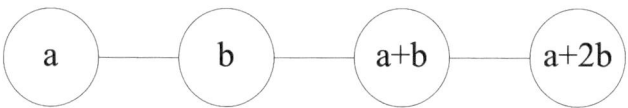

Abbildung 6.2 Viergliedrige Zahlenkette algebraisch

In der hier untersuchten Fortbildungsmaßnahme stehen die viergliedrigen Zahlenketten im Fokus. Dies lassen sich algebraisch, wie in Abbildung 6.2, beschreiben.
Die operative Veränderung der zweiten Startzahl – wie auch im Beispiel in der Einleitung – wird durch die Lehrkräfte bearbeitet. Dies führt zu einer Erhöhung der Zielzahl um Zwei. Denn die Erhöhung der zweiten Startzahl – also b – wirkt sich doppelt auf die letzte Zahl aus: $2(b + 1) = 2b + 2$. Die dritte Zahl erhöht sich aufgrund der rekursiven Bildungsvorschrift der Zahlenketten ebenfalls um Eins. Daraus ergibt sich eine algebraische Darstellung für die veränderte Zahlenkette, wie in Abbildung 6.3 dargestellt.

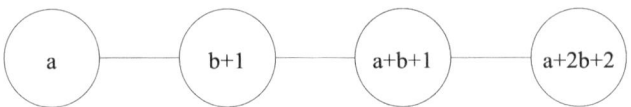

Abbildung 6.3 Veränderte viergliedrige Zahlenkette algebraisch

Auch zur Bearbeitung von Problemlöseaufgaben wie *Finde möglichst viele Zahlenketten mit der Zielzahl 20* ist die algebraische Durchdringung von Vorteil, da so eine mathematische Modellierung der Problemstellung – in Form der Gleichung $a + 2b = 20$ – zur effizienten Lösung genutzt werden kann (vgl. auch nächster Abschnitt Diophantische Gleichung).
Auch bildlich kann dies darstellt werden. Dabei wird in Abbildung 6.4 auf die Säckchendarstellung zurückgegriffen (vgl. Abschnitt 7.2).

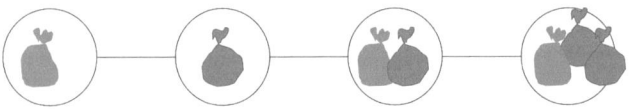

Abbildung 6.4 Viergliedrige Zahlenkette Säckchendarstellung

Die Erhöhung der zweiten Startzahl lässt sich durch ein zusätzliches Plättchen im zweiten Säckchen darstellen. So wird auch die Veränderung in den beiden folgenden Zahlen in Abbildung 6.5 deutlich.

6.2 Mathematischer Hintergrund

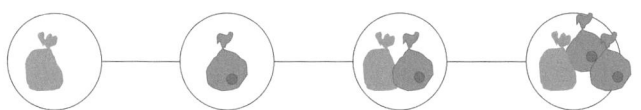

Abbildung 6.5 Veränderte viergliedrige Zahlenkette Säckchendarstellung

Die Bildungsregel der Zahlenkette kann dabei beliebig weitergeführt werden. Führt man eine weitere Addition aus, so ergibt sich ein weiteres Element der Zahlenkette und somit eine neue Zielzahl (vgl. Abbildung 6.6).

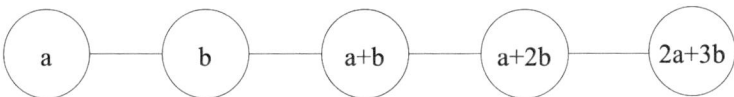

Abbildung 6.6 Fünfgliedrige Zahlenkette algebraisch

So verändert sich die Zielzahl und damit einhergehend die Koeffizienten vor den Variablen. Diese sind entsprechend der Fibonacci-Folge aufgebaut.

Die Fibonacci-Folge beruht auf den Überlegungen von Leonardo von Pisa, der als auch Fibonacci bekannt und „der bedeutendste europäische Mathematiker des Mittelalters" (Beutelspacher, 2018, S. 63) ist. In der ursprünglichen Überlegung werden Kaninchenpaare betrachtet, die jeden Monat ein Nachkommenpaar gebären, welches nach einem Monat selbst gebärfähig ist. Zudem gilt die Annahme, dass alle Kaninchen ewig leben. Im ersten Monat lebt ein Paar, welches im zweiten Monat gebärfähig ist und im dritten Monat Nachkommen hat. So leben im dritten Monat zwei Kaninchenpaare. Im vierten Monat bekommt das ursprüngliche Paar Nachkommen und die ersten Nachkommen aus dem zweiten Monat sind gebärfähig. Es leben aktuell also drei Kaninchenpaare (Beutelspacher & Zschiegner, 2011). So entsteht die Fibonacci-Folge, die auf der Addition der beiden vorherigen Folgeglieder beruht. „Diese Regel ist natürlich erst ab dem dritten Folgeglied anwendbar; die ersten beiden Folgeglieder enthalten einfach die Anfangswerte 1" (Ziegenbalg & Wittmann, 2007, S. 209). So ergibt sich Tabelle 6.1.

Tabelle 6.1 Fibonacci-Zahlen

n	1	2	3	4	5	6	7	8	9	10	11	12
F_n	1	1	2	3	5	8	13	21	34	55	89	144

Rekursiv lässt sich F_n also beschreiben als: $F_n = F_{n-1} + F_{n-2}$.
An Tabelle 6.1 lassen sich folglich die Koeffizienten der Variablen der Zielzahlen ablesen. Für eine fünfgliedrige Zahlenkette ist F_3 der Koeffizient von a und F_4 der Koeffizient von b. Allgemein gesprochen gilt also für die Zielzahl einer n-gliedrige Zahlenkette: $F_{n-2} \cdot a + F_{n-1} \cdot b$.

Nicht nur die Zahlenketten beruhen auf der Fibonacci-Folge. Es lassen sich zahlreiche unterschiedliche mathematische Entdeckungen im Rahmen der Fibonacci-Folgen tätigen – das zeigt sich nicht zuletzt daran, dass die *The Fibonacci Quarterly* seit 1963 viermal jährlich herausgegeben wird. Für den mathematischen Hintergrund dieser Arbeit ist aber lediglich der Zusammenhang zwischen den Fibonacci-Folgen und den Koeffizienten der Zielzahlen in einer n-gliedrigen Zahlenkette von Relevanz. Es zeigt aber die reichhaltige mathematische Tiefe, die dem in der Fortbildung genutzten Aufgabenformat zugrunde liegt.

Zahlengitter

Auch die Zahlengitter sind ein Aufgabenformat, welches sich für mathematische Entdeckungen und Begründungen in der Grundschule eignet (Selter, 2004a). Hierbei „handelt es sich ebenfalls um ein substanzielles Aufgabenformat" (Bezold, 2010a, S. 14) Als Bildungsregel gilt: Die Startzahl ist das obere linke Feld (hier: Null). Die obere Additionszahl und die linke Additionszahl werden fortlaufend addiert, wenn ein Kästchen in die entsprechende Richtung weiter gegangen wird (Selter, 2004b). Dementsprechend ergibt sich die algebraische Darstellung eines 3×3 Zahlengitters, wie in Abbildung 6.7.

Auch in Abbildung 6.7 lassen sich zahlreiche Entdeckungen tätigen, die entsprechend zur Förderung des Argumentierens beschrieben und begründet werden können. Wird eine der Additionszahlen um Eins erhöht, erhöht sich auch hier die Zielzahl um Zwei.

6.2 Mathematischer Hintergrund

Abbildung 6.7 3×3 Zahlengitter algebraisch

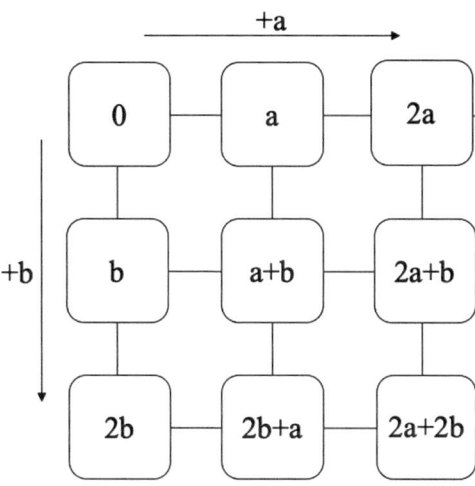

Abbildung 6.8 Verändertes 3×3 Zahlengitter algebraisch

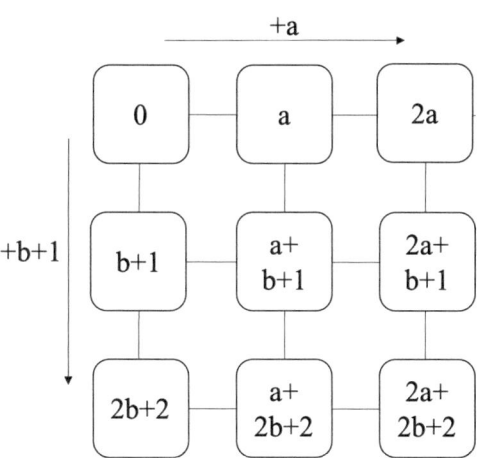

In Abbildung 6.8 wird deutlich, dass die Veränderung der linken Additionszahl sich auf alle Elemente des Zahlengitters ab der zweiten Zeile auswirkt. Ob der Tatsache, dass der erste Schritt nach unten gegangen werden muss, um (mindestens) ein b addiert zu haben, bleibt die erste Zeile identisch, da a nicht verändert wird. Auch dies könnte mit Hilfe der Säckchen visualisiert werden – wobei hier direkt die veränderte Darstellung der linken Additionszahl berücksichtigt wird (Abbildung 6.9).

Abbildung 6.9
Verändertes 3 × 3 Zahlengitter Säckchendarstellung

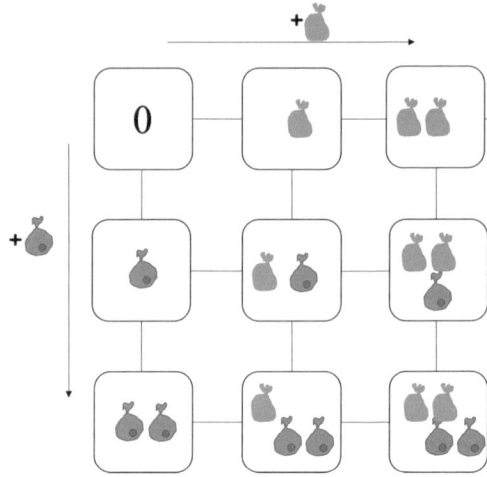

„Die Variationsmöglichkeiten von Zahlengitttern liegen in ihrer Dimensionierung" (Knapstein, 2014, S. 59). Verändert sich die Anzahl der Schritte in eine Richtung, also wird eine Spalte und/oder Zeile hinzugefügt, verändert sich auch hier der Koeffizient vor den Variablen a und b. Hier lässt sich allgemein festhalten, dass sich die Zielzahl eines n-mal-m großen Zahlengitters durch (n-1)·a + (m-1)·b darstellen lässt, sofern die Null als Startzahl festgelegt ist. Ist die Startzahl (s) ebenfalls frei wählbar, ergibt sich (n-1)·a + (m-1)·b + s.

Da in der Grundschule nur ganzzahlige Lösungen zur Bearbeitung solcher Aufgabenformate sinnvoll erscheinen, werden nun die diophantischen Gleichungen betrachtet, denn „bei diophantischen Gleichungen geht es um Lösungen durch ganze Zahlen" (Crilly, 2009, S. 197). Somit gilt bei einer linearen diophantischen Gleichung $a·x + b·y = c$ mit a, b, c $\in \mathbb{Z}$, , dass nur ganzzahlige Lösungen (also x und y aus $\in \mathbb{Z}$) berücksichtigt werden.

Soll also in einem 3 × 3-Zahlengitter die Zielzahl beispielsweise 20 sein, so ergibt sich als Gleichung $2a + 2b = 20$. Mit dem Finden eines Lösungspaares – hier a = 0 und b = 10 – kann ein erstes Lösungspaar gefunden werden. Daran anschließend kann von dieser einen Lösung eine veränderte Gleichung abgeleitet werden: $2·0 + 2·10 + 2(k) + 2(-k) = 20$. Daraus ergibt sich die Lösungsmenge $\mathbb{L}:\{(0 + k; 10-k), k \in \mathbb{Z}\}$. Dies lässt sich auch auf andere lineare Gleichungen übertragen, bei denen nur ganzzahlige Lösungen betrachtet werden sollen. Auch bei der Lösung der Zahlenketten kann also eine lineare diophantische Gleichung aufgestellt werden. In der Grundschule kann und wird der Bereich häufig auf die Natürlichen Zahlen ($\mathbb{N}$) beschränkt.

„Die lineare diophantische Gleichung a ·x + b ·y = c ist genau dann lösbar, wenn c ein ganzzahliges Vielfaches des ggT(a,b) ist (bzw. wenn ggT(a,b)|c gilt)" (Padberg & Büchter, 2015, S. 101). Somit wird deutlich, dass in dem betrachteten Beispiel die 21 als Zielzahl keine ganzzahligen Werte für x und y ergeben kann – denn der größte gemeinsame Teiler von 2 und 2 ist 2, und das wiederum ist kein Teiler der 21.

Für Lehrkräfte sind die diophantischen Gleichungen unter anderem hilfreich, um schnell die gegensätzliche Veränderung der beiden Faktoren zu erkennen und entscheiden zu können, welche Zielzahlen erreicht werden können. Eine algebraische Durchdringung der Aufgabenformate ist somit einerseits wichtig, um schnell und sicher im Unterricht agieren zu können und andererseits um Impulse zur Anregung algebraischen Denkens geben zu können.

Zusammenfassend lässt sich sagen Zahlengitter „und Zahlenketten sind substanzielle Aufgabenformate, mit denen schon in der Arithmetik algebraisches Denken initiiert werden kann" (Siebel, 2010, S. 17). Somit sind sie für die vorliegende Untersuchung ausgewählt worden.

6.3 Forschungsfragen und Entwicklungsinteresse

Angelehnt an die fachdidaktische Entwicklungsforschung wird in Entwicklungs- und Forschungsebene unterschieden.

Entwicklungsinteresse

Das Entwicklungsinteresse lässt sich aus den Erkenntnissen aus der Literatur ableiten. Da fachliches und fachdidaktisches Wissen primär in der Ausbildung erworben wird (Krauss et al., 2008), ist der Fokus auf der Entwicklungsebene hier in der Unterstützung Mathematik fachfremd unterrichtender Lehrkräfte. "Teachers need support if the goal of mathematical proficiency for all is to be reached" (Adler et al., 2005, S. 361).

Auf der Ebene des Entwicklungsinteresses wird in der vorliegenden Arbeit der Frage nachgegangen:

Welche Designprinzipien erweisen sich als zielführend für eine Fortbildungsmaßnahme für fachfremd unterrichtende Grundschullehrkräfte zur Förderung der Einsicht in Strukturen ausgewählter Aufgabenformate zur Förderung der prozessbezogenen Kompetenzen?

Forschungsinteresse
Auf der Ebene der Forschungsfragen lassen sich drei Hauptfragen abgrenzen, die sich aus der theoretischen Grundlage und den Forschungslücken ergeben. Da die Überzeugungen der Lehrkräfte eine wichtige Rolle bei der Gestaltung von Unterricht spielen und somit auch einen Einfluss auf die Schüler:innen haben (vgl. Abschnitt 2.2.3), befasst sich die erste Forschungsfrage mit den Überzeugungen und deren Veränderungen nach der Fortbildungsmaßnahme.

FF1: Inwiefern verändern sich ausgewählte Überzeugungen von Grundschullehrkräften, die an einer Fortbildungsmaßnahme für Mathematik fachfremd Unterrichtende teilnehmen?
Dabei gliedert sich diese Frage in drei Teilfragen auf:

- *Inwiefern verändern sich die Überzeugungen zu Schüler:innenleistungen in Mathematik?*
- *Inwiefern ändern sich die Angaben der Lehrkräfte darüber, in welcher Art und Weise Schüler:innen im Mathematikunterricht lernen?*
- *Inwiefern verändern sich die Selbstwirksamkeitserwartungen der Teilnehmenden in Bezug auf das Unterrichten der Kompetenzen des Lehrplans und in Bezug auf Aufgabenformate?*

Es ist bisher nicht systematisch erfasst worden, wie fachfremd unterrichtende Grundschullehrkräfte mathematisch begründen. Das algebraische Denken und das Begründen sind in den Fokus des Mathematikunterrichts der Grundschule gerückt worden (vgl. Abschnitt 5.2), was vor allem für Mathematik fachfremd unterrichtende Grundschullehrkräfte eine besondere Herausforderung darstellen könnte, da hierfür sowohl mathematisches als auch mathematikdidaktisches Wissen zentrale Rollen spielen. Um erheben zu können, wie die teilnehmenden Lehrkräfte – grundschulgemäß und algebraisch – begründen, wird folgender Forschungsfrage nachgegangen:

FF2: Inwiefern verändern sich Begründungen zu operativstrukturierten Aufgabenserien von Grundschullehrkräften, die an einer Fortbildungsmaßnahme für Mathematik fachfremd Unterrichtende teilnehmen in den Aufgabeformaten der Zahlenketten und -gitter?
Hier lassen sich zwei Teilfragen ableiten:

- *Inwiefern verändern sich die grundschulgemäßen Begründungen der Teilnehmenden in den Aufgabenformaten der Zahlenketten und -gitter?*

6.3 Forschungsfragen und Entwicklungsinteresse

- *Inwiefern verändern sich die algebraischen Begründungen der Teilnehmenden in den Aufgabenformaten der Zahlenketten und -gitter?*

Zudem bildet der Zusammenhang zwischen ausgewählten Überzeugungen und den Veränderungen der Begründungen die dritte Forschungsfrage, um der Frage nachgehen zu können, ob sich der Bereich des eigenen mathematischen und mathematikdidaktischen Wissens gemeinsam mit den Überzeugungen verändert:

FF3: Inwiefern lassen sich Zusammenhänge zwischen den Veränderungen der Überzeugungen und den Begründungen zu operativstrukturierten Aufgabenserien von Grundschullehrkräften, die an einer Fortbildungsmaßnahme für Mathematik fachfremd Unterrichtende teilnehmen, erkennen?

Stichprobenbeschreibung
Die Stichprobe aus dem dritten Zyklus besteht aus zwei Fortbildungsgruppen in Dortmund und in Hamm. Durch die Kooperation mit der Bezirksregierung Arnsberg konnten alle in einer Grundschule tätigen Lehrkräfte des Regierungsbezirks teilnehmen. Die Maßnahme wurde ausdrücklich für fachfremd unterrichtende Mathematiklehrkräfte, oder solche, die sich in Mathematik fachfremd fühlen, ausgeschrieben.

Die beiden Fortbildungsmaßnahmen wurde insgesamt von 31 Teilnehmenden besucht, von denen 25 Teilnehmende an allen Erhebungsdaten teilnahmen. So geben von den 25 Teilnehmenden, von denen sowohl von der Eingangs- als auch der Abschlussbefragung die Daten vorliegen, lediglich sieben an, keinerlei mathematisches Grundstudium absolviert zu haben. Es gaben aber lediglich vier Teilnehmende an, Mathematik als Fach im Referendariat belegt zu haben. Allerdings hat eine Person nach eigenen Angaben zwar das Referendariat im Fach Mathematik abgelegt, aber kein Studium dort absolviert. Von den vier Lehrkräften mit Referendariat geben zwei an, bereits an anderen mathematischen Fortbildungen teilgenommen zu haben. Ebenso geben zwei Teilnehmende der Gruppe derjenigen, die angegeben haben, Mathematik nicht als Fach im Referendariat gehabt zu haben, an, bereits an anderen Fortbildungsmaßnahmen teilgenommen zu haben. 24 der Befragten haben Grundschullehramt studiert, nur eine Person ist Förderschullehrkraft.

Für die folgenden Berechnungen werden alle 25 teilnehmenden Lehrkräfte berücksichtigt, da die meisten in der zweiten Phase nicht in Mathematik ausgebildet worden sind und zudem davon ausgegangen werden kann, dass bei den anderen Teilnehmenden das Gefühl der Fachfremdheit vorliegt.

6.4 Fragebögen

Für die Erhebung der Überzeugungen der Fortbildungsteilnehmenden wird auf bewährte Skalen aus anderen Studien zurückgegriffen. Dabei werden unterschiedliche Facetten der Überzeugungen von Lehrkräften abgebildet, um möglichst vielseitige Perspektiven auf die Überzeugungen der teilnehmenden Lehrer:innen werfen zu können.

6.4.1 Erhebungsinstrument

Es werden insgesamt acht Skalen aus den Erhebungen aus TEDS-M (Laschke & Felbrich, 2014) sowie LiMa (Reinold et al., 2012) genutzt. Erhoben werden unter anderem die Überzeugungen zur Natur der Mathematik, dem Lehren und Lernen von Mathematik sowie den „[e]pistemologischen Überzeugungen zur Natur mathematischer Leistungen" (Laschke & Felbrich, 2014, S. 120). Zudem werden negativ formulierte Aussagen zu Gestaltungsprinzipien des Mathematikunterrichts erhoben, sowie die selbstberichtete Häufigkeit der Art und Weise im Unterricht zu arbeiten, die Einschätzung, wie gut sich die Lehrkräfte darauf vorbereitet fühlen die Kompetenzbereiche des Lehrplans zu unterrichten, die Zusammenarbeit an der Schule und die Materialien, die für Planung und Durchführung des Unterrichts genutzt werden (Reinold et al., 2012).

Im Folgenden werden die ausgewählten Skalen detaillierter vorgestellt, deren Ergebnisse (vgl. Abschnitt 8.1) im Verlauf dieser Arbeit präsentiert werden. Die Literatur zeigt, dass unterschiedliche Facetten der Überzeugungen der Lehrkräfte Einfluss auf den Unterricht haben (vgl. Abschnitt 2.1.2). „Die Überzeugungen der Lehrpersonen haben Einfluss darauf, wie sie ihren Unterricht gestalten und welche Inhalte sie in den Fokus rücken" (Eichholz, 2018, S. 195). Dabei konnte von Eichholz (2018) in ihrer Dissertation zu einer Fortbildungsmaßnahme für Mathematik fachfremd unterrichtende Lehrkräfte bereits gezeigt werden, dass hohe Ausgangswerte in Bezug auf die dynamische Sicht und die konstruktivistische Perspektive auf Mathematik vorliegen, während die statische und die transmissive Perspektive stark abgelehnt wurden. Die letzteren beiden verändern sich nach der Fortbildungsmaßnahme von Eichholz signifikant und werden stärker abgelehnt. Ergänzend dazu werden in der hier vorliegenden Studie die begabungstheoretischen Überzeugungen betrachtet (vgl. Abschnitt 2.1.2). Zudem zeigte Eichholz (2018) eine Diskrepanz zwischen den Überzeugungen einerseits und dem Selbstbericht zum Unterricht. Daher wird letzteres hier auch fokussiert. Zudem ist der Bereich der Selbstwirksamkeitserwartung (vgl. Abschnitt 2.1.2) vor

6.4 Fragebögen

allem auch für Fortbildungsmaßnahmen für fachfremd unterrichtende Lehrkräfte von Interesse.

Der Fragebogen zu den Überzeugungen der Lehrkräfte wird sowohl zu Beginn als auch am Ende der Fortbildungsmaßnahme erhoben, sodass potentielle Veränderungen festgestellt werden können. Weitere Ergebnisse zu den anderen hier nicht ausgewerteten Skalen sind weiteren Publikationen vorbehalten.

Auf einer sechsstufigen Likert-Skala von *stimme überhaupt nicht zu* bis *stimme völlig zu* werden unterschiedliche Aussagen zu Leistungen von Schüler:innen erfasst. Diese Skala, wie sie von TEDS-M genutzt wurde, wurde auf den Skalen von Stipek und Kolleg:innen von 2001 aufgebaut. Bei letzteren Autoren wird deutlich, dass traditionellere Überzeugungen mit traditionellerer Umsetzung im Unterricht einhergehen (Stipek et al., 2001) (Tabelle 6.2).

Tabelle 6.2 Skala Überzeugungen zu Schüler:innenleistungen

Skala Überzeugungen zu Schüler:innenleistungen
Wie sehr stimmen Sie mit den folgenden Aussagen zu Schülerleistungen in Mathematik überein?

stimme überhaupt nicht zu	stimme nicht zu	stimme eher nicht zu	stimme eher zu	stimme zu	stimme völlig zu
O	O	O	O	O	O

Da ältere Schüler(innen) abstrakter denken können, ist die Verwendung von konkreten Modellen und anderen visuellen Hilfsmitteln weniger wichtig.
Um gut in Mathematik zu sein, muss man eine Art „mathematisches Gehirn" haben.
Mathematik ist ein Fach, in dem angeborene Fähigkeiten viel wichtiger sind als Anstrengung.
Nur die begabten Schüler(innen) können mehrschichtige Problemlöseaufgaben bewältigen.
Jungen sind im Allgemeinen besser in Mathematik als Mädchen.
Mathematische Fähigkeiten sind etwas, das sich über das Leben hinweg wenig verändert.
Manche Menschen sind gut in Mathematik und manche nicht.
Manche ethnischen Gruppen sind in Mathematik besser als andere.

Mit den Überzeugungen einhergehend wird auch erfasst, wie häufig die Schüler:innen – nach Angaben der Lehrkräfte – im Unterricht auf unterschiedliche Art und Weisen arbeiten. Die erfassten Aspekte spiegeln dabei sowohl einige Leitideen guten Mathematikunterrichts im Allgemeinen (Selter, 2017) als auch die Umsetzung der prozessbezogenen Kompetenzen (MSW NRW, 2008; 2021) als zentrale Facette guten Mathematikunterrichts im Speziellen wider. Auf einer vierstufigen Skala kann die Häufigkeit eingeschätzt werden, wobei die Aussagen so formuliert sind, dass eine Regelmäßigkeit wünschenswert ist. Übernommen wird die Skala in Tabelle 6.3 aus der LIMa-Studie (Reinold et al., 2012).

Tabelle 6.3 Skala Selbstbericht zum Unterricht

Skala Selbstbericht zum Unterricht			
Wie häufig arbeiten die Schülerinnen und Schüler in Ihrem Unterricht in folgender Art und Weise?			
seltener als einmal in zwei Wochen	einmal in zwei Wochen	einmal pro Woche	mehrmals pro Woche
O	O	O	O
Zusammenhänge erkennen.			
Lösungsstrategien entwickeln und nutzen.			
Erkenntnisse oder Vorgehensweisen auf ähnliche Sachverhalte übertragen.			
Sachtexten und anderen Darstellungen der Lebenswirklichkeit die relevanten Informationen entnehmen.			
Sachsituationen mit mathematischen Mitteln bearbeiten.			
Eigene Denkprozesse oder Vorgehensweisen beschreiben.			
Eine Darstellung in eine andere übertragen.			
Lösungen oder Lösungswege austauschen.			
Für die Bearbeitung mathematischer Probleme angemessene Darstellungen entwickeln und nutzen.			
Beziehungen oder Gesetzmäßigkeiten zueinander erklären.			

Zudem wird erfasst, inwiefern sich die Lehrkräfte, die an der Fortbildungsmaßnahme teilnehmen, gut vorbereitet fühlen, die inhalts- und prozessbezogenen Kompetenzen des Lehrplans NRW (MSW NRW, 2008; 2021) zu unterrichten. So werden zwei Skalen – inhaltsbezogen und prozessbezogen – ausgespannt. Auf einer vierstufigen Skala kann dies von *gar nicht* bis *sehr gut* variieren. Die Skalen sind in Tabelle 6.4 dargestellt.

6.4 Fragebögen

Tabelle 6.4 Skala Selbstwirksamkeitserwartungen zum Lehrplan

Skala Selbstwirksamkeitserwartungen zum Lehrplan			
Wie gut fühlen Sie sich vorbereitet, folgende Kompetenzbereiche in Mathematik zu unterrichten?			
gar nicht	Etwas	gut	sehr gut
○	○	○	○
Zahlen und Operationen			
Raum und Form			
Größen und Messen			
Daten, Häufigkeiten und Wahrscheinlichkeiten			
Problemlösen/ Kreativ sein			
Modellieren/ Mathematisieren			
Argumentieren/ Begründen			
Darstellen/ Kommunizieren			

Um den letzten Bereich der Selbstwirksamkeitserwartung noch genauer betrachten und ein facettenreicheres Bild darstellen zu können, wurde in der Abschlussbefragung die folgende Matrix – angelehnt an die ReKos (retrospektive Kompetenzselbsteinschätzung) von Nieszporek und Kolleg:innen (2018) – genutzt. Anders als bei den vorherigen Skalen wurde hier die Befragung ausschließlich nach der Fortbildungsmaßnahme durchgeführt. Die teilnehmenden Lehrkräfte schätzen also am Ende ihre Kompetenzen und somit auch ihren eigenen Lernzuwachs selbst ein, indem sie ausfüllen, wie sie ihr Wissen vor und nach der Fortbildungsmaßnahme (kurz FoBi) bewerten. „Um die Wirkung einer Fortbildungsmaßnahme beurteilen zu können, ist der Kompetenzzuwachs der TeilnehmerInnen ein sinnvoller Anhaltspunkt" (Nieszporek et al., 2018, S. 1311 f.) Durch das Auffüllen des Fragebogens retrospektiv zu einem Erhebungszeitpunkt kann zum Einen aus organisatorischen Gründen – wie Zeit zum Ausfüllen, Vermeidung fehlender Daten – und zum anderen aus theoretischer Perspektive – wie Vermeidung von Antwortverschiebungen oder Testeffekte – begründet werden (Nieszporek & Biehler, 2019; Nieszporek et al., 2018). So werden nicht nur die selbsteingeschätzten Kompetenzen der Teilnehmenden Lehrkräfte erhoben, es können ebenfalls selbsteingeschätzte Lernzuwächse erfasst werden (Tabelle 6.5).

Tabelle 6.5 Retrospektive Kompetenzselbsteinschätzung

	Ich kenne die mathematischen Grundlagen zum Thema „…".		Ich kenne die didaktisch-curricularen Hintergründe zu „…".		Ich kenne Ansätze zur Förderung verschiedener prozessbezogener Kompetenzen bei „…".		Ich kenne Ideen für die praktische Umsetzung zum Thema „…".		Ich traue mir zu, im Unterricht zum Thema „…" Schülerstrategien zu erkennen und weiß konstruktiv mit ihnen umzugehen.		Ich traue mir zu, die Lernziele des Themas „…" in eine adäquate Unterrichtsplanung umzusetzen.		Ich traue mir zu, das Thema „…" zielorientiert im Unterricht zu realisieren.	
	Vor der FoBi	Nach der FoBi	Vor der FoBi	Nach der FoBi	Vor der FoBi	Nach der FoBi	Vor der FoBi	Nach der FoBi	Vor der FoBi	Nach der FoBi	Vor der FoBi	Nach der FoBi	Vor der FoBi	Nach der FoBi
Zahlen-mauern														
Kombina-torik														
Zahlen-ketten														
Aufgaben-formate allgemein														

6.4.2 Auswertungsmethoden

Die Auswertung der Fragebögen zu den Überzeugungen sowie der ReKos-Skala zur Selbstwirksamkeitserwartung der Lehrkräfte erfolgt mit Hilfe statistischer Tests. Zur Beantwortung der Frage nach signifikanten Veränderungen im Vorher-Nachher-Vergleich wurde auf Grund der relativ kleinen Stichprobengröße mit Wilcoxon gerechnet. „Es [das Prüfverfahren] prüft, ob sich zwei abhängige Stichproben in einer zentralen Tendenz (Median) voneinander unterscheiden" (Blanz, 2021, S. 230).
Die Nullhypothese geht von einer Unabhängigkeit der verglichenen Werte aus.

> Lässt sich das Stichprobenergebnis schlecht mit der Nullhypothese vereinbaren, berechnet der Signifikanztest eine geringe Irrtumswahrscheinlichkeit. In diesem Fall spricht man von einem **signifikanten Ergebnis**, d. h., die Nullhypothese wird zurückgewiesen und die Alternativhypothese angenommen. (Bortz & Döring, 2006, S. 25)

Das bedeutet also, dass die Werte vor und nach der Fortbildungsmaßnahme nicht unabhängig voneinander sind. Dazu wird das Signifikanzniveau bestimmt, welches durch Konventionen vorgegeben wird:

> Die Wahl des Signifikanzniveaus ist willkürlich und von inhaltlichen Überlegungen abhängig. […] Per Konvention liegt es meist bei $\alpha = 0{,}05$ bzw. 5 %. Ein auf dem 5 %-Niveau signifikantes Ergebnis wird in der Literatur in der Regel mit einem Stern (*) gekennzeichnet, ein auf dem 1 %-Niveau signifikantes Ergebnis mit zwei Sternen (**). (Rasch et al., 2014, S. 42)

Die Auswertung, deren Beschreibung und Interpretation folgt den Konventionen. Zudem werden die Effektstärken berechnet.

> Die Beurteilung, ob ein Effekt eher als groß oder klein zu bewerten ist, unterliegt den inhaltlichen Überlegungen des Forschers. […] Trotzdem bietet das standardisierte Effektmaß d den großen Vorteil, dass empirische Effekte von unterschiedlichen Untersuchungen miteinander verglichen und bewertet werden können. (Rasch et al., 2014, S. 49)

Es werden nach Cohen (1988) drei unterschiedliche Effektstärken festgehalten. Bei Werten von >0.2 wird von einem kleinen Effekt ausgegangen, >0.5 von einem mittleren Effekt und ab Werten größer 0,8 wird dies als starker Effekt bezeichnet. Dabei können positive wie auch negative, aber auch Werte größer 1 auftreten. Bei Letzteren ist die Effektstärke besonders hoch.

Werden Skalen miteinander verglichen, werden zunächst Kontingenztafeln erstellt, um zu überblicken, welche Kombinationen häufig auftreten. Anschließend werden Chiquadratverfahren angewendet. „Mit diesem Test wird überprüft, ob zwischen zwei nominalskalierten Merkmalen ein Zusammenhang besteht" (Bortz & Döring, 2006, S. 153), da die Nullhypothese hier die Unabhängigkeit der beiden Merkmale beinhaltet.

6.5 Schriftliche Standortbestimmungen

Zur Erfassung der Begründungen der Teilnehmenden wurde eine Standortbestimmung erstellt, um der zweiten Forschungsfrage nachgehen zu können. Im Folgenden wird nun zunächst das Konzept der Standortbestimmung im Allgemeinen, darauffolgend das erstellte Erhebungsinstrument im Speziellen vorgestellt. Anschließend erfolgt durch eine Vorstellung des Erkenntnisinteresses durch die Standortbestimmung die Legitimation des Erhebungsinstruments. Abschließend werden die Auswertungsinstrumente und Analysemethoden der quantitativen sowie qualitativen Auswertung vorgestellt.

6.5.1 Erhebungsinstrument

„Standortbestimmungen sind keine Tests" (Voßmeier, 2012, S. 107). Sie sind vielmehr ein Diagnoseinstrument, um den gegenwärtigen Kenntnisstand des Lernenden – seien es Kinder oder Fortbildungsteilnehmende – zu erhalten (u.a Hengartner & Röthlisberger, 1999; Sundermann & Selter, 2013; Voßmeier, 2012). „Sie dienen der *fokussierten Feststellung individueller Lernstände* an bestimmten Punkten im Lehr-/Lernprozess. Dabei werden Kenntnisse, Fertigkeiten und Fähigkeiten zu einem Rahmenthema ermittelt" (Sundermann & Selter, 2005, S. 6; Hervorhebung im Original). Häufig werden Standortbestimmung zu Beginn und am Ende eines Themas durchgeführt, um zunächst Vorwissen zu erheben und im Anschluss festzustellen, wie gut das Thema durchdrungen wurde.

Nicht nur die Informationsfunktion – für eine Förderung nicht nur zur Selektion (Hußmann & Selter, 2007) – für den Lehrenden kann somit gewährleistet werden, sondern auch die Lernenden können sowohl wahrnehmen, was von ihnen erwartet wird, als auch ihren eigenen Kompetenzzuwachs beobachten. Diese Doppelfunktion sollte dabei auch den Lernenden transparent gemacht werden (Sundermann & Selter, 2005). Die Ergebnisse der Eingangsstandortbestimmung dienen somit der individuellen Förderung, der Planung der Lehrkraft, aber auch der Planung des eigenen Lernens. Dies ist vor allem auch wichtig in der Fortbildungsmaßnahme zu thematisieren, um den Lehrkräften zu verdeutlichen, dass innerhalb der Fortbildungsmaße keine Prüfung stattfinden soll, mit dem Ziel sie zu beurteilen.

„Sofern eine Eingangs- und eine Abschluss-Standortbestimmung durchgeführt werden, ist es u. E. sinnvoll, diese analog aufzubauen und die Zahlenwerte gleich zu lassen oder ggf. nur leicht zu variieren" (Sundermann & Selter, 2013, S. 28). Somit werden sowohl Eingangs- als auch Abschlussstandortbestimmung identisch gewählt. Die einzelnen Aufgaben werden im Folgenden detailliert vorgestellt.

Vorstellung des Erhebungsinstruments

„Wichtig bei Standortbestimmungen ist es, sich im Vorfeld systematische Überlegungen zu deren Aufbau zu machen" (Sundermann & Selter, 2005, S. 7). Als zentrale Teilaspekte lassen sich Teilfähigkeiten, Reihenfolge und Art der Aufgabenstellung sowie die Auswahl der Zahlenwerte ausmachen (ebd.). Um dies zu gewährleisten, wurde die Standortbestimmung in der Erstsemesterveranstaltung *Arithmetik und ihre Didaktik* an der Technischen Universität mit Erstsemesterstudierenden pilotiert und anhand der entstandenen Daten überarbeitet.

„Da eine Standortbestimmung mit vertretbarem Aufwand durchzuführen und auszuwerten sein sollte, sollte man sich auf eine repräsentative Auswahl von gut ausgewählten und aussagekräftigen Aufgabenstellungen beschränken" (Hußmann & Selter, 2007, S. 9). Dabei sind die Aufgaben so konzipiert worden, dass sowohl die grundschulgemäßen Begründungen (vgl. Abschnitt 8.2.1) als auch die algebraischen Begründungen (vgl. Abschnitt 8.2.2) erfasst werden können. Die Standortbestimmung besteht aus insgesamt zehn Teilaufgaben, wobei sich fünf der Aufgaben auf das in der Fortbildungsmaßnahme behandelte Aufgabenformat der Zahlenketten (vgl. Abschnitt 6.4.1) beziehen. Die anderen fünf identischen Aufgaben beziehen sich auf die Zahlengitter, sodass auch ein nicht in der Fortbildungsmaßnahme thematisiertes Aufgabenformat abgebildet wird.

Als Einstieg wird als erstes eine Erläuterung der Bildungsregeln zum jeweiligen Aufgabenformat gegeben, da nicht davon ausgegangen werden kann, dass diese allen Teilnehmenden geläufig sind. Zudem ist eine Serie von Zahlenketten beziehungsweise Zahlengittern vorgeben, an denen eine operative Veränderung an drei Aufgaben vorgegeben ist. So entsteht eine Aufgabe 0 für die Teilnehmenden, das Muster zu verarbeiten, zu erkennen und fortzusetzen. Als Beispiel ist der obere Ausschnitt der Standortbestimmung zu den Zahlenketten in Abbildung 6.10 gegeben.

> **So werden Zahlenketten gebildet –**
> Es werden zwei Startzahlen frei gewählt und in den ersten beiden Kreisen notiert. Durch die Addition der beiden Startzahlen erhält man die dritte Zahl und notiert sie in dem nächsten freien Kästchen. Die Summe der zweiten und dritten Zahl ergibt die nächste Zahl. Diese wird auch Zielzahl genannt. Als Startzahlen sind alle Zahlen größer, oder gleich 0 zugelassen. Die Startzahlen können auch identisch sein.

Schauen Sie sich die Beispiele an und setzen Sie das Muster fort.

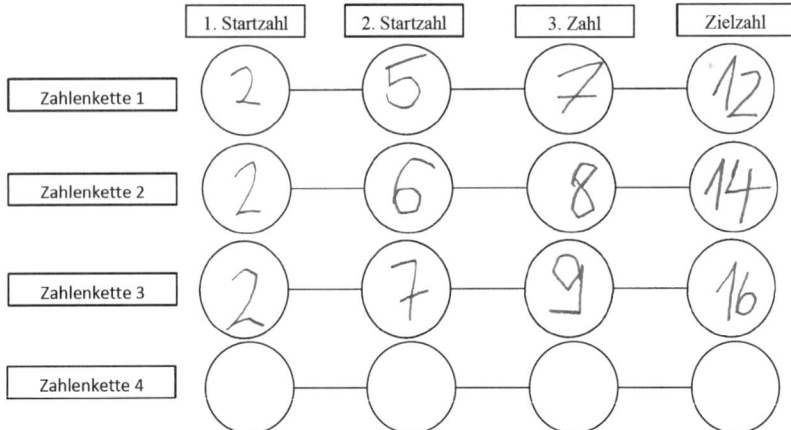

Abbildung 6.10 Zahlenketten

Analog ist der Text für die Einführung der Zahlengitter: Im linken oberen Kästchen wird eine Startzahl notiert – hier immer die 0. Zudem gibt es zwei Additionszahlen. Bei einem Schritt nach rechts wird die obenstehende Additionszahl addiert, bei jedem Schritt nach unten die links notierte Zahl. Die Null ist als Additionszahl zugelassen. Die Additionszahlen können auch identisch sein. Schauen Sie sich die Beispiele an und setzen Sie das letzte Zahlengitter fort.

Die niedrige Eingangsschwelle (Hengartner et al., 2006) der Standortbestimmung wurde gewählt, damit alle Teilnehmenden einen Zugang zur Aufgabe finden und das – eventuell unbekannte Aufgabenformat – nicht nur durch die Bildungsregel, sondern auch durch Beispiele kennenlernen können (Tabelle 6.6).

6.5 Schriftliche Standortbestimmungen

Tabelle 6.6 Aufgabenstellungen Standortbestimmungen

Aufgabenformat	Aufgabenstellung
A: Zahlenketten	1. Vergleichen Sie die vier Zahlenketten miteinander. Beschreiben Sie, wie sich die Zahlen in den Zahlenketten (insbesondere die Zielzahl) verändern.
	2. Geben Sie eine grundschulgemäße Begründung (also so, wie Sie es auch in der Schule verwenden würden) für die Veränderung der Zielzahl.
	3. Geben Sie eine algebraische Begründung (also mit Variablen) für die Veränderung der Zielzahl. Geben Sie ebenfalls eine Erläuterung für Ihre algebraische Begründung.
	4. Inwiefern hat Ihnen oder könnte Ihnen die algebraische Herangehensweise bei den weiteren Aufgabenstellungen im Kontext der Zahlenketten helfen?
	5. Was passiert mit der Zielzahl, wenn die zweite Startzahl um 100 größer wird? Begründen und erläutern Sie Ihre Vermutungen.
B: Zahlengitter	1. Vergleichen Sie die vier Zahlenketten miteinander. Beschreiben Sie, wie sich die Zahlen in den Zahlenketten (insbesondere die Zielzahl) verändern.
	2. Geben Sie eine grundschulgemäße Begründung (also so, wie Sie es auch in der Schule verwenden würden) für die Veränderung der Zielzahl.
	3. Geben Sie eine algebraische Begründung (also mit Variablen) für die Veränderung der Zielzahl. Geben Sie ebenfalls eine Erläuterung für Ihre algebraische Begründung.
	4. Inwiefern hat Ihnen oder könnte Ihnen die algebraische Herangehensweise bei den weiteren Aufgabenstellungen im Kontext der Zahlenketten helfen?
	5. Was passiert mit der Zielzahl, wenn die zweite Startzahl um 100 größer wird? Begründen und erläutern Sie Ihre Vermutungen.

Im Folgenden werden die Aufgaben der Standortbestimmung zur besseren Lesbarkeit abgekürzt notiert. So steht das A für die Zahlenketten und das B für die Zahlengitter. Die Zahl gibt die jeweilige Fragestellung zu dem Aufgabenformat an. Mit A3 ist folglich beispielsweise die algebraische Begründung bei den Zahlenketten gemeint.

Zu Beginn der ersten Fortbildungsveranstaltung haben alle Teilnehmenden zunächst die Standortbestimmung und anschließend den Fragebogen zu den Überzeugungen ausgefüllt. Dabei stand so viel Zeit zur Verfügung, dass davon auszugehen ist, dass, wenn etwas nicht ausgefüllt wurde, es nicht an Zeitmangel gelegen haben sollte. Zum Beginn der letzten Fortbildungsveranstaltung am fünften Präsenztermin wurde derselbe Test und derselbe Fragebogen durchgeführt.

Abschließend sei darauf hingewiesen, dass bei allen Teilaufgaben freie Felder für die Lösungen der Teilnehmenden vorhanden waren. Lediglich der dritte Arbeitsauftrag zu beiden Aufgabenformaten beinhaltete eine leere Abbildung der Zahlenketten bzw. Zahlengitter. Aufgrund der geforderten algebraischen Notation, die in dem jeweiligen Aufgabenformat wichtig war, wurde sich für die Abbildung einer leeren Darstellung entschieden. Sicherlich erfordert der dynamische Arbeitsauftrag zwei Teilschritte – zum einen das Aufstellen der algebraischen Lösung des Aufgabenformats, zum anderen aber auch die Darstellung der Veränderung. Da dies aber durchaus auch in einer Darstellung visualisierbar gemacht werden kann, wurde auf eine zweite Abbildung des leeren Aufgabenformats verzichtet, um nicht den Eindruck zu erwecken, auf zwei verschiedene Darstellungen zurückgreifen zu müssen. Dass die anderen Arbeitsaufträge der Standortbestimmung über keinerlei Abbildungen verfügen, hat ebenfalls den Grund, dass nicht auf diese Darstellung bestanden werden sollte. So sollten die Lehrkräfte bei der grundschulgemäßen Begründung beispielsweise eigenständig entscheiden können, ob und inwiefern sie konkrete Zahlenketten beispielsweise zur Begründung nutzen wollen. Eine Abbildung hätte hier zu leitend sein können.

Legitimation und Erkenntnisinteresse

Im Pre-Post-Design wurde die Standortbestimmung zu Beginn und am Ende der Fortbildungsmaßnahme von den Teilnehmenden ausgefüllt, sodass nun Eingangs- und Ausgangswerte sowie die Veränderung betrachtet werden kann (vgl. Abschnitt 8.2).

Da der Lehrkraft sowohl bei der Anleitung zum algebraischen Denken als auch bei der Heranführung an das Beschreiben und Begründen eine zentrale Rolle zukommt, wie in Abschnitten 4.4 und 5.3 herausgestellt wurde, lohnt sich aus forschender Sicht eine systematische Erhebung der Kenntnisse von Lehrkräften. Zudem konnte durch die dreifache zyklische Durchführung nach der fachdidaktischen Entwicklungsforschung eine gezielte Analyse des Eingangsstandes, des Kenntnisstands nach der Fortbildungsmaßnahme sowie der Verbesserung zwischen den beiden Erhebungsterminen nach durchgeführter detaillierter Analyse erkannt werden und in Zusammenspiel mit den halbstandardisierten Interviews Aufschluss über Verbesserungspotential der Designprinzipien geben.

6.5 Schriftliche Standortbestimmungen

Vor allem zu fachfremd unterrichtenden Lehrpersonen gibt es – nicht nur, aber auch – im deutschsprachigen Raum ambivalente Ergebnisse (vgl. Abschnitt 2.2.1). Daher bietet sich auch, vor allem für den grundschulmathematischen Unterricht, eine Erhebung von fachlichem sowie fachdidaktischem Wissen an, wenngleich auch beides nur in einem kleinen Rahmen erhoben werden kann. Dabei wird sich vor allem an Krauthausen (2018) orientiert, dass Kinder nur zu reichhaltigen mathematischen Aktivitäten angeleitet werden können, „wenn die Lehrerin die dahinterstehende Mathematik auch für sich selbst erschlossen hat, auf einem höheren Niveau, als es dann ihre Kinder bearbeiten" (S. 258).

Ob dies in einem fachfremd unterrichteten Lehr-Lernsetting gegeben ist, soll durch die Standortbestimmung in einem kleinen Rahmen untersucht werden. Vor allem für die Erstellung weiterer Fortbildungsmaßnahmen mit einem fachlichen sowie fachdidaktischen Schwerpunkt für fachfremd unterrichtende Grundschullehrkräfte soll so ein Ansatzpunkt gegeben werden.

Zusammenfassend lässt sich folglich festhalten, dass die Standortbestimmung mit Eingangs- und Abschlussdiagnose ein geeignetes Instrument darstellt, um

- Kenntnisstände zu Beginn und zum Ende systematisch zu erheben,
- Aussagen über den Lernzuwachs treffen zu können,
- Überarbeitungspotential der Fortbildungsmaßnahme zu erforschen, und daraus
- Designprinzipien abzuleiten, sowie
- einen Einblick in das Feld der fachfremd unterrichtenden Grundschullehrkräfte zu erhalten.

6.5.2 Auswertungsmethoden

„Standortbestimmen geben […] strukturierte Informationen über Kompetenzen und Defizite" (Sundermann & Selter, 2005, S. 6). Um eine noch bessere Strukturierung der erhobenen Daten vornehmen zu können, werden die Standortbestimmungen sowohl quantitativ als auch qualitativ genauer analysiert.

Zur detaillierten Analyse aus beiden Sichtweisen – beschreiben und begründen auf der einen und algebraisches Denken auf der anderen Seite – werden zwei unterschiedliche Blickwinkel eingenommen. Zunächst werden im direkten Anschluss die Kategorien vorgestellt, die sich aus dem Modell von Bezold (Bezold 2009; 2012a; 2012b). zum Beschreiben und Begründen ergeben. Anschließend erfolgen Herleitung und Vorstellung des aus der Theorie des algebraischen Denkens entwickelten Instruments.

Kategorisierung
Zur Auswertung der Standortbestimmungen wurde deduktiv-induktiv ein Kategoriensystem erstellt. Für die insgesamt zehn Teilaufgaben gibt es fünf verschiedene Kategoriensysteme. Da die Zahlenketten- und Zahlengitteraufgaben jeweils identisch sind, kann dasselbe Kategoriensystem genutzt werden, um die parallel gestellten Aufgaben zu beiden unterschiedlichen Aufgabenformaten zu analysieren. Dabei unterscheiden sich die Beschreibungen und Ankerbeispiele aber evidenter Weise leicht voneinander. Exemplarisch an der grundschulgemäßen Begründung werden einmal Beschreibungen und Ankerbeispiele für beide Aufgabenformate gegeben, anschließend erfolgt die Vorstellung für die Zahlenketten. Das vollständige Kategoriensystem kann dem Anhang entnommen werden.

Für die erste Aufgabe der Standortbestimmung – der Beschreibung der Veränderung der Zielzahl– lassen sich vier Kategorien ausmachen:

1. Vom Beispiel losgelöste Beschreibung aller für das beobachtete Muster relevanter Zahlen,
2. Beispielgebundene Beschreibung aller für das beobachtete Muster relevanter Zahlen,
3. Vom Beispiel losgelöste Beschreibung einiger für das beobachtete Muster relevanter Zahlen,
4. Beispielgebundene Beschreibung einiger für das beobachtete Muster relevanter Zahlen.

Da diese Kategorienbezeichnungen bereits die beiden zentralen Ebenen – den Bezug auf alle oder einige veränderte Zahlen und die Beispielgebundenheit bzw. -gelöstheit – beinhaltet, wird von einer detaillierten Beschreibung inklusive Ankerbeispiel verzichtet.

Zur zweiten Aufgabe der Standortbestimmung – der grundschulgemäßen Begründung der Veränderung – lassen sich vier Kategorien aufteilen (vgl. Tabelle 6.7), in denen sich unterschiedliche Begründungstiefen (Bezold, 2009; 2012a; 2012b) zeigen. Eine weitere Kategorie ist die fünfte, in die alle Antworten eingeordnet werden, die fachlich falsch sind. Dabei bildet die Reihenfolge eine Rangfolge – die erste Kategorie ist folglich die wünschenswerteste.

Da in der Auswertung ein Hauptaugenmerk auf die grundschulgemäßen und algebraischen Begründungen der Teilnehmenden zu der zweiten und dritten Aufgabe der Standortbestimmung gelegt wird, werden zunächst einige Lösungen von Teilnehmenden begründet in die Kategorien der zweiten Aufgabe eingeordnet.

Tabelle 6.7 Kategorien der grundschulgemäßen Begründung

Aufgabe 2 – grundschulgemäße Begründung		
	Beschreibung	**Ankerbeispiel**
Vollständige Begründung	*Zahlenketten*	
	Es wird begründet, dass sich die 3. Zahl um 1 erhöht, wenn 2. Startzahl um 1 erhöht wird und die Addition der beiden dann eine Erhöhung der Zielzahl um 2 bewirkt. Dabei wird deutlich, dass die Erhöhung der dritten Zahl sich aus der Erhöhung der 2. Startzahl ergibt	Da die dritte Zahl die Summe der beiden Startzahlen ist, wird bei der Erhöhung der 2. Startzahl um 1 auch die dritte Zahl um 1 größer. Die Zielzahl ist die Summe der zweiten Startzahl und der dritten Zahl – die beide um 1 größer sind – somit ist die Zielzahl um 2 größer, wenn die 2. Startzahl um 1 größer wird.
	Zahlengitter	
	Es wird begründet, dass die Zielzahl um 2 größer wird, da die linke Additionszahl zweimal addiert wird und sich die Erhöhung daher auch zweifach auf die Zielzahl auswirkt. Die zweifache Addition mit 1 wird hierbei deutlich.	Da die linke Additionszahl zweimal addiert wird (immer, wenn man ein Kästchen nach unten geht) geht die Erhöhung um 1 auch doppelt in die Zielzahl ein.
Unvollständige Begründung	*Zahlenketten*	
	Es wird begründet, dass die 2. Startzahl zweimal in die Zielzahl eingeht und sich die Erhöhung daher verdoppelt. Es wird dabei kein Bezug auf die Veränderung der dritten Zahl genommen.	Die Zielzahl erhöht sich um 2, da die zweite Zahl um eins erhöht wird und mit dieser 2. Zahl zweimal gerechnet wird.
	Zahlengitter	
	Es wird begründet, dass die linke Additionszahl zweimal in der Zielzahl zu finden ist, aber es wird kein Bezug auf die zweifache Addition genommen.	Die Zielzahl ist um 2 größer geworden, da die Additionszahl, die sich um Eins erhöht insgesamt 2x in der Zielzahl steckt.
Beschreibung aller veränderter Zahlen	*Zahlenketten*	
	Es wird beschrieben, dass sich die Zielzahl um 2 erhöht, wenn die 2. Startzahl um 1 erhöht wird. Es wird beschrieben, dass sich die 2. Startzahl und die 3. Zahl je um 1 erhöhen und die Zielzahl um 2, ohne dass deutlich gemacht wird, dass sich die Erhöhung der dritten Zahl aus der Erhöhung der 2. Startzahl ergibt. Da es sich um die Beschreibung aller veränderter Zahlen	Die 2. Startzahl wird um 1 größer, die dritte Zahl auch und die Zielzahl um 2.

(Fortsetzung)

Tabelle 6.7 (Fortsetzung)

	handelt, muss die erste Startzahl nicht erwähnt werden. Rein bildliche Darstellungen ohne jegliche Erläuterung sind auch hier einzuordnen	
		Zahlengitter
Beschreibung ausgewählter Zahlen	Es wird beschrieben, dass sich die Zielzahl um 2 erhöht, wenn die linke Additionszahl um 1 erhöht wird. Es wird beschrieben, dass die Zahlen der zweiten Zeile um 1 größer werden, aber es wird nicht deutlich, dass sich das aus der Erhöhung der linken Additionszahl ergibt. Es wird ein Muster beschrieben, dass erkannt wurde.	Man sieht, dass alle Zahlen der zweiten Zeile um 1 und alle Zahlen der dritten Zeile um 2 größer werden. Die Mittelzahl wird um 1 größer, die Zielzahl um 2.
	Zahlenketten	
	Es wird beschrieben, dass sich die Zielzahl um 2 erhöht. Es kann sowohl Fälle geben, bei denen die Bedingung „wenn die 2. Startzahl um 1 erhöht wird" mit einfließt, aber auch solche in denen nur die Zielzahl fokussiert wird. Die dritte Zahl bleibt dabei unerwähnt. Es wird insgesamt nicht deutlich, welche Zahlen sich wie verändern	Man kann sehen, dass die 2. Startzahl um 1 größer wird und die Zielzahl um 2 größer wird.
	Zahlengitter	
	Es wird beschrieben, dass sich die Zielzahl um 2 erhöht, wenn die linke um 1 erhöht wird. Jegliche weiteren Zahlen bleiben unerwähnt.	Man kann sehen, dass die linke Additionszahl um 1 größer wird und die Zielzahl um 2 größer wird.
	Zahlenketten	
falsch	Es wird eine fachlich falsche These aufgestellt.	Die Zielzahl kann immer nur gerade sein. Die Zielzahl wird immer um zwei größer, weil die erste Startzahl 2 ist.
	Zahlengitter	
	Es wird eine fachlich falsche These aufgestellt.	Alle Zahlen erhöhen sich um 2.

Zahlenketten

So zeigt zum Beispiel das Eingangsbeispiel von Bewi (vgl. Abbildung 6.11), dass hier eine Begründung für die Veränderung der dritten Zahl gegeben wird. Anhand der Darstellung kann erkannt werden, dass die Veränderung der dritten Zahl auf die Veränderung der zweiten Zahl zurückzuführen ist. Es wird über die „Anteile" in der Zielzahl argumentiert, sodass deutlich werden soll, wie sich die Veränderung der zweiten Startzahl doppelt auf die Zielzahl auswirkt. Somit ist diese Lösung der ersten, also besten, Kategorie zuzuordnen.

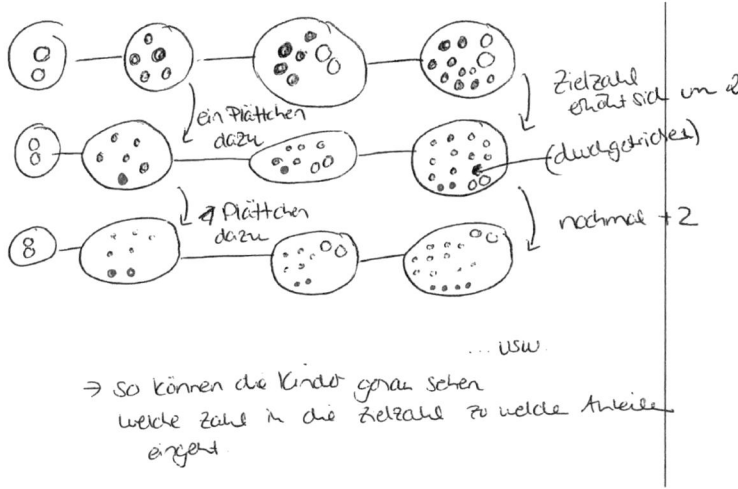

Abbildung 6.11 Eingangsstandortbestimmung – grundschulgemäße Begründung – Zahlenketten (Bewi)

Auch wenn die Lösung von Chth (vgl. Abbildung 6.12) in der Abschlussstandortbestimmung auf den ersten Blick sehr verschieden zu der vorherigen Lösung von Bewi erscheint, weisen beide doch – in Bezug auf die im Kategoriensystem hervorgehobenen Elemente – zahlreiche Gemeinsamkeiten auf. Auch Chth begründet die Veränderung der dritten Zahl mit der Veränderung der zweiten Startzahl. Da darauffolgend die zweite Startzahl doppelt in der Zielzahl vorkomme, werde auch die Veränderung verdoppelt. Das ist in dem hier verwendeten Kategoriensystem folglich ebenfalls der ersten Kategorie zuzuordnen.

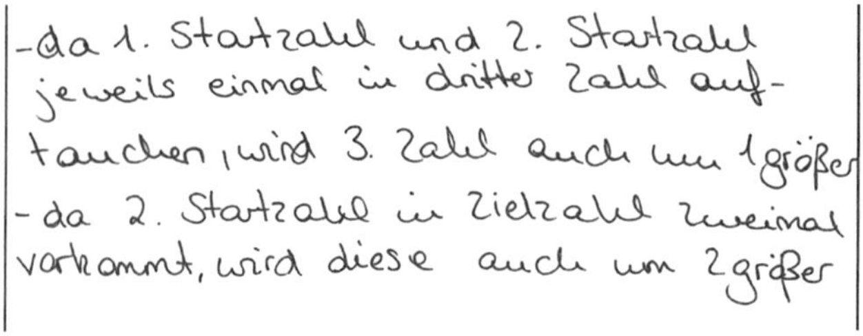

> -da 1. Startzahl und 2. Startzahl
> jeweils einmal in dritte Zahl auf-
> tauchen, wird 3. Zahl auch um 1 größer
> -da 2. Startzahl in Zielzahl zweimal
> vorkommt, wird diese auch um 2 größer

Abbildung 6.12 Abschlussstandortbestimmung – grundschulgemäße Begründung – Zahlenketten (Chth)

Es ist also deutlich erkennbar, dass einige Aspekte durch das Kategoriensystem in den Fokus gesetzt werden. Dazu gehört, in Anlehnung an Bezold (2012a), zum einen der Grad der Begründung und zum anderen die Komplexität der erkannten Zahlbeziehungen. Dafür ist es in der Definition der Kategorien unabdinglich, dass – zumindest für die grundschulgemäße Begründung – der Zwischenschritt über die dritte Zahl in der Begründung gegangen wird, um als vollständig anerkannt werden zu können.

Andere Aspekte, die ebenfalls wichtige Elemente einer grundschulgemäßen Begründung darstellen, können durch das Kategoriensystem so nicht erfasst werden. Dazu zählen zum Beispiel die Verknüpfung von Darstellungsebenen sowie die kindgerechte Formulierung der Begründung. Um aber die Begründung in den Fokus zu rücken, erweist sich das Kategoriensystem als zielführend.

Wird die dritte Zahl der Zahlenkette nicht erwähnt, wird die Begründung als unvollständig, Kategorie 2, gewertet. Aussagen, die den Zwischenschritt über die dritte Zahl, der das „doppelt" Vorhandensein der zweiten Startzahl in der Zielzahl begründet, übergehen, können für Kinder in der Komplexität kaum ausreichend sein, um ein Verständnis für den Zusammenhang zwischen der Aufgabenvorschrift und der operativen Veränderung aufzubauen. Als Beispiel die Darstellung von Sith in Abbildung 6.13.

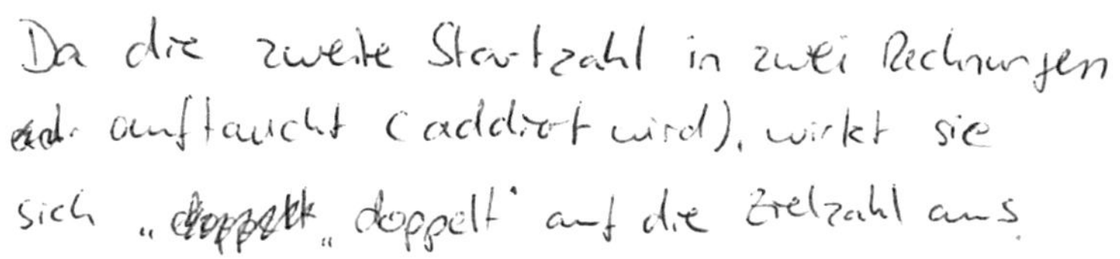

6.5 Schriftliche Standortbestimmungen

> Da die zweite Startzahl in zwei Rechnungen
> öd. auftaucht (addiert wird), wirkt sie
> sich „doppelt" doppelt auf die Zielzahl aus.

Abbildung 6.13 Eingangsstandortbestimmung – grundschulgemäße Begründung – Zahlenketten (Sith)

Auch dabei kann die Qualität der Aussagen durchaus variieren. Aber im Sinne der Kompetenzorientierung werden auch kurze Aussagen als gleichwertig in Bezug auf die Kategorien gewertet, wie die Abschlussstandortbestimmung von Heha in Abbildung 6.14 zeigt.

> Die 2. Zahl „steck 2x drin"

Abbildung 6.14 Abschlussstandortbestimmung – grundschulgemäße Begründung – Zahlenketten (Heha)

Bei der Definition der Kategorien 3 und 4 werden beschreibende Aussagen genutzt, die in keiner Form als Begründung einzustufen sind. Dabei werden entweder alle veränderten Zahlen beschrieben, wie im ersten Beispiel von Anan in Abbildung 6.15.

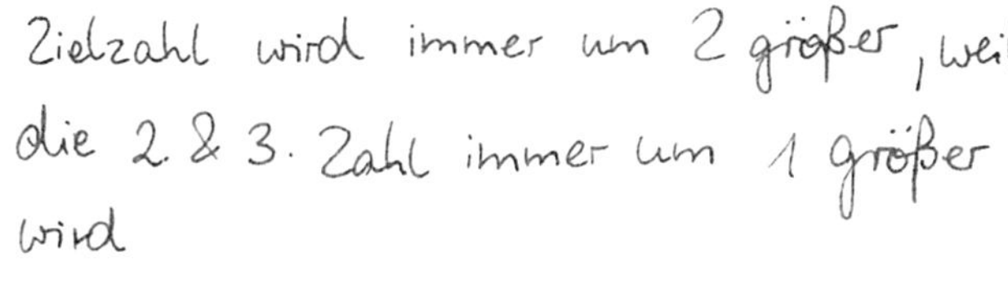

> Zielzahl wird immer um 2 größer, weil
> die 2. & 3. Zahl immer um 1 größer
> wird

Abbildung 6.15 Eingangsstandortbestimmung – grundschulgemäße Begründung – Zahlenketten (Anan)

Oder es werden lediglich ausgewählte veränderte Zahlen, wie im zweiten Beispiel von Urho in der Eingangsstandortbestimmung, verbalisiert (vgl. Abbildung 6.16.

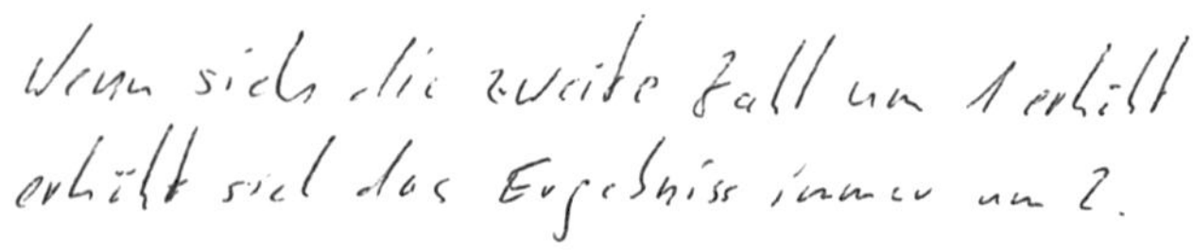

[handschriftlicher Text:] Wenn sich die zweite Zahl um 1 erhöht erhält sich das Ergebnis immer um 2.

Abbildung 6.16 Eingangsstandortbestimmung – grundschulgemäße Begründung – Zahlenketten (Urho)

Zahlengitter

Ähnlich wie bei den Zahlketten ist es zur Erreichung der ersten Kategorie wichtig, dass deutlich wird, wodurch die zu untersuchende Veränderung entsteht. Bei den Zahlengittern also, dass jeder Schritt nach unten eine Erhöhung um 1 bewirkt. Das zweimalige Addieren kann dabei auch implizit erwähnt werden. Wichtig ist dabei, dass nicht nur darüber argumentiert wird, dass die Additionszahlen zweimal in der Zielzahl enthalten sind. In der Lösung von Bael (vgl. Abbildung 6.17) ist dies nicht konkret auf die Richtung bezogen, aber dafür für beide Richtungen – nach unten und nach rechts – verallgemeinert, dass zweifach die Eins addiert wird. So wird kompetenzorientiert geschaut, ob die zweifache Addition angebahnt wird.

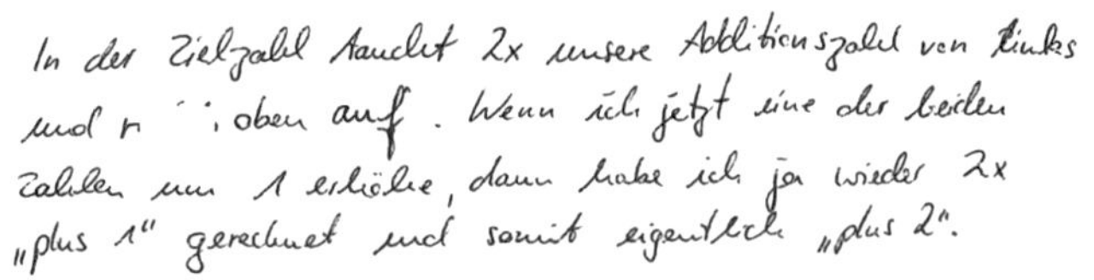

[handschriftlicher Text:] In der Zielzahl taucht 2x unsere Additionszahl von links und r., oben auf. Wenn ich jetzt eine der beiden Zahlen um 1 erhöhe, dann habe ich ja wieder 2x „plus 1" gerechnet und somit eigentlich „plus 2".

Abbildung 6.17 Abschlussstandortbestimmung – grundschulgemäße Begründung – Zahlengitter (Bael)

Im Gegensatz dazu sind Aussagen, die die Zielzahl fokussieren und dabei die zweifache Ausführung kaum oder gar nicht thematisieren, der zweiten Kategorie zugeordnet, wie beispielsweise die Abschlussstandortbestimmung von Heho in Abbildung 6.18.

Die dritte Kategorie umfasst alle Lösungen, bei der die Werte beschrieben werden (vgl. Abbildung 6.19). Dazu gehören sowohl Darstellungen, bei denen eine Ablösung vom Zahlenbeispiel vollzogen wird als auch solche, die am konkreten Zahlenbeispiel argumentieren– was aus algebraischer Perspektive sicherlich unterschiedlich zu bewerten ist.

Auch hier wäre eine Darstellung mit Farben möglich die erkennen lässt, dass beide Startzahlen doppelt an der Zielzahl stecken.

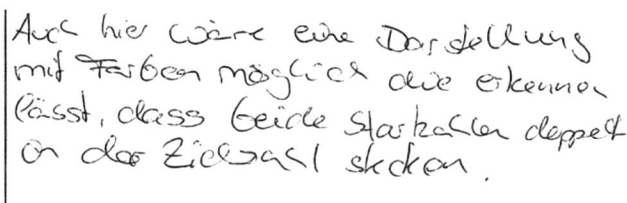

Abbildung 6.18 Abschlussstandortbestimmung – grundschulgemäße Begründung – Zahlengitter (Heho)

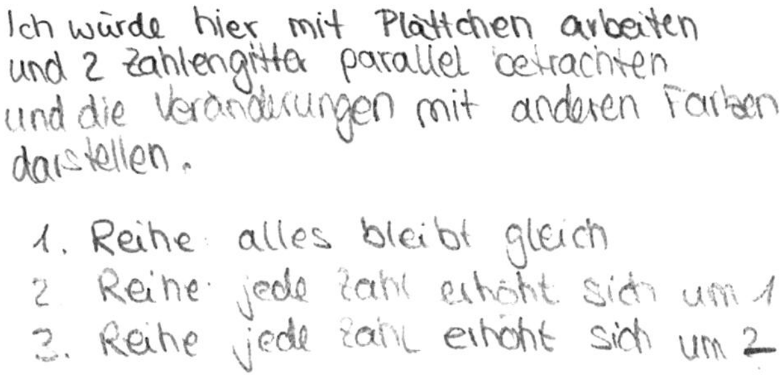

Ich würde hier mit Plättchen arbeiten und 2 Zahlengitta parallel betrachten und die Veränderungen mit anderen Farben darstellen.

1. Reihe: alles bleibt gleich
2. Reihe: jede Zahl erhöht sich um 1
3. Reihe jede Zahl erhöht sich um 2

Abbildung 6.19 Eingangsstandortbestimmung – grundschulgemäße Begründung – Zahlengitter (Meth)

Auch wenn der in der Lösung in Abbildung 6.19 nur angedeutete Darstellungswechsel vollzogen wurde – ob mit oder ohne Ablösung vom konkreten Zahlenbeispiel – sind die Lösungen der dritten Kategorie zuzuordnen. Eine Andeutung zur Darstellung mit Plättchen kann nicht als ein (operativer) Beweis gewertet werden. Sind nur ausgewählte Zahlen beschrieben, wie beispielsweise ausschließlich die Zielzahl, erfolgt eine Einordnung in die vierte Kategorie.

Die Antworten zur dritten Aufgabe – die algebraische Begründung der Veränderung in den Zahlenketten und -gittern – haben in dem Kategoriensystem ebenfalls wieder vier sinnhafte und eine fachlich falsche Einordnungsmöglichkeit. Auch in Aufgabe 3, wie in Tabelle 6.8, ist die erste Kategorie die beste, die nachfolgenden absteigend weniger wünschenswert.

Tabelle 6.8 Kategorien der algebraischen Begründung

	Aufgabe 3 – algebraische Begründung	
Kategorie	**Beschreibung**	**Ankerbeispiel**
	Zahlenketten	
Formel & sprachliche Begründung	Aus den angegebenen Variablen wird die Bildungsregel der Zahlenketten ersichtlich und hinreichend erläutert, dass die Erhöhung von b zu b+1 sich in der Zielzahl als +2 auswirkt, da b zweimal in der Zielzahl vorkommt.	a – b – a+b – a+2b erhöht man nun b um 1 (ersetzt also b durch b+1), sieht man, dass a+2b durch die Erhöhung von b um 1 a+2(b+1)= a+2b+2 eine Veränderung der Zielzahl um 2 bewirkt.
	Zahlengitter	
	Aus den angegebenen Variablen wird die Bildungsregel der Zahlengitter ersichtlich und hinreichend erläutert und/oder gezeigt, dass die Erhöhung von b zu b+1 sich in der Zielzahl als +2 auswirkt, da b zweimal in die Zielzahl eingeht.	Zielzahl: 2(a+b) Wenn b um 1 größer wird (b+1) erhöht sich auch die Zielzahl entsprechend. 2(a+b+1) = 2a + 2b+2
	Zahlenketten	
Formel mit Veränderung ohne sprachliche Begründung	Aus den angegebenen Variablen wird die Bildungsregel der Zahlenketten ersichtlich und b wurde um 1 erhöht, es gibt keine ausreichende Begründung. Die Erhöhung um 2 wird in jedem Fall deutlich.	a – b+1 – a+b+1 – a+2b+2 a+b=c, b+c=d a+b+1=c+1 → (b+1)+(c+1)= d+2
	Zahlengitter	
	Aus den angegebenen Variablen wird die Bildungsregel der Zahlengitter ersichtlich und b wurde um 1 erhöht, es gibt keine ausreichende Begründung.	

(Fortsetzung)

6.5 Schriftliche Standortbestimmungen

Tabelle 6.8 (Fortsetzung)

		Zahlenketten	
Formel ohne Veränderung ohne sprachliche Begründung		Aus den angegebenen Variablen wird die Bildungsregel der Zahlenketten ersichtlich (aber „nur" mit b, nicht b+1), aber nicht hinreichend gezeigt, was die Erhöhung von b um 1 bewirkt. Die Erhöhung um 2 wird nicht deutlich.	$a - b - a+b - a+2b$ $a - b - c - d$ und $a+b=c$, $b+c=d$
		Zahlengitter	
		Aus den angegebenen Variablen wird die Bildungsregel der Zahlengitter ersichtlich (aber „nur" mit b, nicht b+1), aber nicht hinreichend erläutert, was die Erhöhung von b um 1 bewirkt.	(Zahlengitter-Abbildung mit Feldern: 0, a, 2a / b, a+b, 2a+b / 2b, a+2b, 2a+2b)
		Zahlenketten	
nicht zielführende formelmäßige Beschreibung		Aus den angegebenen Variablen wird die Bildungsregel der Zahlenketten nicht ersichtlich oder es werden nicht zulässige Verallgemeinerungen zwischen 1. und 2. Startzahl angenommen.	$a - b - c - d$ $a - a+3 - 2a+3 - 3a+6$
		Zahlengitter	
		Aus den angegebenen Variablen wird die Bildungsregel der Zahlengitter nicht ersichtlich oder es werden nicht zulässige Verallgemeinerungen z.B. zwischen linker und oberer Additionszahl angenommen.	Zielzahl: $a+b+c+d$
		Zahlenketten	
fachlich falsch		Es wird eine fachlich falsche These aufgestellt.	$a - b - c - c+a$
		Zahlengitter	
		Es wird eine fachlich falsche These aufgestellt.	Zielzahl: $2ab$

Die vierte Aufgabe erfasst, inwiefern die Teilnehmenden die algebraische Herangehensweise als hilfreich empfunden haben. Hier sind anders als bei den drei Kategoriensystemen zu den Aufgaben zuvor auch Mehrfachnennungen möglich. In Aufgabe 4 ist ebenfalls keine Hierarchisierung gegeben, sodass die erstgenannte Kategorie besser oder wertvoller angesehen wird als die letztgenannte. Die Kategorien sind in Tabelle 6.9 dargestellt.

Tabelle 6.9 Kategorien des eingeschätzten Nutzens der algebraischen Herangehensweise

Aufgabe 4 – eingeschätzter Nutzen der algebraischen Herangehensweise		
Kategorie	Beschreibung	Ankerbeispiel
Aufgaben-perspektive	Eine Aufgabe mathematisch zu durchdringen, macht es einfacher diese zu adaptieren, andere Anregungen zum Entdecken zu finden, Aufgabenstellungen für Schüler:innen zu finden, etc.	Durch das mathematische Durchdringen fällt es mir leichter, Aufgaben für meine Schüler zu entwickeln. So kann ich verschiedene Aufgabenstellungen erstellen. Ich erkenne das Potenzial der Aufgabe.
Individuelle Lehrende-perspektive	Es wird beschrieben, dass durch die algebraische Lösung Zusammenhänge verdeutlicht und verallgemeinert werden können.	Die algebraische Herangehensweise unterstützt das Erkennen von Zusammenhängen. Mit der algebraischen Herangehensweise verstehe ich die Strukturen der Zahlenketten besser $2 - 5 - 7 - 12$ $2 - 5 - 2 + 5 - 5 + 2 + 5$
Lernenden-perspektive	Wenn die mathematische Struktur durchdrungen worden ist, dann kann der Lehrende Schüler:innenlösungen besser nachvollziehen und weiß worauf die Schüler:innen achten sollen.	Es wird durch das algebraische Lösen deutlicher, welche Schüler:innenlösungen möglich sind. Die algebraische Herangehensweise hilft dabei, Schüler:innenlösungen zu verstehen und mathematisch zu ergründen, was gedacht worden ist, wo Fehler sind, was richtige Gedanken sind

(Fortsetzung)

6.5 Schriftliche Standortbestimmungen

Tabelle 6.9 (Fortsetzung)

Aufgabe 4 – eingeschätzter Nutzen der algebraischen Herangehensweise

Kategorie	Beschreibung	Ankerbeispiel
Schnelligkeits-perspektive	Die Schnelligkeit wird gesteigert und erleichtert das Erkennen von Fehlern.	Mit der Formel kann man schneller überprüfen, ob Ergebnisse richtig sind.
Begründung gegen Sinnhaftigkeit	Es werden Argumente gefunden, oder Empfindungen beschrieben, die gegen die algebraische Herangehensweise sprechen.	Für mich ist es nicht sinnvoll, sich das algebraisch anzuschauen. Ich konnte das algebraische nicht, deswegen hilft es mir auch nicht weiter.

Die fünfte Aufgabe umfasst die Erhöhung der zweiten Startzahl bzw. linken Additionszahl bei den Zahlengittern um 100 statt um Eins. Hier sollen die Probanden vermuten, was passiert und ihre Vermutung begründen. Dazu ergeben sich auch hier wieder vier Kategorien, die in unterschiedlichen Abstufungen richtig sind und eine weitere Kategorie beinhaltet unzutreffende Vermutungen. Tabelle 6.10 stellt alle Kategorien von Aufgabe fünf dar.

Tabelle 6.10 Kategorien der aufgestellten Vermutungen

Aufgabe 5 – Vermutungen aufstellen

Kategorie	Beschreibung	Ankerbeispiel
(Beispiel &) Begründung	Mit oder ohne Beispiel wird eine Begründung dafür gegeben, dass sich die Zielzahl um 200 erhöht. Algebraisch wird gezeigt, dass sich die Zielzahl um 200 erhöht.	Weil die 2. Startzahl zweimal in die Zielzahl eingeht, erhöht sich die Zielzahl um 200. Qa – b – a + b – a + 2b → a – b + 100 – a + b + 100 – a + 2b + 200
Beispiel mit Beschreibung	An Beispielen wird gezeigt, dass sich die Zielzahl um 200 erhöht. Dabei müssen entweder 2 eigene Bsp. gerechnet werden, oder das eine muss mit Zahlenketten aus der Aufgabe vergleichbar sein. Es erfolgt keine Begründung, es ist eher beschreibend/ feststellend.	2 – 105 – 107 – 212 Die Zielzahl wird um 200 größer.

(Fortsetzung)

Tabelle 6.10 (Fortsetzung)

Aufgabe 5 – Vermutungen aufstellen

Kategorie	Beschreibung	Ankerbeispiel
Beschreibung ohne Beispiel	Ohne ein Beispiel wird beschrieben, dass sich die Zielzahl um 200 erhöht. Eine Begründung gibt es nicht.	Die Zielzahl wird um 200 größer.
Beispiel ohne Beschreibung	Es wird ein Beispiel oder es werden mehrere Beispiele gerechnet, ohne zu beschreiben, was sich verändert und ob das immer so ist.	2 – 105 – 107 – 212 (Vergleich zur Zahlenkette im Beispiel) Selbstgewähltes Beispiel: 1 – 1 – 2 – 3 1 – 101 – 102 – 203
unzutreffende Vermutung	Das Ergebnis ist nicht richtig – entweder gerechnet oder vermutet.	Die Zielzahl wird um 100 größer.

Die Kategorien eignen sich, um einen Überblick über die Eingangs-, Abschluss- und Verbesserungswerte der Teilnehmenden zu erhalten. Die Ergebnisse der Teilnehmenden konnten so alle eingenordet werden, sodass zunächst Mittelwerte berechnet und verglichen werden können. Zudem können mit dem Wilcox Test Signifikanzen errechnet werden, sodass Aussagen über die fachliche und fachdidaktische Entwicklung der Probanden über die Dauer der Fortbildungsmaßnahme hinweg getroffen werden können.

Um aber aus allen individuellen Lösungen Gruppen bilden zu können, stehen bei einer solchen Einordnung einige Aspekte im Fokus, während andere weniger anvisiert und wieder andere in diesen Kategorien nicht separat betrachtet werden können. So wurde hierbei nicht unterschieden, in welcher Darstellungsform begründet wurde oder ob die grundschulgemäße Begründung sprachlich kindgerecht formuliert wurde, um die entstehenden Teilgruppen nicht zu sehr zu unterscheiden und somit sehr klein werden zu lassen. In das bestehende Kategoriensystem konnte jede Teilnehmendenlösung einsortiert werden, sodass viele Facetten abgedeckt werden konnten. Um aber auch andere Aspekte in den Blick zu nehmen, werden alle Lösungen auch noch einmal aus einem anderen Blickwinkel betrachtet, der vor allem das algebraische Denken anvisiert. Das dazu aus der Theorie hergeleitete Analyseinstrument wird im Folgenden vorgestellt.

Die entstandenen Werte der Teilnehmenden werden bei der Darstellung der Ergebnisse zunächst deskriptiv verortet. Anschließend erfolgt auch hier eine Betrachtung der Signifikanz der Veränderungen mit Hilfe der in Abschnitt 6.4.2 beschriebenen statistischen Testverfahren.

Modell zum algebraischen Denken in operativstrukturierten Aufgabenformaten

Aus den sieben Merkmalen des algebraischen Denkens für das Bilden von Regeln für funktionale Zusammenhänge nach Kieboom, Magiera und Moyer (2014, vgl. Abschnitt 6.4.2) lassen sich für die Begründungen – sowohl auf grundschulgemäßer als auch auf algebraischer Ebene – Elemente ausmachen, die die Lösungen voneinander unterscheiden und die in besonderer Weise abbilden, was sich bei einem Teilnehmenden verändert hat zwischen den beiden Erhebungszeitpunkten. Aber auch die Blickrichtung der Vergleiche zwischen Teilnehmenden kann durch diese Analyse eingenommen werden.

In der übersetzten Fassung nach Kieboom und Kolleginnen lassen sich folgende sieben Grundhaltungen ausmachen (vgl. Abschnitt 6.4.2):

1. Informationen organisieren können
2. Muster verarbeiten können
3. Informationen einteilen können
4. Regel beschreiben können
5. Repräsentation variieren können
6. Veränderung beschreiben können
7. Regel begründen können (Kieboom et al., 2014)

Da es sich in der Standortbestimmung um Aufgabenformate mit einer operativen Veränderung handelt, müssen einige Adaptionen vorgenommen werden, um die Ergebnisse der Standortbestimmung damit aussagekräftig auswerten zu können. Als erstes lässt sich feststellen, dass die Muster, die erkannt werden, auf zwei unterschiedlichen Ebenen liegen können – so kann entweder das Muster der operativen Veränderung fokussiert werden oder aber das Muster, das sich aus der Bildungsregel ergibt. Hierbei wird im Folgenden auch von der horizontalen Betrachtung gesprochen, wenn die Bildungsregel fokussiert wird, und von der vertikalen Sichtweise, wenn die operative Veränderung zwischen unterschiedlichen Objekten betrachtet wird. Zweitens folgt daraus, dass ab dem 6. Punkt – dem Beschreiben der Veränderung – eine *gemeinsame* Veränderung betrachtet werden soll. Das heißt, um diese Veränderung beschreiben zu können, müssen sowohl die Bildungsregel als auch die operative Veränderung wahrgenommen und beschrieben werden. Eine Begründung für die Veränderung der Zielzahl kann nicht nur auf einer der beiden Ebenen geführt werden, sodass sie vollständig sein könnte, denn es müssen beide Blickrichtungen eingeschlossen werden. Drittens ist davon auszugehen, dass die ersten drei Schritte erfolgt sind, wenn zu dem vierten Punkt etwas notiert wird. Es kann anhand der schriftlichen Lösungen der Teilnehmenden nicht erkannt werden, ob und inwiefern sie die Informationen organisiert und

das Muster verarbeitet haben. Es kann dabei aber durchaus sein, dass die Teilnehmenden mehr Muster wahrgenommen und verarbeitet haben, als sie nachher in ihrem Produkt in der Standortbestimmung zeigen. Da in den Lösungen also erst die beschriebenen Regeln erkennbar werden, werden die ersten drei Punkte ausgegraut, sind aber ausdrücklich eingeschlossen, sobald eine (lokale) Regel beschrieben wird. Viertens kann in der hier adaptierten Version durchaus eine gewisse Schrittigkeit in den Punkten gesehen werden – so muss beispielsweise erst ein Muster erkannt werden, bevor es beschrieben und durch die dahinterliegende Struktur (Akinwunmi & Lüken, 2021) begründet werden kann. „Die ausgewiesenen Kompetenzerwartungen dürfen unter keinen Umständen nur auf Musterebene, also beim Erkennen, Beschreiben und Fortsetzen von Regelmäßigkeiten auf Phänomenebene stehen bleiben, sondern müssen den Fokus ebenso auf die Erforschung der dahinterliegenden Strukturen legen" (Akinwunmi & Lüken 2021, S. 22). Es muss aber nicht zwangsläufig die Repräsentation gewechselt werden – daher wird dieser Punkt ausgelagert.
Es ergibt sich also Abbildung 6.20.

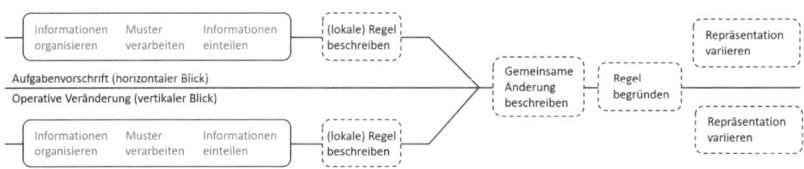

Abbildung 6.20 Erweitertes Modell zum algebraischen Denken

Die Regel, die beschrieben werden kann, wird dabei als lokal bezeichnet, wenn die Beschreibung beispielgebunden bleibt und nicht ersichtlich wird, ob der oder dem Lösenden bewusst ist, dass diese Regel für beliebige Zahlwerte gilt und somit dem Variablenaspekt der Unbestimmten entspricht (Malle, 1993; vgl. Abschnitt 4.2 und Abschnitt 4.3). Ist die Regel allgemeingültig, wird das lokal gestrichen.

Da beide Ebenen, also sowohl die operative Veränderung als auch die Bildungsregel, separat in der Repräsentationsform variiert werden können, sind beide Elemente voneinander unterschiedlich. Unter veränderter Repräsentation werden hier nur von Zahlen und Schriftsprache veränderte Darstellungsformen gezählt. Natürlich ist der Wechsel zwischen Zahlsymbolen und Schriftsprache im klassischen Sinne ein Darstellungswechsel (Kuhnke, 2013), aber hier wenig aussagekräftig, um zu entscheiden, inwiefern die Regel oder Veränderung unterschiedlich repräsentiert werden kann. Dies ist vor allem bei den

6.5 Schriftliche Standortbestimmungen

grundschulgemäßen Begründungen (Aufgaben A2 und B2) der Standortbestimmung relevant. Bei den algebraischen Lösungen hingegen wird es als geänderte Repräsentation gewertet, sobald in die algebraische Symbolsprache – sprich Variablen – überführt wurde.

Ist eine Facette des algebraischen Denkens durch eine Lösung angesprochen, ist diese fettgedruckt. Wird einer dieser Punkte angedeutet oder implizit angesprochen, ist dieses Element kursiv gedruckt. Da auf Grundlage der schriftlichen Lösungen keinerlei Aussagen zu den ersten drei Punkten gemacht werden können, werden diese Punkte der Übersicht halber in der Darstellung nicht abgebildet, obwohl davon ausgegangen wird, dass diese immer auch angesprochen sind, sobald eine Regel beschrieben wird. Eine Lösung, bei der alle Facetten angesprochen sind, wird in Abbildung 6.21 dargestellt.

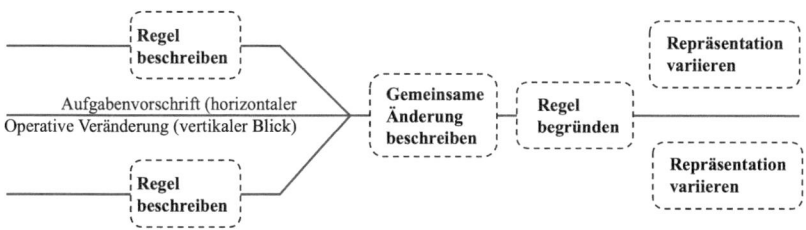

Abbildung 6.21 Modell zum algebraischen Denken

Um zu verdeutlichen, wie gut die beiden dargestellten Auswertungsfoki einander ergänzen und wie unterschiedlich die gesetzten Schwerpunkte ausfallen, werden zwei Beispiele gegenüberstellend beschrieben.

Wird zunächst das Beispiel von Ankl (vgl. Abbildung 6.22) betrachtet, zeigt sich, dass eine Beschreibung der veränderten Zahlen in schriftsprachlicher Form vorliegt. Die dritte Zahl wird zwar erwähnt, eine Ursache für die Erhöhung wird aber nicht benannt. Daher ist dieses Beispiel der dritten Kategorie „Beschreibung aller veränderter Zahlen" zuzuordnen.

Betrachtet man für dieses Beispiel hingegen die habits of mind, zeigt sich, dass hier die operative Veränderung beschrieben wird. Es wird folglich die vertikale Blickrichtung eingenommen. Die Beschreibung bleibt dabei auf lokaler Ebene, da nicht deutlich wird, ob dies auf andere Beispiele übertragbar ist.

Auf den ersten Blick, sieht die Lösung von Heha (vgl. Abbildung 6.22) deutlich anders aus. Anstelle einer schriftsprachlichen Beschreibung der Veränderung, gibt Heha an, dass eine Zeichnung verwendet werden würde.

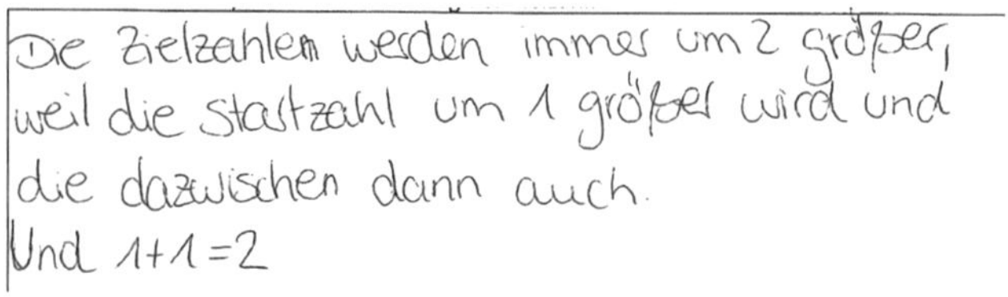

Die Zielzahlen werden immer um 2 größer,
weil die Startzahl um 1 größer wird und
die dazwischen dann auch.
Und 1+1=2

Abbildung 6.22 Eingangsstandortbestimmung – grundschulgemäße Begründung – Zahlenketten (Ankl)

Ich würde eine Zeichnung verwenden
z.B.

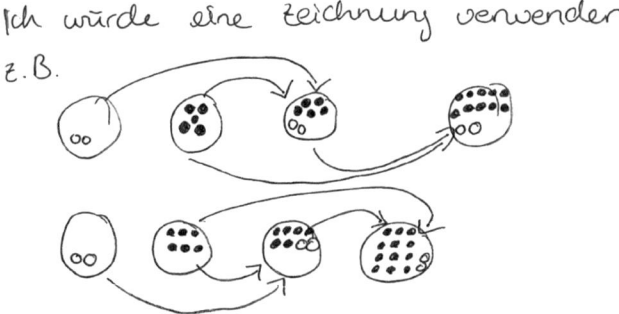

Abbildung 6.23 Eingangsstandortbestimmung – grundschulgemäße Begründung – Zahlenketten (Heha)

Da in Abbildung 6.23 weder in der Darstellung noch in erläuternden beziehungsweise begründenden Begleittext eine Begründung auszumachen ist, wird dieses Beispiel auch als eine reine Beschreibung der veränderten Zahlen gewertet. Die zweite Startzahl wird im Beispiel um Eins erhöht, so dass davon ausgegangen werden kann, dass dies eventuell der Erklärungsfokus der dargestellten Zeichnung sein sollte. Dies ist also – ebenso wie die Lösung von Ankl (vgl. Abbildung 6.22) trotz der Unterschiedlichkeit – der dritten Kategorie „Beschreibung aller veränderter Zahlen" zuzuordnen.

Betrachtet man auch für dieses Beispiel die habits of mind, zeigt sich das hier durch das Nutzen der nonverbalen Forschermittel der Pfeile vermutlich die Bildungsregel dargestellt werden sollte. Die Aufgabenvorschrift wird somit lokal beschrieben, da hier auf ein konkretes Zahlenbeispiel Bezug genommen wird. Die Repräsentationsform wird für beide Blickrichtungen variiert, da mit Plättchen gearbeitet wird.

Es zeigt sich somit deutlich, dass obwohl die Aufgabe sehr unterschiedlich bearbeitet wird, die Schwerpunktsetzung des Kategoriensystems beide Lösungen gleich einordnet. Die Schwerpunktsetzung des Analyse Tools der habits of mind des algebraischen Denkens hingegen zeigt, dass Ankl und Heha unterschiedliche Facetten in ihrer Lösung beleuchten. Zusammenfassend kann also festgehalten werden, dass beide Analyseinstrumente ihre Berechtigung haben, da sie aus unterschiedlichen Schwerpunktsetzungen entstanden sind und somit unterschiedliche Elemente der Lösungen fokussieren. Nichtsdestotrotz, vielleicht aber auch gerade deswegen, ergänzen sie einander sehr gut, sodass die Betrachtung aller Lösungen der Teilnehmenden aus beiden Analysefoki und somit mit beiden Analyseinstrumenten zum Erkenntnisgewinn beiträgt.

Neben den schriftlichen Erhebungen werden ebenso ausgewählte Teilnehmende interviewt. Auch dazu werden nun Stichprobe, Erhebungsinstrument und Auswertungsmethoden vorgestellt.

6.6 Halbstandardisierte Interviews

Um die schriftlichen Daten aus den Fragebögen sowie den Standortbestimmungen durch weitere qualitative Daten stützen und Erklärungsansätze finden zu können, werden halbstandardisierte Interviews mit ausgewählten Teilnehmenden durchgeführt. Diese werden zur Unterstützung der Ergebnisse der ersten und zweiten Forschungsfrage herangezogen, um die Daten mit Hilfe von Selbstaussagen der Interviewten untermauern zu können. Die Interviews erfolgten auf freiwilliger Basis zusätzlich zu den Präsenzterminen der Fortbildungsmaßnahme in der Freizeit der teilnehmenden Lehrkräfte. Daher ist davon auszugehen, dass die hier interviewte Stichprobe eine Positivselektion darstellt.

Stichprobe

Die Interviews werden zum einen vor der Fortbildungsmaßnahme durchgeführt, um Kenntnisstände und Erfahrungen, aber auch Wünsche und Erwartungen der Teilnehmenden zu erfassen. An den Eingangsinterviews nahmen insgesamt acht Lehrkräfte teil. Zum anderen werden nach der Fortbildungsmaßnahme Abschlussinterviews geführt. Hier werden sowohl die Designprinzipien (vgl. Kapitel 7) als auch die Selbstwirksamkeitserwartungen der Lehrkräfte und der eigene Unterricht fokussiert.

Im Anschluss an die Fortbildungsmaßnahme nahmen sieben Lehrkräfte an dem Interview teil, von denen schon sechs auch am Eingangsinterview teilgenommen haben. Hier werden sowohl die Überzeugungen, die Designprinzipen als auch die Erfahrungen im Unterricht thematisiert. Somit erfolgt „die Erhebung informationsreicher Daten, also z. B. Interviews" (Flick, 2014, S. 192).

Der Einfachheit halber werden die Interviews telefonisch durchgeführt, da durch die Ausschreibung im gesamten Regierungsbezirk Arnsberg die Strecken der Anfahrt erheblich ausfallen konnten. Dies ist „eine zunehmend beliebter werdende, schnelle und preiswerte Interviewvariante" (Bortz & Döring, 2006, S. 239).

6.6.1 Erhebungsinstrument

Die Daten sind mit Hilfe von halbstandardisierten Interviews erhoben worden. „Charakteristisch für diese Befragungsform ist ein Interview-Leitfaden, der dem Interviewer mehr oder weniger verbindlich die Art und die Inhalte des Gesprächs vorschreibt" (Bortz & Döring, 2006, S. 239). Es werden aber – anders als beim standardisierten Interview – Spielräume für Nachfragen, Zusatzfragen und ähnlichem eröffnet. „Der für das *Leitfadeninterview* namensgebende Interviewleitfaden dient [...] der Vermittlung der beiden gegensätzlichen Anforderungen von Strukturiertheit und Offenheit im Interview" (Strübing, 2013, S. 92; Hervorhebung im Original). Dabei werden Fragen bezüglich des Wissens, der Überzeugungen oder auch beispielsweise des Lernzuwachses mit Erzählaufforderungen verbunden (Flick, 2014), sodass eine Offenheit entsteht – Leitfadeninterviews gelten daher als offenes Verfahren der qualitativen Methoden (Flick, 2019).

Der Leitfaden soll zum einen zu einer gewissen Vergleichbarkeit der Interviews mit den verschiedenen Interviewteilnehmenden dienen, aber auch das Entstehen eines nahezu alltäglichen Gesprächs ermöglichen (Strübing, 2013). Um dies zu ermöglichen ist neben einem guten und strukturierten Interviewleitfaden vor allem auch die Gesprächsatmosphäre und die -führung von zentraler Bedeutung. Dazu gehört vor allem auch das Aufgreifen von Nachfragemöglichkeiten (Hopf, 1978).

Die Interviews vor der Fortbildungsmaßnahme umfassen drei Hauptaspekte: (1) das Mathematikbild, (2) inhalts- und prozessbezogene Kompetenzen sowie (3) Erwartungen an die Fortbildungsmaßnahme. Dabei werden jeweils unterschiedliche Facetten beleuchtet.

Das Mathematikbild umfasst sowohl Fragen zu Mathematik als solcher als auch zu gutem Mathematikunterricht. Letzteres kann sich dabei nicht nur auf das Lehren, sondern auch auf Lernen oder Vorbereiten beziehen. Je nach Antwort der Teilnehmenden kann die Selbstwirksamkeitserwartung ebenfalls angesprochen werden.

6.6 Halbstandardisierte Interviews

Der Bereich der inhalts- und prozessbezogenen Kompetenzen umfasst freie Erzählanlässe zum eigenen Unterricht. Zusätzlich wird das Wissen über die prozessbezogenen Kompetenzen des Lehrplans erfasst.

Die Erwartungen an den Kurs umfassen inhaltliche und methodische Erwartungen der Teilnehmenden, um einen besseren Überblick über die Bedarfe der fachfremd unterrichtenden Grundschullehrkräfte zu erhalten.

Das Abschlussinterview ist umfangreicher. Es werden insgesamt sechs Facetten erfragt. Die ersten beiden Aspekte – das Mathematikbild und die inhalts- und prozessbezogenen Kompetenzen – werden analog zum ersten Interview erhoben. Hier kann der direkte Vergleich als Veränderung der Überzeugungen oder Zuwachs von Wissen bezüglich der Kompetenzen des Lehrplans erfasst werden. Zusätzlich wird die generelle Zufriedenheit sowie die Wahrnehmung der einzelnen Designprinzipien erfragt. Die fünfte Facette, die in den Interviews nach der Fortbildungsmaßnahme erhoben wird, ist die des selbstberichteten Lernzuwachses und der Veränderungen im Unterricht. Als letztes wird erfragt, inwiefern ein Zusammenhang zwischen dem Besuch der Fortbildungsmaßnahme und den Veränderungen wahrgenommen wird (Tabelle 6.11).

Tabelle 6.11 Interviewleitfaden

Mathematikbild		
Leitfrage	**Fragen zur Aufrechterhaltung des Gesprächsflusses**	**Memospalte**
Was fällt dir ein, wenn Du an Mathematik denkst?	• Wie würdest du das Fach be-schreiben? • Welche Erfahrungen hast du selbst – als Lernende – mit Mathematik gemacht? • Inwiefern magst du Mathematik?	
Was ist Deiner Meinung nach für guten Mathematikunterricht wichtig?	• Was ist Deiner Meinung nach wichtig für das Lehren von Ma-thematik? • Was ist Deiner Meinung nach wichtig für das Lernen von Ma-thematik? • Was ist Deiner Meinung nach wichtig für eine gute Vorbereitung deines Mathematikunterrichts?	• Wesen von Mathematik • Lehren und Lernen von Mathematik • Gestaltungsprinzipien • Förderung prozessbezogene Kompetenzen • Selbstwirksamkeit

(Fortsetzung)

Tabelle 6.11 (Fortsetzung)

Mathematikbild

Leitfrage	Fragen zur Aufrechterhaltung des Gesprächsflusses	Memospalte
Nimm bitte Stellung zu folgenden Aussagen: „In der Mathematik ist es nicht nur wichtig, die richtige Lösung zu finden, sondern auch zu verstehen, warum diese Lösung richtig ist." „Lehrpersonen sollten Schüler:innen ermutigen, eigene Lösungen für mathematische Aufgaben zu finden, auch wenn diese nicht effizient sind." „Das selbstständige Entdecken von Lösungsstrategien kostet zu viel Zeit."		
Was sollen Deine Schüler und Schülerinnen am Ende dieses Schuljahres in Mathematik gelernt haben? Nenne mal alles, was Dir einfällt.	• Was sind die zentralen Themen, was kann u. U. wegfallen? • Welche Bereiche kommen ggf. in Deinem Unterricht zu kurz? • Welche Herausforderungen stellen sich Dir bei der Behandlung dieser Themen/Inhalte? • Wenn Du am Ende des Schuljahres auch eine Note geben müsstest, an welchen Kompetenzen würdest du dich vorrangig orientieren? Warum? Anknüpfen an Aufgeschriebenes: • Kannst du dazu Aufgabenbeispiele nennen? • Wie setzt du das im Unterricht um?	• Inhalte Zahlen und Operationen Raum und Form Größen und Messen Daten, Häufigkeiten, Wahr. • Prozessbezogene Kompetenzen
Im Lehrplan gibt es neben inhaltlichen Kompetenzen auch prozessbezogene. Welche prozessbezogenen Kompetenzen aus dem Lehrplan kennst du?	• Was verstehst du darunter? • Was ist Deiner Meinung nach wichtig für die Förderung der pbK? • Wie kann man sie im Unterricht fördern? • Wie würdest du das Verhältnis von inhalts- und prozessbez. Kompetenzen charakterisieren? (ggf. pbK einführen ins Gespräch)	• Prozessbezogenes Problemlösen/kreativ sein Modellieren Argumentieren • Darstellen/Kommunizieren
Inwiefern hat sich die Teilnahme an dem Kurs für dich gelohnt? Warum? Warum nicht?	• Wurden deine inhaltlichen Erwartungen erfüllt? • Was hast du gelernt? • Was würdest du dir noch wünschen?	

(Fortsetzung)

6.6 Halbstandardisierte Interviews

Tabelle 6.11 (Fortsetzung)

Mathematikbild

Leitfrage	Fragen zur Aufrechterhaltung des Gesprächsflusses	Memospalte
Kommen wir zuerst einmal zum Dreischritt aus Planung, Durchführung, Reflexion. Inwiefern haben die gemeinsamen Planungsphasen Deinen Unterricht beeinflusst?	• Als wie sinnvoll hast du die Planungszeit wahrgenommen? • Inwiefern hat die Zusammenarbeit mit den Kursteilnehmern bei der Planung geholfen? • Wie hast du die Planung direkt nach der Bearbeitung des Aufgabenformates empfunden?	1) Schaffung gemeinsamer Planungsphasen • Zeit angemessen? • Sofort nach dem Input?
Wie hast du den Unterricht wahrgenommen, den ihr in den Präsenzsitzungen geplant habt?	• Konntest du deine geplanten Einheiten durchführen? • Wenn ja, wie hast du die Stunden erlebt? • Wenn nein, welche Gründe gab es dafür? Hast du Anregungen, wie man das verbessern könnte? An welchen Stellen hättest du dir mehr Unterstützung gewünscht?	2) Schaffung individueller Erprobungsphasen • Durchführung ja oder nein?
Inwiefern haben die gemeinsamen Reflexionsphasen zu Beginn einer Sitzung deine Lernentwicklung beeinflusst? Warum hast du es (nicht) gemacht? Hast du Vorschläge, was anders gemacht werden könnte, um das mehr zu nutzen?	• Als wie sinnvoll hast du die Reflexionszeit wahrgenommen? • Hast du selbst mal etwas vorgestellt? Wenn ja, wie hast du es empfunden? Wenn nicht, gab es Gründe dafür? • Als wie hilfreich hast du die Beiträge der anderen empfunden?	3) Schaffung gemeinsamer Reflexionsphasen • Selbst vorgestellt? • Vorstellung anderer hilfreich?

(Fortsetzung)

Tabelle 6.11 (Fortsetzung)

Mathematikbild

Leitfrage	Fragen zur Aufrechterhaltung des Gesprächsflusses	Memospalte
Was hast du aus der Auseinandersetzung mit den Aufgabenformaten – wie Zahlenmauern oder Zahlenketten – gelernt? Wie hast du die Balance zwischen mathematischem Durchdringen der Aufgaben und Unterrichtsbezug – zum Beispiel durch Veranschaulichungen – wahrgenommen?	• Wodurch hast du am meisten gelernt? • Inwiefern hat sich dein Umgang mit anderen Aufgabenformaten nun auch geändert? • Inwiefern hat sich deine Unterrichtsvorbereitung insbesondere in Bezug aus Aufgabenformate geändert?	4) Auseinandersetzung mit Aufgabenformaten – zur Anregung von Weiterentwicklung der mathematischen Kompetenz
Inwiefern hat die Auseinandersetzung mit Schülerdokumenten deinen Lernzuwachs beeinflusst?	• Wodurch hast du am meisten gelernt? • Inwiefern hast du eine gemeinsame Analyse der Schülerdokumente als hilfreich empfunden?	5) Auseinandersetzung mit Schülerprodukten – zur Anregung von Weiterentwicklung der mathematischen und mathematikdidaktischen Kompetenzen
Ich würde dich zunächst gerne fragen: Wie intensiv hast du die primakom-Seite genutzt? Inwiefern hat die Auseinandersetzung mit der Onlineplattform primakom deinen Lernzuwachs beeinflusst?	• Gibt es Gründe warum / warum nicht genutzt?	6) Einbeziehung von Selbststudiumsphasen mit primakom
Wie hast du die Balance zwischen fachlichem und fachdidaktischem Lernen wahrgenommen?	• Inwiefern hättest du dir mehr fachliches/mehr didaktisches gewünscht? • Inwieweit hast du eine Ausgeglichenheit zwischen beidem wahrgenommen?	7) Zusammenführung von fachlichen und fachdidaktischen Elementen

(Fortsetzung)

6.6 Halbstandardisierte Interviews

Tabelle 6.11 (Fortsetzung)

Mathematikbild

Leitfrage	Fragen zur Aufrechterhaltung des Gesprächsflusses	Memospalte
Inwiefern hat sich dein Unterricht durch die Fortbildung verändert?	• Was hast du gelernt? • In welchem Bereich ist dein Lernzuwachs Deiner Meinung nach am höchsten? • Wodurch hast du am meisten gelernt? • Was hat Deiner Meinung nach am wenigsten zum Lernertrag beigetragen? • Was hat sich in der Planung geändert? • Was hat sich im Unterricht konkret geändert?	
Inwiefern hat sich etwas an Deiner Herangehensweise an Aufgaben, die du im Unterricht einsetzen willst, etwas verändert? Wie könntest du das beschreiben?		
Inwiefern hat sich Deine Meinung zu gutem Mathematikunterricht im Verlauf der Fortbildung geändert? Kommen wir nun zur letzten Frage:	• Inwiefern hat sich dein Unterricht im Laufe der Fortbildung geändert? • Kannst du an etwas festmachen, warum sich dein Mathematikbild verändert/nicht verändert hat?	
Wir sind jetzt am Ende des Interviews angelangt. Gibt es noch etwas, was du ergänzen oder noch loswerden möchtest?		

Zusammenfassend lässt sich folglich festhalten, dass die Leitfadeninterviews genutzt werden, um Überzeugungen zu Mathematik und Wissen über fachdidaktische Inhalte sowie die Wahrnehmung der Designprinzipien der Fortbildungsmaßnahme zu erfassen. Wie diese entstandenen Interviews ausgewertet werden, führt das nächste Teilkapitel aus.

6.6.2 Auswertungsmethoden

„Qualitative Auswertungsverfahren interpretieren verbales bzw. nichtnumerisches Material und gehen dabei in intersubjektiv nachvollziehbaren Arbeitsschritten vor" (Bortz & Döring, 2006, S. 331). Dabei werden die erhobenen Interviewdaten der vorliegenden Untersuchung angelehnt an die qualitative Inhaltsanalyse nach Mayring (2010) ausgewertet. Dazu wird diese nun kurz vorgestellt.

„Im Zentrum steht dabei immer die Entwicklung eines Kategoriensystems" (Mayring, 2005, S. 61). „Idealtypisch werden Kategoriensysteme entweder **induktiv** aus dem Material gewonnen oder **deduktiv** (theoriegeleitet) an das Material herangetragen. In der Praxis sind Mischformen gängig" (Bortz & Döring 2006, S. 330; Hervorhebung im Original), so wie es auch in der vorliegenden Untersuchung gemacht wird. Dabei gibt es drei essenzielle Schritte: (1) Zusammenfassung, (2) Explikation und (3) Strukturierung.

In der zusammenfassenden Analyse wird das Interviewmaterial zunächst auf abstrahierte Facetten reduziert (Mayring, 2010). „Zu den Arbeitsgängen der zusammenfassenden Inhaltsanalyse gehören Paraphrasierung, […] Generalisierung (konkrete Beispiele werden verallgemeinert) und Reduktion (ähnliche Paraphrasen werden zusammengefasst)" (Bortz & Döring, 2006, S. 331). So wird der Umfang reduziert und ein Fokus auf einige zentrale Aspekte entsteht.

In der explizierenden Analyse werden eineindeutige oder unklare Interviewausschnitte genauer beleuchtet, um unter Zuhilfenahme externer Materialien das Verständnis zu erweitern (Mayring, 2010; Bortz & Döring, 2006).

Die letzte Phase der strukturierenden Analyse hat zum Ziel „bestimmte Aspekte aus dem Material herauszufiltern, unter vorher festgelegten Ordnungskriterien einen Querschnitt durch das Material zu legen oder das Material aufgrund bestimmter Kriterien einzuschätzen" (Mayring, 2010, S. 67).

Vor allem durch die systematische Vorgehensweise zeichnet sich die Inhaltsanalyse aus, was ein wesentliches Unterscheidungsmerkmal zu anderen Verfahren darstellt (Mayring, 2010). Somit entsteht das gewünschte Kategoriensystem, mit dem die vorliegenden Interviews analysiert werden. Damit dieses vom jeweiligen Rater unabhängig und somit reliabel ist, wird das Kategoriensystem hier von

6.6 Halbstandardisierte Interviews

zwei Ratern genutzt, die sich anschließend auf eine Position einigen. In wenigen Fällen sind einzelne Aussagen aber auch mehr als einer Kategorie zuzuordnen. Zur Verdeutlichung und Erklärung einzelner Ergebnisse der anderen Erhebungsmethoden – wie der Veränderung der Überzeugungen, Selbstwirksamkeitserwartungen oder der Begründungen in den Standortbestimmungen – werden Interviewausschnitte herangezogen, die dabei einer zur Fragestellung relevanten Kategorie entnommen werden. So entsteht eine Vernetzung der unterschiedlichen Erhebungsinstrumente und Auswertungsmethoden.

In den hier vorliegenden Interviewdaten haben sich insgesamt 13 Kategorien, die induktiv-deduktiv entstanden sind, ergeben. Dabei werden unterschiedlichste Bereiche abgedeckt, wie beispielsweise Rückmeldungen zur Fortbildungsmaßnahme im Allgemeinen sowie Designprinzipien im Speziellen, das Selbstkonzept und berichtete Veränderungen im eigenen Mathematikunterricht (Tabelle 6.12).

Tabelle 6.12 Kategorien Abschlussinterviews

Kategorien Abschlussinterviews

Kategorie	Beschreibung	Ankerbeispiel
Designprinzip Zusammenführung Mathematik und Mathematikdidaktik	Es wird gesagt, inwiefern die Verbindung von mathematischen und mathematikdidaktischen Aspekten als sinnvoll empfunden wurde. Dabei wird auf beide Aspekte eingegangen – direkt oder indirekt.	Dass es eben nicht nur das, Algebraische ist, also so eine stumpfe Formel auswendig lernen und einsetzen, sondern, dass die Kinder da halt auch wirklich viel dran entdecken können und eben gerade, weil ich auch ein Kind hab, was da schon weitergeht, dass man das damit eben auch schon wieder fordern kann. Das da auch, ja, wirklich viel hintersteckt, was nicht nur reines auswendig Lernen ist, sondern wirklich auch probieren, dann Zusammenhänge verstehen, also joa wie sie da rangegangen sind, weil es jetzt auch so verschiedene Herangehensweise eben an solche Aufgabenformat gibt. (URMA 259–271)

(Fortsetzung)

Tabelle 6.12 (Fortsetzung)

Kategorien Abschlussinterviews

Kategorie	Beschreibung	Ankerbeispiel
Designprinzip Planung	Es wird gesagt, inwiefern das Designprinzip der Planung als sinnvoll empfunden wurde – dabei kann auf eigene Erfahrungen Bezug genommen werden.	Das [Planen]war sehr wichtig, weil man da ja noch komplett in dem Thema drin war und auch, dadurch, dass wir auch selber ausprobiert haben, gemerkt haben, wo sind vielleicht auch für die Kinder Knackpunkte, wo muss man gesondert drauf achten. (URMA 214–216)
Designprinzip Einbindung von primakom	Es wird gesagt, inwiefern die Einbindung von primakom genutzt und als sinnvoll empfunden wurde.	Vermutlich auch so ein bisschen nochmal diese Sicherheit, dass man durch PIKAS und primakom auch einfach rück…, dass man, dass so, auf Material zurückgreifen kann. (ANJO 322)
Designprinzip Schüler:innenprodukte	Es wird gesagt, inwiefern die Auseinandersetzung mit Schüler:innendokumenten als sinnvoll empfunden wurde.	Ich denke anhand der Schülerdokumente konnte ich einfach nochmal sehen, was ich vielleicht auch von meinen Kindern, erwarten kann. (BAEL 305)
Designprinzip Auseinandersetzung mit Aufgabenformaten	Es wird gesagt, inwiefern eine Weiterentwicklung der mathematischen Kompetenz erlebt wurde.	Wo ich auch zum An…, gerade zum Anfang – auch wenn es ja eigentlich sehr basal ist, aber dann auch für mich – starke Schwierigkeiten hatte das mathema…, mathematisch fachlich richtig zu begründen, wenn's um diese algebraische Begründung geht. (ANJO 162)
Selbstbericht: Veränderungen im Unterricht	Es wird über eine Veränderung des Unterrichts berichtet. Gründe für die Veränderung können, müssen aber nicht angegeben werden.	Mh, ich habe jetzt selber gemerkt, dass ich den Kinder mehr Raum gebe. Sondern, dass die Kinder das vorher machen, bevor man's dann nochmal gemeinsam macht. Also das habe ich vor – da vor der Fortbildung noch nicht so intensiv gemacht. (URMA 337)

(Fortsetzung)

Tabelle 6.12 (Fortsetzung)

Kategorien Abschlussinterviews

Kategorie	Beschreibung	Ankerbeispiel
Selbstbericht: Zugewinn an Flexibilität	Es wird über eine hinzugewonnene Flexibilität während des Unterrichts berichtet. Gründe für die Veränderung können, müssen aber nicht angeben werden.	Also, für mich war's wichtig mich genau davon zu lösen, dass es eben nicht eine Sache auswendig lernen ist und immer anwenden sondern, dass es eben auch verschiedene Lösungsansätze gibt, die auch richtig sind und dass man da nicht die Kinder in eine Richtung drängt, weil man selber so rechnet, sondern auch akzeptiert, wenn die Kinder andere Wege gehen. (URMA 62)
Visualisierungen in der Fortbildungsmaßnahme (u. a. Säckchendarstellung)	Es wird über die Säckchendarstellung bzw. über die Visualisierungen in der FoBi im Allgemeinen berichtet.	Also, ich weiß noch, wo bei den mit diesen Säckchen, die du uns gezeigt hattest. Irgendwie, ja, dadurch hab ich das dann echt gut verstanden und konnte das dann auch vor den Kindern irgendwie veranschaulichen, weil es das einfach nochmal einfacher gemacht hat. (KIRO 67)
Prozessbezogene Kompetenzen	Es wird auf die prozessbezogenen Kompetenzen eingegangen.	Aber gerade, finde ich auf Grundlage dieser prozessbezogenen– ja, einfach mal gucken, wie man da auch die verschiedenen Aufgabentypen irgendwie umsetzen kann. Weil ohne die Prozessbezogenen geht's ja nicht. (ANJO 174)
Wechsel zwischen Lernenden und Lehrenden Perspektive	Es wird auf Unterschiede durch Lernende und Lehrendenperspektive eingegangen.	Ich finde auch gerade als Lehrer, wenn man sich von dem Schüler erklären lässt, wie er zu dem Ergebnis gekommen ist einfach auch selber ganz aufschlussreiche Antworten bekommt, um so'n bisschen zu verstehen – gerade bei unseren vollen Klassen – wie einfach jedes einzelne Kind so'n bisschen denkt, um dem Kind einfach auch – vielleicht nicht nur in dieser Situation, sondern auch in anderen Situationen – besser zu helfen. (ANJO 66)

(Fortsetzung)

Tabelle 6.12 (Fortsetzung)

Kategorien Abschlussinterviews

Kategorie	Beschreibung	Ankerbeispiel
Mathematikangst	Es wird gesagt, inwiefern sich die Lehrkraft vor Mathematik oder dem fachfremd erteilten Mathematikunterricht ängstigt.	Also da finde ich einfach, ja, klar hat man das für alle Fächer, aber in Mathe hab ich irgendwie manchmal das Gefühl – vermutlich auch, weil ich selber mich nicht immer ganz sicher fühle, ja, dass man einfach Angst hat den Kindern was Falsches beizubringen oder auch einfach Fehlkonzepte zu entwickeln. (ANJO 302)
Selbstkonzept	Es wird direkt oder indirekt drauf eingegangen, wie der/die Interviewte sich selbst einschätzt. Veränderungen können, müssen aber nicht berichtet werden.	Weil ich eher die Probleme hatte, dass ich in diesem komplett mathematischen Denken drin war mit Formeln und das eben auf Klasse eins Niveau runterzubrechen und dann auch wirklich so erklären zu können, dass es die Kinder verstehen. (URMA 168)
Übergreifendes Feedback Fortbildungsmaßnahme	Es wird auf die Fortbildungsmaßnahme im Allgemeinen eingegangen und die Methoden dieser bewertet.	Ich finde, dass sich das auf jeden Fall gelohnt hat, weil das ist bei mir, deswegen, das hat jetzt erstmal nichts Fachliches, aber ich fand die Atmosphäre einfach, ja, sehr angenehm. (ANJO 146)

Dabei stellen die hier genutzten Kategorien keinen Anspruch auf Vollständigkeit. „Es sollen damit aber auch – je nach Auswertungsmethode unterschiedlich organisierte – Fallvergleiche ermöglicht werden" (Strübing, 2013, S. 92), sodass auch die Unterschiedlichkeit der Teilnehmenden, zumindest in Teilen, verdeutlicht werden kann. Die Verknüpfung der unterschiedlichen Erhebungs- und Auswertungsmethoden steht bei der Erstellung des Kategoriensystems im Vordergrund, sodass es zum (beispielhaften) Erklären von Veränderungen und zur Überarbeitung der Fortbildungsmaßnahme und der entsprechenden Designprinzipien genutzt wird. Dementsprechend fokussieren die vorgestellten Kategorien die Designprinzipien und Selbstberichte sowie das Selbstkonzept des Interviewten.

Fortbildungsdesign 7

Zunächst wird im folgenden Kapitel vorgestellt, welche Designprinzipien – neben den Gestaltungsprinzipien des DZLM (vgl. Abschnitt 3.3) – in der untersuchten Fortbildungsmaßnahme leitend sind, wobei in gegenstandsübergreifende und gegenstandsspezifische Designprinzipien unterschieden wird. Um die Umsetzung exemplarisch zu zeigen, wird daran anschließend der Aufbau der untersuchten Fortbildungsmaßnahme präsentiert. Weiter reinzoomend erfolgt dann die Darstellung eines Moduls, um einen konkreten Einblick in eine Einheit der Fortbildungsmaßnahme zu geben.

7.1 Designprinzipien der Fortbildungsmaßnahme

Entsprechend der Fachdidaktischen Entwicklungsforschung (vgl. Abschnitt 6.1) wurde die Fortbildungsmaßnahme anhand aus der Literatur bekannter Kriterien geplant und durchgeführt sowie iterativ überarbeitet.

Die sechs Gestaltungsprinzipen des DZLM greifen ineinander und bedingen sich gegenseitig (vgl. Abschnitt 3.3). So ist beispielsweise die Reflexionsförderung in der Komplexität und dem Facettenreichtum nur dann möglich, wenn im Sinne der Lehr-Lern-Vielfalt mehr als ein Termin stattfindet, um die Möglichkeit der Umsetzung im eigenen Unterricht innerhalb der Distanzphase mit anschließender gemeinsamer Reflexion zu schaffen. Diese – in Abschnitt 3.3 ausgeführten – Gestaltungsprinzipien bilden somit auch für die vorliegende Fortbildungsmaßnahme die Grundlage, werden noch weiter ausdifferenziert und im Anschuss auf den spezifischen Gegenstand einer Fortbildungsmaßnahme für fachfremd unterrichtende Grundschullehrkräfte mit einem Schwerpunkt auf der Förderung der prozessbezogenen Kompetenzen übertragen. Es ergeben sich sowohl gegenstandsspezifische als auch -übergreifende Designprinzipien, die sich auf Grundlage der unterschiedlichen Kapitel ableiten lassen (Abbildung 7.1).

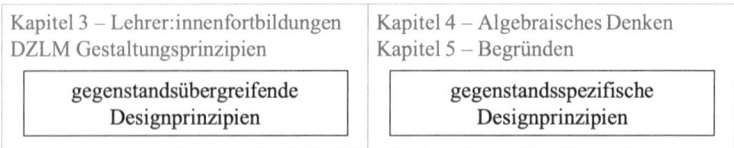

Abbildung 7.1 Ableitung der Designprinzipien

Dabei ist das dritte Kapitel und die darin herausgearbeiteten Beiträge der Forschung zur Wirksamkeit von und den Kernaspekten für Lehrer:innenfortbildungsmaßnahmen grundlegend für die Entwicklung der gegenstandsübergreifenden Designprinzipien. Die inhaltliche Schwerpunktsetzung der Fortbildungsmaßnahme, welche in den Kapiteln 4 und 5 theoretisch untermauert wurde, bildet die Grundlage für die gegenstandspezifischen Designprinzipien. Beide Bereiche werden nun vorgestellt.

7.1.1 Gegenstandsübergreifende Designprinzipien

Es erfolgt die Vorstellung der Gestaltungsprinzipien für die beforschte Fortbildungsmaßnahme für fachfremd unterrichtende Grundschullehrkräfte mit einem Schwerpunkt auf der Förderung der prozessbezogenen Kompetenzen.

Das Design der Fortbildungsmaßnahme berücksichtigt – neben den bereits beschriebenen Gestaltungsprinzipien aller DZLM Veranstaltungen – vor allem sieben projektspezifische Prinzipien. Dabei bilden die ersten fünf Designprinzipien durch vorherige Forschungen unterstützte gegenstandsübergreifende Prinzipien. Die weiteren zwei Designprinzipien hingegen sind gegenstandsspezifisch – also für diese Fortbildung im Allgemeinen und für die jeweiligen Ziele im Speziellen – erarbeitet worden.

Durch den Wechsel von Präsenz- und Distanzphasen, dem sogenannten „Sandwichprinzip" (Wahl, 2002), werden die ersten drei zentralen gegenstandsübergreifenden Designelemente des Fortbildungskurses ermöglicht (vgl. auch Abschnitt 3.2 und Abschnitt 3.3). Die Erprobung der in den Präsenzsitzungen erarbeiteten Themen und Inhalte durch die Teilnehmenden spielt eine wichtige Rolle. Wie in Abschnitt 3.1 bereits aufgeführt, hat sich gezeigt, „dass zu einer

7.1 Designprinzipien der Fortbildungsmaßnahme

hohen Akzeptanz der Fortbildung insbesondere ein enger Bezug zur eigenen unterrichtlichen Praxis" (Lipowsky & Rezjak, 2012, S. 2) beiträgt. Aber nicht nur auf Ebene der Zufriedenheit zeigen sich die Vorzüge der Praxisanbindung (vgl. Abschnitt 3.1 und Abschnitt 3.3). Um diese möglichst effektiv zu gestalten, untergliedert sich die Erprobung durch die Teilnehmenden in drei Teile, die auch gleichzeitig drei zentrale Designprinzipien darstellen.

Schaffung gemeinsamer Planungsphasen
Zum ersten erhalten die Teilnehmer:innen der Fortbildungsmaßnahme zum Ende einer jeden Präsenzsitzung Zeit, in Teams (nach unterrichtetem Jahrgang und Kooperationsteams an Schulen) das gerade Erlernte auf ihre eigenen Klassen zu adaptieren, erste Anregungen zu sammeln und sich auszutauschen, wie die konkrete Umsetzung aussehen kann. Planung von Unterricht zählt „zu den zentralen Aufgaben und Tätigkeiten von Lehrkräften […] und gilt damit als wichtige Zielkompetenz in der Lehrerbildung" (Buchholtz & König, 2015, S. 39). Auch Baumert und Kunter (2006) stellen die Unterrichtsplanung als eine zentrale Facette des Wissens und Könnens von Lehrpersonen heraus. Karlsson (i.V.) verweist in ihrer Dissertation auf ein notwendiges Ineinandergreifen unterschiedlicher Wissensbereiche, sodass die Komplexität der Unterrichtsplanung herausgestellt wird.

Um die fachfremd unterrichtenden Lehrkräfte eben auch in der umfangreichen und anspruchsvollen Tätigkeit des Planens unterstützen zu können, wurde in der untersuchten Lehrer:innenfortbildungsmaßnahme ausreichend Zeit zur Verfügung gestellt. Möglichst viel Unterstützung – sowohl durch die Leitungen des Kurses als auch durch die anderen Teilnehmenden – soll die Teilnehmenden sowohl befähigen als auch motivieren, Aufgabenstellungen oder ganze Reihen während der Distanzphase durchzuführen. Hierbei kann zunächst beispielsweise das Aufgabenformat oder die thematisierte prozessbezogene Kompetenz in den Unterricht der nächsten Wochen integriert werden. Es kann aber auch eine Reihe mit der Verknüpfung beider erarbeiteter Bereiche umgesetzt werden. Zudem können die Lehrer:innen durch die Planung für den eigenen Unterricht ebenfalls als „aktive Teilnehmer" (Barzel & Selter, 2015, S. 268) in die Fortbildungsmaßnahme eingebunden werden.

Schaffung individueller Erprobungsphasen
Diese Planung soll während der Distanzphasen dann individuell in der eigenen Klasse erprobt werden. „Ergiebiger als die Auseinandersetzung mit Dokumenten ist es aber häufig, selbst entsprechende Primärerfahrungen zu sammeln" (Selter,

2006, S. 61). Die Teilnehmenden sollten zudem „bereits während der Lehrerfortbildung durch den Dozenten motiviert werden die Lehrerfortbildungsinhalte in der Schule anzuwenden. Je höher die Motivation der Lehrenden ist, umso mehr steigt auch die Qualität[,] in der sie die Fortbildungsinhalte in das System Schule transferieren" (Vigerske, 2017, S. 253).

Um somit die Arbeit mit Schüler:innendokumenten während der Präsenzphasen zu ergänzen (vgl. Auseinandersetzung mit Schüler:innendokumenten in diesem Abschnitt) und die Erfahrungen zu sammeln und zu vertiefen, sollen die Teilnehmenden (nach Möglichkeit) eigene Unterrichtseinheiten und -elemente zum Inhalt der vergangenen Präsenzsitzung durchführen. So erhalten die Teilnehmenden des Fortbildungskurses die Möglichkeit, Praxiserfahrung zu sammeln, um die direkte Praxisanbindung zu gewährleisten und „daher auch Gelegenheiten zur Erprobung von Fortbildungsinhalten" (Bruder & Böhnke, 2014, S. 265) zu schaffen. Das Erhalten von leicht umsetzbaren Lehr-Strategien oder Materialien zählt zu den wichtigsten Gründen, die Lehrkräfte angeben, warum sie an einer Fortbildung teilnehmen (Krille, 2020). Um diese leichte Umsetzbarkeit erfahrbar zu machen, ist eine direkte Umsetzung von kleinen Teilen bis hin zu komplexen Vorhaben innerhalb der Distanzphase ein geeignetes Instrument.

„Die Verschränkung von theoretischen Lerninhalten mit Praxisphasen unterstützt das nachhaltige Lernen und erhöht den möglichen Lerntransfer" (Rösike et al., 2016, S. 12). Somit könnte das Erproben für langfristige Wirkungen einer Fortbildungsmaßnahme förderlich sein.

Aber auch für die Facette der Selbstwirksamkeitserwartungen ist eng verknüpft mit den eigenen Erfahrungen (Hildebrandt, 2017; Holden & Botton, 2006; Thurm, 2020). So fasst Hildebrandt (2017) zusammen: „Eine bedeutende Schlussfolgerung, die man aus den Untersuchungsergebnissen […] ziehen kann ist, dass der effektivste Weg, die Selbstwirksamkeit zu entwickeln und zu steigern, mithilfe von positiven, eigenen Erfahrungen erfolgt" (S. 3).

Die Ziele der individuellen Erprobungsphasen sind somit vielfältig: Erhöhung der Ergiebigkeit, Erhöhung der Motivation, sowie Erhöhung der Nachhaltigkeit und damit einhergehend die Erhöhung der Selbstwirksamkeitserwartungen. Dies wird durch die vierwöchigen Distanzphasen zwischen den Präsenzsitzungen ermöglicht. Ein Modul erstreckt sich somit über die Zeit von etwa vier Schulwochen und endet mit dem nächsten Designprinzip der Fortbildungsmaßnahme, der Schaffung gemeinsamer Reflexionsphasen.

Schaffung gemeinsamer Reflexionsphasen
Die Reflexion spielt im Lehrberuf auf zahlreichen Ebenen eine zentrale Rolle. „Um vom professionellen Wissen zum Können und Handeln zu gelangen, sind

7.1 Designprinzipien der Fortbildungsmaßnahme

Analyse und Reflexion notwendig" (Hippel, 2011, S. 257). Vor allem auch fachfremd Unterrichtende nutzen bereits vorhandenes Material für die Unterrichtsgestaltung (DZLM, 2015a), sodass eine Reflexion auf der Ebene des Materialeinsatzes äußerst relevant ist, um einen sinnstiftenden Einsatz erreichen zu können. Zudem ist es aber auch wichtig, sich an den Bedarfen, Kenntnissen und Erfahrungen der fachfremd unterrichtenden Lehrkräfte zu orientieren und somit ihre Unterrichtsumsetzungen gemeinsam zu besprechen und zu reflektieren (ebd., vgl. auch Abschnitt 3.2 und 3.3). Gerade die Umsetzung der teilweise noch wenig bekannten oder genutzten prozessbezogenen Kompetenzen im Unterricht stellt die Teilnehmenden vor Herausforderungen und bietet somit Anlass zu gemeinsamer Reflexion.

Durch das stetige Anleiten zur Reflexion „wird die dauerhafte Reflexion der eigenen Unterrichts-, Beratungs- und Fortbildungspraxis angeregt" (DZLM, 2015c, S. 10), sodass Reflexion auch über den Zeitraum der Fortbildung hinaus durch die Lehrpersonen ausgeübt wird. Dies ist ebenfalls besonders wichtig; um es mit Törners Worten (2015) zu sagen: *„Jede Fortbildung sollte immer über sich hinausweisen"* (S. 201; Hervorhebungen im Original).

Eine weitere wichtige Facette ist die Auseinandersetzung mit den eigenen Überzeugungen (Reusser & Pauli, 2014; vgl. auch Abschnitt 2.1.2). Es „besteht Konsens darüber, dass die Reflexion der eigenen Überzeugungen als zentral für die Aus- und Weiterbildung von Lehrkräften angesehen wird" (Kunina-Habenicht et al., 2016, S. 323). Wie Porsch (2015) zeigen konnte, stimmen fachfremd Unterrichtende seltener konstruktivistischen Lehr-Lern-Überzeugungen zu und geben an, diese seltener zu realisieren. Somit ist vor allem auch eine Reflexion dieser Überzeugungen innerhalb der Fortbildungsmaßnahme vonnöten. Treten Widersprüche auf und werden aufgedeckt, kann dies den Lernfortschritt der Lehrkräfte positiv beeinflussen (Eichholz, 2018). „Studien kommen zu dem Schluss, dass am ehesten Einstellungs- und Überzeugungsveränderungen zu erwarten sind, wenn die Lehrkräfte angeregt werden, sich mit eigenen und fremden Überzeugungen auseinanderzusetzen" (Hübner-Schwartz, 2013, S. 278).

Diese drei bisher beschriebenen gegenstandsübergreifenden Designprinzipien werden durch den organisatorischen Aufbau der Fortbildungsmaßnahme umgesetzt. Innerhalb einer jeden Präsenzsitzung wird genug Zeit und Raum für Planung und Reflexion eingeräumt und die Lehrkräfte sollten bestmöglich unterstützt werden. Dazu liegen Materialien wie Schulbücher, Visualisierungsmöglichkeiten und Förderhefte bereit, die Fortbildenden stehen beratend zur Seite – sofern gewünscht – und die eigenen Erkenntnisse aus der Arbeitsphase können als Inspirationsquelle herangezogen werden. Ergänzend dazu lassen sich zwei weitere gegenstandsübergreifende Designprinzipien ausmachen.

Zusammenführung von fachlichen und fachdidaktischen Elementen
In Lehrer:innenfortbildungen sollte beides vermittelt werden: Wissen und Methoden auf der einen Seite, aber auch Instrumente und Verfahren für die direkte Umsetzung auf der anderen Seite (Dewey, 1904). Somit werden neben den Präsenzsitzungen auch Phasen des Eigenstudiums in den Distanzphasen angeregt, die ebenso das Durchdringen der inhaltlich-mathematischen Besonderheiten und Strukturen der Aufgabenformate anregen, mathematikdidaktische Theorien und Erfahrungen thematisieren, aber auch konkrete Umsetzungsmöglichkeiten, Aufgabenstellungen und Schüler:innenlösungen betrachten. „Mathematisches Fachwissen (mathematical content knowledge) ist die Grundvoraussetzung zum Erteilen von mathematischem Fachunterricht" (Brunner et al., 2006a, S. 59).

So soll das Wissen der Teilnehmenden bezüglich grundschulgemäßer Aufgabenformate gleichermaßen erweitert werden wie das Wissen um Umsetzungsmöglichkeiten für die Förderung von prozessbezogenen Kompetenzen mit Hilfe von Aufgabenformaten. Das ist sicherlich insbesondere für die Mathematik fachfremd unterrichtenden Teilnehmenden wichtig. Dies geschieht exemplarisch – soll aber daher auf andere Themen und Inhalte des Mathematikunterrichts in der Grundschule übertragbar sein. „Besonders wichtig ist, dass fachliche und didaktische Aspekte miteinander verbunden werden" (DZLM, 2015a, S. 7), sodass die fachfremd Unterrichtenden anhand der gemeinsam erarbeiteten Beispiele weitere Umsetzungen anderer Themen und Inhalte planen, durchführen und reflektieren können.

Zusammenfassend lässt sich folglich festhalten: „teachers must learn more about the subject they teach" (Garet et al., 2001, S. 916) – und das auf fachlicher wie auch auf fachdidaktischer Ebene. In besonderem Maße ist dieses Designprinzip für die untersuchte Fortbildungsmaßnahme für fachfremd unterrichtende Mathematiklehrkräfte relevant, da diese Unterstützungsbedarf in beiden Facetten haben könnten (Bosse, 2014; vgl. auch Abschnitt 2.2.3). Da die Fortbildungsmaßnahme für Mathematik fachfremd unterrichtende Lehrkräfte ausgeschrieben wurde, kann angenommen werden, dass die Teilnehmenden selbst Fortbildungsbedarfe in den beiden Facetten haben. Das Auffrischen oder Aufbauen von fachlichem Wissen und Wissen über neue Vorgaben wird von Lehrkräften als ein zentraler Beweggrund zur Teilnahme an einer Fortbildungsmaßnahme genannt (Krille, 2020).

Auseinandersetzung mit Schüler:innenprodukten
Schüler:innendokumente bieten in den Präsenzsitzungen, während der Erarbeitungs- sowie in den Reflexionsphasen die Möglichkeit, sich mit Unterrichtssituationen und -sequenzen auf der einen und Vorgehensweisen und

7.1 Designprinzipien der Fortbildungsmaßnahme

Strategien von Kindern auf der anderen Seite auseinander zu setzen. So erhalten die Teilnehmenden Umsetzungsanregungen, können auf mögliche Herausforderungen eines Aufgabenformates aufmerksam werden oder die zu fördernde prozessbezogene Kompetenz und dafür geeignete Aufgabenstellung antizipieren und besprechen. Hier wird die Fallarbeit umgesetzt (Goeze, 2010; Hebenstreit et al., 2016; Heinzel, 2021; Syring et al., 2016) die in der Lehrer:innenausbildung immer wieder genutzt wird und auch in den DZLM-Gestaltungsprinzipien enthalten ist.

Zudem erhalten die Lehrkräfte dabei die Möglichkeit, Schüler:innenlösungen zu analysieren, und können sich so besser auf den Unterricht und mögliche Vorgehensweisen von Kindern vorbereiten. Gerade für die Zielgruppe der Mathematik fachfremd unterrichtenden Grundschullehrkräfte scheint eine solche Vorentlastung sinnvoll – nicht zuletzt, um den Lehrkräften ein Gefühl der Sicherheit in der eigenen Durchführung und somit möglichst positive Erfahrungen in der eigenen Erprobung ermöglichen zu können, zu geben. Dazu bieten sich Aufgabenformate in besonderer Weise an. „Unterrichtsbeispiele wie die Zahlenketten bieten zudem die Gelegenheit, Denkweisen von Kindern zu analysieren und dadurch den eigenen kompetenzorientierten Blick zu schulen" (Selter, 2006, S. 60).

Neben diesen fünf gegenstandübergreifenden Designprinzipien, die sich für nahezu jede Fortbildungsmaßnahme, die über einen längeren Zeitraum hinweg geplant ist, umsetzen lassen, werden für die hier untersuchte Fortbildungsmaßnahme zwei weitere gegenstandsspezifische Designprinzipien entwickelt, die sich nicht unmittelbar auf Fortbildungsmaßnahmen mit anderen Inhalten übertragen lassen. Diese beiden werden nun vorgestellt.

7.1.2 Gegenstandsspezifische Designprinzipien

Die fünf gegenstandübergreifenden Designprinzipien werden von zwei weiteren gegenstandsspezifischen Designprinzipien komplettiert.

Auseinandersetzung mit Aufgabenformaten
Für eine Fortbildung für Mathematik fachfremd unterrichtende Grundschullehrkräfte wird auf der Ebene der Zusammenführung von mathematischen und mathematikdidaktischen Inhalten die Auseinandersetzung mit Aufgabenformaten ergänzt.

Zahlreiche Aufgabenformate finden sich mittlerweile in (fast) allen Schulbüchern der Grundschule wieder – so sind nicht zuletzt die Zahlenmauer oder die hier fokussierten Zahlenketten nahezu jeder Grundschullehrkraft ein Begriff.

Viele Aufgabenformate bieten sich in besonderer Weise zur verknüpften Förderung von inhalts- und prozessbezogenen Kompetenzen an. „Die besonderen Zahleigenschaften und Zahlbeziehungen laden zum Entdecken und Begründen ein. Gleichzeitig werden Rechenfähigkeiten und -fertigkeiten trainiert" (Bezold, 2010a, S. 12). Vor allem diese Verbindung unterstreicht die Rolle der Aufgabenformate in einer Fortbildungsmaßnahme zur Förderung der prozessbezogenen Kompetenzen. „Die potentielle Reichhaltigkeit von Aufgabenformaten ist so groß, dass sie nicht im Rahmen einer Unterrichtsreihe und nicht einmal im Laufe eines Schuljahres ‚erledigt' werden kann" (Krauthausen, 2016, S. 32). Dies kann vor allem genutzt werden, um aufzuzeigen, dass dasselbe Aufgabenformat und somit ein nahezu identischer mathematischer Hintergrund mit unterschiedlichen Fragestellungen zur Förderung verschiedener prozessbezogener Kompetenzen eingesetzt werden kann.

Insbesondere durch eine aktive Auseinandersetzung mit den mathematischen Mustern, Strukturen und Besonderheiten sollen die Kompetenzen der teilnehmenden Lehrkräfte in Hinblick auf deren mathematisches Verständnis solcher Aufgabenformate weiterentwickelt werden. Dazu erfolgt eine Zweiteilung dieses Designprinzips in die Ebenen der grundschulgemäßen Auseinandersetzung und der algebraischen Auseinandersetzung. Dabei werden sich ergänzende, aber dennoch voneinander unterscheidbare Ziele verfolgt.

> Für einen Erwerb von Wissen der von den Lehrkräften in der Unterrichtssituation auch abgerufen und angewendet werden kann, ist es aus der Perspektive des situierten Lernens förderlich, wenn Lern- und spätere Anwendungssituationen eine möglichst hohe Übereinstimmung aufweisen und das Lernen in kooperativer Zusammenarbeit mit Kollegen stattfindet. (Hübner-Schwartz, 2013, S. 278)

Durch die mathematische Auseinandersetzung mit Aufgabenformaten auf einer grundschulgemäßen Ebene wird zum einen ein Vertrautmachen mit den mathematischen Bildungsregeln des Aufgabenformates angestrebt. Zum anderen sollten die Lehrkräfte durch einen am Beispiel gebundenen Einstieg in ihrer Selbstwirksamkeitserwartung (vgl. Abschnitt 2.1.2) durch das Erleben von Erfolg gestärkt werden. „Wohldosierte *Erfolgserfahrungen* sind das stärkste Mittel, um Selbstwirksamkeitserwartungen aufzubauen" (Schwarzer & Warner, 2014, S. 669; Hervorhebung im Original). Ein weiteres zentrales Kriterium ist die Vorbereitung auf den Unterricht und das Bereitstellen von Fallbeispielen, die im eigenen Unterricht genutzt werden können. Durch das eigenständige Erarbeiten können Herausforderungen und potenzielle Hürden leichter antizipiert werden.

7.1 Designprinzipien der Fortbildungsmaßnahme

Krauthausen (2018) betont aber, dass „die fachmathematischen Anforderungen an eine Grundschullehrerin nicht auf die Inhalte und auf das Niveau begrenzt sein dürfen, die bzw. auf dem sie diese tatsächlich unterrichtet" (S. 258). Angelehnt daran erschließt sich, dass auch in einer Fortbildungsmaßnahme für Mathematik fachfremd unterrichtende Grundschullehrkräfte auf einem höheren mathematischen Niveau gearbeitet werden sollte.

Die mathematische Auseinandersetzung mit Aufgabenformaten auf einer algebraischen Ebene wird folglich zum tieferen Verständnis und zur Generalisierbarkeit der Erkenntnisse genutzt. Dieses Wissen der Lehrkräfte erweist sich als essenziell. „Denn den Kindern sollen mathematische Aktivitäten ermöglicht werden. Und das geht schlechterdings nur dann, wenn die Lehrerin die dahinterstehende Mathematik auch für sich selbst erschlossen hat, auf einem höheren Niveau, als es dann ihre Kinder bearbeiten" (Krauthausen, 2018, S. 258).

Um die Überleitung zwischen den beiden Ebenen der grundschulgemäßen und algebraischen Durchdringung möglichst praktikabel und erfolgsversprechend zu gestalten, wird auf die Säckchendarstellung (vgl. Abschnitt 4.2) zurückgegriffen. Auch wenn beispielsweise Akinwunmi (2012) anführt, „dass die Schülerinnen und Schüler Schwierigkeiten haben, die Unbestimmtheit des fremden Zeichens im Sinne einer Variablen zu interpretieren. Oftmals bedeutet die Beliebigkeit der einzusetzenden Zahl für sie die Freiheit, eine konkrete Zahl zu wählen" (S. 143), ist Steinweg (2013) anderer Meinung. Für sie „sind die Säckchen dennoch eine für Lernende nachvollziehbare Idee" (S. 184). Da an der Fortbildungsmaßnahme Erwachsene teilnehmen, die schon einen Vorstellungsaufbau zu Variablen durchlaufen haben, scheint die Auswahl der Säckchen für eine Variable als Unbestimmte geeignet, um den Übergang zwischen den konkreten Zahlenbeispielen und Variablen zu visualisieren. Die Säckchen können dabei als Scaffolding angesehen werden. „Ziel von Scaffolding ist allgemein, die Schülerinnen und Schülern durch ein Gerüst zu unterstützen, die entsprechende mentale Aktivität zunächst mit Hilfe, später ohne auszuführen" (Krägeloh & Prediger, 2015, S. 143). Das ist in dieser Situation ebenfalls auf Lehrkräfte übertragbar, da sie in der Fortbildungsmaßnahme die Lernenden sind.

Um die Potenziale eines Aufgabenformats im Unterricht vollständig ausschöpfen zu können, muss man zunächst in der Lage sein, diese zu erkennen – und dazu ist das Wissen um die mathematischen Strukturen unabdingbar. Nicht zuletzt ist dieses Vorgehen – das Aufgabenformat zunächst mathematisch zu erfassen, darauf aufbauend Potenziale herauszuarbeiten und dann dementsprechend Aufgaben zu stellen – auf nahezu jedes Aufgabenformat übertragbar. Und der Aufgabenauswahl kommt im Mathematikunterricht eine zentrale Rolle zu:

Mit Blick auf den Mathematikunterricht stellen insbesondere die Aufgaben ein entscheidendes Mittel zur Steuerung verständnisvoller Lernprozesse dar. Durch die Wahl und Anforderung von Aufgaben mit adäquatem kognitiven Potenzial können Schülerinnen und Schüler zur gehaltvollen Auseinandersetzung mit mathematischen Inhalten stimuliert werden, vorausgesetzt, die Aufgabenlösungen werden in entsprechend kognitiv aktivierender Weise begleitet. (Brunner et al., 2006a, S. 57)

Die Teilnehmenden sollen also das kognitive Potenzial der Aufgabe einschätzen lernen und das kann ohne das Durchdringen der mathematischen Strukturen, die dem jeweiligen Aufgabenformat zugrunde liegen, nicht gelingen. Erlernen die Teilnehmenden aber den grundlegenden Umgang und die Aufbereitung exemplarisch ausgewählter Aufgabenformate, so können sie nicht nur die im Kurs thematisierten Aufgabenformate im Weiteren nutzen, sondern ihr Wissen auch auf viele andere Bereiche übertragen.

Es zeigt sich also, dass gerade das zweigegliederte Designprinzip der Auseinandersetzung mit Aufgabenformaten für eine Fortbildungsmaßnahme für Mathematik fachfremd unterrichtende Grundschullehrkräfte sinnvoll scheint – und dies auf unterschiedlichen Ebenen, wie dem Wissen der Lehrkraft, der Selbstwirksamkeitserwartungen oder auch der Aufzeigung von Umsetzungsideen für die Distanzphase. Die Ziele, die damit verfolgt werden, sind vielfältig und ergänzen einander.

Einbeziehung von Selbststudiumsphasen mit primakom
In enger Verbindung mit den vorherigen zentralen Elementen stellt das Eigenstudium einen weiteren wichtigen Baustein der Fortbildungsmaßnahme dar. Denn das Lernen mathematischen Wissens ist komplex: „learning mathematics with understanding is a complex process" (Hart et al., 2009, S. 39). Durch das Ineinandergreifen von Fortbildungsinhalten und Inhalten der Webseite primakom.dzlm.de (**Prima**rstufe **Ma**thematik **kom**pakt) – eine Selbstlernplattform für Mathematik (fachfremd) unterrichtende Lehrer:innen – werden die Teilnehmenden dazu angeregt, Themen und Bereiche der Präsenzsitzungen im Eigenstudium individuell nachzuarbeiten. Dazu wird jedes Thema der Fortbildungsmaßnahme auf der primakom-Plattform integriert und so zum Eigenstudium in der Distanzphase verfügbar gemacht. Während die meisten Themen, die auf der primakom-Plattform aufbereitet sind, eher didaktischer Natur sind, werden bei den Modulen, die für die Fortbildungsmaßnahme erstellt werden, sowohl mathematisches als auch mathematikdidaktisches Lernen in den Fokus gerückt. Es erfolgt auch hier – ähnlich wie in den Fortbildungen – ein Dreischritt aus Zahlenbeispielen und dem Entdecken von Beziehungen, eine Verallgemeinerung mit Hilfe der Säckchendarstellung und anschließend eine algebraische Darstellung mit

7.1 Designprinzipien der Fortbildungsmaßnahme

Variablen. Die Integration von primakom ist sowohl im Interesse der Seitenentwickler:innen (DZLM, 2015a) als auch im Interesse der Teilnehmenden der Fortbildungsmaßnahme. Neben den mathematischen und mathematikdidaktischen Hintergründen, die auf der Seite aufgearbeitet werden, bietet dies weitere zentrale Vorzüge (vgl. auch Rösike et al., 2016). Zum einen wird dort ein Unterrichtsbeispiel aufgeführt, welches Material bereitstellt und weitere Anknüpfungsmöglichkeiten für die Lehrkräfte bietet. Zum anderen wird innerhalb eines Inhalts (beispielsweise Zahlenketten) stets auf andere relevante Themen verwiesen, sodass jede:r einzelne die Möglichkeit hat, nach individuellen Bedürfnissen in den Themenfeldern weitere Anregungen zu erhalten und zu erarbeiten. Ein weiterer Vorteil einer solchen Plattform ist die zeitliche Unabhängigkeit der Teilnehmenden. Sie können in ihrem individuellen Tempo, zu dem Zeitpunkt und in dem zeitlichen Umfang, in dem sie wollen und können, individuell gewählte Inhalte der Präsenzsitzung vertiefen.

Auch an dieser Stelle zeigt sich erneut, dass Fortbildungen immer auch zum eigenständigen Weiterlernen anregen sollten. Die Einführung und Nutzung einer solchen zeit- und ortsunabhängigen Weiterbildungsmethode in einer Fortbildungsreihe kann eine anschließende „selbstgesteuerte Weiterbildung initialisieren" (Törner, 2015, S. 204). Vor allem die Lehrkräfte, die Mathematik fachfremd unterrichten und sich fortbilden wollen, erfahren durch den Einbezug der primakom-Plattform in die Fortbildungsmaßnahme von einer Lerngelegenheit, die sie auch zukünftig zur Vorbereitung des Unterrichts sowie zur fachlichen und fachdidaktischen Weiterentwicklung nutzen könnten.

Insgesamt lässt sich festhalten, dass es wichtig ist, dass die Teilnehmenden der Fortbildungsmaßnahme mathematisch selbst tätig werden, Denk- und Vorgehensweisen von Kindern nachvollziehen und konkreten Unterricht planen, durchführen und reflektieren (Selter, 2006). Dies wird durch die genannten sieben Designprinzipien (1) *Schaffung gemeinsamer Planungsphasen*, (2) *Schaffung individueller Erprobungsphasen*, (3) *Schaffung gemeinsamer Reflexionsphasen*, (4) *Zusammenführung von fachlichen und fachdidaktischen Elementen* (5) *Auseinandersetzung mit Schüler:innenprodukten – zur Anregung von Weiterentwicklung der mathematischen und mathematikdidaktischen Kompetenzen*, (6) *Auseinandersetzung mit Aufgabenformaten – zur Anregung von Weiterentwicklung der mathematischen Kompetenz,* sowie (7) *Einbeziehung von Selbststudiumsphasen mit primakom* unterstützt.

7.2 Aufbau und Zielsetzungen der Fortbildungsmaßnahme

Die untersuchte Fortbildungsmaßnahme richtete sich an Mathematik fachfremd unterrichtende Grundschullehrkräfte, oder solche, die sich fremd im Fach fühlen (vgl. Kapitel 2). Da die Verbindung von mathematischem und mathematikdidaktischem Wissen für guten Mathematikunterricht essenziell ist (vgl. Abschnitt 5.3), wird eine Verknüpfung von mathematischem und mathematikdidaktischem Lernen der Lehrkräfte in den Vordergrund gerückt, um die Lehrkräfte darin zu unterstützen, ihr fachliches und fachdidaktisches Wissen weiterzuentwickeln. Dabei werden einerseits Umsetzungsmöglichkeiten zur Förderung der prozessbezogenen Kompetenzen anhand von exemplarischen Aufgaben(formaten) veranschaulicht und andererseits die mathematisch essenziellen Grundlagen bei der Bearbeitung erarbeitet und reflektiert. Beides ist besonders für fachfremd unterrichtende Lehrkräfte essenziell. Vor allem da Eichholz (2018) zeigt, dass fachfremd unterrichtende Lehrkräfte unter den prozessbezogenen Kompetenzen häufig „vor allem allgemeines Arbeitsverhalten" (S. 220) verstehen, ist die Beschäftigung mit der prozessbezogenen Kompetenz in einer Fortbildungsmaßnahme für fachfremd Unterrichtende eine grundlegende Voraussetzung für die fachdidaktische Fokussierung. Letzteres wird vor allem durch den Vergleich von Daten von fachfremd unterrichtenden Grundschullehrkräften und Grundschullehramtsstudierenden der Mathematikdidaktik der Technischen Universität im Abschlusskurs deutlich (Huethorst, 2022).

Aufbau der Fortbildungsmaßnahme
Die Fortbildungsmaßnahme umfasste fünf Module mit je einer Präsenzsitzung à drei Stunden am Nachmittag, sodass für die Lehrkräfte kaum oder kein Unterricht ausfallen musste. Die Distanzphasen der Fortbildungsmaßnahme betrugen dabei immer in etwa vier Schulwochen, sodass die teilnehmenden Lehrkräfte ausreichend Zeit zur Planung, Erprobung und Reflexion der Inhalte der vergangenen Präsenzsitzung im eigenen Unterricht hatten (vgl. Abschnitt 7.1). Der Fokus liegt in allen fünf Sitzungen auf den prozessbezogenen Kompetenzen. In der ersten Sitzung wird daher ein Überblick zum Kennenlernen der prozessbezogenen Kompetenzen (MSW NRW, 2008; 2021) gegeben, da die Umsetzung derer im Unterricht einen wichtigen Bestandteil bildet beziehungsweise bilden soll. In den daran anschließenden vier Sitzungen wurde immer exemplarisch eine prozessbezogene Kompetenz (Problemlösen, Kommunizieren, Argumentieren und Darstellen) mit einer Aufgabe oder einem Aufgabenformat verknüpft.

7.2 Aufbau und Zielsetzungen der Fortbildungsmaßnahme

Daraus ergaben sich die fünf Themen der Präsenzsitzungen, welche in Tabelle 7.1 dargestellt sind.

Tabelle 7.1 Themen der Präsenzsitzungen der Fortbildungsmaßnahme

	Themen der Präsenzsitzungen
1	Förderung der prozessbezogenen Kompetenzen – nonverbale Forschermittel am Beispiel Entdeckerpäckchen
2	Kombinatorik in der Grundschule – Problemlösestrategien von Kindern am Beispiel „bunte Türme bauen"
3	Entdeckender und kommunikativer Mathematikunterricht – Mathekonferenzen am Beispiel Zahlenmauern
4	Muster und Strukturen erkennen und begründen – systematische Veränderung am Beispiel Zahlenketten
5	Gute geometrische Aufgaben – Symmetrie- und Raumvorstellung aufbauen am Beispiel Faltschnitte

Kompetenzerwartungen an die Lehrkräfte

In jeder der fünf Präsenzsitzungen wurde im Sinne der Zieltransparenz mit den Lehrkräften thematisiert, welche Kompetenzen sie im Laufe der Einheit auf- und ausbauen sollten. Diese umfassten dabei immer fachliche wie auch fachdidaktische Bereiche (Tabelle 7.2).

Eine Exemplarität der Verbindung von Aufgabenformaten mit einer ausgewählten prozessbezogenen Kompetenz soll dabei den Lehrkräften zum einen die

Tabelle 7.2 Kompetenzerwartungen der Fortbildungsmaßnahme (entnommen aus: Huethorst & Selter, 2020, S. 180 f.)

Kompetenzerwartungen
1 Entdeckerpäckchen – Überblick Prozessbezogene Kompetenzen
Die Teilnehmenden … reflektieren ihr Mathematikbild. … lernen Forschermittel kennen und nutzen diese. … erarbeiten sich ein Verständnis der prozessbezogenen Kompetenzen. … erforschen den mathematischen Hintergrund der Entdeckerpäckchen und erproben unterschiedliche Aufgabenstellungen. … nutzen ihr mathematisches Wissen, um die Aufgaben gezielt für ihre Klasse zu adaptieren und bereiten Unterstützungsmaßnahmen gemeinsam vor.

(Fortsetzung)

Tabelle 7.2 (Fortsetzung)

Kompetenzerwartungen
2 Bunte Türme bauen – Problemlösen
Die Teilnehmenden … entwickeln Lösungsstrategien zu einer kombinatorischen Aufgabenstellung und vergleichen diese. … erforschen den mathematischen Hintergrund der Turmaufgabe. … erkennen Lösungsstrategien von Kindern und tauschen sich über den weiteren Umgang damit aus. … erkunden und reflektieren weitere Aufgabenstellungen und Differenzierungsmöglichkeiten. … wenden das (neu) erworbene Wissen bezüglich der Kompetenz des Problemlösens auf das Aufgabenbeispiel an. … nutzen ihr mathematisches Wissen, um die Aufgaben gezielt für ihre Klasse zu adaptieren.
3 Zahlenmauern – Kommunizieren
Die Teilnehmenden … erforschen den mathematischen Hintergrund der Zahlenmauern. … begründen die Strukturen der Zahlenmauern – grundschulgemäß und algebraisch. … betrachten Schulbuchaufgaben im Kontext der Zahlenmauern, beurteilen und adaptieren diese. … erkunden und reflektieren weitere Aufgabenstellungen und Differenzierungsmöglichkeiten. … wenden das (neu) erworbene Wissen bezüglich der Kompetenz des Kommunizierens auf das Aufgabenbeispiel an. … nutzen ihr mathematisches Wissen, um die Aufgaben gezielt für ihre Klasse zu adaptieren.
4 Zahlenketten – Begründen
Die Teilnehmenden … erforschen den mathematischen Hintergrund der Zahlenketten. … entwickeln Begründungen zu den Strukturen der Zahlenketten – grundschulgemäß und algebraisch. … bewerten Schüler:innenlösungen im Kontext der Zahlenketten, kategorisieren diese und überlegen, was im eigenen Unterricht in ihrer Klasse zu erwarten sein könnte. … wenden das (neu) erworbene Wissen bezüglich der Kompetenz des Argumentierens auf das Aufgabenbeispiel an. … nutzen ihr mathematisches Wissen, um die Aufgaben gezielt für ihre Klasse zu adaptieren.

(Fortsetzung)

7.2 Aufbau und Zielsetzungen der Fortbildungsmaßnahme

Tabelle 7.2 (Fortsetzung)

Kompetenzerwartungen
5 Faltschnitte – Darstellen
Die Teilnehmenden
… erforschen den mathematischen Hintergrund der Faltschnitte.
… entwickeln Kriterien für ein gutes Faltplakat.
… wenden das (neu) erworbene Wissen bezüglich der Kompetenz des Darstellens auf das Aufgabenbeispiel an.
… nutzen ihr (mathematisches) Wissen, um die Aufgaben gezielt für ihre Klasse zu adaptieren.

Möglichkeit einer verhältnismäßig einfachen Umsetzung einer Förderung der prozessbezogenen Kompetenzen im eigenen Unterricht ermöglichen. Zum anderen wird diese Exemplarität innerhalb der Sitzung immer wieder thematisiert, um aufzuzeigen, dass durch eine andere Aufgabenstellung oder Fokussierung die Förderung einer anderen prozessbezogenen Kompetenz mit demselben Aufgabenformat sinnvoll umgesetzt werden kann. So wird den Teilnehmenden deutlich, dass ihre Erkenntnisse transferabel sind.

Wie eines der Module im Detail aufgebaut ist, wird im Folgenden anhand der vierten Sitzung *Zahlenketten – Argumentieren* exemplarisch gezeigt.

Einblicke in ein repräsentatives Modul

Die vierte Präsenzsitzung beginnt mit der Reflexion der Inhalte und vor allem der Erprobung dieser Inhalte im eigenen Unterricht, für deren Planung in der vorherigen Sitzung etwa eine halbe Stunde Zeit eingeplant wurde. Analog dazu ist in der fünften Präsenzsitzung die erste halbe Stunde für die Reflexion der Durchführung zum Thema Argumentieren und Zahlenketten vorgesehen. Die Lehrkräfte erhalten so die Möglichkeit, sich über ihre eigenen Planungen, Durchführungen, Schüler:innenlösungen, Reflexionen und gegebenenfalls Handlungsalternativen auszutauschen und gemeinsam zu reflektieren.

Den inhaltlichen Start in die Thematik des neuen Moduls bildete ein Input zu der in der vierten Sitzung fokussierten prozessbezogenen Kompetenz des Argumentierens. Die Teilnehmenden sollen so auf die unterschiedlichen Teilkompetenzen (vermuten, überprüfen, folgern und begründen (MSW NRW, 2008; 2021) aufmerksam gemacht werden. Dazu werden sowohl Blicke in den Lehrplan des Landes Nordrhein-Westfalen (in der Fortbildungsmaßnahme in der Version von MSW NRW, 2008) und die Kompetenzerwartungen der Bildungsstandards (KMK, 2005) geworfen, als auch Wege thematisiert, das Argumentieren der

Kinder zu fordern und zu fördern. Dies wird immer unter Bezugnahme auf konkrete Beispiele realisiert, sodass die Förderung des Argumentierens mit möglichst facettenreichen und anschaulichen Aufgabenstellungen verknüpft werden kann. Wie das genau umgesetzt wird, wird im Verlauf erläutert.

In der zweiten inhaltlichen Phase des vierten Moduls werden die teilnehmenden Lehrkräfte selbst aktiv, indem sie sich eigenständig mit dem mathematischen Inhalt der Sitzung – den Zahlenketten – auseinandersetzen. Unter Zahlenketten wurde dabei das Aufgabenformat verstanden, das sich – angelehnt an die Fibonacci-Folge (vgl. Abschnitt 6.2) – in unterschiedlichen Schulbüchern finden lässt. Dabei sind diese mal vertikal aufgebaut (bspw. Zahlenbuch) und mal als Turm übereinandergestapelt (bspw. Welt der Zahl) (Abbildung 7.2).

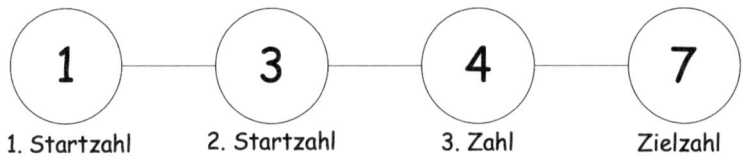

Abbildung 7.2 Viergliedrige Zahlenketten

Sie folgen dabei immer dieser Bildungsregel: Zwei frei wählbare Startzahlen werden in den ersten beiden Kreisen notiert. Durch die Addition dieser beiden Startzahlen erhält man die dritte Zahl, die im dritten Kreis notiert wird. Aus der Summe der zweiten Startzahl und der dritten Zahl ergibt sich die vierte Zahl. Erneut können die letzten beiden Zahlen – hier also die dritte und die vierte Zahl – miteinander addiert werden, um die fünfte Zahl zu erhalten. Dies kann zu unterschiedlich langen Zahlenketten führen. In der vierten Sitzung werden zunächst viergliedrige Zahlenketten thematisiert, d. h. dass die vierte Zahl die Zielzahl darstellt. Die Startzahlen können dabei identisch sein. Ob die Null als Startzahl zugelassen ist, sollte vor der Bearbeitung thematisiert werden.

Zur mathematischen Erkundung des Aufgabenformates erhalten die Lehrkräfte sowohl Aufgaben, wie sie die auch analog in der Schule einsetzen können, als auch Aufgaben, die über die Grundschulmathematik hinausgehen (vgl. Abschnitt 7.1). Zunächst werden viergliedrige Zahlenketten mit unterschiedlichen Leerstellen bearbeitet. Es werden immer zwei der vier Kreise vorgegeben und entsprechend waren zwei Felder gesucht. Das kann bei vier Elementen folglich auf sechs verschiedene Weisen ausgewählt werden.

Die Komplexität der Aufgabe variiert je nach gesuchten Kreisen. Während die ersten beiden Zahlenketten des nachfolgenden Beispiels durch Subtraktion

7.2 Aufbau und Zielsetzungen der Fortbildungsmaßnahme

beziehungsweise Subtraktion und Addition gelöst werden können, muss bei dem letzten Beispiel bereits die Struktur und der Aufbau der Zahlenketten genutzt werden, um die beiden fehlenden Kreise zu beschriften (Abbildung 7.3).

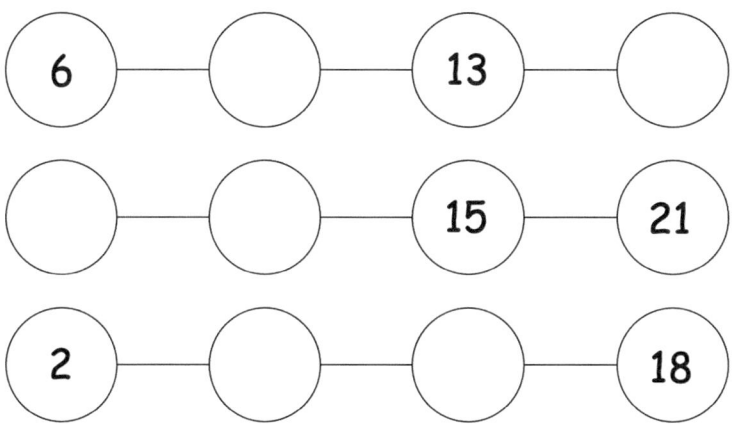

Abbildung 7.3 Lücken in Zahlenketten

Eben solche Unterschiede in der Auswahl der gesuchten Zahlen, die zunächst vielleicht nicht gravierend erscheinen, werden mit den fachfremd unterrichtenden Lehrkräften thematisiert, um ein Bewusstsein dafür zu schaffen.

Anschließend sollten die Lehrkräfte zunächst vermuten – ohne sich vorher intensiv mit den Mustern und Strukturen einer viergliedrigen Zahlenkette zu befassen – wie viele Zahlenketten mit vier Elementen und der Zielzahl 20 es geben könnte. Erst dann wurde der Fokus auf die zu entdeckenden Muster und Strukturen gelegt, indem die Teilnehmenden jeweils zunächst vermuteten und dann Beispiele rechneten, was passiert, wenn entweder die erste oder die zweite oder beide Startzahlen jeweils um Eins erhöht werden. Es wurde auch jeweils zum Beschreiben und Begründen der jeweilig getätigten Entdeckungen aufgefordert. „[D]ie Dualität des Themas Muster und Strukturen […], die wünschenswerter Weise nicht nur in weiterer Forschung, sondern ebenso in der Entwicklung von Curricula als auch von Lehrerfort- und Weiterbildungen zu berücksichtigen ist" (Akinwunmi & Lüken 2021, S. 22), wird folglich betrachtet. Das Wissen um die mathematischen Zusammenhänge – also die Offenlegung der Strukturen – ist dabei essenziell, um auf Grundlage dieses Wissens Aufgaben für die

Schüler:innen stellen zu können, die diese wiederum dazu anleiten, die Muster der Veränderung zu entdecken und zu begründen.

Die Begründungen der Lehrkräfte sollen sowohl auf grundschulgemäßem als auch auf algebraischem Niveau getätigt werden, sich vom konkreten Beispiel lösen und somit allgemeingültig sein. Angelehnt an die Ideen Sawyers (1964) werden Säckchen als Überbrückung der Zahlenbeispiele hin zu Variablen genutzt: „This bag: ⌘ helps us to picture ‚the number thought of'" (S. 101). Eine Umsetzung dieser Visualisierung sah in der Fortbildungsmaßnahme beispielsweise wie in Abbildung 7.4.

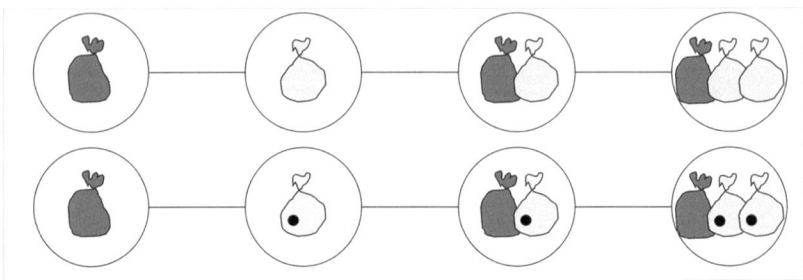

Abbildung 7.4 Visualisierung der operativen Veränderung der Zahlenketten (Entnommen aus: Huethorst & Selter, 2020, S. 183)

Die Darstellung der Säckchen – welche in der Fortbildungsmaßnahme durch unterschiedlich farbige Organza-Säckchen haptisch nutzbar gemacht werden – verdeutlicht, dass sich die Erhöhung der zweiten Startzahl um Eins – hier visualisiert durch ein schwarzes Plättchen, in der Fortbildung durch Wendeplättchen veranschaulicht – doppelt auf die Zielzahl auswirkt, da jedes helle Säckchen eine solche Erhöhung um Eins erfährt. An die Säckchendarstellung anschließend wird eine Notation mit Variablen angestrebt. Das Verständnis der Variablen als Unbestimmte (vgl. Abschnitt 4.2) wird hierbei auf- und ausgebaut.

Dieses Vorgehen soll auf der einen Seite fördern, dass die teilnehmenden Lehrkräfte in besonderer Weise nachvollziehen können, wo ihre Schüler:innen auf Hürden und Schwierigkeiten stoßen können. Andererseits sollen die Lehrkräfte die Zahlenketten soweit (mathematisch) durchdrungen haben, dass sie Hilfestellungen für die Lernenden anbieten können. Zudem sollen die teilnehmenden Lehrkräfte darin unterstützt werden, einschätzen zu können, inwiefern die Kinder allgemeingültige und vollständige Begründungen und Begründungszusammenhänge tätigen. Somit werden mathematische Inhalte in Bezug auf Zahlenketten

7.2 Aufbau und Zielsetzungen der Fortbildungsmaßnahme

erarbeitet, die zeitgleich fachdidaktisch in Bezug auf das Begründen als prozessbezogene Kompetenz des Lehrplans (MSW NRW, 2008) nutzbar gemacht werden.

Die Arbeitsphase ist nach dem Ich-Du-Wir Prinzip (Gallin & Ruf, 1995) aufgebaut, sodass die Teilnehmenden sowohl Zeit zum eigenständigen Entdecken als auch zum Austausch untereinander hatten. Während der Plenumsphase sollen die Begründungen anderer Teilnehmenden sowie erhobene Schüler:innenlösungen nachvollzogen werden. Die Schüler:innenlösungen, die in der Sitzung genutzt werden, befanden sich auf unterschiedlichen Niveaus einer sprachlichen Verallgemeinerung. Die Lösungen boten dabei einerseits einen Überblick darüber, was erwartbare Antworten sein könnten. Andererseits konnten die teilnehmenden Lehrkräfte die Lösungen beurteilen. Der Besprechungsfokus lag in der Zeit darauf, Kriterien für gute Begründungen im Kontext der Zahlenketten zu entwickeln, um bestmöglich auf die anschließende Umsetzung in der eigenen Klasse und dabei entstehende Begründungen vorbereitet zu sein. Auf diese Weise werden sowohl die prozessbezogenen Kompetenzen als auch die Entdeckungen der Muster und Strukturen für die Lehrkräfte erfahrbar gemacht.

Abschließend finden sich die Lehrkräfte in jahrgangshomogenen Kleingruppen zusammen, in denen zunächst gemeinsam Ideen gesammelt und entwickelt werden, wie die Umsetzung des Inhalts, der prozessbezogenen Kompetenz oder der Verbindung aus beidem in der kommenden Distanzphase aussehen könnte. Dabei sollen Leitfragen helfen, mögliche Darstellungsformen und -mittel, Unterstützungsmöglichkeiten und konkrete Ausgabenstellungen zu thematisieren. Die Kleingruppen blieben über die Fortbildung hinweg konstant, sodass eine Arbeitsgemeinschaft aufgebaut werden konnte.

Die anderen Module waren entsprechend analog aufgebaut. Dies fußt auf verschiedenen Designprinzipien, die im Abschnitt 7.1 genauer darstellt und in Beziehung zu dem hier vorgestellten repräsentativen Modul gesetzt werden.

Nachdem die Vorstellung der Fortbildungsmaßnahme sowie die leitenden Designprinzipien erfolgt ist und somit das Fortbildungsdesign deutlich gemacht, erfolgt nun die Vorstellung der Ergebnisse. Dabei wird die Überarbeitung der Fortbildungsmaßnahme eine zentrale Facette sein.

Ergebnisse der Studie 8

Im Folgenden werden die Forschungsfragen (vgl. Abschnitt 6.2) beantwortet. Dabei werden zunächst die Ergebnisse der Fragebögen zu den Überzeugungen der teilnehmenden Grundschullehrkräfte im Prä-Post-Vergleich vorgestellt. Anschließend erfolgt die Darbietung der Ergebnisse der Standortbestimmungen und somit der Entwicklungen der Begründungen zu operativstrukturierten Aufgabenserien von Grundschullehrkräften bei den Aufgabeformaten der Zahlenketten und der Zahlengitter (vgl. Abschnitt 6.4.1). Daran anschließend erfolgt die Beantwortung der dritten Forschungsfrage zum Zusammenhang zwischen den Überzeugungen der Grundschullehrkräfte und der Qualität ihrer Begründungen. Abschließend werden die Ergebnisse auf der Entwicklungsebene beleuchtet, hier werden vor allem die Interviews in den Fokus gerückt.

8.1 Entwicklung der Überzeugungen

Inwiefern verändern sich ausgewählte Überzeugungen von Grundschullehrkräften, die an einer Fortbildungsmaßnahme für Mathematik fachfremd Unterrichtende teilnehmen? – Diese übergeordnete Frage wird im Folgenden beantwortet, indem die folgenden Unterfragen geklärt werden.

- Inwiefern verändern sich die Überzeugungen zu Schüler:innenleistungen in Mathematik?
- Inwiefern ändern sich die Angaben der Lehrkräfte darüber, in welcher Art und Weise Schüler:innen im Mathematikunterricht lernen?
- Inwiefern verändern sich die Selbstwirksamkeitserwartungen der Teilnehmenden in Bezug auf das Unterrichten der Kompetenzen des Lehrplans und in Bezug auf Aufgabenformate?

Um den drei Fragen nachzugehen, werden sowohl die Daten des Fragebogens quantitativ ausgewertet (vgl. Abschnitt 6.3.2) als auch Interviewdaten herangezogen, um einzelne Veränderungen qualitativ zu untermauern und aus subjektiver Wahrnehmung einzelner Interviewteilnehmer:innen erklären zu können. Dabei handelt es sich um individuelle Einschätzungen, die nicht auf alle Teilnehmenden übertragbar sind, aber dennoch Erklärungsansätze liefern können.

8.1.1 Überzeugungen zu Schüler:innenleistungen

Auch wenn die Veränderung von Überzeugungen langsam geschieht und nicht ausgesagt werden kann, dass die Veränderung ausschließlich auf die Fortbildungsmaßnahme zurückzuführen ist (vgl. Abschnitt 2.1.2), zeigen sich zu den Überzeugungen zu Schüler:innenleistungen dennoch signifikante Unterschiede im Vorher-Nachher-Vergleich. Trotz der hohen Eingangswerte von 4,3 von 6 als stärkste Ablehnung der einzelnen Items werden alle Aussagen im Anschluss an die Fortbildungsmaßnahme stärker abgelehnt als vor der Fortbildungsmaßnahme. So wird beispielsweise dem Item „Um gut in Mathematik zu sein, muss man eine Art ‚mathematisches Gehirn' haben" vor der Fortbildungsmaßnahme mit einem Wert von 3,84 im Mittel noch weniger stark abgelehnt als im Anschluss an die Fortbildungsmaßnahme. Hier wird auch dieses Item mit einem Mittelwert von 4,16 stärker abgelehnt. Als 1 wäre eine absolute Zustimmung, als 6 eine absolute Ablehnung erfasst worden (vgl. Abschnitt 6.3.2). Die Unterschiede vom Vorher-Nachher-Vergleich in Bezug auf die einzelnen Aussagen variieren dabei, wobei die Tendenz der stärkeren Ablehnung für alle Items der begabungstheoretischen Skala vorherrscht (Tabelle 8.1).

Tabelle 8.1 Itemanalyse der Skala zu Schüler:innenleistungen

Skala – Schüler:innenleistungen	Ø vorher	Ø nachher
Da ältere Schüler(innen) abstrakter denken können, ist die Verwendung von konkreten Modellen und anderen visuellen Hilfsmitteln weniger wichtig.	4,56	5
Um gut in Mathematik zu sein, muss man eine Art "mathematisches Gehirn" haben.	3,84	4,16
Mathematik ist ein Fach, in dem angeborene Fähigkeiten viel wichtiger sind als Anstrengung.	4,52	4,84

(Fortsetzung)

8.1 Entwicklung der Überzeugungen

Tabelle 8.1 (Fortsetzung)

Skala – Schüler:innenleistungen	Ø vorher	Ø nachher
Nur die begabten Schüler(innen) können mehrschichtige Problemlöseaufgaben bewältigen.	4,2	4,29
Jungen sind im Allgemeinen besser in Mathematik als Mädchen.	4,96	5,36
Mathematische Fähigkeiten sind etwas, das sich über das Leben hinweg wenig verändert.	4,16	4,6
Manche Menschen sind gut in Mathematik und manche nicht.	2,96	3,64
Manche ethnischen Gruppen sind in Mathematik besser als andere.	5,26	5,44
Skalenwerte – Durchschnitt	**4,3**	**4,66*****
Standardabweichung	**0,65**	**0,64**
Cronbachs Alpha	**0,75**	**0,77**
Effektstärke	**0,77**	

Für die Skala liegt zu beiden Erhebungszeitpunkten ein akzeptabler Cronbachs Alpha vor mit 0,75 bzw. 0,77, sodass ihre Reliabilität gegeben ist (Bortz & Döring, 2006; Blatz, 2015). Die Veränderung der Skala ist signifikant mit $p<0{,}001$. Die signifikante Änderung weist mit einem Cohens d von 0,77 einen mittleren Effekt auf (Cohen, 1988; Hedderich & Sachs, 2016).

Die Aussage „Manche Menschen sind gut in Mathematik und manche nicht", der in der Eingangsbefragung noch knapp eher zugestimmt wurde, wird nun eher abgelehnt. In den Interviews wird ebenfalls deutlich, dass die (einzige korrekte) Lösung in den Hintergrund und stattdessen der Lösungsweg in den Vordergrund rückt. Dabei wird deutlich, dass so nicht nur das Ergebnis von Bedeutung ist, sondern vor allem auch der Lösungsprozess, sodass hier eventuell auch Lernende als besser empfunden werden, die nicht immer „das richtige Ergebnis" erzielten. „Das Hilfreichste für die Kinder war wahrscheinlich, sie konnten in Zweiergruppen was ausprobieren und es war, es gab nicht wirklich richtig oder falsch. Also jeder konnte was probieren und konnte was, Lösungswege finden" (Urho_A, Turn 98). Ebenso wird von Kiro die Aussage unterstützt, denn „auch, dass die alle so – die Kinder untereinander einfach super voneinander profitieren" (Kiro_A, Turn 51) zeigt, dass hier weniger eine Lösung fokussiert wird, als dass der Prozess in den Vordergrund gerückt wird, in dem die Kinder gemeinsam und voneinander lernen.

In Bezug auf die Unterforschungsfrage zeigt sich folglich, dass Veränderungen in Bezug auf Schüler:innenleistungen in Mathematik innerhalb einer solchen Fortbildungsmaßnahme angestoßen werden können. Vor allem eine Tendenz hin zu einem Fokus hin auf Prozesse, Erläuterungen und Begründen scheinen sowohl möglich als auch im Sinne der modernen Mathematikdidaktik. Inwiefern diese Veränderungen im Unterricht spürbar werden, zeigt die Skala der Selbstberichte zur Gestaltung des Mathematikunterrichts.

8.1.2 Selbstberichtete Gestaltung des Mathematikunterrichts

Diese Veränderungen kann sowohl mit der Sicht auf Schüler:innenlösungen, aber auch mit dem – eventuell veränderten – Unterricht zusammenhängen. Daher wird nun genauer betrachtet, wie häufig die Schüler:innen nach eigenen Angaben der Lehrkraft im Unterricht auf unterschiedliche Art und Weisen arbeiten und somit der Forschungsfrage *Inwiefern verändert sich nach Angaben der Lehrkräfte die Art und Weise, wie die Schüler:innen im Mathematikunterricht lernen?* nachgegangen (vgl. Abschnitt 6.2) (Tabelle 8.2).

Tabelle 8.2 Itemanalyse der Skala zum Selbstbericht zum Unterricht

Skala – Selbstbericht zum Unterricht	Ø vorher	Ø nachher
Zusammenhänge erkennen.	2,88	2,96
Lösungsstrategien entwickeln und nutzen.	2,52	2,72
Erkenntnisse oder Vorgehensweisen auf ähnliche Sachverhalte übertragen.	2,39	2,88
Sachtexten und anderen Darstellungen der Lebenswirklichkeit die relevanten Informationen entnehmen.	2,08	2,4
Sachsituationen mit mathematischen Mitteln bearbeiten.	2	2,28
Eigene Denkprozesse oder Vorgehensweisen beschreiben.	3,24	3,56
Eine Darstellung in eine andere übertragen.	2,17	2,08
Lösungen oder Lösungswege austauschen.	2,92	3,12
Für die Bearbeitung mathematische Probleme angemessene Darstellungen entwickeln und nutzen.	2,04	2,24
Beziehungen oder Gesetzmäßigkeiten einander erklären.	2,52	2,76

(Fortsetzung)

8.1 Entwicklung der Überzeugungen

Tabelle 8.2 (Fortsetzung)

Skala – Selbstbericht zum Unterricht	Ø vorher	Ø nachher
Skalenwerte – Durchschnitt	2,49	2,7*
Standardabweichung	0,56	0,46
Cronbachs Alpha	0,77	0,72
Effektstärke	0,38	

Auch zu der obigen Fragestellung ist die Veränderung signifikant mit p<0,05. Hier liegt Cronbachs Alpha für Eingangs- und Abschlusserhebung mit 0,77 bzw. 0,72 im akzeptablen Bereich (Blanz, 2021). Die Effektstärke mit Cohens d von 0,38 zeigt einen niedrigen Effekt (Hedderich & Sachs, 2016). Nach eigenen Angaben hat sich also im Vergleich von vor und nach der Fortbildungsmaßnahme der Unterricht der teilnehmenden Lehrkräfte verändert. So sagt beispielsweise Bael im Abschlussinterview, dass es beim Unterrichten besonders wichtig ist, dass „die Aufgaben, die ich dann anbiete, zu dem jeweiligen Thema dann auch das Potenzial haben, dass da was zu entdecken ist" (Bael_A, Turn 46). Zudem ist nun wichtig, „dass sie [die Kinder] auch die Aufgaben selber ein bisschen für sich entdecken, auch manche Feststellung machen" (Bael_A, Turn 40). Im Eingangsinterview wurde der Fokus bei denselben Fragen hingegen auf „abwechslungsreiche Aufgabenformate, […] interessantes Anschauungsmaterial […] [und] Kompetenz seitens des Lehrers, also, dass der selber auch dahintersteht und sagt: ‚Ich hab' auch Spaß an Mathe'" (Bael_E, Turn 44) gelegt. Dieser Ausschnitt aus dem Eingangs- und Abschlussinterview zeigt, dass eine Konkretisierung der Kriterien durch Bael stattgefunden hat. Es könnte folglich darauf hindeuten, dass sich der Anspruch, den Bael an Aufgaben und Schüler:innen stellt, verändert hat.

Auch Urma gibt im Abschlussinterview an: „Ich hab' jetzt selber gemerkt, dass ich den Kindern mehr Raum gebe. Sondern, dass ich die Kinder das vorher machen, bevor man's dann nochmal gemeinsam macht. Also das hab' ich vor der Fortbildung noch nicht so intensiv gemacht" (Urma_A, Turn 337). Es zeigt sich also auch bei Urma, dass sich der Fokus im Unterricht ein wenig verschoben hat. Es wird von einem leicht veränderten, offeneren Unterricht nach der Fortbildungsmaßnahme berichtet. Darauf deutet folgende Aussage hin: „Also für mich war es wichtig, mich genau davon zu lösen, dass es eben nicht eine Sache auswendig lernen ist und immer anwenden, sondern, dass es eben auch verschiedene Lösungsansätze gibt, die auch richtig sind, und dass man da nicht die Kinder in eine Richtung drängt, weil man selber so rechnet, sondern auch akzeptiert, wenn die Kinder andere Wege gehen" (Urma_A, Turn 62).

Auch Kiro berichtet, ihr Unterricht sei „offener geworden [...] und mehr Gesprächsanteil, würde ich sagen, von den Kindern" (Kiro_A, Turn 551) sei gegeben. Nicht nur das, sondern auch der Umgang mit anderen Vorgehensweisen wird durch Kiro thematisiert: „Aber, wenn das für die [die Kinder] einfacher ist, dann würde ich auch den anderen Lösungsweg zulassen" (Kiro_A, Turn 115). Diese Veränderungen nennt Kiro zeitgleich mit dem Gefühl eines „andere[n] Hintergrundwissen[s]" (ebd.).

Es zeigt sich also, dass die Skala, die erfragt, wie die Lehrkräfte nach eigenen Angaben den Mathematikunterricht geschalten vor und nach der Fortbildungsmaßnahme signifikant unterschiedlich aufgefüllt wurde. Die Interviewausschnitte legen nahe, dass Öffnung des Unterrichts der Interviewteilnehmenden stattgefunden hat und vermehrt Aufgaben angeboten werden, die auch die das Entdecken und Begründen durch die Lernenden ermöglichen und einfordern.

8.1.3 Selbstwirksamkeitserwartungen

Inwiefern die Lehrkräfte ihr Wissen und ihre Selbstwirksamkeitserwartungen wahrnehmen, wird durch die folgende Skala erhoben. Zur Beantwortung der dritten Forschungsfrage *Inwiefern verändern sich die Selbstwirksamkeitserwartungen der Teilnehmenden in Bezug auf das Unterrichten der Kompetenzen des Lehrplans und in Bezug auf Aufgabenformate?* werden zunächst zwei getrennte Skalen herangezogen, die in inhalts- und prozessbezogene Kompetenzen unterschieden werden. Anschließend erfolgt die Auswertung der ReKoS-Daten (Tabelle 8.3).

Tabelle 8.3 Itemanalyse der Skala zur Selbstwirksamkeitserwartung Lehrplan – inhaltsbezogene Kompetenzen

Skala – Selbstwirksamkeit Lehrplan Inhaltsbezogene Kompetenzen	Ø vorher	Ø nachher
Wie gut fühlen Sie sich vorbereitet, folgende Kompetenzbereiche in Mathematik zu unterrichten?		
Zahlen und Operationen	2,84	3,16
Raum und Form	2,48	2,72
Größen und Messen	2,52	2,88
Daten, Häufigkeiten und Wahrscheinlichkeiten	1,92	2,4

(Fortsetzung)

8.1 Entwicklung der Überzeugungen

Tabelle 8.3 (Fortsetzung)

Skala – Selbstwirksamkeit Lehrplan Inhaltsbezogene Kompetenzen	Ø vorher	Ø nachher
Skalenwerte – Durchschnitt	2,44	2,79***
Standardabweichung	0,38	0,47
Cronbachs Alpha	0,58	0,62
Effektstärke	0,77	

Die Darstellung der inhaltbezogenen Kompetenzen zeigt in allen vier Bereichen durchschnittlich einen eingeschätzten Zuwachs der Selbstwirksamkeitserwartungen in Bezug auf die inhaltbezogenen Kompetenzen. Die Veränderung ist signifikant mit p<0,001. Auch hier liegt die Effektstärke mit d = 0,77 im mittleren Bereich (Hedderich & Sachs, 2016).

Die Werte für Cronbachs Alpha liegen im schlechten bis fragwürdigen Bereich (Blanz, 2021). „Cronbachs Alpha stellt deshalb ein Maß für die interne Konsistenz einer Skala dar; sie bestimmt das Ausmaß, wie stark die Items einer Skala miteinander zusammenhängen" (Blanz, 2021, S. 256). Daher scheint das für die Skala vertretbar, da die vier inhaltsbezogenen Kompetenzen voneinander unterschiedliche Kompetenzen darstellen und eine „innere Konsistenz" (ebd.) auf Grund der Verschiedenheit der inhaltlichen Bereiche schwer herzustellen ist. So ist beispielsweise zunächst an den Werten evident, dass der Bereich Daten, Häufigkeiten und Wahrscheinlichkeiten deutlich unter den Werten der anderen drei inhaltsbezogenen Kompetenzen liegt. Dies spiegelt sich auch in den Berechnungen wider, da sowohl in der Eingangs- als auch in der Abschlussbefragung das Cronbachs Alpha bei 0,70 liegt, würde dieses Item ausgeschlossen. Inhaltlich scheint dies aber nicht sinnvoll, da der Bereich auch im Lehrplan (MSW NRW, 2008; 2021) verankert ist und somit erfasst werden sollte. Die Werte hier zeigen den geringsten Eingangswert. Auch in der Abschlussbefragung fühlen sich die Lehrkräfte in dem Bereich Daten, Häufigkeiten und Wahrscheinlichkeiten am schlechtesten vorbereitet. Dennoch zeigt sich hier auch der größte Zuwachs.

Die Interviews geben erste Erklärungsansätze für die Verbesserung der Selbstwirksamkeitserwartungen in Bezug auf die inhaltsbezogenen Kompetenzen. Anjo würde für folgende Mathematikstunden vor allem erstmal auf die Aufgabenformate zurückgreifen, die in der Fortbildungsmaßnahme behandelt werden, „weil ich mich da jetzt einfach, also, wirklich sicherer fühle […], bei vielen Sachen ja auch geguckt haben, wie ist einfach dieser algebraische, mathematische Hintergrund" (Anjo_A, Turn 314). Kiro benennt im Interview auch, das

Gefühl zu haben, über „anderes Hintergrundwissen" (Kiro_A, Turn 553) zu verfügen. Dies könnte sowohl auf das fachliche als auch auf das fachdidaktische Hintergrundwissen bezogen sein.

Um die Verknüpfung beider Teilbereiche zu verdeutlichen, wird nun auch die Skala der prozessbezogenen Kompetenzen (vgl. Tabelle 8.4) betrachtet.

Tabelle 8.4 Itemanalyse der Skala zur Selbstwirksamkeitserwartung Lehrplan – prozessbezogene Kompetenzen

Skala – Selbstwirksamkeit Lehrplan Prozessbezogene Kompetenzen	Ø vorher	Ø nachher
Wie gut fühlen Sie sich vorbereitet, folgende Kompetenzbereiche in Mathematik zu unterrichten?		
Problemlösen/ Kreativ sein	1,88	2,75
Modellieren/ Mathematisieren	1,84	2,54
Argumentieren/ Begründen	2,12	2,88
Darstellen/ Kommunizieren	2,16	2,84
Skalenwerte – Durchschnitt	**2**	**2,75***
Standardabweichung	**0,46**	**0,46**
Cronbachs Alpha	**0,77**	**0,78**
Effektstärke	**1,28**	

Die teilnehmenden Lehrkräfte fühlen sich zu Beginn der Fortbildungsmaßnahme durchschnittlich weniger sicher, die prozessbezogenen Kompetenzen im Unterricht zu fördern. Die Veränderung, die hier vorliegt, ist signifikant mit $p<0{,}001$.

Die stärkste Effektstärke aller erhobenen Skalen liegt mit einem Wert von 1,28 bei der Veränderung der Selbstwirksamkeitserwartungen bezogen auf die prozessbezogenen Kompetenzen vor. Während in der Eingangsbefragung noch ein deutlicher Unterschied von 0,44 Punkten (siehe Tabelle 8.4) zugunsten der Selbstwirksamkeitserwartungen bei den inhaltbezogenen Kompetenzen vorliegt, gleicht sich dies in der Abschlussbefragung mit einem Unterschied von nur noch 0,04 an. Somit haben die Teilnehmenden den größten Zuwachs bei ihrer Selbstwirksamkeitserwartung im prozessbezogenen Kompetenzbereich gesehen.

Dies wird auch in den Interviews deutlich, in denen die prozessbezogenen Kompetenzen immer wieder eine zentrale Rolle spielen. „Weil ich da eben selber auch so die Ruhe ausgestrahlt habe und selber den Kindern den, die Zeit gegeben habe, um das nochmal zu entdecken" (Bael_A, Turn 381). Hier wird von Bael die

8.1 Entwicklung der Überzeugungen

Verbindung zwischen dem eigenen Unterricht und der damit verbundenen Selbstwirksamkeitserwartungen einerseits und dem Entdecken – also einem Teilbereich des Begründens des Lehrplans (MSW NRW, 2008; 2021) – anderseits hergestellt.

Aber auch die Verbindung von inhalts- und prozessbezogenen Kompetenzen scheint ein wichtiger Bestandteil für die Teilnehmenden zu sein. Vor allem in diesen Bereichen fühlt Anjo sich sicher und gibt an, dass er „gerade eher so auch Aufgaben nehmen würde, die wir thematisiert haben, weil ich da einfach weiß, wie ich sie mit den jeweiligen prozessbezogenen Kompetenzen super fördern und umsetzen kann" (Anjo_A, Turn 400). Heho führt beispielsweise an: „Ich muss auch sagen, dass das war einer der Dinge, die mir durch die Fortbildung, also die mir so viel gebracht haben, auch wenn ich sie [die prozessbezogenen Kompetenzen] jetzt nicht aufzählen konnte, hab' ich das natürlich vorher gelesen gehabt, aber konnte das wirklich null mit Inhalt füllen. Und ja da hab' ich einfach jetzt erstmal so richtig den roten Faden für mich entdeckt und weiß, wie ich das geschickt verknüpfen kann" (Heho_A, Turn 64).

Urma gibt an, dass das mathematische Denken ihr auch vor der Fortbildungsmaßnahme keinerlei Probleme bereitet hat: „Weil ich eher die Probleme hatte, dass ich in diesem komplett mathematischen Denken drin war mit Formeln und das eben auf Klasse eins Niveau runter zu brechen und dann auch wirklich so erklären zu können, dass es die Kinder verstehen" (Urma_A, Turn 168). Auch hier wird deutlich, wie wichtig das Zusammenspiel von inhalts- und prozessbezogenen beziehungsweise fachlichen und fachdidaktischen Elementen der Fortbildungsmaßnahme ist.

Insgesamt befindet sich die Selbstwirksamkeitserwartung der Lehrkräfte bezogen auf das Unterrichten der acht Kompetenzbereiche des Lehrplans des Landes Nordrhein-Westfalen (MSW NRW, 2008; 2021) zu Beginn der Fortbildungsmaßnahme mit einem Wert von 2,44 von 4 für die inhaltsbezogenen und 2 von 4 für die prozessbezogenen Kompetenzen auf einem mittleren Niveau. Nach der Fortbildungsmaßnahme sind beide Einschätzungen deutlich gestiegen – auf 2,79 bzw. 2,75. Es lässt sich also annehmen, dass die Teilnehmenden nach der Fortbildungsmaßnahme über höhere Selbstwirksamkeitserwartungen bezüglich des Unterrichtens aller Kompetenzbereiche verfügen. Inwiefern das auch auf die spezifischen Aufgabenformate, die in der Fortbildungsmaßnahme thematisiert werden, zutrifft, wurde durch die ReKoS-Skala (vgl. Abschnitt 6.4.1) erfasst und wird im folgenden Abschnitt genauer betrachtet.

8.1.4 Itemanalyse der Selbstwirksamkeitserwartungen vor und nach der Fortbildungsmaßnahme

	Mathematischen Grundlagen		didaktisch-curriculare Hintergründe		Prozessbezogene Kompetenzen		praktische Umsetzung		Schülerstrategien		adäquate Unterrichtsplanung		zielorientiert realisieren		Durchschnitt		SD		Cronbachs Alpha	
	Vor	Nach	Vor	Nach	Vor	Nach	Vor	Nach	Vor	Nach	Vor	Nach	Vor	Nach	Vor	Nach	Vor	Nach	Vor	Nach
Zahlenmauern	2,75	1,75	3,29	2,21	3,54	2,25	2,92	1,75	3,25	2,00	3,13	1,91	3,08	1,92	3,14	1,97	0,88	0,41	0,92	0,78
Bunte Türme	3,64	2,10	3,52	2,20	3,95	2,40	3,67	2,05	3,52	2,15	3,65	2,05	3,67	2,30	3,60	2,13	0,88	0,44	0,93	0,69
Zahlenketten	3,71	1,83	3,58	2,12	3,92	2,29	3,58	1,96	3,58	2,08	3,43	1,96	3,29	2,00	3,59	2,04	0,92	0,46	0,94	0,87
Formate allgemein	3,10	2,00	3,14	2,05	3,52	2,33	3,10	2,00	3,24	2,05	3,00	2,00	3,05	2,00	3,17	2,06	0,79	0,35	0,92	0,80
Durchschnitt	3,33	1,92***	3,40	2,17***	3,74	2,31***	3,31	1,93***	3,40	2,06***	3,29	1,97***	3,25	2,03***						
SD	0,88	0,46	1,00	0,45	0,95	0,50	0,91	0,53	1,03	0,58	0,95	0,47	1,04	0,64						
Cronbachs Alpha	0,84	0,70	0,94	0,86	0,93	0,94	0,87	0,85	0,92	0,91	0,93	0,91	0,91	0,90						

8.1 Entwicklung der Überzeugungen

Werden die Werte der ReKoS (retrospektive Kompetenz Selbsteinschätzung) Skala genauer betrachtet, zeigt sich in allen einzelnen Items sowie beiden möglichen Skalen – horizontal im Sinne eines Aufgabenformates und vertikal im Sinne einer Facette über die unterschiedlichen Aufgabenformate hinweg – dass die teilnehmenden Lehrkräfte sich nach der Fortbildungsmaßnahme besser einschätzten als sie das retrospektiv vor der Fortbildungsmaßnahme taten.

Werden zunächst die Skalen horizontal betrachtet, zeigt sich, dass die Lehrkräfte ihre Kompetenzen vor der Fortbildungsmaßnahme rückblickend im Bereich zwischen 3 und 4 einordnen. Dabei wird das Aufgabenformat der Zahlenmauern deutlich besser eingeschätzt als das der Zahlenketten. Die Zahlenketten und bunte Türme bauen im Sinne einer kombinatorischen Fragestellung schnitten dabei am schlechtesten ab. Nach der Fortbildungsmaßnahme schätzen die Lehrkräfte sich im guten Bereich (2) ein. Dabei ist die Kombinatorik immer noch der Aufgabenbereich, in dem sich die Teilnehmenden leicht schwächer einschätzen.

Die interne Konsistenz, die durch die Werte von Cronbachs Alpha angegebenen werden, zeigt, dass die Skalen durchweg gut bis exzellent sind, mit Werten >0,8 beziehungsweise >0,9 (Blanz, 2021). Die Skala zur Kombinatorik ist für die Werte, die die Lehrkräfte nach der Fortbildungsmaßnahme für vor der Fortbildungsmaßnahme angaben, in einem exzellenten Bereich (0,93). Für dieselbe Skala nach der Fortbildungsmaßnahme ist mit 0,69 nur eine fragwürdige Konsistenz (Blanz, 2021) erreicht, da erst ab >0,7 der akzeptable Bereich beginnt. Da beide Skalen zum selben Zeitpunkt erhoben werden, scheint dieser Wert noch vertretbar.

Die Standardabweichungen sind mit Werten zwischen 0,79 und 0,92 vor der Fortbildungsmaßnahme etwa doppelt so groß wie nach der Fortbildungsmaßnahme mit Werten zwischen 0,35 und 0,46. Das heißt, dass die teilnehmenden Lehrkräfte sich retrospektiv vor der Fortbildungsmaßnahme unterschiedlicher einschätzten als nach der Fortbildungsmaßnahme. Die Besserung wird vermutlich unterschiedlich groß wahrgenommen – die Ausgangslage ist differenzierter als die Einschätzungen nach der Fortbildungsmaßnahme.

Bei der Betrachtung der horizontalen Skalen und der Einzelwerte, ist auffällig, dass die Zahlenmauern im Vergleich zu den anderen beiden Aufgabenformaten – bunte Türme bauen und Zahlenketten – deutlich besser abschneiden. Vor allem vor der Fortbildungsmaßnahme scheinen sich die Lehrkräfte in Bezug auf die mathematischen Grundlagen deutlich besser einzuschätzen, da hier der Mittelwert um nahezu eine Einheit kleiner ist. Nach der Fortbildungsmaßnahme hingegen ist der Unterschied zwischen Zahlenmauer und den Zahlenketten auf 0,08 verringert und zeigt folglich kaum einen Unterschied. Dies könnte vor allem an der deutlich größeren Bekanntheit der Zahlenmauern und deren Verwendung in nahezu jedem Schulbuch zurückzuführen sein. Ihre Kenntnisse auf den unterschiedlichen Ebenen bezüglich der Aufgabenformate allgemein schätzen die Lehrkräfte retrospektiv vor der Fortbildungsmaßnahme etwas besser ein, als der Durchschnitt der vier Werte anzeigt. Für die rückblickende Einschätzung nach der Fortbildungsmaßnahme variiert dies.

Werden die Skalen vertikal gebildet und die einzelnen Facetten über die Aufgabenformate hinweg betrachtet, zeigt sich, dass sich die Lehrkräfte vor der Fortbildungsmaßnahme die geringsten Werte zuordneten für den Bereich *Ich kenne Ansätze zur Förderung verschiedener prozessbezogener Kompetenzen bei „…"* über die Aufgabenformate hinweg mit einem Wert von 3,74. Die fachfremd unterrichtenden Lehrkräfte scheinen sich in Bezug auf die Förderung der prozessbezogenen Kompetenzen unsicher. Die übrigen Facetten liegen zwischen 3,25 und 3,40. Auch nach der Fortbildungsmaßnahme haben die Lehrkräfte hier die geringsten Selbstwirksamkeitserwartungen mit einem durchschnittlichen Wert von 2,31. Nach der Fortbildungsmaßnahme schätzten die teilnehmenden Lehrkräfte sich im Bereich der mathematischen Grundlagen im Mittel am stärksten ein mit einem Wert von 1,92.

Auch in der vertikalen Ebene zeigen die Berechnungen des Cronbachs Alpha, dass die Skalen im guten bis exzellenten Bereich liegen – auch hier mit einer Ausnahme (mathematische Grundlagen nach der Fortbildungsmaßnahme), bei der der Wert im akzeptablen Bereich liegt (Blanz, 2021).

Ebenso sind auch die Standardabweichungen ähnlich verteilt wie bei der Betrachtung der horizontalen Skalen. Die Fortbildungsteilnehmenden schätzten sich retrospektiv vor der Fortbildungsmaßnahme unterschiedlicher ein, was durch die höheren Standardabweichungen mit Werten zwischen 0,88 und 1,04 deutlich wird. Nach der Fortbildungsmaßnahme sind die Standardabweichungen deutlich geringer (0,46–0,64).

Da in der Fortbildungsmaßnahme für fachfremd unterrichtende Lehrkräfte der Fokus vor allem auch auf dem mathematischen Lernen der Teilnehmenden lag, wird hier die vertikale Skala der mathematischen Grundlagen noch einmal genauer betrachtet. Alle vier Werte – Zahlenmauern, Bunte Türme bauen, Zahlenketten und Aufgabenformate allgemein verbessern sich in der rückblickenden Selbsteinschätzung der Lehrkräfte enorm. Für die Zahlenmauern ist der Wissenszuwachs, eventuell wegen der vergleichsweise hohen Eingangswerte, mit einer Differenz von 1 am geringsten. Die retrospektive Selbsteinschätzung zu den mathematischen Grundlagen der Zahlenketten ist mit einer Differenz von 1,88 sehr hoch. Auch im Mittel wird eine Verbesserung von etwa 1,4 erreicht. Die Fortbildungsmaßnahme zeigt bei den mathematischen Grundlagen einen Zuwachs in den Selbstwirksamkeitserwartungen der teilnehmenden Grundschullehrkräfte.

8.1 Entwicklung der Überzeugungen

Alle Veränderungen der Skalen, sowohl die der vertikalen als auch der horizontalen gebildeten Skalen, zeigten eine signifikante Veränderung mit p<0,001. Dabei sind alle Effektstärken groß mit Werten zwischen 1,1 und 1,9.

Somit zeigt sich, dass die Lehrkräfte ihre Selbstwirksamkeitserwartungen retrospektiv für vor und nach der Fortbildungsmaßnahme deutlich verbessern.

Die Angaben der Interviewten zeigen im Bereich der Selbstwirksamkeitserwartungen (vgl. Abschnitt 2.1.2) unterschiedliche Facetten auf. Auf die Frage im Interview, wie der Unterricht wahrgenommen wurde, der in der Fortbildungsmaßnahme gemeinsam geplant und während der Distanzphase in der Klasse ausprobiert wurde, antworteten Urma und Kiro mit „wesentlich entspannter" (Urma_A, Turn 168) und „tatsächlich sicherer" (Kiro_A, Turn 303). Bereits aus diesen beiden kurzen Antworten wird deutlich, dass beide eventuell eine größere Selbstwirksamkeitserwartung aufgebaut haben. Dabei könnte aber auch die gemeinsame und betreute Planung eine Rolle spielen. So gibt Urma ebenfalls an: „dadurch, dass man das gemeinsam geplant hat und auch reflektiert hat, fand ich das schon gut, weil man sich da selber dann auch sicherer war" (Urma_A, Turn 243). Dies überträgt Urma auch auf Veränderungen im Unterricht, indem sie sagt, dass sie „in der Vorbereitung selber sicher war, hat das auch im Unterricht sich widergespiegelt, weil man natürlich für die Kinder viel besser da sein konnte" (Urma_A, Turn 226).

Das hinzugewonnene Sicherheitsgefühl könnte durchaus durch individuell unterschiedliche Wahrnehmungen sehr unterschiedliche Ursachen aufweisen. Während Anjo den algebraischen Hintergrund nennt, den er für mehr Sicherheit im Unterricht ursächlich nennt (Anjo_A, Turn 314), ist es bei Urma nahezu entgegengesetzt. Das Zitat wird hier erneut aufgegriffen und aus einem anderen Blickwinkel beleuchtet: „Weil ich eher die Probleme hatte, dass ich in diesem komplett mathematischen Denken drin war mit Formeln und das eben auf Klasse eins Niveau runterzubrechen und dann auch wirklich so erklären zu können, dass es die Kinder verstehen" (Urma_A, Turn 168). So zeigt sich, dass die Fortbildungsmaßnahme – zumindest für die beiden Interviewteilnehmenden – zu beiden Facetten des fachlichen und des fachdidaktischen Sicherheitsgefühls beitragen konnte. Dabei scheint irrelevant, ob im Vorhinein das mathematische Wissen als gut oder weniger gut eingeschätzt wurde.

Auch Kiro gibt im Abschlussinterview an, dass sich ihre Selbstwirksamkeitserwartung durch die Fortbildungsmaßnahme verändert hat: „… und mit dem Wissen, was ich hatte und auch mit dem Material, das war irgendwie – ich muss – das war irgendwie wieder so ne Stunde, wie im Ref, super vorbereitet. Und das gibt dann einfach auch Sicherheit, ne? Auf jeden Fall. Weil sonst, manchmal schwimm ich dann ja auch so'n bisschen. Weil man das vorher noch nie gemacht hat. Und in den Fächern, die man dann im Ref hatte, ist man dann natürlich auch sicherer. Ja. Das fand ich schon ganz gut" (Kiro_A, Turn 303). Hier wird die Unsicherheit vor allem auch mit den fehlenden Erfahrungen im Referendariat in Verbindung gebracht. Es könnte somit auf das Fremd-im-Fach-Fühlen (vgl. Kapitel 2) hindeuten.

Aber auch die Schüler:innenperspektive ist bei Anjo nicht gänzlich unwichtig. So scheint ihm die Fortbildung eine verbesserte Selbstwirksamkeitserwartung im Bereich des Eingehens auf Schüler:innenlösungen gebracht zu haben. Anjo hat „das Gefühl, durch die Fortbildung auch so ein bisschen verstanden zu haben, wo könnten so Problempunkte auftauchen oder so, wo die Kinder ins Straucheln kommen, wo es vielleicht nicht auf den ersten Blick so klar ist" (Anjo_A, Turn 282). Das bestätigen auch Aussagen von Urma (bspw. Urma_A, Turn 226). Nicht nur die Vorbereitung hat laut Bael einen Einfluss auf die Kinder. Er sieht, dass er „da eben selber auch so die Ruhe ausgestrahlt ha[t] und selber den Kindern den, die Zeit gegeben ha[t], um das nochmal zu entdecken" (Bael_A, Turn 381).

Heho zieht ein gänzlich positives Fazit: „Und das hat sich, ja das bildet sich jetzt einfach wirklich immer mehr so das Gefühl: ‚Ja, so kann's gut gehen!'" (Heho_A, Turn 66). Es zeigt sich also nicht nur in den statistischen Daten, dass sich die Selbstwirksamkeitserwartungen verbessern; dies wird vor allem auch durch unterschiedliche Aussagen der Interviewten belegt, begründet und vertieft.

8.1.5 Zusammenfassung

Insgesamt zeigt sich für die Beantwortung der drei Forschungsfragen

- Inwiefern verändern sich die Überzeugungen zu Schüler:innenleistungen in Mathematik?
- Inwiefern verändert sich nach Angaben der Lehrkräfte die Art und Weise, wie die Schüler:innen im Mathematikunterricht lernen?
- Inwiefern verändern sich die Selbstwirksamkeitserwartungen der Teilnehmenden in Bezug auf das Unterrichten der Kompetenzen des Lehrplans und in Bezug auf Aufgabenformate?

in allen drei Bereichen eine signifikante Veränderung. Vor allem die Selbstwirksamkeitserwartungen der teilnehmenden Lehrkräfte verändern sich zu den Befragungszeitpunkten vor und nach der Fortbildungsmaßnahme. Die retrospektive Beurteilung der eigenen Selbstwirksamkeitserwartungen durch die ReKoS-Skala zeigt besonders hohe Effektstärken und große Mittelwertunterschiede auf.

8.1 Entwicklung der Überzeugungen

Für die Veränderungen nennen die Interviewteilnehmenden unterschiedliche Ursachen, wie:

- einen stärken Fokus auf die Prozesse der Kinder und auf die Förderung der prozessbezogenen Kompetenzen,
- mehr Raum für Entdeckungen durch die Kinder,
- eine hinzugewonnene Sicherheit durch mehr mathematisches Hintergrundwissen,
- das Wissen der Lehrkraft, wie mathematische Inhalte für die Kinder vereinfacht werden kann,
- eine höhere Selbstsicherheit in Form von Ruhe, die auch auf die Kinder übertragen wird,

und ähnliche Facetten. Dabei sind dies lediglich individuelle Wahrnehmungen der Interviewteilnehmenden, die zwar nicht generalisierbar sind, aber dennoch Anknüpfungspunkte zur Erklärung der Veränderungen darstellen können.

Als Konsequenzen für weitere Fortbildungsangebote für Mathematik fachfremd unterrichtende Grundschullehrkräfte ergeben sich aus den obigen Erkenntnissen folglich:

- Ein **mathematischer Schwerpunkt** einer Fortbildungsmaßnahme für fachfremd unterrichtende Grundschullehrkräfte scheint durchaus sinnvoll zu sein, da die Lehrkräfte anschließend nach eigenen Angaben eine höhere Selbstwirksamkeitserwartung in Bezug auf ihr mathematisches Wissen aufweisen. Das dies – auch unabhängig von der tatsächlichen Verbesserung – eine wichtige Facette ist, zeigt Abschnitt 2.1.2.
- Eine **Unterstützung** der teilnehmenden Lehrkräfte beim mathematischen Lernen scheint dabei besonders sinnvoll, um die Selbstwirksamkeitserwartungen zu stärken und nicht durch Überforderung Gegenteiliges zu bewirken (vgl. Abschnitt 2.1.2).
- Ebenso scheint eine positive Verstärkung der Lehrkräfte im Rahmen gemeinsamer **Planungen und Reflexionen** sinnvoll, denn nach eigenen Angaben gibt dies eine höhere Sicherheit – die sich wiederum auf die Kinder übertragen kann.
- Die Einführung **der prozessbezogenen Kompetenzen** und konkrete Umsetzungsideen scheinen im Rahmen einer Fortbildungsmaßnahme für Mathematik fachfremd unterrichtende Grundschullehrkräfte besonders wichtig – nicht, weil

unterstellt werden soll, dass der Lehrplan nicht bekannt ist, sondern vielmehr, um Unterstützung und Anknüpfungspunkte zum eigenen Unterricht anzubieten.
- Die **Verbindung** zwischen mathematischem und mathematikdidaktischem Wissen scheint in einer solchen Fortbildungsmaßnahme besonders wichtig, um die Selbstwirksamkeitserwartung zu stärken und Wissen in beiden Bereichen aufzubauen und diese miteinander verbunden auf- und auszubauen.

Um nun auch zu betrachten, inwiefern sich das mathematische Wissen der Teilnehmenden verändert hat und nicht auf der Ebene der wahrgenommenen Veränderung zu verharren, werden im nächsten Abschnitt die grundschulgemäßen und algebraischen Lösungen der Lehrkräfte genauer betrachtet, damit wird der zweiten Forschungsfrage nachgegangen wird.

8.2 Entwicklung der Begründungen

Inwiefern verändern sich Begründungen zu operativstrukturierten Aufgabenserien von Grundschullehrkräften, die an einer Fortbildungsmaßnahme für Mathematik fachfremd Unterrichtende teilnehmen in den Aufgabeformaten der Zahlenketten und -gitter? – diese übergeordnete Frage wird im Folgenden beantwortet, indem zunächst die folgenden Unterfragen beantwortet werden:

- Inwiefern verändern sich die grundschulgemäßen Begründungen der Teilnehmenden in den Aufgabenformaten der Zahlenketten und -gitter?
- Inwiefern verändern sich die algebraischen Begründungen der Teilnehmenden in den Aufgabenformaten der Zahlenketten und -gitter?

Wie in den Abschnitten 4.2 zum algebraischen Denken in der Grundschule und 5.2 zum Beschreiben und Begründen in der Grundschule herausgestellt wurde, lassen sich unterschiedliche Blickwinkel einnehmen, mit denen die Standortbestimmung im Folgenden betrachtet werden soll (vgl. Abschnitt 6.5.2). Der Aspekt des algebraischen Denkens der Teilnehmenden wird unter Zuhilfenahme des in Abschnitt 6.4.2 abgeleiteten Modells zum algebraischen Denken bei operativstrukturierten Aufgaben betrachtet.

Zunächst wird die zweite Aufgabe der Standortbestimmung (vgl. Abschnitt 6.4.1), das grundschulgemäße Begründen, mit Hilfe beider Analyseinstrumente genauer beleuchtet. Daran anschließend werden beide Analyseinstrumente auf die algebraischen Begründungen, Aufgabe 3 der

8.2 Entwicklung der Begründungen

Standortbestimmung, der Teilnehmenden angewendet. Es werden bei allen sich daraus ergebenden Abschnitten sowohl die Zahlenketten als Aufgabenformat, das so in der Fortbildungsmaßnahme thematisiert wurde – zuerst – und die Zahlengitter als Aufgabenformat, das in der Fortbildungsmaßnahme nicht thematisiert wurde – im Anschluss – betrachtet.

Es ergeben sich also wie in der Tabelle 8.5 dargestellt vier Felder einer Matrix, die im Folgenden nacheinander betrachtet werden. Anschließend erfolgt die genauere Einsicht in die Lösungen der teilnehmenden Lehrkräfte zu der Aufgabe der algebraischen Begründung der Veränderung.

Tabelle 8.5 Allgemeiner Zusammenhang der Aufgabenstellung und des Analyseinstruments

Zusammenhang Aufgabenstellung und Analyseinstrument			
		Aufgabenstellung der Standortbestimmung	
		Grundschulgemäße Begründung	Algebraische Begründung
Analyseinstrument	Begründen in der Grundschule	1	3
	Algebraisches Denken in der Grundschule	2	4

8.2.1 Grundschulgemäßes Begründen

Die Ausführungen beziehen sich auf das erste Feld der Matrix – hier grau hinterlegt – da die Aufgabe der grundschulgemäßen Begründung zunächst mit dem Analyseinstrument der Kategorien, die aus dem Begründen in der Grundschule hergeleitet werden, betrachtet wird.

Tabelle 8.6 Erster dargestellter Zusammenhang der Aufgabenstellung und des Analyseinstruments

	Grundschulgemäße Begründung	Algebraische Begründung
Begründen in der Grundschule		
Algebraisches Denken in der Grundschule		

Hier erfolgt nun die quantitative Analyse des Vergleichs von Eingangs- und Abschlussstandortbestimmung.

Grundschulgemäße Begründungen – Analysefokus Begründen – Zahlenketten

Die Tabelle 8.7 zeigt die Werte im Vergleich vor und nach der Fortbildungsmaßnahme.

Tabelle 8.7 Kategorienverteilung grundschulgemäße Begründungen bei Zahlenketten

Kategorie A2	Anzahl der TN	
	vorher	nachher
1. vollständige Begründung	4	7
2. unvollständige Begründung	1	6
3. Beschreibung aller veränderter Zahlen	13	6
4. Beschreibung ausgewählter Zahlen	3	3
5. fachlich falsch	0	0
Keine Angabe	4	3

Wie deutlich zu erkennen ist, zeigt sich sowohl vor als auch nach der Fortbildungsmaßnahme eine Streuung der Lösungen der Teilnehmenden. Erfreulich ist zu erwähnen, dass in keiner Standortbestimmung eine Lösung als fachlich falsch eingestuft werden musste – was sicherlich aber auch daran liegt, dass eine Beschreibung als Vorstufe einer Begründung anerkannt wurde. Während das arithmetische Mittel vor der Fortbildungsmaßnahme bei 2,7 liegt, verbessert er sich nachher auf etwa 2,2. Somit werden die Teilnehmenden durchschnittlich um etwa eine halbe Kategorie besser.

Während vor der Fortbildungsmaßnahme lediglich fünf der 25 erfassten Teilnehmendenlösungen auf ein Begründungsniveau gekommen und nicht auf der rein beschreibenden Ebene verblieben sind, können in der Abschlussstandortbestimmung mehr als die Hälfte der Teilnehmenden eine Begründung angeben.

Nichtsdestotrotz verdeutlicht die quantitative Analyse, dass die Veränderung mit $p = 0{,}047$ einen signifikanten Unterschied – mit $p<0{,}05$ – zwischen den beiden Testzeitpunkten aufzeigt. Die Effektstärke ist mit 0,42 als klein anzusehen. Krippendorffs α liegt bei 0,85 und ist damit als gut zu bewerten (Krippendorff, 2004).

8.2 Entwicklung der Begründungen

Bei der vergleichsweise kleinen Stichprobe von n = 25 sind quantitative Auswertungen stets mit Vorsicht zu betrachten. Daher wird im Folgenden noch einmal genauer auf die Wanderungswerte, das heißt den Vergleich von *vor* und *nach* der Fortbildungsmaßnahme, eingegangen. In der Wanderungstabelle (vgl. Tabelle 8.8) ist die Eingangsstandortbestimmung in der Spalte und die Abschlussstandortbestimmung in der Zeile angegeben. Daraus ergibt sich, dass die Werte auf der Diagonale – hier fett markiert – die Standortbestimmungen sind, deren Kategorie sich im Vergleich von vorher und nachher nicht verändert. Die Werte unterhalb der Diagonale – hier kursiv dargestellt – geben die verbesserten Werte an, die oberhalb der Diagnose sind die Lösungen der Teilnehmenden, die in der Abschlussstandortbestimmung eine schlechtere Kategorie erreicht haben.

Tabelle 8.8 Wanderungstabelle grundschulgemäße Begründungen bei den Zahlenketten

Wanderung A2 Eingangsstandortbestimmung und Abschlussstandortbestimmung					
		Abschluss-Standortbestimmung A2				
		Kategorie 1	Kategorie 2	Kategorie 3	Kategorie 4	Keine Angabe
Eingangs-Standortbestimmung A2	Kategorie 1	**3**	0	0	1	0
	Kategorie 2	*0*	**1**	0	0	0
	Kategorie 3	*4*	*3*	**3**	1	2
	Kategorie 4	*0*	*1*	*1*	**1**	0
	Keine Angabe	*0*	*1*	*2*	*0*	**1**

Es zeigt sich also in Tabelle 8.8, dass neun Teilnehmende für die Aufgabe der grundschulgemäßen Begründung der Veränderung der Zielzahl einer Zahlenkette bei systematischer Erhöhung der zweiten Startzahl um Eins im Eingang und Abschluss dieselbe Kategorie erreichen.

Vier der Teilnehmenden erreichen in der Abschlussstandortbestimmung eine schlechtere Kategorie, wobei sich beispielsweise Bewi – die aus der Vorstellung der ersten Kategorie zur zweiten Aufgabe der Standortbestimmung weiter oben bekannt ist – von Kategorie 1 in der Eingangsstandortbestimmung zu Kategorie 4 in der Abschlussstandortbestimmung verschlechtert. Dabei ist kaum davon auszugehen, dass durch die Fortbildungsmaßnahme vergessen wurde, was bereits gekonnt wurde, sondern die Einordnung in eine schlechtere Kategorie vielmehr der Tatsache geschuldet sein könnte, dass die Zeichnung (Abb. 6.11) als aufwendig empfunden wurde und nur eine kurze und schnelle Beschreibung der Veränderung gegeben wurde. Die beiden Lösungen, die in der Eingangsstandortbestimmung die Kategorie 3 erreichten und nun keine Angabe gemacht haben, haben eine nahezu unausgefüllte Abschlussstandortbestimmung abgegeben, was auf fehlende Motivation hinsichtlich des Ausfüllens hindeuten könnte.

Die größte Anzahl an Wanderungen – mit vier Lösungen – gibt es von der Beschreibung aller veränderter Zahlen zur besten Kategorie, der Begründung aller veränderter Zahlen. In den erhobenen Lösungen sind alle Teilnehmendenlösungen, die im Abschluss der besten Kategorie zuzuordnen sind, im Eingang entweder schon der besten oder der dritten Kategorie zuzuordnen. Drei weitere Teilnehmende erreichen nach der dritten Kategorie im Eingang die zweite Kategorie in der Abschlussstandortbestimmung. Das heißt, dass hier ein deutlicher Zuwachs bei den Kategorien zu verzeichnen ist, die sich auf begründendem Niveau befanden. Die Kategorien 2 und 3 werden – betrachtet man nur die Teilnehmendenlösungen, die eine Verbesserung aufweisen – von insgesamt fünf Lehrkräften erreicht.

Insgesamt zeigt die Wanderungstabelle folglich, dass eine Verbesserung der Teilnehmendenlösungen in Hinblick auf das Kategoriensystem zu erkennen ist. Vor allem der Anteil der begründenden Lösungen nimmt zu. Die Beispiele, die sich verschlechtern, können eventuell eher auf motivationale als auf inhaltliche Gründe zurückgeführt werden.

Kategoriensystem – Zahlengitter

Eine ähnliche Veränderung der grundschulgemäßen Begründung zeigt sich auch bei dem zweiten erhobenen Aufgabenformat der Zahlengitter, welches in der Fortbildungsmaßnahme nicht thematisiert wurde. Daher kann mit Hilfe der Lösungen der Zahlengitter genauer betrachtet werden, inwiefern die teilnehmenden Lehrkräfte die Erkenntnisse, die sie in der Fortbildungsmaßnahme erzielt haben, auf weitere Aufgaben übertragen werden können.

Grundschulgemäßes Begründen – Analysefokus Begründen – Zahlengitter

Der Mittelwert der Kategorien in Bezug auf die grundschulgemäße Veränderung der Zielzahl in den Zahlengittern zum ersten Erhebungspunkt liegt bei 2,5 und verbessert sich genau um 0,5, sodass im Ausgang ein Mittelwert von 2 erreicht wird.

Besonders auffällig sind in Tabelle 8.9 die fehlenden Angaben in der Eingangsstandortbestimmung. 15 der 25 Teilnehmenden geben hier keinerlei Antwort auf die Frage nach der grundschulgemäßen Begründung. Das sind etwa zwei Drittel der Teilnehmenden. Worin diese Unterscheidung in der Antworthäufigkeit im Vergleich zu den Zahlenketten begründet liegt, bleibt dabei spekulativ. Zum einen war

8.2 Entwicklung der Begründungen

Tabelle 8.9 Kategorienverteilung grundschulgemäße Begründungen bei Zahlengittern

Kategorien B2	Anzahl der TN	
	vorher	nachher
1. vollständige Begründung	4	6
2. unvollständige Begründung	1	6
3. Beschreibung aller veränderter Zahlen	2	2
4. Beschreibung ausgewählter Zahlen	2	2
5. fachlich falsch	1	0
Keine Angabe	15	9

es die zweite Aufgabe, sodass es eventuell sein könnte, dass die Lehrkräfte nicht erneut argumentieren wollten. Es sind aber auch deutlich mehr Zahlen, die beschrieben werden müssten – die neun Zahlen im Gitter und zwei Additionszahlen – was dazu führen kann, dass eine Beschreibung aller veränderter Zahlen deutlich weniger intuitiv erscheint als noch bei den Zahlenketten, in denen nur drei veränderte Zahlen zu beschreiben sind. So kann es sein, dass hier viele, die noch bei den Zahlengittern eine Beschreibung statt einer Begründung notiert haben, hier keine Antwort abgeben. Es kann sicherlich auch sein, dass das Aufgabenformat der Zahlengitter insgesamt als schwieriger empfunden wird, sodass die Teilnehmenden keine Lösung angeben können. Ein zeitlicher Aspekt ist dabei als unwahrscheinlich zu erachten, da genügend Zeit geben wurde und Aufgaben, die in der Standortbestimmung später kamen – wie beispielsweise die algebraische Begründung – keine so geringe Bearbeitungszahl vorweisen.

Dennoch sind auch die Werte derer, die eine Begründung angeben, in der Abschlussstandortbestimmung deutlich höher. Während lediglich fünf der Lösungen vor der Fortbildungsmaßnahme einen begründen Charakter aufweisen, können zwölf Lösungen im Anschluss als begründend eingestuft werden. Auch die Anzahl derer, die keinerlei Angaben machen, nimmt im Anschluss an die Fortbildungsmaßnahme ab, obwohl es immer noch deutlich über dem Niveau der Lösungen ohne Angabe bei den Zahlenketten liegt.

Auch wenn die Verbesserung ähnlich wie bei der Aufgabe zur grundschulgemäßen Begründung der operativstrukturierten Veränderung der Zielzahl in den Zahlenketten mit 0,5 Punkten sinkt und somit näher an die beste Kategorie 1 kommt, zeigt sich in der Berechnung kein signifikanter Unterschied mit $p = 0{,}067$. Die Interraterreliabilität liegt mit Krippendorffs $\alpha = 0{,}74$ unter dem Bereich, den Krippendorff mit $>0{,}8$ als verlässlich angibt (Krippendorff, 2004). Dies scheint aber noch im akzeptablen Bereich der Übereinstimmung der beiden Raterinnen zu liegen.

Die Wanderungstabellen (vgl. Tabelle 8.10) werden nun auch für die grundschulgemäße Begründung der Zahlengitter betrachtet, um zu erfassen, wie die Veränderungen der einzelnen Teilnehmenden vor und nach der Fortbildungsmaßnahme anhand der Standortbestimmungen erkennbar werden.

Tabelle 8.10 Wanderungstabelle grundschulgemäße Begründungen bei den Zahlengittern

Wanderung B2 Eingangsstandortbestimmung und Abschlussstandortbestimmung							
		Abschluss-Standortbestimmung B2					
		Kategorie 1	Kategorie 2	Kategorie 3	Kategorie 4	Kategorie 5	Keine Angabe
Eingangs-Standortbestimmung B2	Kategorie 1	2	1	0	0	0	1
	Kategorie 2	0	0	0	0	0	1
	Kategorie 3	1	1	0	0	0	0
	Kategorie 4	2	0	0	0	0	0
	Kategorie 5	0	0	0	0	0	1
	Keine Angabe	1	4	2	2	0	6

Auf der Diagonalen liegen die Lösungen, die im Eingang wie im Abschluss dieselbe Kategorie erreichen konnten. Auffällig ist in Tabelle 8.10, dass dies nur zweimal für die beste Kategorie und sechsmal für die Lösungen ohne Angabe geschieht. In den übrigen drei Kategorien bleibt keine Lösung in derselben Kategorie in der Eingangs- und Abschlussbefragung. Das heißt alle anderen Lösungen haben sich entweder verbessert oder verschlechtert.

Von den vier Lösungen, die beim ersten Erhebungszeitpunkt in Kategorie 1 eingestuft werden, bleiben zwei Teilnehmende in der besten Kategorie, eine Lösung wird im Abschluss eine Kategorie schlechter und die vierte gibt keine Lösung an. Ebenso ist die Lösung einer oder eines Teilnehmenden in der Eingangsstandortbestimmung der Kategorie 2 zuzuordnen und im Anschluss ohne Angabe. Die oder der Teilnehmende mit einer fachlich falschen Lösung aus der Eingangsstandortbestimmung macht im Anschluss an die Fortbildungsmaßnahme keine Angabe. Hier kann man also leider nicht nachvollzogen werden, ob und inwiefern der Fehler hätte berichtigt werden können. Wie bei den Zahlenketten auch scheint es unwahrscheinlicher, dass die Fortbildungsmaßnahme zu einer Abnahme der Fähigkeiten zum Begründen geführt hat, als dass dies auf motivationale Aspekte zurückzuführen sein könnte.

8.2 Entwicklung der Begründungen

Andersherum zeigt sich aber, dass neun der 16 Teilnehmenden, die zum ersten Erhebungszeitpunkt eine nicht ausgefüllte Bearbeitung abgeben, am zweiten Erhebungszeitpunkt eine Lösung angeben können. Dabei sind alle Kategorien vertreten, sodass von keiner Angabe in der Eingangsstandortbestimmung alle Kategorien in der Abschlussstandortbestimmung erreicht werden können. Beide Teilnehmenden, die im Eingang Kategorie 3 erreichten und somit alle veränderten Zahlen beschrieben haben, verbessern sich, sodass jeweils eine im Abschluss Kategorie 1 bzw. 2 zuzuordnen ist. Insgesamt sind acht Lösungen im Vorher-Nachher-Vergleich in derselben Kategorie geblieben, drei haben sich verschlechtert und 13 Teilnehmende haben im Anschluss an die Fortbildungsmaßnahme eine bessere Kategorie erreicht.

Insgesamt zeigt sich also auch für die grundschulgemäßen Begründungen zur Veränderung der Zielzahl in den Zahlengittern, dass eine Verbesserung der Teilnehmendenlösungen zu erkennen ist. Der große Anteil an fehlenden Lösungen ist merklich rückläufig. Zudem sind zwölf von 16 Lösungen nach der Fortbildungsmaßnahme auf begründendem Niveau, obwohl dieses Aufgabenformat nicht in der Fortbildungsmaßnahme thematisiert wird.

Zusammenfassung grundschulgemäßes Begründen – Analysefokus Begünden
Insgesamt zeigt sich, dass sich die Begründungen der Teilnehmenden zu den operativeren Veränderungen in beiden Aufgabenformaten – unabhängig davon, ob in der Fortbildungsmaßnahme thematisch behandelt oder nicht – in etwa gleich verbessern. Das ist insofern bemerkenswert, als dass die Zahlengitter zum ersten Erhebungszeitpunkt eventuell als schwieriger wahrgenommen werden, was durch eine deutlich höhere Auslassung einer Antwort vermutet werden kann. Zudem ist das Aufgabenformat der Zahlenketten in der Fortbildungsmaßnahme behandelt worden, die Zahlengitter hingegen nicht.

So zeigen sich im Vergleich von vor und nach der mathematisch und mathematikdidaktisch ausgerichteten Fortbildungsmaßnahme Verbesserungen in folgenden Bereichen:

- Die Verbesserungen in den Kategorien der grundschulgemäßen Begründungen für die Zahlenketten der teilnehmenden Lehrkräfte sind statistisch signifikant.
- Die Anzahl an Begründungen steigt für beide Aufgabenformate – unabhängig davon, ob dieses in der Fortbildungsmaßnahme konkret besprochen wird.
- Die Anzahl an Antworten, die auf der rein beschreibenden Ebene bleiben, nimmt zeitgleich konsequenterweise ab.
- Ebenso nimmt die Anzahl der Teilnehmenden ab, die keine Lösung der Aufgabe produzieren.

- Es zeigen sich für beide Aufgabenformate in den Wanderungstabellen, dass Verbesserungen von nahezu allen Ausgangskategorien erreicht werden können.

Nun erfolgt die Betrachtung der Aufgaben zum grundschulgemäßen Begründen mit dem Analysefokus des algebraischen Denkens.

Grundschulgemäße Begründungen – Analysefokus algebraisches Denken

Tabelle 8.11 Zweiter dargestellter Zusammenhang der Aufgabenstellung und des Analyseinstruments

	Grundschulgemäße Begründung	Algebraische Begründung
Begründen in der Grundschule		
Algebraisches Denken in der Grundschule		

Nachdem die argumentative Facette der grundschulgemäßen Begründungen der Teilnehmenden hauptaugenmerklich beleuchtet wurde, wird im Folgenden das in Abschnitt 6.4.2 herausgearbeitete Modell zum algebraischen Denken in operativstrukturierten Aufgabenformaten nun exemplarisch auf ausgewählte Lösungen angewandt, um die Entwicklung der Teilnehmenden aufzuzeigen. Um einen detaillierteren – qualitativeren – Einblick in die Lösungen der Teilnehmenden zu bekommen, werden ausgewählte Auszüge aus den Standortbestimmungen kurz vorgestellt und miteinander verglichen. Dabei werden teilweise repräsentative Beispiele ausgewählt, wie sie häufiger vorgekommen sind, teilweise werden aber auch auf unterschiedlichen Ebenen hervorstechende Lösungen präsentiert.

Die Eingangsstandortbestimmung von Babe (vgl. Abbildung 8.1) zeigt, dass hier exemplarisch an der vorgegebenen Zahlenkettenfolge argumentiert wurde. Somit bleibt der Gültigkeitsanspruch erst einmal auf Beispielebene.

Die Ausführung von Babe zeigt sowohl symbolische Schreibweise in Verbindung mit Forschermitteln als auch Schriftsprache. Der Bezug zwischen beiden ist dabei aber geringer – die Sprache verallgemeinert die vorgegebenen Veränderungen, die bisher nur in Form der Zahlenwerte angeben worden sind. Allerdings wird die Veränderung der beiden weiteren Zahlen der Zahlenkette nicht beschrieben, was aber durch Forschermittel visualisiert wurde. Die Veränderung der dritten Zahl der Zahlenkette sowie der Zielzahl wurde zwar erkannt, aber es ist keinerlei Ursache für

8.2 Entwicklung der Begründungen

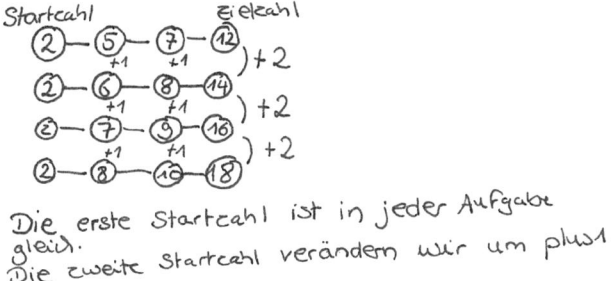

Abbildung 8.1 Eingangsstandortbestimmung – grundschulgemäße Begründung – Zahlenketten (Babe)

die Erhöhung erkennbar, vielmehr verbleiben die Ausführungen auf der beschreibenden Ebene. Die Veränderung wird mit der vertikalen Blickrichtung beschrieben, aber nicht mit der horizontalen Blickrichtung begründet.

Wird der Blick nun auf die Grundhaltungen gelegt, die in dem Produkt, das Babe erzeugt hat, erkennbar werden, wird der einseitige Fokus auf die Beschreibung der operativen Veränderung deutlich. Die Beschreibung der Regel bleibt lokal, da hier nicht sicher erkenntlich ist, ob das vertikal eingezeichnete Muster von den Zahlen als Beispiel gelöst werden kann.

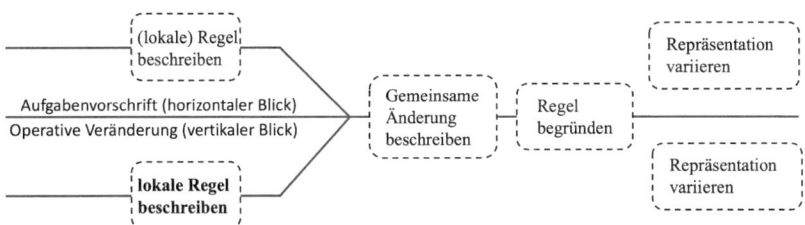

Abbildung 8.2 Modell zum algebraischen Denken – Eingangsstandortbestimmung – grundschulgemäße Begründung – Zahlenketten (Babe)

Im Gegensatz dazu zeigt Babe in der Abschlussstandortbestimmung (vgl. Abbildung 8.3) eine deutlich andere grundschulgemäße Begründung der Veränderung.

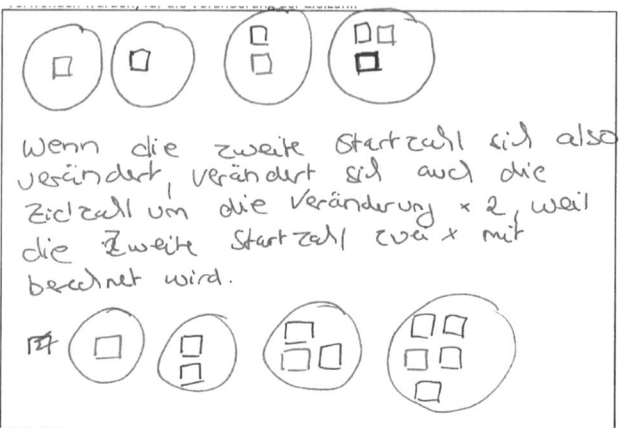

Abbildung 8.3 Abschlussstandortbestimmung – grundschulgemäße Begründung – Zahlenketten (Babe)[1]

In Abbildung 8.3 sticht als erstes heraus, dass nun zwei ikonische Abbildungen eine schriftsprachliche Erläuterung einschließen. Die Nutzung von zwei unterschiedlich farbigen Rechtecken – die eventuell den in der Fortbildung thematisierten Säckchen nachempfunden sind – zeigt, dass Babe sich vom konkreten Zahlenbeispiel gelöst hat. Die Bildungsregel wird durch die Darstellung der ersten Zahlenkette deutlich. Es besteht ein eindeutigerer Bezug zwischen der ikonischen Darstellung und dem Text, der als Verknüpfung der beiden Zeichnungen dient. Auch wenn die zweite Zahlenkette darauf schließen lässt, dass die zweite Startzahl verdoppelt wurde, lässt der Text vermuten, dass dies unbeabsichtigt geschehen ist, denn „wenn die zweite Startzahl sich also verändert, verändert sich auch die Zielzahl um die Veränderung × 2", zeigt, dass die Veränderung nicht unbedingt als Verdopplung aufgefasst wurde. Somit löst sich Babe nicht nur bei der Bildung der Zahlenkette vom Beispiel, sondern verallgemeinert beziehungsweise „algebraisiert" die Veränderung ebenfalls – sowohl in der ikonischen als auch in der sprachlichen Darstellung. Es wird somit deutlich, dass die Zahlenkette zum einen horizontal betrachtet wurde. Das ist unabdingbar dafür, dass eine Auswirkung der Erhöhung erkannt werden kann. Zum anderen wird aber auch vertikal verglichen, wie sich die systematische

---

[1] In der Originalfassung haben beide Startzahlen unterschiedlich farbige Rechtecke, schwarz-weiß gedruckt ist der Unterschied weniger erkennbar.

8.2 Entwicklung der Begründungen

Erhöhung der zweiten Startzahl im Vergleich der unterschiedlichen Zahlenketten auswirkt, was durch die beiden darstellten Zahlenketten deutlich wird.

Gerade letzteres wird auch in der Betrachtung der *habits of minds* deutlich. In der Abschlussstandortbestimmung von Babe werden folglich alle sechs Elemente angesprochen. Das Modell hierzu ist in Abbildung 8.4 dargestellt.

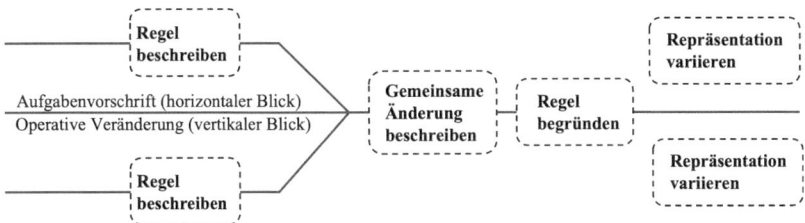

Abbildung 8.4 Modell zum algebraischen Denken – Abschlussstandortbestimmung – grundschulgemäße Begründung – Zahlenketten (Babe)

Vergleicht man nun die beiden Lösungen derselben Aufgabe von Babe vor und nach der Fortbildungsmaßnahme, wird deutlich, dass sie sich auf unterschiedlichen Ebenen verbessert:

- Die **Blickrichtung** wird erweitert und von der rein vertikal beschreibenden Ebene wird auf beide Blickrichtungen geschaut, sodass eine Begründung erfolgt. Auf beiden Ebenen werden nun Regeln beschrieben.
- Nicht nur das Beschreiben wird angesprochen. Durch die Verknüpfung beider Blickrichtungen kommt Babe auch beim **Grad der Begründung** von einer beschreibenden auf eine begründende Ebene.
- Der **Gültigkeitsanspruch** verändert sich von dem eines Beispiels zu einer variabilisierten Verallgemeinerung – sogar auf Ebene der Veränderung.
- Die **Darstellungsebene** erweitert sich von symbolisch und sprachlich zu ikonisch und sprachlich.
- Der **Bezug** zwischen den beiden gewählten Darstellungsebenen ist im Eingang kaum vorhanden, während im Ausgang deutliche Bezüge zueinander hergestellt werden.

Zusammenfassend lässt sich für Babe folglich zeigen, dass eine grundschulgemäße Begründung deutlich umfangreicher geworden ist. Während vor der Fortbildung keinerlei Begründung für die Veränderung gegeben wurde, zeigt sich nach der

Fortbildung eine gute Begründung, mit beiden Blickrichtungen, des kausalen Zusammenhangs zwischen der Erhöhung der zweiten Startzahl und der Zielzahl und ein deutlich gelungenerer Darstellungswechsel. Babe kann sich vom Beispiel lösen und allgemeingültige Aussagen – auch über die Veränderung – treffen. Babe ist insofern ein bemerkenswertes Beispiel, da die Veränderungen so bedeutend ausfallen. Gleichzeitig ist diese Veränderung keineswegs repräsentativ für die Lösungen aller Fortbildungsteilnehmenden.

Als weiteres Beispiel wurde der Vergleich von Eingangs- und Abschlussstandortbestimmung von Mahe ausgewählt, da auch hier eine besonders interessante Veränderung stattgefunden hat. Auf den ersten Blick ähnelt die Lösung der Eingangsstandortbestimmung von Mahe (vgl. Abbildung 8.5) der Lösung in der Eingangsstandortbestimmung von Babe (vgl. Abbildung 8.1):

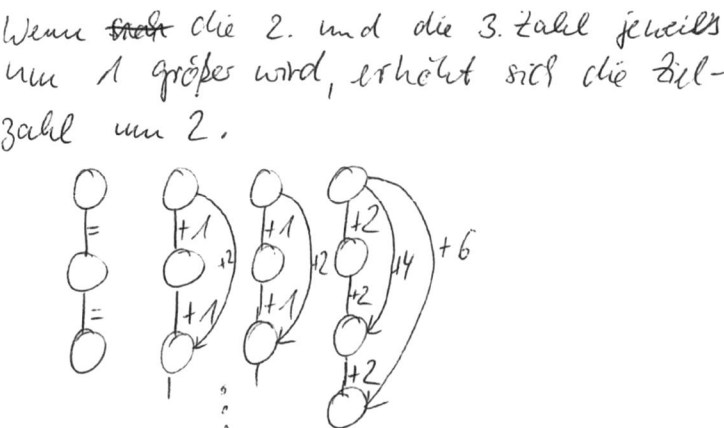

Abbildung 8.5 Eingangsstandortbestimmung – grundschulgemäße Begründung – Zahlenketten (Mahe)

Auch Mahe nutzt zwei unterschiedliche Darstellungsebenen: eine ikonische Darstellung mit Forschermitteln und Schriftsprache. Die leere Zahlenkette wird vermutlich genutzt, um zu verdeutlichen, dass die Veränderung verallgemeinerbar ist und somit nicht nur auf das angegebene Beispiel anwendbar ist.

Es wird auch hier (vgl. Abbildung 8.6) die vertikale Blickrichtung eingenommen und somit die Veränderung beschrieben. Der kausale Zusammenhang, dass die dritte Zahl um Eins größer wird, weil die zweite Startzahl um Eins erhöht wurde, wird nicht dargestellt. Mahe bleibt in ihren Ausführungen also auf beschreibender

8.2 Entwicklung der Begründungen

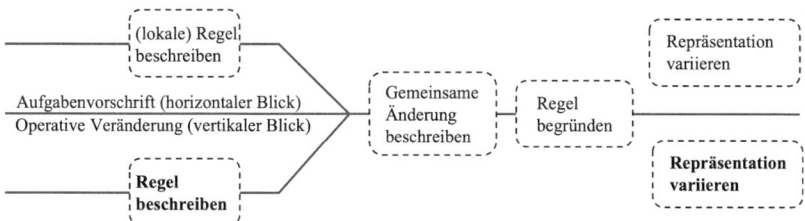

Abbildung 8.6 Modell zum algebraischen Denken – Eingangsstandortbestimmung – grundschulgemäße Begründung – Zahlenketten (Mahe)

Ebene. Text und Abbildung beschreiben dasselbe und zeigen somit einen Bezug zueinander. Die erste Startzahl, die konstant bleibt, taucht – anders als die anderen Elemente der Zahlenkette – ausschließlich in der Abbildung auf, indem sie mit einem Gleichheitszeichen versehen ist. Zudem werden auf der bildlichen Ebene Bezüge zwischen weiteren Zahlenketten hergestellt.

Die Abschlussstandortbestimmung zeigt im Vergleich dazu ein deutlich verändertes Bild, wie in Abbildung 8.7 dargestellt.

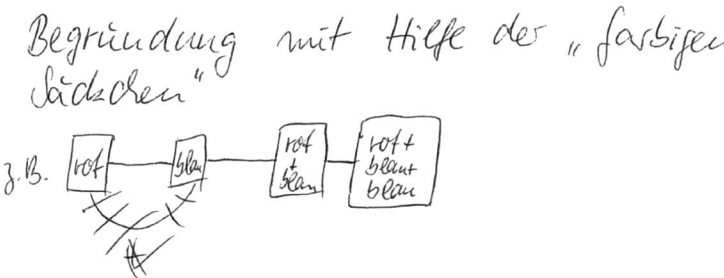

Abbildung 8.7 Abschlussstandortbestimmung – grundschulgemäße Begründung – Zahlenketten (Mahe)

Auch diese Lösung besteht aus einem Text und einer Abbildung. Der Text verkörpert dabei aber eine Begründung der Darstellung und verweist auf die in der Fortbildung kennengelernten Säckchen zur Variabilisierung der Erkenntnisse. Somit ist der Text keine Unterstützung der Darstellung, sondern vielmehr eine Legitimation der Verwendung der in der Fortbildung kennengelernten Repräsentationsform.

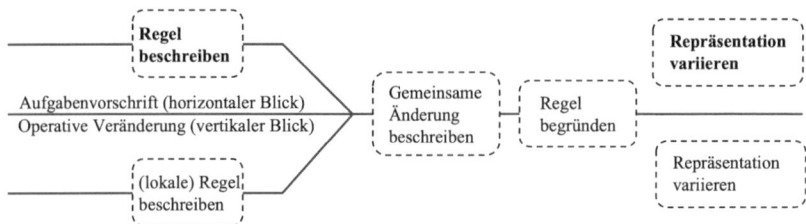

Abbildung 8.8 Modell zum algebraischen Denken – Abschlussstandortbestimmung – grundschulgemäße Begründung – Zahlenketten (Mahe)

Die Bildungsregel wird durch die Abbildung der Zahlenkette deutlich und variabilisiert, indem die Säckchen für jeden beliebigen Zahlenwert stehen können. Die Farben, die in den Säckchen notiert werden, sollen dabei vermutlich verdeutlichen, dass es sich um zwei unterschiedliche Werte und somit auch um zwei unterschiedliche Variablen handelt. Es wird dementsprechend ausschließlich die horizontale Blickrichtung eingenommen (vgl. Abbildung 8.8).

Vergleicht man nun beide Lösungen miteinander, scheint Mahe nahezu ein anderes Aufgabenverständnis bei beiden Lösungen zu haben.

- Während sie in der Eingangsstandortbestimmung alleinig die vertikale **Blickrichtung** einnimmt, beleuchtet sie zum Abschluss lediglich die horizontale Beschreibung der Zahlenkette.
- Da sie jeweils nur *eine* Blickrichtung einnimmt, kann bei beiden Einzellösungen **keine Begründung** erfolgen.
- Bei beiden Darstellungen wurde auf keinerlei Zahlenbeispiel zurückgegriffen, sodass der **Gültigkeitsanspruch** in beiden Antworten für alle Zahlenketten gestellt werden kann.
- Die **Darstellungen** bewegen sich jeweils auf einer ikonischen und sprachlichen Ebene, obwohl die Lösungen so unterschiedlich sind.
- Der **Bezug** zwischen den **Darstellungsebenen** ist in beiden Fällen gegeben. Vor der Fortbildung wird die Sprache benutzt, um einige Veränderungen zu benennen. Im Anschluss wird sie zur Legitimation der Darstellung genutzt, zeigt somit keinen inhaltlichen Bezug und stellt keine Erläuterung der Abbildung oder der Erkenntnisse dar.

Zusammenfassend kann bei Mahe erkannt werden, dass das Aufgabenverständnis, beziehungsweise die Anforderungen, die diese Aufgabe stellt, stark verändert

8.2 Entwicklung der Begründungen

wahrgenommen werden. Der Wechsel der Blickrichtung zeigt, dass sich nach der Fortbildungsmaßnahme auf die Bildungsregel fokussiert wurde, während vor der Fortbildungsmaßnahme noch die operative Veränderung im Fokus steht. Eine Verbindung von beidem wäre sehr wünschenswert, da nur so eine Begründung gegeben werden kann. Es ist aber auch das einzige Beispiel dieser Art, in dem in beiden Lösungen ausschließlich die beiden verschiedenen Blickwinkel genutzt werden.

In dem nun folgenden Beispiel von Brhe (vgl. Abbildung. 8.9) handelt es sich um ein recht repräsentatives für die Lösungen der Teilnehmenden. Bei Aufgabe A2 der Eingangsstandortbestimmung ist zunächst „siehe Vorderseite" – was Aufgabe A1, die Beschreibung der Veränderung meint – notiert. Dies ist in insgesamt drei Eingangsstandortbestimmungen zu finden. Das könnte darauf hindeuten, dass die Lehrkräfte durch die unterschiedlichen Aufgabenstellungen bezüglich einer Beschreibung und einer Begründung der Veränderung der Zielzahl keinerlei unterschiedliche Antwort zu notieren wissen, oder dass sie – ihrer Meinung nach – auch bei der Beschreibung bereits begründet haben.

Unter A1 hat Brhe Folgendes notiert, was auch zur Beantwortung der zweiten Aufgabe der Standortbestimmung betrachtet werden soll:

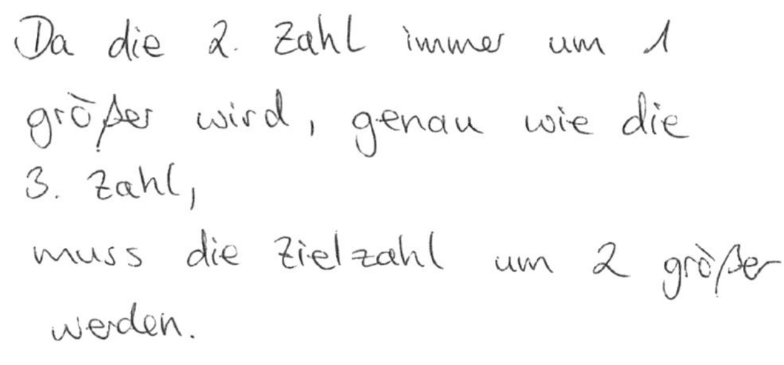

> Da die 2. Zahl immer um 1 größer wird, genau wie die 3. Zahl, muss die Zielzahl um 2 größer werden.

Abbildung 8.9 Eingangsstandortbestimmung – grundschulgemäße Begründung – Zahlenketten (Brhe)

Die Lösung von Brhe (vgl. Abbildung 8.9) bleibt auf rein schriftsprachlicher Ebene und es wird ein Kausalsatz gewählt. Sprachlich betrachtet führt Brhe folglich eine Begründung an. Die mathematische Reichhaltigkeit bleibt aufgrund des Fehlens der Kausalität der Erhöhung der dritten Zahl dabei aber gering. Es wird beschrieben, dass die dritte Zahl sich verändert, dass dies aber geschieht, weil die zweite Startzahl um Eins erhöht wurde, wird demnach nicht deutlich.

Es wird dabei die Veränderung in den Blick genommen; wie die Zahlenkette entsteht – und dass die Erhöhung der dritten Zahl aus der Erhöhung der zweiten Zahl resultiert – wird nicht berücksichtigt. Ergo bleibt die Beschreibung auf der Ebene der operativen Veränderung mit vertikaler Blickrichtung. Die gemeinsame Veränderung wird nicht betrachtet und es werden keinerlei Repräsentationen geändert, sodass sich die Einordnung in die *habits of mind*, wie in Abbildung 8.10, ergibt

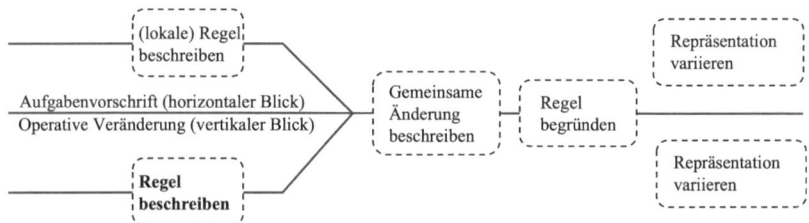

Abbildung 8.10 Modell zum algebraischen Denken – Eingangsstandortbestimmung – grundschulgemäße Begründung – Zahlenkette (Brhe)

Im Vergleich dazu zeigt die Lösung in der Abschlussstandortbestimmung von Brhe (vgl. Abbildung 8.11), dass ein deutlich breiterer Fokus gesetzt wird. Nicht zuletzt werden für die beiden Aufgaben A1 und A2 unterschiedliche Antworten notiert und die Unterscheidung zwischen den beiden Operatoren *beschreiben* und *begründen* scheint klarer zu sein.

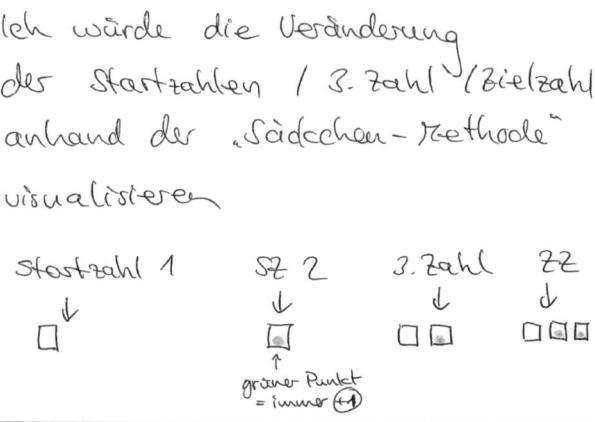

Abbildung 8.11 Abschlussstandortbestimmung – grundschulgemäße Begründung – Zahlenketten (Brhe)

8.2 Entwicklung der Begründungen

Auch Brhe greift auf die in der Fortbildungsmaßnahme genutzte Visualisierung mit Hilfe der Säckchen als grundschulgemäße Repräsentation einer Variablen zurück. Der ergänzende sprachliche Teil der Lösung ist eine Vorgehensbeschreibung, aber keine Beschreibung oder Begründung auf inhaltlicher Ebene. Dies ist – wenn auch auf anderem Niveau – analog zur Lösung der Eingangsstandortbestimmung.

Beide Startzahlen werden identisch durch ein Rechteck, welches vermutlich ein Säckchen symbolisieren soll, dargestellt. Es erfolgt keine erkennbare Unterscheidung zwischen den beiden Startzahlen. Ob angenommen wird, dass diese unterschiedlich sein könnten, wird anhand der Darstellung nicht unmissverständlich deutlich. Die Kennzeichnung und Beschriftung mit Pfeilen als „Startzahl 1" und „SZ 2" könnte darauf hindeuten, dass die beiden Startzahlen als unterschiedlich aufgefasst werden. Auch das Kennzeichnen des Nutzens des Begriffs der „Säckchen-Methode" könnte implizieren, dass die während der Fortbildungsmaßnahme verwendeten Säckchen, die unterschiedlich farbig waren, der Teilnehmenden präsent waren.

Durch die Säckchen wird die Bildungsregel der Zahlenketten verdeutlicht – aufgrund der fehlenden Unterscheidung der beiden Startzahlen bleibt dies recht implizit. Die Erhöhung wird durch einen Punkt ergänzt, sodass hier (vgl. Abbildung 8.12) deutlich wird, dass dies nur in allen Elementen vorkommt, die die zweite Startzahl repräsentieren.

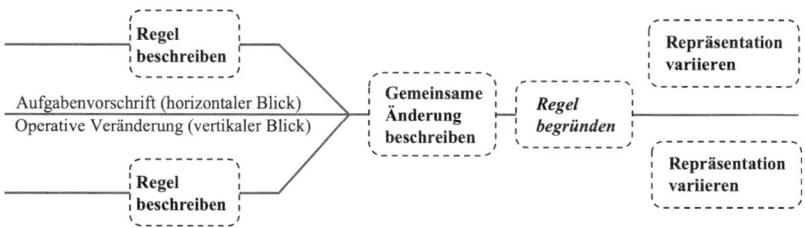

Abbildung 8.12 Modell zum algebraischen Denken – Abschlussstandortbestimmung – grundschulgemäße Begründung – Zahlenketten (Brhe)

Die Repräsentationen werden sowohl für die Beschreibung der Bildungsregel – mit Hilfe der Säckchen – als auch für die Beschreibung der Veränderung – die Punkte – verändert. Durch die fehlende inhaltliche Erläuterung bleibt die Begründung der Regel implizit. Dazu hätten Forschermittel wie Pfeile oder ein erläuternder Text der Darstellung beitragen können.

Insgesamt lässt sich für den Vorher-Nachher-Vergleich der grundschulgemäßen Begründung von Brhe eine deutliche Veränderung festhalten.

- Während Brhe in der Eingangsstandortbestimmung lediglich die vertikale **Blickrichtung** einnimmt, werden in der Abschlussstandortbestimmung beide Blickrichtungen miteinander vereint dargestellt.
- Der **Grad der Begründung** verändert sich hin zu einer begründenden Ebene. Diese bleibt aber implizit, was an der fehlenden Erläuterung liegt. Dennoch kann kompetenzorientiert vermutet werden, dass Brhe davon ausgeht, eine ausreichende Begründung gegeben zu haben.
- Bei keiner der beiden Darstellungen wird auf Zahlenbeispiele zurückgegriffen, sodass der **Gültigkeitsanspruch** in beiden Antworten für alle Zahlenketten gelten kann.
- Die **Darstellungen** verändern sich insofern, als dass die Eingangslösung lediglich aus schriftsprachlichen Bausteinen besteht, während die Lösung in der Abschlussstandortbestimmung einen schriftsprachlichen und einen ikonischen Teil aufweist. Dabei erläutert der Text die Handlung und nicht den Inhalt der Darstellung.
- Der Bezug zwischen den **Darstellungsebenen** ist in der Abschlussstandortbestimmung somit nur bedingt vorhanden. Der Text wird zur Legitimation der Darstellung genutzt und zeigt somit keinen inhaltlichen Bezug auf oder erläutert Abbildungen und Erkenntnisse.

Zusammenfassend zeigt sich folglich, dass im Bereich der Zahlenketten unterschiedliche Veränderungen sichtbar werden. Diese können besonders umfassend und erfreulich sein – wie im Beispiel von Babe –, aber auch Hinweise darauf geben, dass die Verknüpfung beider Blickrichtungen eine Herausforderung sein könnte – wie am Beispiel von Mahe erkennbar. Es zeigt sich aber, dass viele Teilnehmende in ihren Lösungen nach der Fortbildungsmaßnahme mehr Elemente der *algebraic habits of mind* ansprechen können als vorher.

Um nun die Übertragbarkeit des Wissens und Könnens der Lehrkräfte zu betrachten, werden im Folgenden ebenfalls drei Beispiele für das nicht in der Fortbildungsmaßnahme thematisierte Aufgabenformat der Zahlengitter vorgestellt.

Zahlengitter
Betrachtet man die Lösung von Anuw (vgl. Abbildung 8.13) in der Eingangsstandortbestimmung, so zeigt sich, dass hier unterschiedliche Facetten einer Begründung

8.2 Entwicklung der Begründungen

vermischt werden. Zum einen wird vermutlich versucht, durch die ikonische Darstellung der Zahlen die Anschaulichkeit zu erhöhen, indem die Zahlenbeispiele durch unterschiedliche Formen dargestellt werden. Zum anderen werden dann auf formalerer Ebene x und y als Variablen und die „Gleichung" = *Zielzahl* notiert, um die Zielzahl eventuell noch einmal allgemeiner darzustellen.

Die Darstellung der Zahlen verbleibt aber dennoch auf einer Beispielebene. Die Kreise und Rechtecke werden dabei nicht als eine andere Repräsentation von Variablen genutzt, sondern es werden die Zahlenwerte des Eingangsbeispiels übernommen und durch die exakte Anzahl an Kreisen beziehungsweise Rechtecken ersetzt. Es zeigt sich also eine kardinale Nutzung der Darstellungen, indem die Menge der Kreise beziehungsweise Rechtecke fokussiert wird.

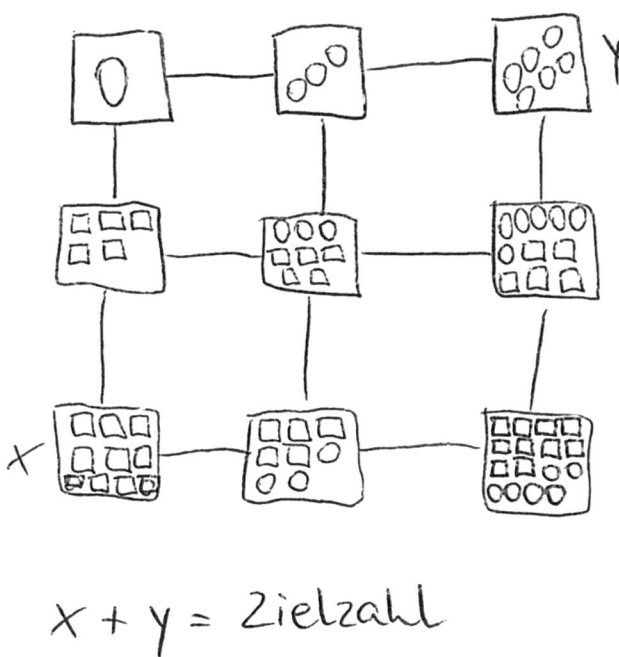

Abbildung 8.13 Eingangsstandortbestimmung – grundschulgemäße Begründung – Zahlengitter (Anuw)

Eventuell durch den begrenzten Platz in den Kästchen der Zahlengitter wird die Strukturierung der einzelnen Elemente nicht konstant beibehalten. In der ersten Spalte ist die Drei noch wie das Würfelbild dargestellt, auch dort, wo bereits zwei Dreien addiert werden (vgl. Abbildung 8.13). So wird der Aufbau der Zahlengitter nur implizit deutlich.

Die Variablen x und y werden nicht für die beiden Additionszahlen verwendet, sondern für die beiden Ecken des Zahlengitters. Eine solche Ecke besteht schon aus zweimal der Additionszahl der entsprechenden Richtung. Dies wird hier nicht deutlich. Es ist aber dennoch eine Verallgemeinerung erkennbar, die aber nicht direkt die Bildungsregel abbildet, da hier nicht deutlich wird, welche Werte die Variablen x und y abbilden sollen.

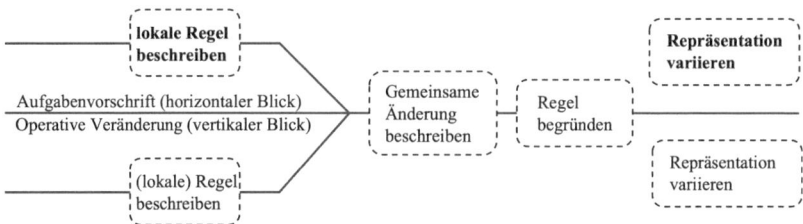

Abbildung 8.14 Modell zum algebraischen Denken – Eingangsstandortbestimmung – grundschulgemäße Begründung – Zahlengitter (Anuw)

Die beschriebene Regel bleibt demnach auf der Ebene der Aufgabenvorschrift lokal, da nicht erkennbar ist, ob dies auch auf ein anderes Zahlenbeispiel übertragbar ist. Dabei werden die Repräsentationsformen gewechselt, da hier die symbolischen Zahlen durch eine kardinale Darstellung mit Hilfe von Formen gewählt werden, auch wenn dies hier am Beispiel gebunden bleibt. Es wird keinerlei Bezug zur Erhöhung genommen, sodass die vertikale Blickrichtung nicht eingenommen wird (vgl. Abbildung 8.14).

Im Anschluss an die Fortbildungsmaßnahme sieht die Lösung von Anuw (vgl. Abbildung 8.15) auf den ersten Blick recht ähnlich aus. Auch dort wurde die Repräsentationsform gewechselt, sodass eine ikonische Darstellung entsteht. Aber anders als im Beispiel der Eingangsstandortbestimmung sind die gewählten Repräsentanten – ein Herz und ein Stern – vermutlich variabilisiert und sollen somit wahrscheinlich eine beliebige Zahl darstellen. Die Notation der Pluszeichen – wenn sicherlich auch nicht unstrittig – verdeutlicht, wie sich die Zielzahl aus den beiden Additionszahlen zusammensetzt. Welches Zeichen für welche Additionszahl steht, wird – im Gegensatz zur Lösung der Eingangsstandortbestimmung – dargestellt.

8.2 Entwicklung der Begründungen

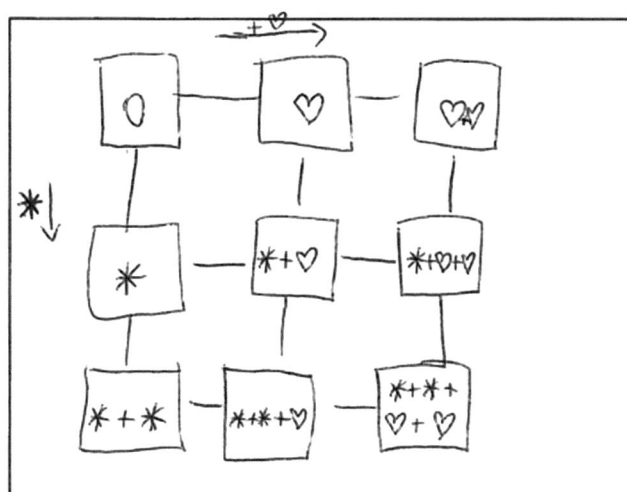

Abbildung 8.15 Abschlussstandortbestimmung – grundschulgemäße Begründung – Zahlengitter (Anuw)

Daraus ergibt sich, dass die Regel nicht mehr lokal bleibt, sondern in der Abschlussstandortbestimmung für alle Zahlengitter anwendbar und somit verallgemeinert ist. Auch die Repräsentationsform wurde variiert, sodass sich das Modell in Abbildung 8.16 ergibt.

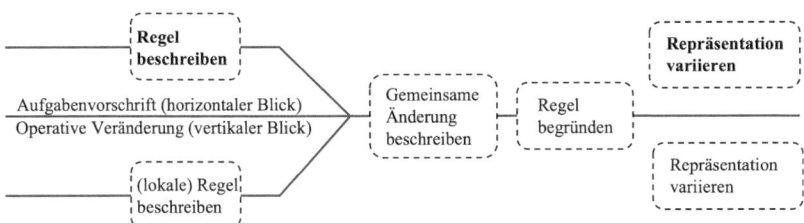

Abbildung 8.16 Modell zum algebraischen Denken – Abschlussstandortbestimmung – grundschulgemäße Begründung – Zahlengitter (Anuw)

Vergleicht man nun die beiden Lösungen von Anuw im Eingang und Abschluss miteinander, sind zunächst viele Übereinstimmungen erkennbar:

- Die eingenommene **Blickrichtung** bleibt in beiden Lösungen die der Aufgabenvorschrift.
- Der **Grad der Begründung** verändert sich nicht, da beide Lösungen auf einer beschreibenden Ebene verbleiben.
- Der **Gültigkeitsanspruch** hingegen wird erweitert, indem sich in der Abschlussstandortbestimmung von der kardinalen Darstellung mit Hilfe von Formen gelöst wird und nun variabilisierte Repräsentanten genutzt werden.
- Die **Darstellungen** sehen auf der optischen Ebene nahezu identisch aus, aber aufgrund der Unterschiede beim Gültigkeitsanspruch lässt sich auch hier eine Veränderung feststellen. Die kardinale Darstellung wurde durch eine variabilisierte ersetzt.
- Der Bezug zwischen den **Darstellungsebenen** ikonisch und symbolisch ist in der Eingangsstandortbestimmung somit nur bedingt vorhanden. Die Gleichung kann in der Darstellung der Kreise und Rechtecke auch exemplarisch nur schwer erkannt werden. In der Abschlussstandortbestimmung wird nur die ikonische Darstellung verwendet.

Insgesamt zeigt sich also durch das Beispiel von Anuw (vgl. Abbildung 8.13 & 8.15), dass auch wenn die Lösung nach der Fortbildungsmaßnahme auf einem beschreibenden Niveau bleibt und immer noch dieselbe Blickrichtung eingenommen und nicht um die Veränderung ergänzt wird, Veränderungen erkennbar werden. Die Lösung in der Abschlussstandortbestimmung bleibt sicherlich dennoch diskussionswürdig. Inwiefern eine Repräsentation von beliebigen Zahlen als Stern oder Herz verstehensorientiert ist, wenn die fachdidaktische Literatur schon bei der Vorstellung der Säckchen nicht einheitlicher Meinung ist (vgl. Abschnitt 7.1.2), scheint diskutabel. Die Lösung vom konkreten Beispiel sollte nicht zu früh und nicht um jeden Preis in der Grundschule angestrebt werden. Es ist aber wichtig, dass die Lehrkräfte in der Lage sind, sich vom Zahlenbeispiel zu lösen und allgemeingültige Aussagen zu mathematischen Mustern und Strukturen zu erkennen und zu begründen (Krauthausen, 2018; vgl. auch Abschnitt 4.4 und Abschnitt 5.3).

Eine größere Veränderung der Lösungen lässt sich bei Kama zwischen der Eingangs- und Abschlussstandortbestimmung (vgl. Abbildung 8.17 & 8.19) erkennen. Auch dort wurde für die Beantwortung der Aufgabe der grundschulgemäßen

Begründung auf Beantwortung der Aufgabe zur Beschreibung der Veränderung verwiesen. Dies geschah über alle Standortbestimmungen hinweg für die Zahlengitter viermal. Wie auch bei dem Beispiel von Brhe (vgl. Abbildung 8.9 & 8.11) bei den Zahlenketten wurde hier ein Kausalsatz genutzt, der andeutet, dass bereits in der Lösung der Aufgabe B1, die eine Beschreibung fordert, eine Begründung gegeben wurde. Die Zahlengitter werden vom Beispiel gelöst beschrieben, wobei die Beschreibung zeilenweise erfolgt, was die Anzahl der zu beschreibenden Elemente von neun Einzelkästchen auf drei Zeilen reduziert. Eventuell wird die Bildungsregel der Zahlengitter als so offensichtlich angesehen, dass dies nicht noch erläutert wird. „Dadurch verändern sich die Zahlen in der Mitte jeweils um 1" könnte darauf hindeuten, dass klar zu sein scheint, dass die linke Additionszahl einmal in der mittleren Reihe und zweimal in der zweiten Reihe addiert wurde. Dies bleibt aber implizit.

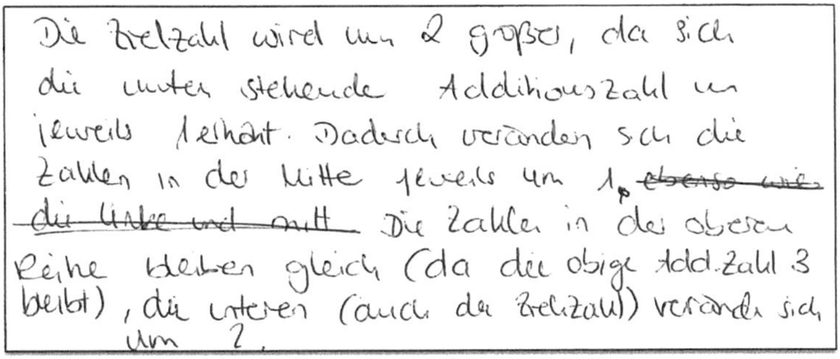
Die Zielzahl wird um 2 größer, da sich die unten stehende Additionszahl um jeweils 1 erhöht. Dadurch verändern sich die Zahlen in der Mitte jeweils um 1. ~~ebenso wie die linke und mitt~~ Die Zahlen in der oberen Reihe bleiben gleich (da die obige Add. Zahl 3 bleibt), die unteren (auch die Zielzahl) verändern sich um 2.

Abbildung 8.17 Eingangsstandortbestimmung – grundschulgemäße Begründung – Zahlengitter (Kama)

Da es keine Verweise oder Erläuterungen gibt, wie sich die Zielzahl der Zahlengitter zusammensetzt, wird von Kama ausschließlich die operative Veränderung in den Blick genommen. Es wird beschrieben, wie sich die einzelnen Werte verändern und sich dies dann mit der Erhöhung der Additionszahl begründen lässt; eine genaue Beschreibung oder Begründung auf der Ebene der Aufgabenvorschrift bleibt aber aus. Da die Lösung auf schriftsprachlicher Ebene dargestellt ist, findet auch kein Wechsel der Repräsentationsform statt.

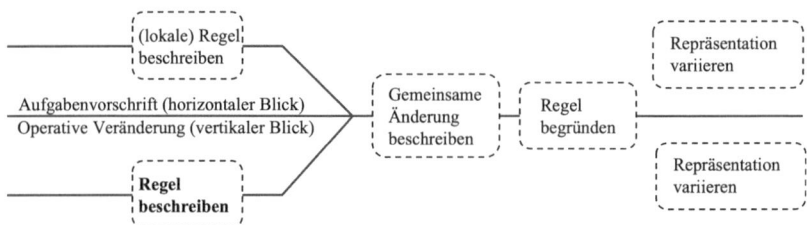

Abbildung 8.18 Modell zum algebraischen Denken – Eingangsstandortbestimmung – grundschulgemäße Begründung – Zahlengitter (Kama)

Im Gegensatz dazu wird der Wechsel der Repräsentationsform in der Bearbeitung der Abschlussstandortbestimmung (vgl. Abbildung 8.19) zumindest angedeutet beziehungsweise die Intention geäußert, diese Visualisierung zu nutzen.

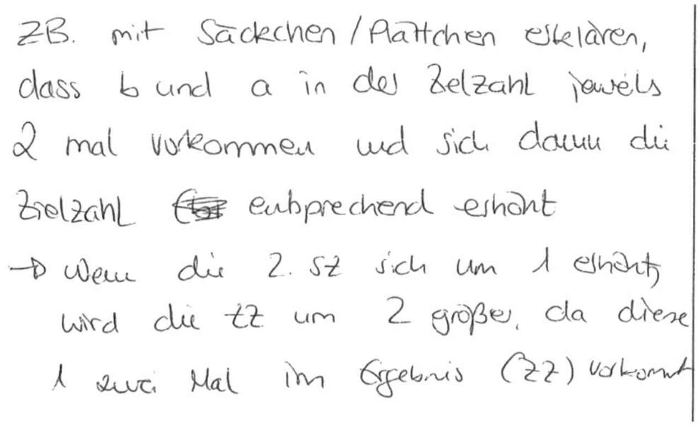

> ZB. mit Säckchen / Plättchen erklären, dass b und a in der Zielzahl jeweils 2 mal vorkommen und sich darum die Zielzahl entsprechend erhöht
> → Wenn die 2. SZ sich um 1 erhöht, wird die ZZ um 2 größer, da diese 1 zwei Mal im Ergebnis (ZZ) vorkommt

Abbildung 8.19 Abschlussstandortbestimmung – grundschulgemäße Begründung – Zahlengitter (Kama)

Es erfolgt eine Vermischung der grundschulgemäßen und algebraischen Lösung. Viel stärker als bei dem Eingangsbeispiel wird hier auf die Variabilisierung der Elemente geachtet. Die Bildungsregel wird zumindest in der verkürzten Form der Argumentation über den Zusammenhang von Zielzahl und Additionszahl(en) dargestellt. Dies sollte in der Grundschule über die Zwischenschritte genutzt werden, was aber auch durch die Visualisierung, die dann im Unterricht gegebenenfalls zur

8.2 Entwicklung der Begründungen

Unterstützung genutzt würde, erkennbar werden könnte. Da ausschließlich über die Veränderung von Zielzahl und Additionszahl argumentiert wird, wird die operative Veränderung somit für die grundschulgemäße Begründung als implizit eingestuft, da die sichtbaren Zwischenschritte gerade für Grundschulkinder zentral sind.

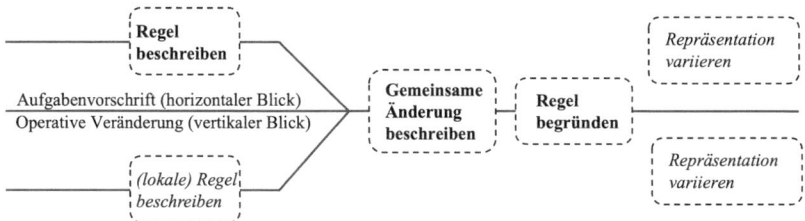

Abbildung 8.20 Modell zum algebraischen Denken – Abschlussstandortbestimmung – grundschulgemäße Begründung – Zahlengitter (Kama)

Dennoch wird die gemeinsame Veränderung beschrieben und die Regel begründet. Ein Wechsel der Repräsentationsform wird angedeutet, aber nicht vollzogen. Ob und inwiefern beide Facetten – die Aufgabenvorschrift und die operative Veränderung – in ihrer jeweiligen Repräsentationsform variiert würden, bleibt spekulativ. Daher werden beide als implizit gedeutet:

- Während Kama in der Eingangsstandortbestimmung die vertikale **Blickrichtung** einnimmt, zeigt die Lösung in der Abschlussstandortbestimmung, dass beide Blickrichtungen eingenommen werden. Zwar ist die operative Veränderung durch die Verkürzung auf den Zusammenhang zwischen Additionszahl(en) und Zielzahl als implizit gewertet, aber nichtsdestotrotz in die Lösung der Abschlussstandortbestimmung integriert.
- Der **Grad der Begründung** verändert sich hin zu einer begründenden Ebene, wobei auch hier die Verkürzung anzumerken ist.
- Der **Gültigkeitsanspruch** ist in beiden Antworten für alle Zahlengitter vorhanden, da die Beschreibung in der Eingangsstandortbestimmung wie auch die Begründung in der Abschlussstandortbestimmung vom Beispiel gelöst und somit allgemeingültig formuliert ist.
- Die **Darstellungen** sind zu beiden Zeitpunkten auf rein schriftsprachlicher Ebene. Im Anschluss an die Fortbildungsmaßnahme wird allerdings ein Wechsel der Repräsentationsform angedeutet.

- Da nur eine **Darstellungsebene** genutzt wird, kann der Bezug zwischen den Ebenen nicht hergestellt werden. Auch die Aussage, wie die Darstellung aussehen würde, bleibt so vage, dass darüber keinerlei Aussagen getroffen werden können.

Zusammenfassend zeigt sich folglich, dass die Blickrichtungen erweitert werden und nach der Fortbildungsmaßnahme mehr Elemente der *habits of mind* angesprochen werden. Dennoch bleiben insgesamt drei der sechs Elemente implizit.

Urbe (vgl. Abbildung 8.21) erkennt in der Eingangsstandortbestimmung das diagonale Muster der Zahlengitter und beschreibt dieses. Auch hier wird in Aufgabe B2 auf die Bearbeitung der Aufgabe B1 verwiesen. Anders als bei den beiden vorherigen Lösungen, bei denen dies auftritt, wird hier kein Kausalsatz genutzt.

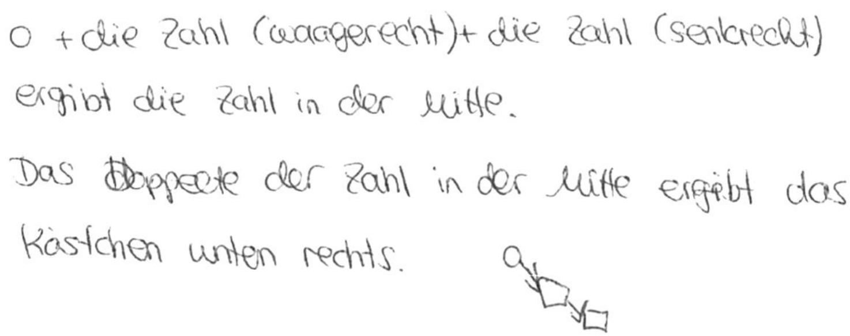

> O + die Zahl (waagerecht) + die Zahl (senkrecht) ergibt die Zahl in der Mitte.
>
> Das Doppelte der Zahl in der Mitte ergibt das Kästchen unten rechts.

Abbildung 8.21 Eingangsstandortbestimmung – grundschulgemäße Begründung – Zahlengitter (Urbe)

Es wird das Muster erkannt und beschrieben, wie sich die Zahlengitter aufbauen; das heißt, es wird ausschließlich der horizontale Blick genutzt und keinerlei Veränderung mit in die Ausführung integriert. Die schriftsprachliche Erläuterung wird um eine Skizze des Bezugsausschnittes des Zahlengitters ergänzt, die aber hier nicht als Wechsel der Repräsentationsform gewertet wird, da diese Skizze nur als Verdeutlichung des Satzes gewertet wird. Es wird kein eigenständiger Inhalt darüber transportiert (Abbildung 8.22).

Im Vergleich dazu zeigt die Lösung von Urbe im Anschluss an die Fortbildungsmaßnahme in der Abschlussstandortbestimmung (vgl. Abbildung 8.23) ein verändertes Bild. Es wird beispielbezogen die Bildungsregel in eine der beiden Additionsrichtungen beschrieben – für die Additionszahl, die systematisch verändert wird. Dass die Additionszahl zweifach in der Zielzahl enthalten ist, wird durch

8.2 Entwicklung der Begründungen

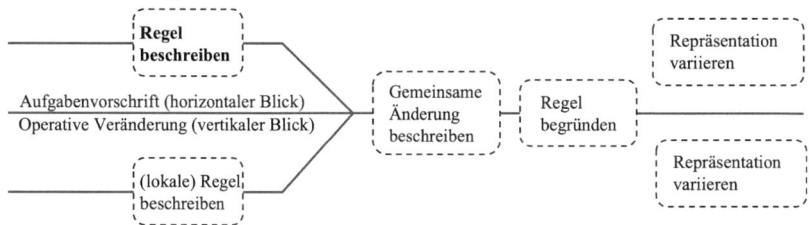

Abbildung 8.22 Modell zum algebraischen Denken – Eingangsstandortbestimmung – grundschulgemäße Begründung – Zahlengitter (Urbe)

das Betonen der Addition in jedem Schritt verdeutlicht. Nachdem die Bildungsregel beschrieben wird, wird anschließend die Erhöhung angesprochen, indem der Zusammenhang zwischen der zweifachen Addition der Additionszahl und der Erhöhung der Zielzahl um Zwei hergestellt wird.

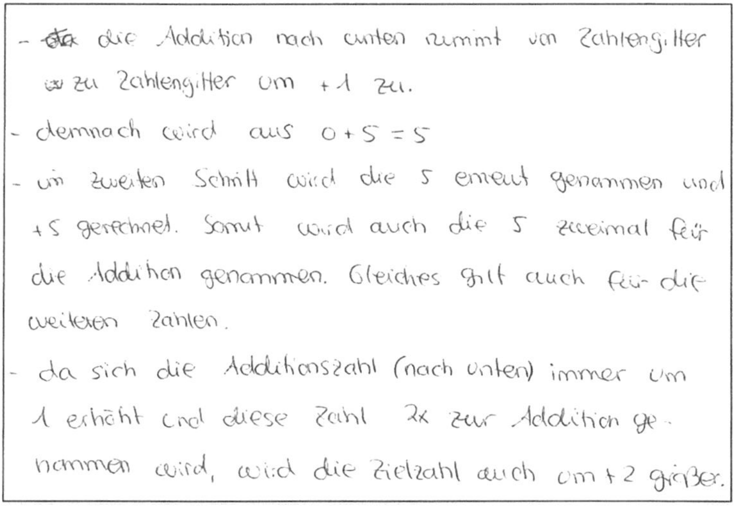

- ~~da~~ die Addition nach unten zunimmt von Zahlengitter zu Zahlengitter um +1 zu.
- demnach wird aus 0 + 5 = 5
- im zweiten Schritt wird die 5 erneut genommen und +5 gerechnet. Somit wird auch die 5 zweimal für die Addition genommen. Gleiches gilt auch für die weiteren Zahlen.
- da sich die Additionszahl (nach unten) immer um 1 erhöht und diese Zahl 2x zur Addition genommen wird, wird die Zielzahl auch um +2 größer.

Abbildung 8.23 Abschlussstandortbestimmung – grundschulgemäße Begründung – Zahlengitter (Urbe)

Es zeigt sich demnach, dass auf rein sprachlicher Ebene beide Blickrichtungen beschrieben werden und miteinander verknüpft in der Beschreibung der gemeinsamen Veränderung münden. Die Regel wird dabei ebenfalls begründet. Da eine rein schriftsprachliche Lösung vorliegt, werden die Repräsentationsformen nicht variiert.

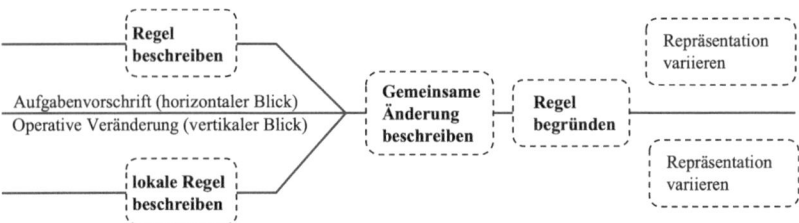

Abbildung 8.24 Modell zum algebraischen Denken – Abschlussstandortbestimmung – grundschulgemäße Begründung – Zahlengitter (Urbe)

Es zeigt sich also zusammenfassend:

- Während Urbe in der Eingangsstandortbestimmung nur die Aufgabenvorschrift und somit die horizontale **Blickrichtung** beschreibt, werden in der Abschlussstandortbestimmung beide Blickrichtungen miteinander vereint dargestellt.
- Der **Grad der Begründung** wird von einer beschreibenden zu einer begründenden Ebene verändert.
- Bei beiden Lösungen ist der **Gültigkeitsanspruch** für die beschriebenen Muster allgemein. Das Muster der ersten Lösung ist vom Beispiel gelöst und auf alle 3 × 3-Zahlengitter übertragbar. Die Antwort in der Abschlussstandortbestimmung bedient sich zwar der Zahlen aus dem Beispiel, verallgemeinert dies aber.
- Die **Darstellungen** verändern sich nicht. Es wird bei beiden Lösungen auf einer schriftsprachlichen Ebene argumentiert.
- Daher kann kein Bezug zwischen verschiedenen **Darstellungsebenen** erkannt werden.

Zusammenfassend lässt sich für Urbe festhalten, dass die Begründung der Veränderung nach der Fortbildungsmaßnahme durch die Verknüpfung beider Blickrichtungen gelingt. Es werden mehr Elemente der *habits of mind* angesprochen.

8.2 Entwicklung der Begründungen

Die beiden Beispiele von Kama und Urbe können als repräsentativ angesehen werden – sofern bei der hohen Anzahl an fehlenden Lösungen bei den Zahlengittern von Repräsentativität gesprochen werden kann. Beiden gelingt nach der Fortbildungsmaßnahme durch das Einnehmen beider Blickrichtungen eine Begründung der Veränderung. Dies ist vor allem für die Zahlengitter in der Eingangsstandortbestimmung nur wenigen Teilnehmenden gelungen.

Zusammenfassung grundschulgemäßes Begründen – Analysefokus algebraisches Denken

In der Betrachtung der *habits of mind* des algebraischen Denkens bei den grundschulgemäßen Begründungen zeigt die exemplarische Betrachtung einiger ausgewählter Beispiele, dass die Veränderungen sehr unterschiedlich ausfallen.

Eine Tendenz, dass mehr Elemente angesprochen werden, kann erkannt werden. Vor allem fünf Facetten der Veränderungen zeigen sich: Blickrichtung, Grad der Begründung, Gültigkeitsanspruch, Darstellungen und der Bezug zwischen den Darstellungsebenen. Die Zusammenführung beider Blickrichtungen, die essentiell ist, um die dahinterliegende Struktur zu erforschen und nicht auf der Ebene zweier wahrnehmbarer Muster zu verharren, scheint vor allem in der Eingangsstandortbestimmung eine Herausforderung darzustellen.

Es zeigen sich neben repräsentativen Beispielen, die häufiger in ähnlichen Variationen in den Eingangs- und Abschlussstandortbestimmung auftreten, auch Einzelfallbeispiele, die Besonderheiten aufweisen.

Zusammenfassung grundschulgemäßes Begründen

Die Auswertung der Veränderungen der grundschulgemäßen Begründungen lässt sich in die Auswertungsschwerpunkte Begründen und algebraisches Denken aufteilen. Dabei werden jeweils beide Aufgabenformate betrachtet – die Zahlenketten, die so in der Fortbildungsmaßnahme thematisiert werden, und die Zahlengitter, die kein Thema der Fortbildungsmaßnahme waren und daher darauf hindeuten, inwiefern die teilnehmenden Lehrkräfte ihr erworbenes Wissen auf andere Aufgabenformate übertragen können.

Für die Auswertung der einkategorisierten Lösungen der Teilnehmenden lässt sich für die Zahlenketten ein besserer Ausgangswert festhalten, da eine Vielzahl an Teilnehmenden keine Angabe zur grundschulgemäßen Begründung der Veränderung der Zielzahl in einem Zahlengitter gemacht hat. Für diese Aufgabenformate lassen sich in der Abschlussstandortbestimmung deutlich mehr Lösungen auf begründendem statt beschreibendem Niveau feststellen. Während vor der Fortbildungsmaßnahme jeweils nur fünf Teilnehmende je Aufgabenformat eine

Begründung gaben, gelang dies im Nachhinein 13 für die Zahlenketten und 13 für die Zahlengitter.

Die Wanderungstabellen zeigen für beide Aufgabenformate an, dass es einige Lehrkräfte gibt – neun Lehrkräfte bei den Zahlenketten, acht Lehrkräfte bei den Zahlengittern – die in der Eingangs- und Abschlussstandortbestimmung derselben Kategorie zugeordnet werden. Die Mehrzahl der Lehrkräfte kann eine Verbesserung innerhalb der Kategorien erzielen. Dabei sind Verbesserungen in unterschiedlicher Ausprägung vorhanden.

Die statistischen Berechnungen zeigen, dass die Verbesserungen der Teilnehmenden für den Bereich der Zahlenketten signifikant sind. Für die Zahlengitter kann dies nicht bestätigt werden.

Bei der Betrachtung des Analyseschwerpunkts des algebraischen Denkens zeigen sich in der qualitativen Betrachtung der Lösungen der Teilnehmenden sowohl vor als auch nach der Fortbildungsmaßnahme Unterschiede. Auch die Unterschiede zwischen den Standortbestimmungen divergieren. Insgesamt zeigt sich aber auch hier, dass mehr Elemente der *habits of mind* angesprochen werden und somit wird auch hier deutlich, dass häufiger eine gemeinsame Veränderung beschrieben und begründet wird. Vor allem die Verknüpfung beider Blickrichtungen – die der Aufgabenvorschrift und die der operativen Veränderung – scheint dabei eine Hürde darzustellen.

Diese Verknüpfung bereitet den teilnehmenden Lehrkräften vor allem vor Beginn der Fortbildungsmaßnahme teilweise Schwierigkeiten, sodass hier ein Ansatzpunkt gefunden wurde, dies in der Fortbildungsmaßnahme deutlicher herauszustellen. Grundschulkindern könnte diese Verknüpfung ebenfalls schwerfallen, sodass die Lehrkräfte dafür sensibilisiert werden sollten.

8.2.2 Algebraisches Begründen

Im folgenden Abschnitt werden nun die algebraischen Begründungen der teilnehmenden Lehrkräfte ebenfalls mit den beiden Analyseinstrumenten betrachtet, die auch für die grundschulgemäßen Begründungen bereits genutzt werden.

Begonnen wird dabei erneut mit der Vorstellung der Ergebnisse bezüglich des Kategoriensystems (vgl. Abschnitt 6.5.2) und der somit quantitativen Analyse der Daten.

8.2 Entwicklung der Begründungen

Tabelle 8.12 Dritter dargestellter Zusammenhang der Aufgabenstellung und des Analyseinstruments

	Grundschulgemäße Begründung	Algebraische Begründung
Begründen in der Grundschule		
Algebraisches Denken in der Grundschule		

Algebraisches Begründen – Analysefokus Begründen – Zahlenketten

Die Tabelle 8.13 zeigt die Anzahlen der erreichten Kategorien der Teilnehmenden für die algebraischen Veränderungen der Zielzahlen bei operativer Erhöhung der zweiten Startzahl in den Zahlenketten vor und nach der Fortbildungsmaßnahme.

Tabelle 8.13 Kategorienverteilung algebraische Begründungen bei Zahlenketten

Kategorie A3	Anzahl der TN	
	vorher	Nachher
1. Formel & hinreichende Erläuterung	1	7
2. Formel mit Veränderung ohne hinreichende Erläuterung	3	1
3. Formel ohne Veränderung ohne hinreichende Erläuterung	16	13
4. nicht zielführende formelgemäße Beschreibung	1	0
5. fachlich falsch	0	0
Keine Angabe	4	4

Es zeigt sich, dass der überwiegende Teil der Lehrkräfte bereits vor der Fortbildungsmaßnahme in der Lage ist, die Bildungsregel der Zahlenketten mit Hilfe der algebraischen Symbolsprache darzustellen. Lediglich eine Lehrkraft kommt auf eine nicht zielführende formelmäßige Beschreibung. Allerdings stellen dabei nur vier Teilnehmende auch die Veränderung dar. Von diesen wird auch nur bei einer Lösung hinreichend erläutert, was die algebraische Lösung aussagt.

Vor allem in der ersten Kategorie ist nach der Fortbildungsmaßnahme ein großer Zuwachs zu verzeichnen. Nachdem nur eine Lösung der Eingangsstandortbestimmung der ersten Kategorie zugeordnet werden kann, können sieben Lösungen der Abschlussstandortbestimmung dort zugeordnet werden. Die Anzahl der Teilnehmenden, die keine Lösung erstellen, bleibt konstant bei vier.

Die Berechnungen zur Signifikanz zeigen eine signifikante Veränderung mit p<0,05. Die Effektstärke ist mit 0,47 als klein zu verzeichnen. Die Interraterreliabilität liegt mit Krippendorffs $\alpha = 0,86$ im verlässlichen Bereich (Krippendorff, 2004).

Betrachtet man die Wanderungstabelle der algebraischen Lösungen der Teilnehmenden im Vorher-Nachher-Vergleich (vgl. Tabelle 8.14), zeigt sich, dass die eine Lehrkraft, die vor der Fortbildungsmaßnahme eine nicht zielführende formelmäßige Beschreibung erstellte, nach der Fortbildungsmaßnahme eine Lösung erstellte, die der ersten Kategorie zugeordnet werden kann. Hier zeigt sich sicherlich der größte Lernzuwachs bezogen auf die Kategorisierungen.

Zudem ist zu erkennen, dass die sieben Lösungen der besten Kategorie in der Abschlussstandortbestimmung aus den ersten vier Kategorien in der Eingangsstandortbestimmung hervorgehen können. Das heißt, dass sowohl Teilnehmende, die vor der Fortbildungsmaßnahme bereits sehr gute Leistungen erreichten, als auch solche, die vorher ausschließlich die Bildungsregel mit Hilfe algebraischer Symbolsprache repräsentierten, im Anschluss an die Fortbildungsmaßnahme eine schriftliche sowie algebraische Begründung für die Veränderung der Zielzahl der Zahlenketten erstellen können.

Tabelle 8.14 Wanderungstabelle algebraische Begründungen bei den Zahlenketten

Wanderung A3 Eingangsstandortbestimmung und Abschlussstandortbestimmung					
		Abschluss-Standortbestimmung A3			
		Kategorie 1	Kategorie 2	Kategorie 3	Kategorie 4	Keine Angabe
Eingangs-Standortbestimmung A3	Kategorie 1	1	0	0	0	0
	Kategorie 2	1	0	2	0	0
	Kategorie 3	4	0	10	0	2
	Kategorie 4	1	0	0	0	0
	Keine Angabe	0	1	1	0	2

Ebenso ist eine Wanderung von keine Angabe zu Kategorie 2 zu verzeichnen, sodass hier nicht sicher gesagt werden kann, ob die Lehrkraft in der Eingangsstandortbestimmung die algebraische Darstellung nicht erstellen konnte, oder ob diese Aufgabe aus anderen Gründen nicht ausgefüllt wurde.

8.2 Entwicklung der Begründungen

Es zeigt sich, dass sich zehn teilnehmende Lehrkräfte vor und nach der Fortbildungsmaßnahme in dieselbe Kategorie zuordnen lassen; sie drücken die Bildungsregel mit algebraischen Mitteln aus, stellen die Veränderung der Zielzahl aber nicht mit dar.

Algebraisches Begründen – Analysefokus Begründen – Zahlengitter
Bei den Zahlengittern zeigt sich ein ähnliches Bild. Anders als bei der grundschulgemäßen Begründung ist der Anteil derer, die keinerlei Angabe machen, nicht deutlich höher als bei den Zahlenketten – auch in der Eingangsbefragung sind nur fünf Lösungen ohne Angabe. Hingegen ist mit 18 Lösungen die große Mehrheit der Teilnehmendenlösungen der dritten Kategorie zuzuordnen. Jeweils eine Lösung ist den ersten beiden Kategorien zuzuordnen.

Tabelle 8.15 Kategorienverteilung algebraische Begründungen bei Zahlengittern

Kategorie B3	Anzahl der TN	
	vorher	Nachher
1. Formel und hinreichende Erläuterung	1	6
2. Formel mit Veränderung ohne hinreichende Erläuterung	1	3
3. Formel ohne Veränderung ohne hinreichende Erläuterung	18	14
4. nicht zielführende formelmäßige Beschreibung	0	0
5. fachlich falsch	0	0
Keine Angabe	5	2

Im Vergleich zeigt sich in der Abschlussstandortbestimmung, dass immer noch die Mehrheit – mit 14 – der Teilnehmendenlösungen in Kategorie 3 zuzuordnen ist. Es sind nur zwei Teilnehmende, die keine Angabe zur algebraischen Begründung der Zielzahl in den Zahlengitter geben. Drei Lösungen zeigen die Veränderung algebraisch in der Abschlussstandortbestimmung, während sechs der Teilnehmendenlösungen der besten Kategorie angehören.

Auch bei den Zahlengittern ist die Veränderung der Teilnehmendenlösungen signifikant mit p<0,01. Die Effektstärke beträgt hier 0,73 und ist daher als ein mittlerer Effekt zu bezeichnen (Blanz, 2021). Die Interraterreliabilität liegt mit Krippendorffs $\alpha = 0,92$ im verlässlichen Bereich (Krippendorff, 2004).

Wird auch hier der Fokus daraufgelegt, welche Wanderungsbewegungen im Vorher-Nachher-Vergleich zu verzeichnen sind (Abb. 8.16), zeigt sich, dass elf Teilnehmende sowohl in der Eingangs- als auch in der Abschlussstandortbestimmung Lösungen der Kategorie 3 erstellen. Von den sieben Teilnehmenden, die vor der Fortbildungsmaßnahme zusätzlich in der dritten Kategorie zuzuordnen waren, sind in der Abschlussstandortbestimmung drei der zweiten und vier der ersten Kategorie zuzuordnen. Hier werden also die Veränderungen der Zielzahlen angegeben und – im Falle der ersten Kategorie – auch erläutert.

Tabelle 8.16 Wanderungstabelle algebraische Begründungen bei den Zahlengittern

Wanderung B3 Eingangsstandortbestimmung und Abschlussstandortbestimmung						
		Abschluss-Standortbestimmung B3				
		Kategorie 1	Kategorie 2	Kategorie 3	Kategorie 4	Keine Angabe
Eingangs-Standortbestimmung B3	Kategorie 1	**1**	0	0	0	0
	Kategorie 2	*1*	**0**	0	0	0
	Kategorie 3	*4*	*3*	**11**	0	0
	Kategorie 4	*0*	*0*	*0*	**0**	0
	Keine Angabe	*0*	*3*	*1*	*0*	**1**

Zusammenfassung algebraisches Begründen – Analysefokus Begründen
Insgesamt lässt sich auch für die algebraischen Begründungen der Teilnehmenden zu den operativeren Veränderungen in beiden Aufgabenformaten eine Verbesserung feststellen – auch hier unabhängig davon, ob dieses Aufgabenformat in der Fortbildungsmaßnahme thematisiert worden ist. Anders als bei den grundschulgemäßen Begründungen, zeigen die algebraischen Begründungen beider Aufgabenformate zu Beginn der Fortbildungsmaßnahme eine recht ähnliche Verteilung der Kategorien auf. Für beide Aufgabenformate zeigen sich ähnliche Verbesserungen:

- Die Verbesserungen in den Kategorien der algebraischen Begründungen der teilnehmenden Lehrkräfte sind für beide Aufgabenformate statistisch signifikant.
- Die Anzahl der algebraischen Begründungen für die Veränderung der Zielzahl steigt für beide Aufgabenformate – unabhängig davon, ob dieses in der Fortbildungsmaßnahme konkret besprochen wird.

8.2 Entwicklung der Begründungen

- Die Anzahl der Lösungen, die die Veränderungen der Zielzahl nicht algebraisch begründen, sinkt.
- Ebenso nimmt die Anzahl der Teilnehmenden ab, die keine Angabe zur algebraischen Begründung geben.
- Es zeigen sich für beide Aufgabenformate in den Wanderungstabellen, dass Verbesserungen von nahezu allen Kategorien in der Abschlussstandortbestimmung erreicht werden können.

Algebraisches Begründen – Analysefokus algebraisches Denken – Zahlenketten

Im Folgenden werden nach der Analyse der Kategorien, die mit dem Schwerpunkt der Begründungen erstellt werden, einzelne Lösungen zu den algebraischen Begründungen mit dem Analyseinstrument mit dem Schwerpunkt des algebraischen Denkens in den Blick genommen. Es wird also die vierte Dimension der Betrachtung genutzt.

Tabelle 8.17 Vierter dargestellter Zusammenhang der Aufgabenstellung und des Analyseinstruments

	Grundschulgemäße Begründung	Algebraische Begründung
Begründen in der Grundschule		
Algebraisches Denken in der Grundschule		

Die Eingangsstandortbestimmung von Bewi (vgl. Abbildung 8.25) zeigt, dass hier – wie für nahezu alle Lösungen der algebraischen Begründungen – die Bildungsregel der Zahlenkette mit Variablen beschrieben werden kann.

In der geforderten Erläuterung der Veränderung wird der algebraische Ausdruck der Zielzahl – $2b + a$ – beschrieben. In dem Beispiel entspricht die erste Startzahl der Zahl Zwei, die zu dem Doppelten der zweiten Startzahl einmal addiert wird. Der Fokus liegt folglich in der algebraischen Begründung auf dem horizontalen Blickwinkel.

Da die Bildungsregel der Zahlenketten mit Hilfe von Variablen dargestellt worden ist, wird die Repräsentationsform als variiert angesehen. Die Veränderung wird nicht algebraisch begründet und auch nicht in der Erläuterung einbezogen, sodass die vertikale Blickrichtung nicht eingenommen wird. So kann die gemeinsame Veränderung auch nicht angesprochen werden.

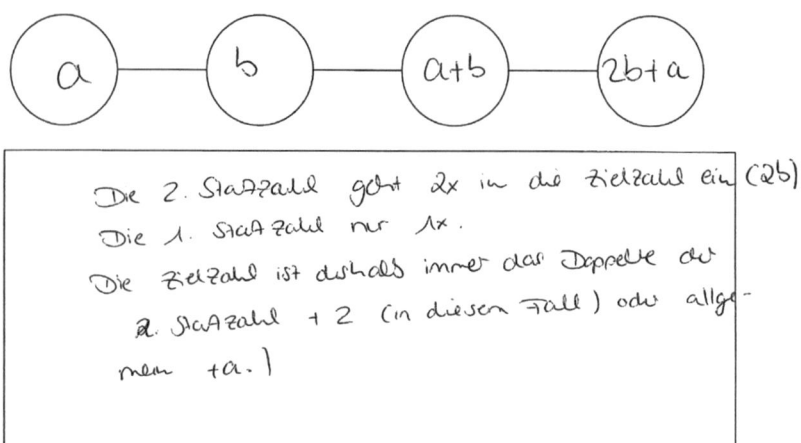

Abbildung 8.25 Eingangsstandortbestimmung – algebraische Begründung – Zahlenketten (Bewi)

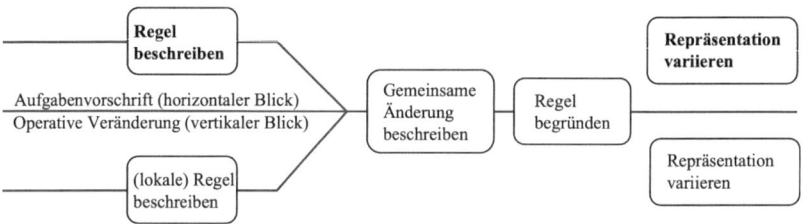

Abbildung 8.26 Modell zum algebraischen Denken – Eingangsstandortbestimmung – algebraische Begründung – Zahlenkette (Bewi)

Im Gegensatz dazu zeigt die algebraische Lösung von Bewi in der Abschlussstandortbestimmung (vgl. Abbildung 8.27), dass die ausgefüllte Zahlenkette identisch aussieht, aber die Erläuterung nun tiefer geht.

Auch wenn die Veränderung in der algebraischen Darstellung nicht aufgeführt ist, wird sie in der Erläuterung aufgeführt und durch die mathematische Struktur begründet. Das zweifache Eingehen der zweiten Startzahl in die Zielzahl wird genutzt, um die Erhöhung der Zielzahl um Zwei bei einer Erhöhung der zweiten Startzahl um Eins zu begründen. Somit wird die gemeinsame Veränderung beschrieben und die Regel ausschließlich über die Zielzahl begründet. Dabei wird in der algebraischen

8.2 Entwicklung der Begründungen

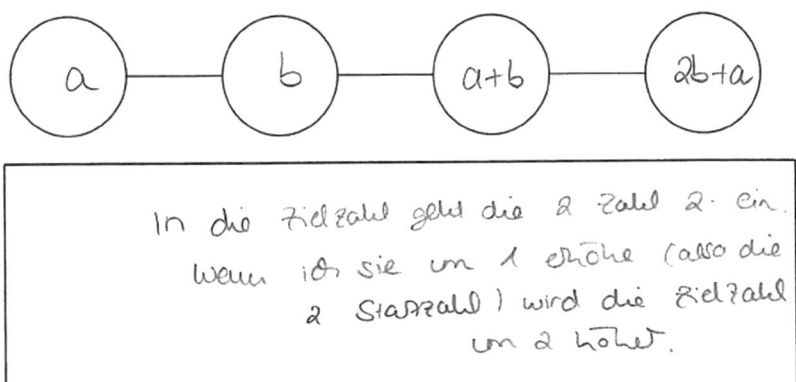

Abbildung 8.27 Abschlussstandortbestimmung – algebraische Begründung – Zahlenketten (Bewi)

Begründung die Veränderung der dritten Zahl nicht berücksichtigt. Anders als bei der grundschulgemäßen Begründung ist dies in der algebraischen Darstellung ausreichend, da die Veränderung auf der algebraischen Repräsentationsform der Zielzahl begründet werden kann.

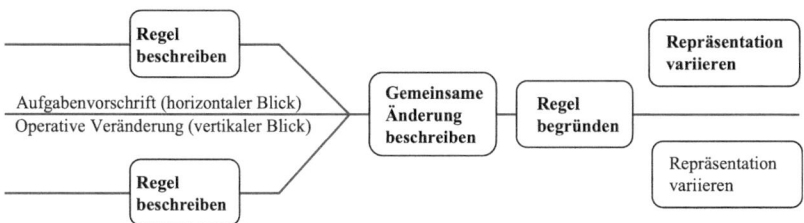

Abbildung 8.28 Modell zum algebraischen Denken – Abschlussstandortbestimmung – algebraische Begründung – Zahlenketten (Bewi)

Es zeigt sich also, dass Bewi in der Abschlussstandortbestimmung die Repräsentation für die Aufgabenvorschrift variiert und so die Regel beschreibt. Durch die Verbindung zwischen der Zielzahl und der Erhöhung wird sowohl die gemeinsame Veränderung beschrieben als auch die Regel begründet. Die Repräsentationsform für die Veränderung wird dabei nicht im algebraischen Sinne verändert.

Im Vergleich der beiden Standortbestimmungen zeigen sich verschiedene Unterschiede:

- Die eingenommene **Blickrichtung** der Aufgabenvorschrift in der Eingangsstandortbestimmung wird in der Abschlussstandortbestimmung durch den Blick auf die operative Veränderung ergänzt.
- Der **Grad der Begründung** wird somit vor der Fortbildungsmaßnahme nicht erreicht, da hier ausschließlich der horizontale Blickwinkel eingenommen wird. In der Abschlussstandortbestimmung hingegen wird die gemeinsame Veränderung beschrieben und die Regel über die algebraische Darstellung der Zielzahl begründet.
- Der **Gültigkeitsanspruch** der Bearbeitungen ist somit in der Lösung nach der Fortbildungsmaßnahme gegeben. Vor der Fortbildungsmaßnahme ist die algebraische Darstellung der Zielzahl allgemeingültig.
- Die algebraische **Darstellung** verändert sich nicht. Die Erläuterung schließt in der Abschlussstandortbestimmung die Veränderung mit ein.
- Der Bezug zwischen den **Darstellungsebenen** ist in beiden Fällen unterschiedlich. In der Eingangsstandortbestimmung ist beschrieben, wie sich die Zielzahl zusammensetzt. Nach der Fortbildungsmaßnahme wird die Veränderung mit einbezogen und ausschließlich auf schriftsprachlicher Ebene direkt anhand der Zielzahl begründet, wie sich die Erhöhung der zweiten Startzahl auf die Zielzahl auswirkt.

Zusammenfassend kann für Bewi festgehalten werden, dass in der Eingangsstandortbestimmung die Bildungsregel algebraisch dargestellt wird. In der Abschlussstandortbestimmung wird die Veränderung in der Erläuterung mit einbezogen, aber nicht in der algebraischen Notation aufgegriffen. Insgesamt ist vor allem die Lösung der Eingangsstandortbestimmung repräsentativ für die Lösungen der Teilnehmenden der Fortbildungsmaßnahme. Die Mehrheit der Teilnehmenden stellt die Bildungsregel algebraisch richtig dar, bezieht aber die Veränderung nicht mit ein. Im Anschluss zeigt die Lösung von Bewi, dass die Veränderung in der Erläuterung mitberücksichtigt wird, ohne in die algebraische Darstellung zu explizieren.

Die Lösung von Pera in der Eingangsstandortbestimmung ist hingegen nicht repräsentativ. Hier wird die zweite Startzahl als $x + n$ dargestellt, wobei die erste Startzahl als x dargestellt wurde – dies wird als beliebig gewählt expliziert. In der Erläuterung wird die zweite Startzahl als n definiert. Es wird nicht ersichtlich, warum die zweite Startzahl als Summe von x und n dargestellt wird. Da nicht gesagt wird, ob auch die zweite Startzahl beliebig gewählt wird, könnte die zweite Startzahl auch als Summe aufgefasst werden, sodass eine nicht intendierte Verknüpfung zwischen

8.2 Entwicklung der Begründungen

der ersten und der zweiten Startzahl angenommen wird. Die Bildungsregel, dass die beiden Startzahlen addiert werden, wird aber befolgt.

Da die zweite Startzahl als Summe der ersten Startzahl und einer weiteren Variablen gesehen wird, verschieben sich die Elemente. So ergibt sich die algebraische Darstellung der Zielzahl, die für eine fünfgliedrige Zahlenkette richtig wäre (vgl. Abschnitt 6.2), wenn n die erste und x die zweite Startzahl wäre. Die Definition der Variablen im erläuternden Text legt diese Deutung jedoch nicht nahe.

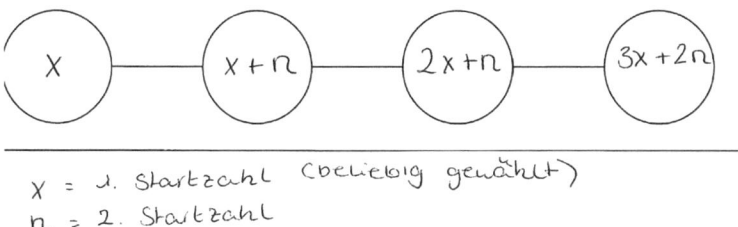

Abbildung 8.29 Eingangsstandortbestimmung – algebraische Begründung – Zahlenketten (Pera)

Obwohl die Darstellung nicht der geforderten Bildungsregel entspricht, könnte der Zusammenhang, dass die zweite Startzahl immer um n größer sein muss als die erste Startzahl, gesehen worden sein. Dies ist nicht eindeutig erkennbar. Es zeigt sich aber, dass die Bildungsregel durch Variablen dargestellt werden kann – auch, wenn vor allem die Addition von zwei Variablen in der zweiten Startzahl nicht den Konventionen entspricht. Es zeigt sich folglich, dass die Repräsentationsform für die Bildungsregel gewechselt wurde.

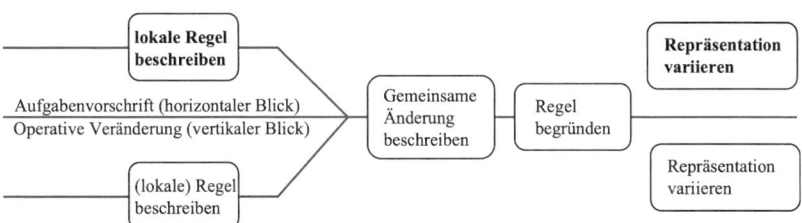

Abbildung 8.30 Modell zum algebraischen Denken – Eingangsstandortbestimmung – algebraische Begründung – Zahlenketten (Pera)

Da nicht auf die Veränderung der Zielzahl eingegangen wird, kann diese weder beschrieben noch begründet werden. Die Lösung von Pera in der Eingangsstandortbestimmung (vgl. Abbildung 8.29) bezieht sich auf die horizontale Blickrichtung. Nach der Fortbildungsmaßnahme ist die Lösung von Pera deutlich verändert (vgl. Abbildung 8.31). Pera stellt in der algebraischen Darstellung der Zahlenketten sowohl die Bildungsregel – mit Variablen – als auch die Veränderungen – mit konkreten Zahlenwerten – dar.

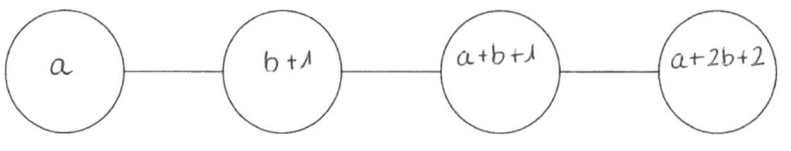

Abbildung 8.31 Abschlussstandortbestimmung – algebraische Begründung – Zahlenketten (Pera)

Hier nutzt Pera zwei separate Variablen für die beiden freiwählbaren unterschiedlichen Startzahlen und zeigt die Veränderung exemplarisch auf mit Hilfe der + 1 beziehungsweise + 2. Die Erläuterung zeigt, dass die Veränderung der Zielzahl mit der Veränderung der zweiten Startzahl in Verbindung gebracht werden kann. Es ist aber keine Erläuterung der Veränderung, als vielmehr eine Aussage, dass die Erhöhung in der algebraischen Darstellung erkennbar ist. Pera nutzt in der Abschlussstandortbestimmung die Variablen a und b statt x und n – so wie sie auch in der Fortbildungsmaßnahme genutzt werden. Eine Definition der Variablen findet, anders als in der Eingangsstandortbestimmung, nicht statt.

Insgesamt zeigt sich aber, dass Pera in der Abschlussstandortbestimmung sowohl die horizontale Blickrichtung einnimmt und die Bildungsregel der Zahlenketten algebraisch beschreibt und damit die Repräsentationsform wechselt als auch die Veränderung darstellt und beides miteinander in Verbindung bringen kann.

Da die Veränderung auf der Zahlenebene bleibt, wird die Repräsentationsform nicht gewechselt.

8.2 Entwicklung der Begründungen

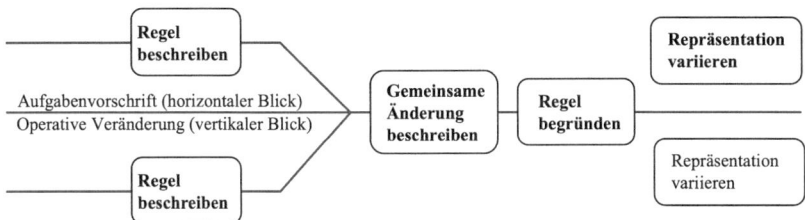

Abbildung 8.32 Modell zum algebraischen Denken – Abschlussstandortbestimmung – algebraische Begründung – Zahlenketten (Pera)

Werden nun die beiden Lösungen vor und nach der Fortbildungsmaßnahme noch einmal kontrastiert, zeigt sich:

- Die eingenommene **Blickrichtung** ist in der Eingangsstandortbestimmung nicht zweifelsfrei deutbar. Vermutlich wird die Bildungsregel abgebildet. In der Abschlussstandortbestimmung weist die Lösung von Pera beide Blickrichtungen auf.
- Der **Gültigkeitsanspruch** ist somit auch in der ersten Lösung nicht *allgemein*, da hier eventuell eine Verbindung zwischen der ersten und der zweiten Startzahl gezogen wurde, die so nicht intendiert ist. Die Lösung nach der Fortbildungsmaßnahme ist allgemeingültig.
- Der **Grad der Begründung** steigt folglich ebenfalls.
- Die algebraische **Darstellung** ist in der Eingangsstandortbestimmung noch nicht eindeutig. Die zweite Lösung von Pera zeigt aber auf, dass die algebraische Darstellung der Bildungsregel und die Ergänzung der Erhöhung nun fehlerfrei gelingen.
- Der Bezug zwischen den **Darstellungsebenen** verändert sich ebenso. In der Eingangsstandortbestimmung wird die Erläuterung zur Definition der Variablen genutzt. Nach der Fortbildungsmaßnahme wird ausschließlich ausgesagt, dass die Erhöhung in der algebraischen Darstellung erkennbar ist.

Zusammenfassend zeigt sich also, dass die Lösungen von Pera zu Beginn nicht eindeutig sind, aber es scheint möglich, dass die Bildungsregel dargestellt werden sollte. Die algebraische Darstellung der Veränderung gelingt nach der Fortbildungsmaßnahme, sodass der Zusammenhang zwischen Veränderung und Bildungsregel deutlich wird. Es werden folglich beide Blickrichtungen eingenommen.

Die Lösung der Eingangsstandortbestimmung von Mahe (vgl. Abbildung 8.33) zeigt eine formelmäßige Beschreibung, die nicht falsch ist, aber auch nicht so zielführend ist, um die Zielzahl auf einen Blick darzustellen. Der Zusammenhang zwischen den beiden Startzahlen und der Zielzahl wird nicht direkt ersichtlich.

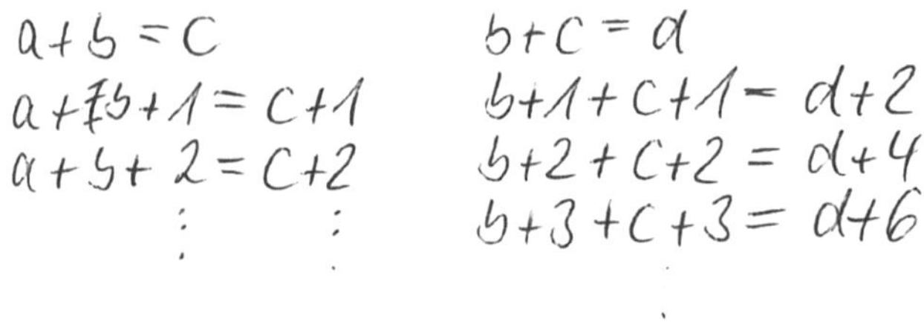

$$a + b = c$$
$$a + b + 1 = c + 1$$
$$a + b + 2 = c + 2$$
$$\vdots \quad \vdots$$

$$b + c = d$$
$$b + 1 + c + 1 = d + 2$$
$$b + 2 + c + 2 = d + 4$$
$$b + 3 + c + 3 = d + 6$$

Abbildung 8.33 Eingangsstandortbestimmung – algebraische Begründung – Zahlenketten (Mahe)

Die operative Veränderung wird in den Fokus gerückt und beschrieben. Es wird deutlich, dass die zweite Startzahl sowie die dritte Zahl um jeweils Eins größer werden. Die Addition der beiden Zahlen ergibt also ein um Zwei größeres d, was die Zielzahl repräsentiert. Es wird somit für die horizontale Blickrichtung die Repräsentation variiert. Die Regel der operativen Veränderung wird beschrieben.

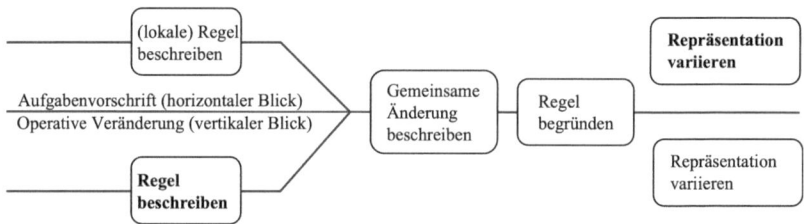

Abbildung 8.34 Modell zum algebraischen Denken – Eingangsstandortbestimmung – algebraische Begründung – Zahlenketten (Mahe)

Im Gegensatz dazu zeigt die Abschlussbestimmung (vgl. Abbildung 8.34) ein verändertes Bild. Hier zeigt die Lösung von Mahe die algebraische Darstellung der Aufgabenvorschrift mit Hilfe von Variablen. Hier wird, anders als vor der Fortbildungsmaßnahme, der Zusammenhang zwischen den beiden Startzahlen und der Zielzahl ersichtlich. Dafür wird die operative Veränderung nicht betrachtet.

8.2 Entwicklung der Begründungen

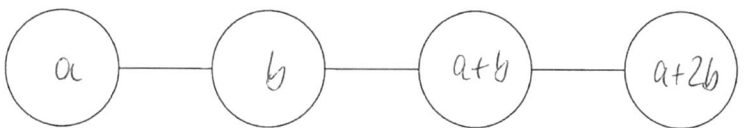

Abbildung 8.35 Abschlussstandortbestimmung – algebraische Begründung – Zahlenketten (Mahe)

Es zeigt sich folglich, dass nun ausschließlich die horizontale Blickrichtung eingenommen wird und für diese Regel die Repräsentation variiert wird.

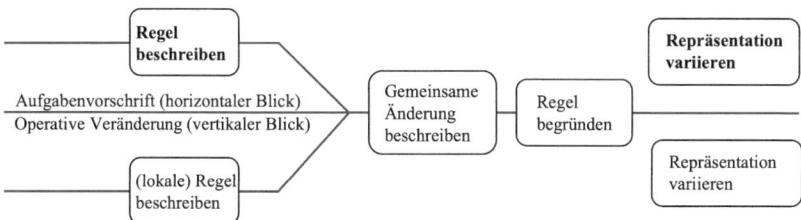

Abbildung 8.36 Modell zum algebraischen Denken – Abschlussstandortbestimmung – algebraische Begründung – Zahlenketten (Mahe)

- Bezüglich der **Blickrichtung** wird in der Abschlussstandortbestimmung die Aufgabenvorschrift fokussiert, während die Lösung vor der Fortbildungsmaßnahme vor allem die operative Veränderung beschreibt.
- Der **Gültigkeitsanspruch** der Regel zur gemeinsamen Veränderung ist für beide Lösungen nicht vorhanden. Die Regel der Aufgabenvorschrift ist in der Abschlussstandortbestimmung allgemeingültig. Die Regel der operativen Veränderung bleibt auf beispielhafter Ebene.
- Der **Grad der Begründung** für die gemeinsame Veränderung ist in beiden Lösungen nicht gegeben.
- Die **Darstellungen** werden in beiden Lösungen für die Aufgabenvorschrift variiert.
- Da immer nur eine Repräsentationsform gewählt wurde, kann kein **Bezug** zwischen den gewählten Repräsentationen betrachtet werden.

Zahlengitter

Nun werden algebraischen Lösungen einiger Teilnehmenden zu den operativen Veränderungen der Zahlengitter genauer betrachtet. Dieses Aufgabenformat wurde in der Fortbildungsmaßnahme nicht behandelt.

Die Eingangsstandortbestimmung von Babe (vgl. Abbildung 8.37) zeigt die algebraische Darstellung der Bildungsregel der Zahlengitter.

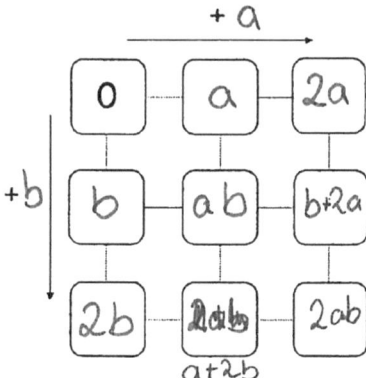

Abbildung 8.37 Eingangsstandortbestimmung – algebraische Begründung – Zahlengitter (Babe)

Die Zielzahl ist algebraisch nicht richtig dargestellt. Die beiden Additionszahlen werden in der Darstellung, so wie sie ohne ein Rechenzeichen notiert sind, nach der gängigen Konvention multipliziert und nicht wie die Bildungsregel besagt, addiert. Dabei fällt auf, dass die Variablen, sobald sie verschiedene Faktoren haben, mit einem Pluszeichen verknüpft werden. In der Diagonale, in der die Anzahl von a und b jeweils identisch ist, werden die Pluszeichen nicht notiert.

Da die Lösung keine Erläuterung beinhaltet, kann nicht erkannt werden, ob das Auslassen der Pluszeichen mit einem falschen Verständnis einhergeht, oder ob dies von Babe anders wahrgenommen wird. Die Darstellungen der äußeren Mittelzahlen (a + 2b und b + 2a) könnten darauf hindeuten, dass Babe die Addition bewusst sein könnte.

Es wird die Aufgabenvorschrift mit Hilfe von Variablen dargestellt (vgl. Abbildung 8.38), sodass die Regel in der horizontalen Blickrichtung beschrieben wird und die Repräsentationen variiert werden.

8.2 Entwicklung der Begründungen

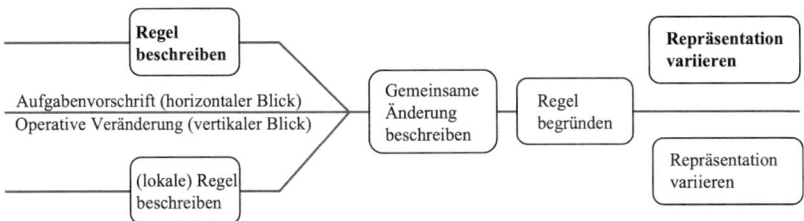

Abbildung 8.38 Modell zum algebraischen Denken – Eingangsstandortbestimmung – algebraische Begründung – Zahlengitter (Babe)

Da die operative Veränderung in der Lösung der Eingangsstandortbestimmung nicht einbezogen ist, wird die vertikale Blickrichtung nicht eingenommen.

Die Lösung von Babe in der Abschlussstandortbestimmung (vgl. Abbildung 8.39) zeigt die identische algebraische Darstellung der Zahlengitter. Erneut sind die Pluszeichen in der Diagonale ausgelassen. Anders als die Lösung von Babe vor der Fortbildungsmaßnahme, zeigt die Lösung im Nachhinein eine ausführliche Erläuterung.

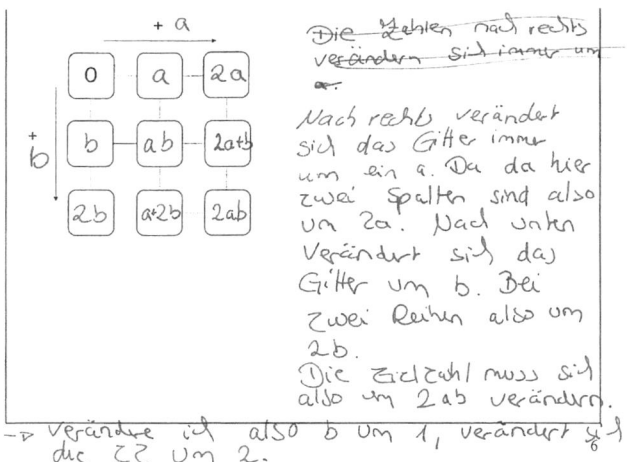

Abbildung 8.39 Abschlussstandortbestimmung – algebraische Begründung – Zahlengitter (Babe)

In der schriftlich ergänzen Beschreibung der algebraischen Darstellung wird sowohl erläutert wie sich die Zielzahl zusammensetzt, als auch angegeben, wie sich die Veränderung einer Additionszahl auf die Zielzahl auswirkt. Dies wird dabei nicht genauer begründet. Aber auch trotz der Erläuterung wird nicht zweifelsfrei deutlich, ob die Notation der Addition intendiert gewesen ist. „Die Zielzahl muss sich also um 2ab verändern" scheint eine unglückliche Formulierung dafür zu sein, dass die algebraische Repräsentation der Zielzahl 2a + 2b sein müsste.

Die Beschreibung der Regel der operativen Veränderung wird über die Formel und die Erhöhung der zweiten Startzahl gegeben. Die Aufgabenvorschrift wird beschrieben, genauso wie die gemeinsame Veränderung. Die Regel wird algebraisch begründet. Der Wechsel der Repräsentationsform wird für die Bildungsregel der Zahlengitter vorgenommen, nicht aber für die operative Veränderung.

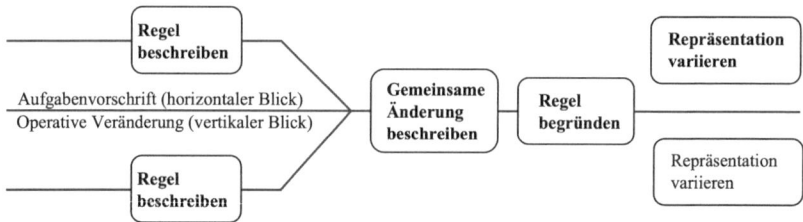

Abbildung 8.40 Modell zum algebraischen Denken – Abschlussstandortbestimmung – algebraische Begründung – Zahlengitter (Babe)

Es zeigen sich also in dem direkten Vergleich der beiden Lösungen von Babe Veränderungen auf unterschiedlichen Ebenen:

- Die eingenommene **Blickrichtung** ist in der Eingangsstandortbestimmung auf die Aufgabenvorschrift beschränkt. In der Abschlussstandortbestimmung wird die Blickrichtung erweitert und auch die operative Veränderung mit einbezogen.
- Der **Gültigkeitsanspruch** ist somit auch in der ersten Lösung nicht allgemein. Die Lösung nach der Fortbildungsmaßnahme ist allgemeingültig.
- Der **Grad der Begründung** steigt folglich ebenfalls.
- Die **Darstellungen** mit Hilfe algebraischer Symbolsprache sind in der Eingangsstandortbestimmung noch nicht eindeutig. Die zweite Lösung von Babe zeigt aber auf, dass die algebraische Darstellung der Bildungsregel und die Ergänzung der Erhöhung nun fehlerfrei gelingen.

8.2 Entwicklung der Begründungen

- Der **Bezug** zwischen den **Darstellungsebenen** verändert sich ebenso. In der Eingangsstandortbestimmung wird die Erläuterung zur Definition der Variablen genutzt. Nach der Fortbildungsmaßnahme wird ausschließlich ausgesagt, dass die Erhöhung in der algebraischen Darstellung erkennbar ist.

Zusammenfassend zeigt sich für Babe also, dass sich die algebraische Darstellung nach der Fortbildungsmaßnahme nicht verändert, obwohl diese nicht vollständig richtig notiert wurde. Die Lösung der Eingangsstandortbestimmung wird aber um eine umfangreiche Erläuterung ergänzt, sodass nicht nur ein Einblick in die Vorgehensweise gegeben wird, sondern auch die operative Veränderung mit in den Blick genommen wird. Durch die Verknüpfung der algebraischen Darstellung der Zielzahl mit der Veränderung der zweiten Startzahl wird die Regel begründet.

Die Lösung von Sith von vor der Fortbildungsmaßnahme zeigt eine repräsentative Lösung der Eingangsstandortbestimmung (vgl. Abbildung 8.41). Die Darstellung der Zahlengitter mit Variablen ist richtig ausgefüllt, wie es fast alle Teilnehmenden auch bereits in der Eingangsstandortbestimmung können. Es ist somit ein durchaus repräsentatives Beispiel für eine Lösung vor der Fortbildungsmaßnahme.

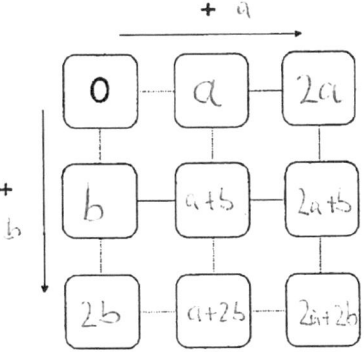

Abbildung 8.41 Eingangsstandortbestimmung – algebraische Begründung – Zahlengitter (Sith)

Es wird keine Erläuterung gegeben. Die operative Veränderung wird nicht betrachtet. Somit wird ausschließlich die Aufgabenvorschrift beschrieben und die Repräsentationsform durch das Nutzen von Variablen gewechselt. Der Vergleich der Zielzahlen zwischen den Zahlengittern wird folglich nicht betrachtet und die vertikale Blickrichtung nicht eingenommen.

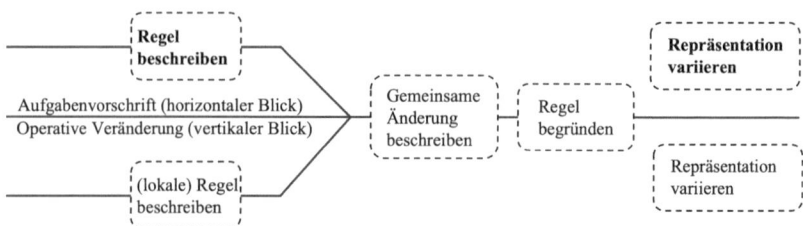

Abbildung 8.42 Modell zum algebraischen Denken – Eingangsstandortbestimmung – algebraische Begründung – Zahlengitter (Sith)

Die Lösung nach der Fortbildungsmaßnahme zeigt die identische Darstellung der Zahlengitter (vgl. Abbildung 8.43). Hier wird diese Darstellung aber noch durch eine Erläuterung ergänzt.

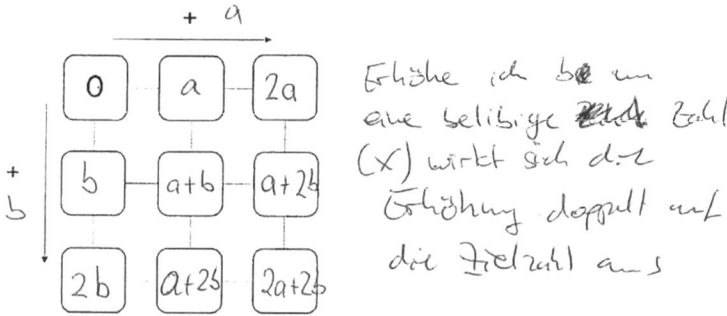

Abbildung 8.43 Abschlussstandortbestimmung – algebraische Begründung – Zahlengitter (Sith)

Auch hier wird – wie in Abbildung 8.43 dargestellt – die operative Veränderung ausschließlich über die Erläuterung thematisiert. Aber die Repräsentationsform der Veränderung wird ebenfalls gewechselt, indem auch dafür eine Variable verwendet wird.

Da aber auch hier die Regel der operativen Veränderung nicht beschrieben oder dargestellt wird, sondern die gemeinsame Veränderung und deren Regel über die Zielzahl argumentiert wird, wird die Regel der vertikalen Blickrichtung als indirekt angesprochen gewertet.

8.2 Entwicklung der Begründungen

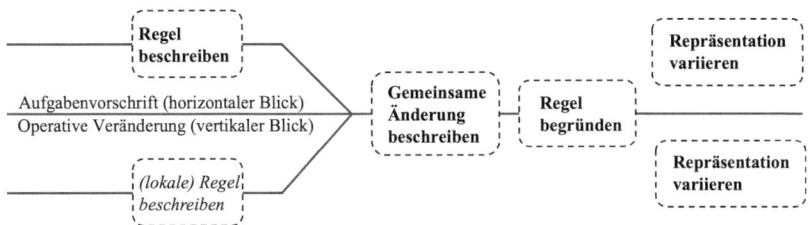

Abbildung 8.44 Modell zum algebraischen Denken – Abschlussstandortbestimmung – algebraische Begründung – Zahlengitter (Sith)

Es zeigt sich also zusammenfassend, dass die Veränderung der Lösungen von Sith ebenso in den fünf Punkten zu beobachten sind:

- Die **Blickrichtung** des horizontalen Blicks vor der Fortbildungsmaßnahme wird in der Abschlussstandortbestimmung indirekt um die operative Veränderung ergänzt.
- Bezüglich des **Gültigkeitsanspruchs** zeigt sich, dass hier nicht nur die variabilisierte Darstellung der Aufgabenvorschrift allgemeingültig ist, sondern auch die Veränderung mit Hilfe von Variablen für jede Erhöhung der Additionszahlen erfolgt ist.
- Der **Grad der Begründung** der Regel der gemeinsamen Veränderung bleibt indirekt, da die Veränderung weder in der algebraischen Darstellung der Zahlengitter dargestellt wird noch der direkte Bezug zwischen der Darstellung der Zielzahl und der Veränderung gegeben ist.
- Die **Repräsentationen** werden in der Eingangsstandortbestimmung für die Aufgabenvorschrift variiert. Nach der Fortbildungsmaßnahme werden die Repräsentationen für beide Blickrichtungen verändert.
- Der **Bezug** zwischen den gewählten Repräsentationen in der Abschlussbestimmung bleibt indirekt. Hier wird die Darstellung der Zielzahl nicht explizit in die Begründung der gemeinsamen Veränderung einbezogen.

Die Lösung von Mahe zu der algebraischen Begründung der Veränderung der Zielzahl in den Zahlengittern vor der Fortbildungsmaßnahme (vgl. Abbildung 8.45) zeigt, dass die Darstellung des Zahlengitters mit Variablen gelingt. In den ersten Schritten nach rechts und nach unten wird die Null als Startzahl jeweils notiert, aber auch direkt wieder durchgestrichen. Die Zielzahl wird richtig mit Zusammenhang zu den beiden Additionszahlen notiert.

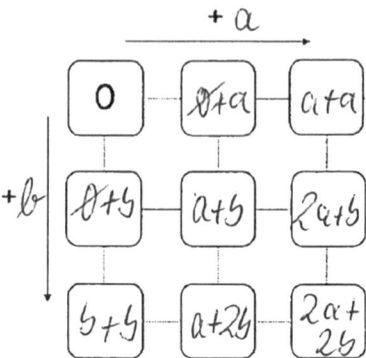

Abbildung 8.45 Eingangsstandortbestimmung – algebraische Begründung – Zahlengitter (Mahe)

Da die Veränderung keine Betrachtung findet, wird in dem Beispiel die horizontale Blickrichtung der Regel der Aufgabenvorschrift eingenommen. Die Repräsentationen werden gewechselt, indem Variablen genutzt werden, um die Regel auszudrücken. Es werden durch die Lösung von Mahe vor der Fortbildungsmaßnahme somit zwei Elemente des Modells angesprochen.

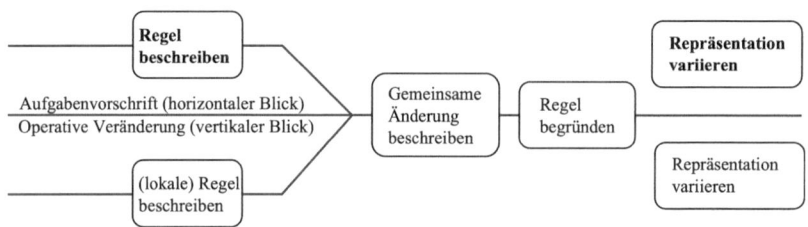

Abbildung 8.46 Modell zum algebraischen Denken – Eingangsstandortbestimmung – algebraische Begründung – Zahlengitter (Mahe)

Die Abschlussstandortbestimmung zeigt zunächst eine nahezu identisch ausgefüllte algebraische Repräsentation der Zahlengitter (vgl. Abbildung 8.47). Sogar der erste Schritt des Notierens der Null wird übernommen. Das Zusammenfassen der zwei a im rechten oberen Kästchen wird ebenfalls im Nachhinein vorgenommen. Warum die Schreibweise gegenüber der anderen favorisiert wurde, kann nicht erkannt werden.

8.2 Entwicklung der Begründungen

Anders als in der Lösung vor der Fortbildungsmaßnahme wird nun ein zweites Zahlengitter angedeutet, welches neben der Darstellung der Aufgabenvorschrift mit Hilfe von Variablen auch die Veränderung beinhaltet. Hier wird die gemeinsame Veränderung beschrieben und für jedes Element der Zahlengitter am Beispiel der operativen Veränderung der Additionszahl um Eins dargestellt.

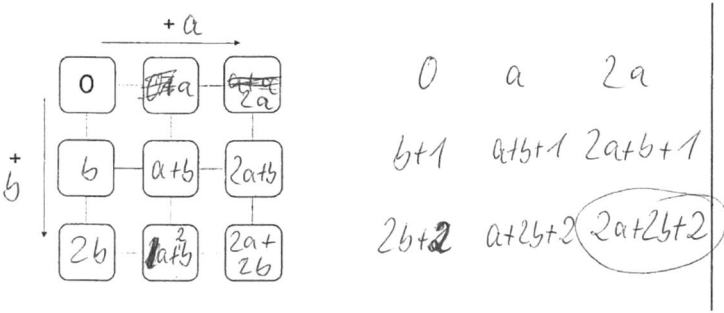

Abbildung 8.47 Abschlussstandortbestimmung – algebraische Begründung – Zahlengitter (Mahe)

Das Einkreisen der neuen Zielzahl zeigt, dass Mahe hier die Zielzahl hervorheben will. Es werden folglich beide Blickrichtungen eingenommen und die Repräsentationsform für die Aufgabenvorschrift verändert. Die gemeinsame Veränderung wird beschrieben und verdeutlicht. Die Begründung bleibt indirekt, da keine Erläuterung gegeben wird.

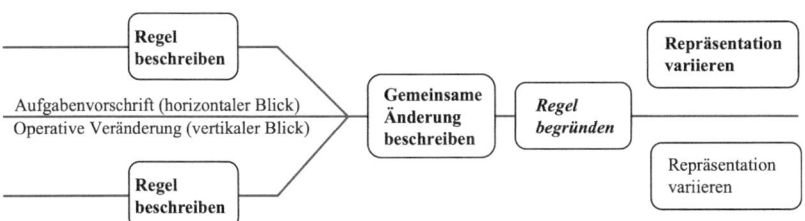

Abbildung 8.48 Modell zum algebraischen Denken – Abschlussstandortbestimmung – algebraische Begründung – Zahlengitter (Mahe)

Insgesamt zeigt sich also bezüglich der fünf Betrachtungspunkte:

- Die **Blickrichtung** des horizontalen Blicks vor der Fortbildungsmaßnahme wird in der Abschlussstandortbestimmung um die der operativen Veränderung erweitert.
- Bezüglich des **Gültigkeitsanspruchs** zeigt sich, dass die Aufgabenvorschrift allgemeingültig in beiden Lösungen ist. Die operative Veränderung der Zielzahl bei der Erhöhung der Additionszahl um Eins wird beispielbezogen beschrieben.
- Der **Grad der Begründung** bleibt auch in der Abschlussstandortbestimmung indirekt. Die Verdeutlichung der Regel bleibt auf Beispielebene und wird nicht verbalisiert.
- Die **Repräsentationen** werden bei beiden Lösungen durch das Nutzen von Variablen variiert.
- Da nur eine Form der Repräsentation gewählt wird, kann keinerlei **Bezug** untereinander betrachtet werden.

Zusammenfassung algebraisches Begründen – Analysefokus algebraisches Denken

Für die Lösungen der algebraischen Begründungen der Veränderungen zeigen die Teilnehmenden auch hier, dass insgesamt mehr Elemente des Modells angesprochen werden können. Es zeigen sich unterschiedliche Veränderungen, aber vor allem zeigt sich auch, dass nicht alle Unstimmigkeiten bei den algebraischen Darstellungen ausgeräumt werden konnten. In einigen Fällen können aber Verbesserungen der algebraischen Darstellung der Aufgabenformate erkannt werden. Der Wechsel der Repräsentationsform hin zur algebraischen Symbolsprache gelingt nahezu allen gezeigten Beispielen.

Zusammenfassung algebraisches Begründen

Betrachtet man die Auswertung der Standortbestimmungen mit dem Analysefokus des Begründens und dem daraus entstandenen Kategoriensystem, zeigt sich zunächst in der Eingangsstandortbestimmung, dass die Bildungsregeln beider Aufgaben gleich häufig algebraisch dargestellt werden können. 20 Teilnehmenden gelingt dies. Lediglich eine nicht zielführende formelmäßige Beschreibung der Zahlenketten erfolgt. Auffällig ist aber, dass auch der Anteil der Lehrkräfte, die die Veränderung auch darstellen bei vier bei den Zahlenketten und zwei bei den Zahlengittern sehr niedrig ist. In der Abschlussstandortbestimmung sind es acht bei den Zahlenketten und neun bei den Zahlengittern. Anders als bei der grundschulgemäßen Begründung scheint hier die algebraische Darstellung der Bildungsregel der Zahlengitter nicht schwieriger gewesen zu sein als bei den Zahlenketten.

8.2 Entwicklung der Begründungen

Die Wanderungstabellen zeigen für beide Aufgabenformate einen hohen Verbleib in der dritten Kategorie – hier werden die Bildungsregeln algebraisch dargestellt, aber die Veränderung dabei nicht berücksichtigt. Für die Zahlenketten zeigen sich zwei Verschlechterungen sowie erneut die beiden Teilnehmenden, die keine Angabe mehr in der Abschlussstandortbestimmung geben. Für die Zahlengitter gibt es keinerlei Verschlechterung. Die beste Kategorie kann für beide Aufgabenformate aus nahezu allen erreichten Kategorien der Eingangsstandortbestimmung erreicht werden. Verbesserungen sind somit in unterschiedlicher Intensität erkennbar.

Die statistischen Berechnungen ergeben, dass sich die algebraischen Begründungen der Teilnehmenden für beide Aufgabenformate signifikant verbessern.

Unter dem Fokus des algebraischen Denkens zeigt die qualitative Betrachtung ausgewählter Teilnehmender, dass – viel mehr als bei den grundschulgemäßen Begründungen – der Fokus der Lehrkräfte auf der horizontalen Blickrichtung liegt und algebraische Darstellung der Aufgabenvorschrift notiert wird. Es gibt keine Lösung bei der algebraischen Darstellung, die die operative Veränderung fokussiert und dabei nicht die Aufgabenvorschrift einbezieht. Da hier die Darstellung der Elemente der Zahlenketten und Zahlengitter als Repräsentation variieren gewertet wird, wenn Variablen genutzt werden, ist dies auch immer der Fall. Ähnlich wie bei den grundschulgemäßen Begründungen werden in der Abschlussstandortbestimmung mehr Elemente angesprochen als bei der Eingangsstandortbestimmung.

Auch die Auswertung des algebraischen Begründens wurde unter beiden Auswertungsschwerpunkten – Begründen und algebraisches Denken – betrachtet. Nachdem nun immer ein repräsentatives, ein besonders wünschenswertes und ein besonderes Beispiel mit Hilfe des Analyseinstruments des algebraischen Denkens vorgestellt worden ist, werden nun zwei ausgewählte Standortbestimmungen für alle vier Aufgaben betrachtet, um mehr Einblicke in eine gemeinsame Veränderung über die Aufgaben hinweg zu bekommen und nicht nur isolierte Einzelbeispiele genauer zu betrachten.

8.2.3 Analyse ausgewählter Standortbestimmungen

Um den Einblick in die Veränderung über alle vier betrachteten Aufgaben der Standortbestimmung zu den verschiedenen Erhebungszeitpunkten hinweg zu erfassen, werden Urma und Juul ausgewählt. Hier zeigen sich bei beiden Teilnehmenden interessante aber auch sehr unterschiedliche Veränderungen.

Urma hat Grundschullehramt mit mathematischer Grundbildung studiert, aber weder ein Referendariat in Mathematik abgelegt noch eine Fortbildung bisher besucht. Sie hat am Abschlussinterview teilgenommen, sodass ihre Aussagen ebenfalls teilweise mit aufgegriffen werden können.

Um den direkteren Vergleich von Eingangs- und Abschlussstandortbestimmung besser betrachten zu können, werden zunächst beide Lösungen vorgestellt und anschließend beide Modelle der *habits of mind* miteinander verglichen.

Die Lösung vor Beginn der Fortbildungsmaßnahme zeigt, dass Urma Visualisierungen durch Plättchen nutzt (Abb. 8.49) – diese sind zunächst beispielhaft für eine Zahl und im Anschluss soll vermutlich ein Plättchen für eine beliebige Zahl (Variable) stehen, was durch die von Urma gewählte Überschrift „Allgemein" angenommen werden kann. Die Aufgabenvorschrift wird so verdeutlicht und die Repräsentationen dafür variiert. Die Veränderungen werden zwar durch die Darstellung der zweiten Zahlenkette beispielhaft einbezogen, aber diese werden nicht explizit thematisiert. Weder die Darstellung verdeutlicht den Unterschied von Zielzahl zu Zielzahl vertikal, noch wird eine Erläuterung gegeben.

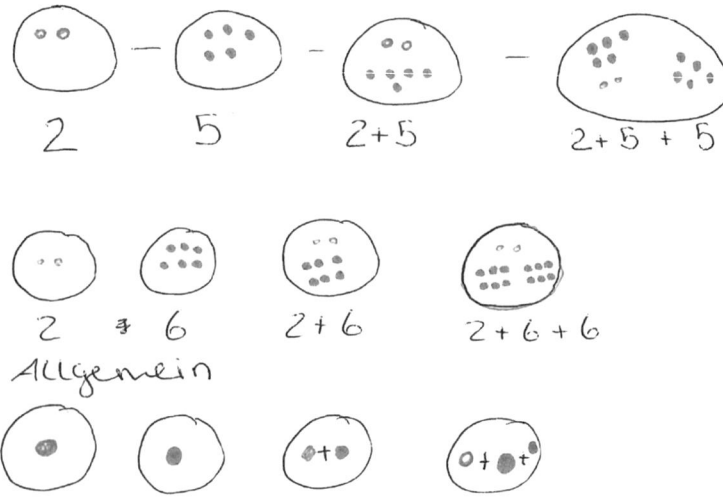

Abbildung 8.49 Eingangsstandortbestimmung – grundschulgemäße Begründung – Zahlenketten (Urma)[2]

---

[2] Im Originaldokument ist die erste Startzahl rot und die zweite Startzahl grün angegeben.

8.2 Entwicklung der Begründungen

Die grundschulgemäße Lösung von Urma nach der Fortbildungsmaßnahme (vgl. Abbildung 8.50) zeigt, dass sie hier ausschließlich auf eine verallgemeinerte Darstellung mit Hilfe von Säckchen zurückgreift.

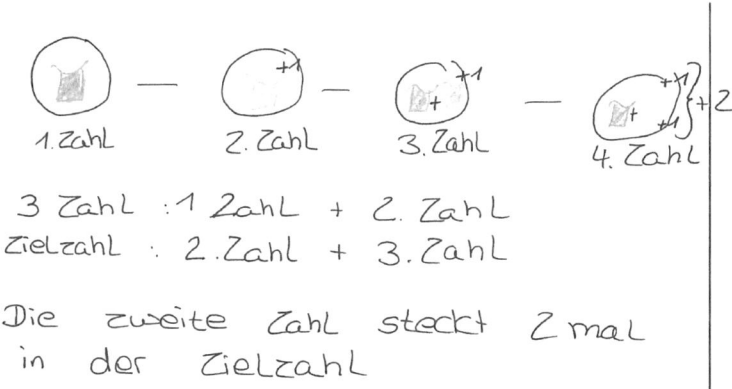

Abbildung 8.50 Abschlussstandortbestimmung – grundschulgemäße Begründung – Zahlenketten (Urma)[3]

Die Veränderung wird als eine + 1 zum Säckchen der zweiten Startzahl hinzugefügt und bei jedem Verwenden der zweiten Startzahl immer mitnotiert. Zudem wird hier auch ein kurzer erläuternder Satz genutzt, um die Aufgabenvorschrift noch einmal zu verdeutlichen.

Es zeigt sich also im Vergleich der beiden Lösungen von vor und nach der Fortbildungsmaßnahme, dass Urma deutlich mehr Facetten des algebraischen Denkens bei operativstrukturierten Aufgabenformaten in der Abschlussstandortbestimmung aktiviert.

Während in der Eingangsstandortbestimmung ausschließlich Elemente auf der horizontalen Blickrichtung aktiviert werden, zeigt die Abschlussstandortbestimmung, dass hier die gemeinsame Änderung sowie deren Regel beschrieben und begründet werden.

---

[3] Im Originaldokument ist die erste Startzahl rot und die zweite Startzahl blau darstellet.

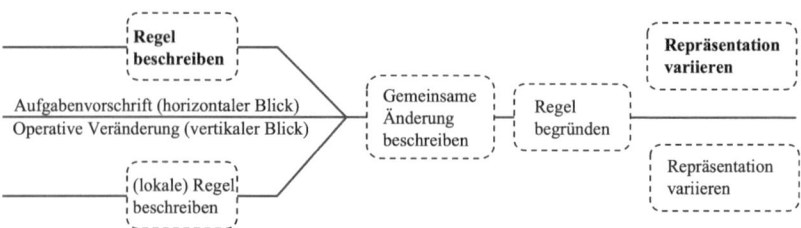

Abbildung 8.51 Modell zum algebraischen Denken – Eingangsstandortbestimmung – grundschulgemäße Begründung – Zahlenketten (Urma)

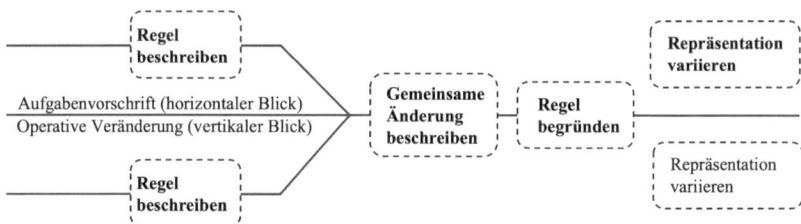

Abbildung 8.52 Modell zum algebraischen Denken – Abschlussstandortbestimmung – grundschulgemäße Begründung – Zahlenketten (Urma)

Im Vergleich dazu zeigt die algebraische Lösung ein nahezu identisches Bild. In der Eingangsstandortbestimmung (vgl. Abbildung 8.53) wird auch hier die Aufgabenvorschrift fokussiert. Die Erläuterung derer wird mit einem ? versehen, was darauf hindeuten könnte, dass Urma entweder nicht wusste, wie die Aufgabenstellung zu verstehen ist, oder angibt, dass dieser Teil nicht gekonnt wird. Die operative Veränderung wird nicht einbezogen.

Auch hier (vgl. Abbildung 8.54) zeigt sich nach der Fortbildungsmaßnahme ein ähnliches Bild zur grundschulgemäßen Begründung. Ebenso wird nun die operative Veränderung durch die Notation einer + 1 bei jedem b angefügt, sodass die Parallele zwischen den beiden Darstellungen der grundschulgemäßen und algebraischen Begründung in der Abschlussstandortbestimmung besonders deutlich wird. Durch Einkreisen wird die Erhöhung hervorgehoben.

Diese Ähnlichkeit der grundschulgemäßen und der algebraischen Begründung vor wie nach der Fortbildungsmaßnahme spiegelt sich auch in den Modellen des algebraischen Denkens bei operativstrukturierten Aufgabenformaten wider (vgl. Abbildung 8.55).

8.2 Entwicklung der Begründungen

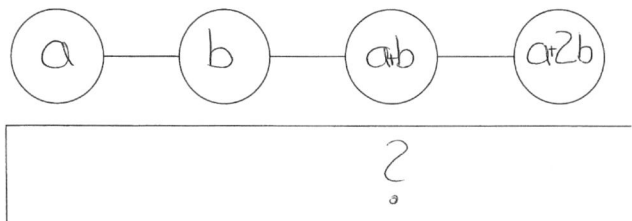

Abbildung 8.53 Eingangsstandortbestimmung – algebraische Begründung – Zahlenketten (Urma)

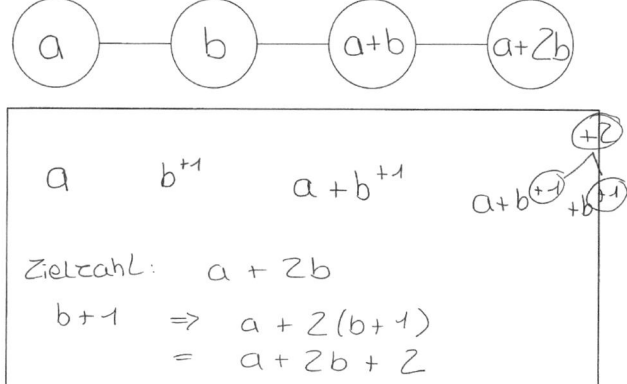

Abbildung 8.54 Abschlussstandortbestimmung – algebraische Begründung – Zahlenketten (Urma)

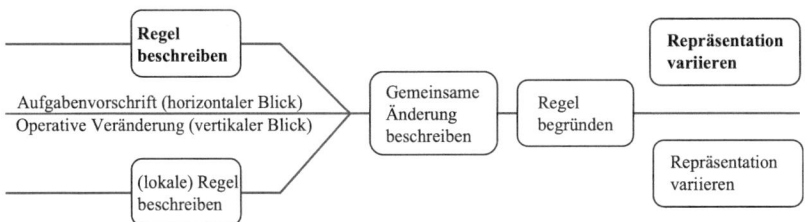

Abbildung 8.55 Modell zum algebraischen Denken – Eingangsstandortbestimmung – algebraische Begründung – Zahlenketten (Urma)

Während vor der Fortbildungsmaßnahme ausschließlich Elemente auf der horizontalen Blickrichtung aktiviert werden, da die Bildungsregel mit Variablen repräsentiert wird, zeigt die Abschlussstandortbestimmung, dass hier die gemeinsame Änderung sowie deren Regel beschrieben und begründet werden.

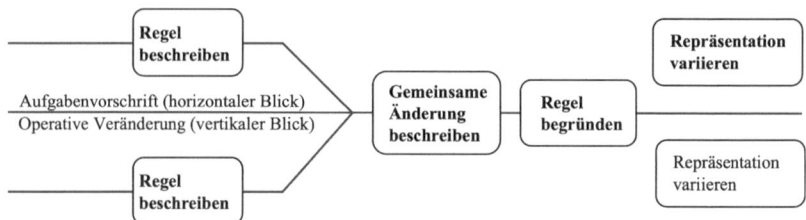

Abbildung 8.56 Modell zum algebraischen Denken – Abschlussstandortbestimmung – algebraische Begründung – Zahlenketten (Urma)

Sicherlich ist dies nur ein Beispiel für die Lösungen der Teilnehmenden, aber es wird dadurch deutlich, dass sowohl Urmas Lösungen als auch ihre Veränderungen im Bereich grundschulgemäßen Begründens wie auch der algebraischen Begründung der Veränderung der Zielzahl der Zahlenketten bei der Erhöhung der zweiten Startzahl um Eins sehr ähnlich sind. Das ist nicht für alle Teilnehmenden so. In den Interviewdaten gibt sie an, die Fortbildungsmaßnahme sei für sie lohnenswert gewesen, da ihr nach eigenen Abgaben das mathematische Denken einfacher fällt als das grundschulgemäße Erklären (Urma_A_Turn 170). Dabei scheint ihr die Darstellung der Bildungsregel – sowohl grundschulgemäß als auch algebraisch – gut zu gelingen. Die Schwierigkeit scheint vor allem im Beschreiben der operativen Veränderung und der gemeinsamen Änderung zu liegen. Ihre Erwartung, die im Interview deutlich wird, lässt sich im Modell des algebraischen Denkens nicht erkennen.

Nach der Fortbildungsmaßnahme gelingt ihr die Verbindung der beiden Blickrichtungen. Sie hat somit sowohl auf der mathematischen als auch auf der mathematikdidaktischen Ebene Verbesserungen erzielt.

Deshalb lässt sich vermuten, dass Urma hier die Verknüpfung von Aufbau mathematischen Wissens und praktische Umsetzungsideen für den eigenen Unterricht als besonders gewinnbringend wahrnimmt. Diese Verknüpfung wird unter anderem durch die Darstellung der Säckchen als ein Zwischenschritt zwischen konkretem Zahlenmaterial und Variable realisiert.

8.2 Entwicklung der Begründungen

Bei den Zahlengittern zeigt sich interessanterweise ein anderes Bild. Hier (vgl. Abbildung 8.57) nutzt Urma ebenfalls ein farbiges Plättchen als Repräsentant für eine beliebige Zahl und notiert bereits hier in der Eingangsstandortbestimmung die Veränderung der linken Additionszahl als kleine + 1 bei jedem dunklen Plättchen. Auch ihre Begründung in schriftsprachlicher Form greift die gemeinsame Änderung von Zielzahl und Additionszahl auf.

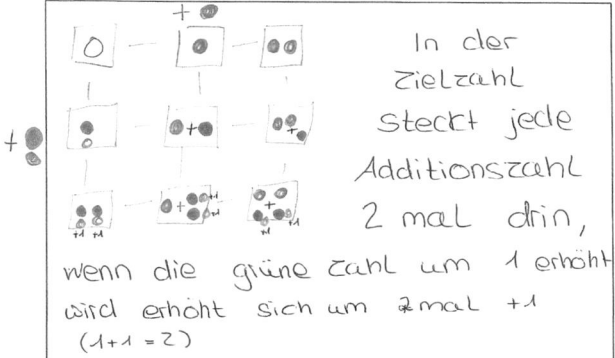

Abbildung 8.57 Eingangsstandortbestimmung – grundschulgemäße Begründung – Zahlengitter (Urma)[4]

Die einzige Veränderung in der Abschlussstandortbestimmung von Urma (vgl. Abbildung 5.58) ist nun das Nutzen von Säckchen als Repräsentant für eine Unbestimmte statt eines Plättchens. Die Erläuterung bleibt nahezu wörtlich gleich und verändert sich somit auf inhaltlicher Ebene nicht.

Dementsprechend sehen die Modelle des algebraischen Denkens identisch aus (vgl. Abbildung 8.59), alle Elemente werden angesprochen.

Betrachtet man nun den Vergleich zwischen der grundschulgemäßen Begründung der Veränderung der Zielzahl in den Zahlenketten und den Zahlengittern vor der Fortbildungsmaßnahme, ist der Unterschied groß. Während bei den Zahlenketten ausschließlich die Aufgabenvorschrift betrachtet wird und die Veränderung nur implizit Beachtung findet, ist die Lösung für die Zahlengitter auch vor der Fortbildungsmaßnahme bereits umfassend und betrachtet alle Elemente. Entgegen der Lösungen aller Teilnehmenden, die für diese Aufgabe in der Eingangsstandortbestimmung eine sehr hohe Rate an fehlenden Bearbeitungen (15 von 25)

---

[4] Im Originaldokument ist die linke Startzahl grün und die obere Startzahl rot dargestellt.

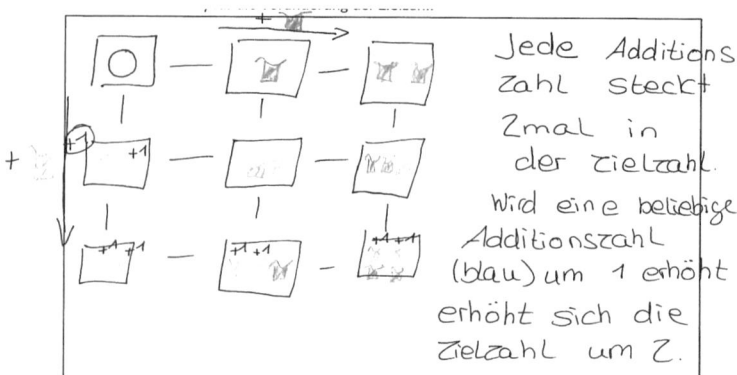

Abbildung 8.58 Abschlussstandortbestimmung – grundschulgemäße Begründung – Zahlengitter (Urma)[5]

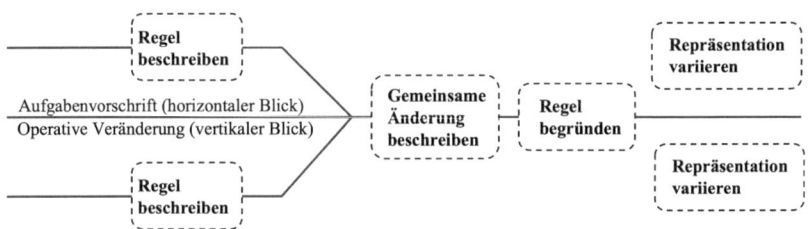

Abbildung 8.59 Modell zum algebraischen Denken – Eingangs- und Abschlussstandortbestimmung – grundschulgemäße Begründung – Zahlengitter (Urma)

haben, scheint Urma die Aufgabe der grundschulgemäßen Begründung bei den Zahlengittern leichter zu fallen. Gründe dafür können anhand der vorliegenden Daten leider nicht ausgemacht werden.

Betrachtet man nun die algebraischen Begründungen der Veränderung der Zielzahl in den Zahlengittern vor und nach der Fortbildungsmaßnahme, zeigt sich ein unterschiedliches Bild – und dies sowohl in Bezug auf die grundschulgemäße Begründung der Veränderung in den Zahlengittern als auch in Bezug auf die algebraische Begründung der Veränderung der Zahlenketten, aber nicht zwischen den beiden Lösungen vor und nach der Fortbildungsmaßnahme.

---

[5] Im Originaldokument ist die linke Startzahl blau und die obere Startzahl rot dargestellt.

8.2 Entwicklung der Begründungen

Beide Standortbestimmungen zeigen nahezu dieselbe Darstellung (vgl. Abbildung 8.60: Eingangsstandortbestimmung links, Abschlussstandortbestimmung rechts). Hier wird ausschließlich die Aufgabenvorschrift mit Variablen algebraisch dargestellt.

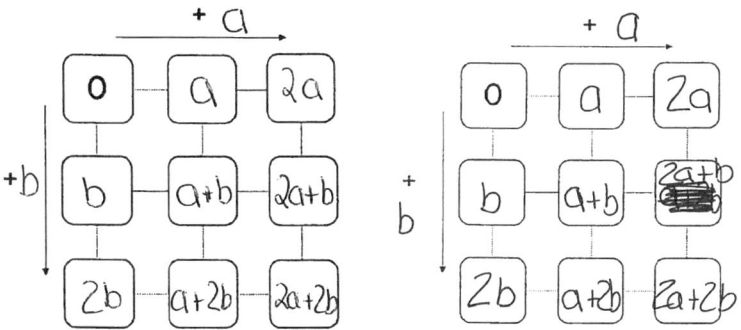

Abbildung 8.60 Eingangs- und Abschlussstandortbestimmung – algebraische Begründung – Zahlengitter (Urma)

Somit ist auch für die algebraische Begründung der Veränderung der Zielzahl in den Zahlengittern eine Repräsentation mit Variablen gegeben, die die Regel der Aufgabenvorschrift beschreibt.

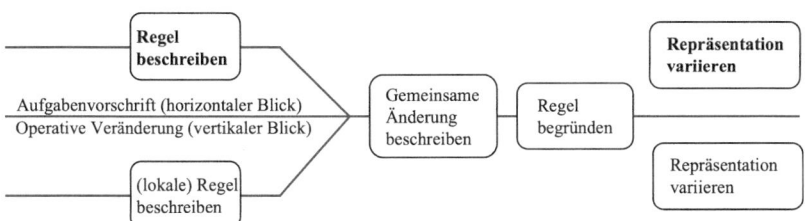

Abbildung 8.61 Modell zum algebraischen Denken – Eingangs- und Abschlussstandortbestimmung – algebraische Begründung – Zahlengitter (Urma)

Insgesamt zeigt sich bei den Lösungen zu den Zahlengittern von Urma also ein anderes Bild im Vergleich zu den Lösungen bei den Zahlenketten.

Erstens sind bei den Zahlengittern in der Eingangsstandortbestimmung die grundschulgemäße und die algebraische Begründung, anders als bei den Zahlenketten, sehr unterschiedlich. Die Selbsteinschätzung von Urma, dass sie im (zu) mathematischen Denken verhaftet sei und das nicht für die Kinder verständlich „herunterbrechen" könne, sieht sich hier nicht bestätigt. Die grundschulgemäße Begründung ist umfangreicher und bezieht sowohl die Aufgabenvorschrift als auch die operative Veränderung mit ein. Im Gegensatz dazu fokussiert die algebraische Begründung nur die Aufgabenvorschrift. Hier wird die operative Veränderung nicht einbezogen.

Der zweite Unterschied im Vergleich der beiden Standortbestimmungen zu den Zahlenketten ist in der Verbesserung zwischen den beiden Erhebungszeitpunkten vorzufinden. In den Zahlengittern, die in der Fortbildungsmaßnahme nicht thematisiert werden, findet bei beiden Begründungen keinerlei Verbesserung bezüglich der Elemente des Modells des algebraischen Denkens bei operativstrukturierten Aufgaben statt. Vor allem bei der grundschulgemäßen Begründung scheint es durch die sehr umfassende Lösung in der Eingangsstandortbestimmung schwierig eine Verbesserung erreichen zu können. Aber auch die algebraische Lösung der Eingangsstandortbestimmung, die ausschließlich die Aufgabenvorschrift mit Variablen repräsentiert, zeigt nach der Fortbildungsmaßnahme keinerlei Veränderungen.

Es könnte hier eine Herausforderung gewesen sein, die Erkenntnisse, die im Aufgabenformat der Zahlenketten in der Fortbildungsmaßnahme behandelt werden, auf das andere Aufgabenformat der Zahlengitter zu übertragen. Bei letzterem Aufgabenformat scheint aber zumindest Urma – anders als dem Großteil der teilnehmenden Lehrkräfte – auch vor der Fortbildungsmaßnahme die grundschulgemäße Begründung kaum Schwierigkeiten bereitet zu haben. Es lassen sich aber keine Gründe ausmachen, warum weder eine Übertragung aus der grundschulgemäßen Sichtweise auf algebraische Begründung noch aus den Begründungen der Zahlenketten auf die Zahlengitter erfolgen konnte.

Im Interview gibt Urma, die zum Zeitpunkt der Fortbildungsmaßnahme eine erste Klasse unterrichtete, an, sie hätte ohne die gemeinsame Planung und Anregung zur Durchführung in der Distanzphase weder Zahlenmauern noch Zahlenketten im Unterricht genutzt. Dazu führt sie an: „dadurch, dass man das gemeinsam geplant hat und auch reflektiert hat, fand ich das schon gut, weil man sich da selber dann auch sicherer war" (Urma_A, Turn 243). Vor allem Urmas Bearbeitung der beiden Begründungen zu den Zahlenketten würde diese Aussage stützen, da beide Begründungen an Qualität hinzugewonnen haben.

8.2 Entwicklung der Begründungen

Zusammenfassend zeigt Urma, dass eine Verbesserung beider Begründungen nach der Fortbildungsmaßnahme für das behandelte Aufgabenformat erreicht werden kann. Die Überführung der Begründungen auf ein anderes Aufgabenformat gelingt dabei nicht automatisch und könnte eventuell innerhalb der Fortbildungsmaßnahme noch detaillierter besprochen werden.

Aus der Betrachtung von Urmas Standortbestimmungen ergeben sich zwei Potenziale der Weiterentwicklung der Fortbildungsmaßnahme. Obwohl die grundschulgemäße wie auch die mathematische Durchdringung des Aufgabenformats ein wichtiges Designprinzip der Fortbildungsmaßnahme darstellt und die Verbindung zwischen den beiden Darstellungen – der grundschulgemäßen sowie der algebraischen – thematisiert wurde, Urmas Lösungen deuten darauf hin, dass dies noch weiter in den Fokus der Fortbildungsmaßnahme gerückt werden könnte. Der Zusammenhang zwischen beiden Lösungen könnte expliziter herausgestellt werden. Ein Säckchen, das mit einer unbekannten Menge an Plättchen gefüllt werden kann, ist eben dasselbe wie eine Variable als Unbestimmte (Malle, 1993). Eventuell könnte hier der mathematikdidaktische Fokus auch auf die Variablenkonzepte gelegt werden, sodass den Lehrkräften ihr eigenes Denken verdeutlicht werden könnte und ihnen (noch) bewusster wird, welche (Vor-)Fähigkeiten sie bei ihren Schüler:innen fordern und fördern sollten.

Zum anderen deuten die Lösungen von Urma darauf hin, dass die Übertragung auf ein anderes Aufgabenformat durchaus expliziter gestaltet werden könnte. Zwar werden in den unterschiedlichen Terminen der Fortbildungsmaßnahme unterschiedliche Aufgabenformate fokussiert, sodass nicht nur die mathematische Durchdringung der Zahlenketten relevant war, aber unterschiedliche Zusammensetzungen der Zielzahl scheinen durchaus auch unterschiedliche Ansprüche an die Lehrkräfte zu stellen.

Als weiteres Beispiel werden nun die insgesamt acht Lösungen von Juul vor und nach der Fortbildungsmaßnahme genauer betrachtet. Auch hier zeigen sich interessante Veränderungen.

Die grundschulgemäße Begründung vor der Fortbildungsmaßnahme von Juul (vgl. Abbildung 8.62) zeigt, dass Juul ausschließlich auf die operative Veränderung fokussiert. Hier wird die Regel beschrieben, aber nicht erläutert, warum die dritte Zahl erhöht wird. Es bleibt auf der beschreibenden Ebene, dass die zweite Startzahl sowie die dritte Zahl erhöht werden. Die Rechnung $1 + 1 = 2$ soll vermutlich noch einmal verdeutlichen, dass zwei Zahlen jeweils um 1 größer sind und diese addiert werden.

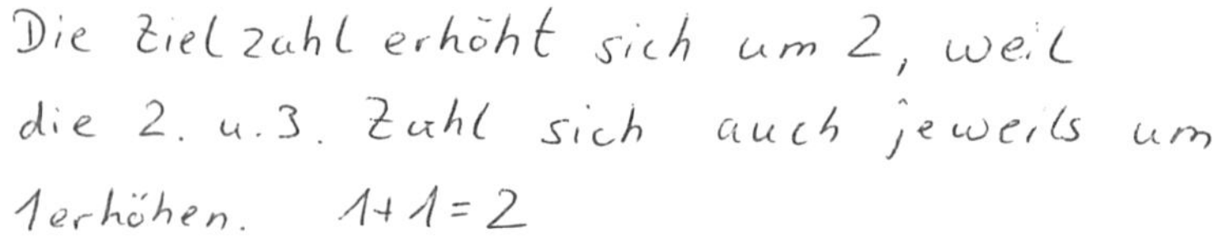

> Die Zielzahl erhöht sich um 2, weil
> die 2. u. 3. Zahl sich auch jeweils um
> 1 erhöhen. 1+1=2

Abbildung 8.62 Eingangsstandortbestimmung – grundschulgemäße Begründung – Zahlenketten (Juul)

Im Vergleich dazu wird in der Abschlussstandortbestimmung von Juul (vgl. Abbildung 8.63) nicht mehr auf die dritte Zahl eingegangen, aber es wird die Bildung der Zielzahl in Verbindung mit der operativen Veränderung der zweiten Startzahl beschrieben. Auch wenn nicht auf die dritte Zahl eingegangen wird, werden beide Blickrichtungen eingenommen und die gemeinsame Änderung beschrieben sowie die Regel dafür begründet. Zudem gibt sie an, dass Juul dies für die Grundschulkinder mit den Säckchen und Plättchen veranschaulichen würde.

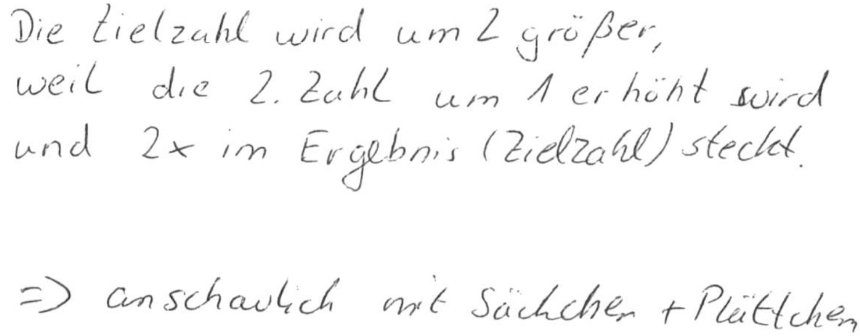

> Die Zielzahl wird um 2 größer,
> weil die 2. Zahl um 1 erhöht wird
> und 2× im Ergebnis (Zielzahl) steckt.
>
> ⇒ anschaulich mit Säckchen + Plättchen

Abbildung 8.63 Abschlussstandortbestimmung – grundschulgemäße Begründung – Zahlenketten (Juul)

Es zeigt sich also im Vergleich der Eingangs- und Abschlussstandortbestimmung, dass hier vor allem auch Veränderungen des Grades der Begründung vorliegen.

Es werden in der Abschlussstandortbestimmung vier Elemente des algebraischen Denkens bei Aufgaben mit operativen Veränderungen aktiviert; zwei der Elemente bleiben implizit, da Juul nicht angibt, wie sie dies darstellen würde. Eine Veränderung der Repräsentation erfolgt folglich nicht direkt.

8.2 Entwicklung der Begründungen

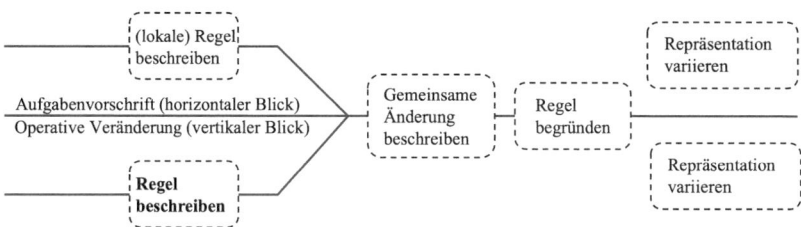

Abbildung 8.64 Modell zum algebraischen Denken – Eingangsstandortbestimmung – grundschulgemäße Begründung – Zahlenketten (Juul)

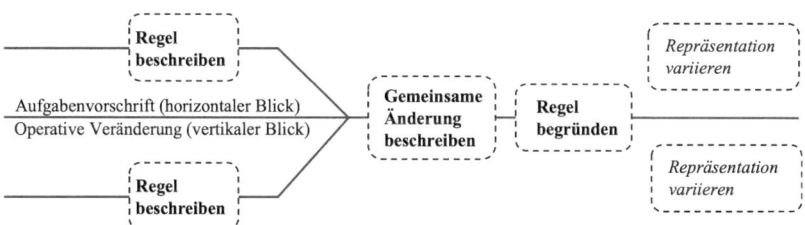

Abbildung 8.65 Modell zum algebraischen Denken – Abschlussstandortbestimmung – grundschulgemäße Begründung – Zahlenketten (Juul)

Zusammenfassend zeigt sich für die grundschulgemäße Begründung der Veränderung der Zielzahl einer Zahlenkette in den Lösungen von Juul also, dass nach der Fortbildungsmaßnahme deutlich mehr Elemente angesprochen werden. Nicht nur werden beide Blickrichtungen im Anschluss eingenommen, sondern auch der Grad der Begründung nimmt zu. Denn vor der Fortbildungsmaßnahme bleibt Juuls lokal beschriebene Regel der Aufgabenvorschrift auf einer rein beschreibenden Ebene.

Wird daran anschließend nun die algebraische Begründung der Veränderung der Zielzahl in den Zahlenketten näher betrachtet, ergibt sich ein anderes Bild. In der Eingangsstandortbestimmung (vgl. Abbildung 8.66) nutzt Juul Variablen sowohl als Repräsentation für die Aufgabenvorschrift als auch für die Veränderung. Sie hat somit beides verallgemeinert. Ihre Erläuterung könnte aber darauf hindeuten, dass sie nicht weiß, wie ihre eigene algebraische Darstellung zu interpretieren ist. Es könnte folglich sein, dass sie es schafft, algebraische Regeln anzuwenden und Konventionen zu folgen, die algebraische Darstellung aber nicht in eine Erläuterung zusammenfassen kann. Es könnte auf der anderen Seite natürlich aber auch möglich sein, dass sie nicht weiß, was in einer Erläuterung einer algebraischen Darstellung der Zielzahl und der Veränderung, also auch der gemeinsamen Änderungen, von ihr verlangt wird.

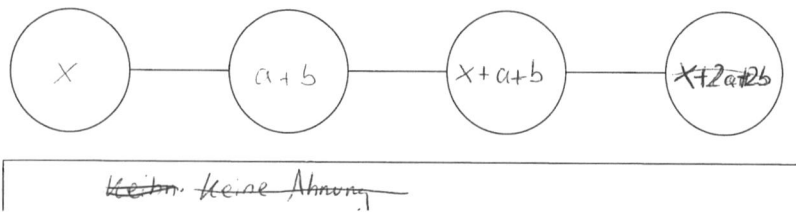

Abbildung 8.66 Eingangsstandortbestimmung – algebraische Begründung – Zahlenketten (Juul)

In der Abschlussstandortbestimmung zeigt sich dann ein verändertes Bild (vgl. Abbildung 8.67). Zwar notierte Juul in ihrer algebraischen Repräsentation nun nicht mehr die operative Veränderung – oder streicht diese vielmehr wieder durch – sondern ausschließlich die Aufgabenvorschrift mit Variablen. Aber nun wird anhand ihrer Erläuterung deutlich, dass sie die algebraische Repräsentation der Zielzahl mit der operativen Veränderung verknüpfen und erläutern kann.

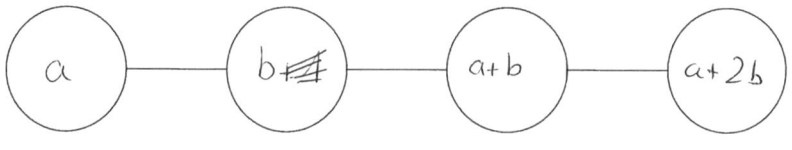

b steckt 2x in der Zielzahl, deshalb wird die Zahl um 2 größer, wenn man die 2. Zahl um 1 erhöht.

Abbildung 8.67 Abschlussstandortbestimmung – algebraische Begründung – Zahlenketten (Juul)

Vergleicht man nun also die beiden Modelle des algebraischen Denkens bei operativen Veränderungen, zeigt sich, dass Juul in beiden Lösungen, jeweils vor

8.2 Entwicklung der Begründungen

und nach der Fortbildungsmaßnahme, fünf Elemente aktiviert. Anders als nach der Fortbildungsmaßnahme verändert Juul die Repräsentation der operativen Veränderung in der Eingangsstandortbestimmung, kommt aber nicht zur Begründung der gemeinsamen Regel.

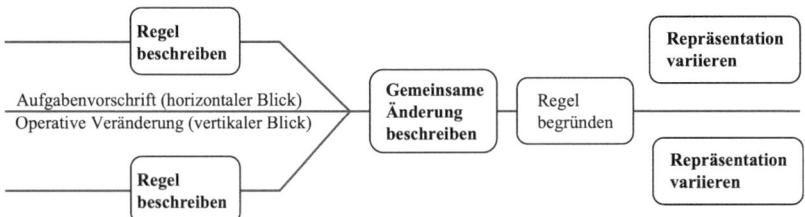

Abbildung 8.68 Modell zum algebraischen Denken – Eingangsstandortbestimmung – algebraische Begründung – Zahlenketten (Juul)

Diese Begründung gelingt ihr in der Abschlussstandortbestimmung. Hier variiert sie die Repräsentation der operativen Veränderung allerdings nicht mehr. Auch wenn die Anzahl der aktivierten Elemente sich nicht ändert, ist in der Abschlussstandortbestimmung das essenzielle Moment der Begründung enthalten, welches in der Eingangsstandortbestimmung noch fehlt. Somit kann hier durchaus von einer Verbesserung der Begründung gesprochen werden. Vor allem auch die Tatsache, dass Juul die algebraische Notation der Zielzahl nun mit einer Erläuterung mit der Veränderung in Verbindung bringen kann, zeigt, dass sie nach der Fortbildungsmaßnahme in diesem Bereich sicherer geworden zu sein scheint.

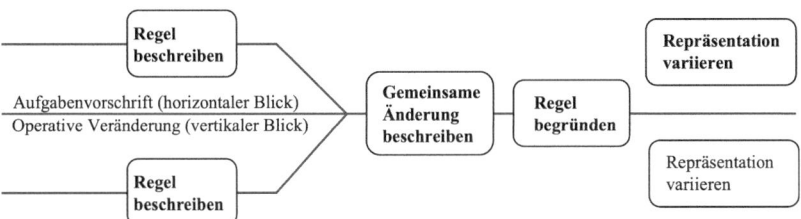

Abbildung 8.69 Modell zum algebraischen Denken – Abschlussstandortbestimmung – algebraische Begründung – Zahlenketten (Juul)

Im Vergleich der beiden Begründungen zu der Veränderung der Zielzahl in den Zahlenketten bei der Erhöhung der zweiten Startzahl um Eins zeigt sich, dass Juul sich auf beiden Ebenen ähnlich verbessert. Während Juul in beiden Eingangsstandortbestimmungen nicht auf ein begründendes Niveau kommt, zeigt sich in beiden Lösungen nach der Fortbildungsmaßnahme, dass Juul die gemeinsame Änderung erkennt und begründen kann. Hier scheint nun die Repräsentation der Aufgabenvorschrift beziehungsweise der Aufgabenvorschrift und der operativen Veränderung noch nicht vollständig durchdrungen, oder gegebenenfalls zu zeitaufwändig.

Inwiefern Juul nach der Fortbildungsmaßnahme die Erläuterung zu ihrer Lösung der Eingangsstandortbestimmung hätte notieren können, bleibt leider unbeantwortet. Es bleibt folglich spekulativ, ob ihr entweder die Aufgabenstellung nicht deutlich war oder ob sie die algebraische Notation der Zielzahl und der operativen Veränderung inhaltlich nicht interpretieren kann.

Die Lösung der Eingangsstandortbestimmung zu der Veränderung der Zielzahl in den Zahlengittern (vgl. Abbildung 8.70) zeigt, dass Juul eine auf den ersten Blick ähnliche Argumentation einnimmt wie bei der grundschulgemäßen Begründung der Veränderung der Zielzahl in den Zahlenketten.

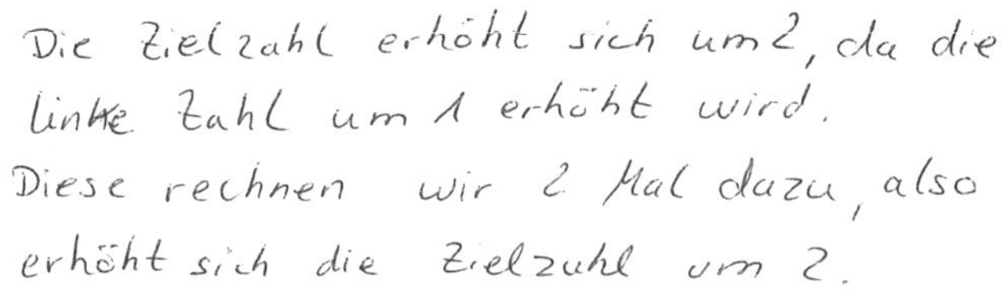

> Die Zielzahl erhöht sich um 2, da die linke Zahl um 1 erhöht wird. Diese rechnen wir 2 Mal dazu, also erhöht sich die Zielzahl um 2.

Abbildung 8.70 Eingangsstandortbestimmung – grundschulgemäße Begründung – Zahlengitter (Juul)

Hier wird über den Weg der doppelten Addition einer Additionszahl argumentiert. Es zeigt sich also, dass hier bei den Zahlengittern, anders als bei den Zahlenketten, Begründungsansätze für die Veränderung der Zielzahl vorzufinden sind. Vor allem für eine grundschulgemäße Begründung scheint dies aber noch recht abstrakt. Nichtsdestotrotz wird die Regel als begründet gewertet.

Im Vergleich dazu zeigte die Abschlussstandortbestimmung (vgl. Abbildung 8.71) ein wenig verändertes Bild. Hier wird erneut auf eine vollständige Darstellung der Aufgabenvorschrift verzichtet und die Verbindung zwischen der

8.2 Entwicklung der Begründungen

Veränderung der Zielzahl in den Zahlen hergestellt und die Erhöhung einer Additionszahl um Eins indirekt mit der Bildungsvorschrift begründet. Ähnlich wie bei den Zahlenketten wird auch hier ausgesagt, dass dies noch in der Repräsentationsform variiert werden sollte.

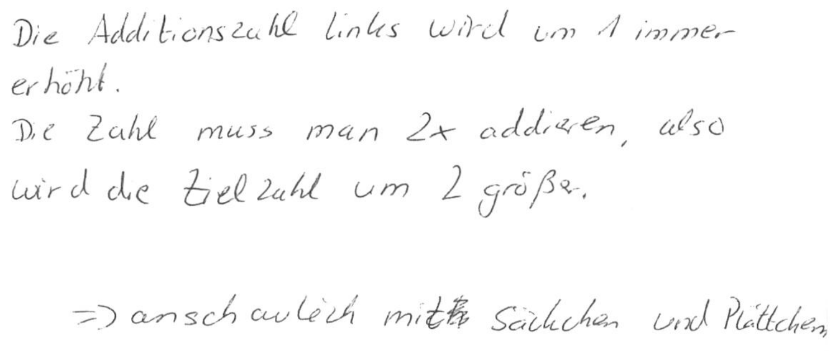

> Die Additionszahl links wird um 1 immer erhöht.
> Die Zahl muss man 2x addieren, also wird die Zielzahl um 2 größer.
>
> => anschaulich mit Säckchen und Plättchen

Abbildung 8.71 Abschlussstandortbestimmung – grundschulgemäße Begründung – Zahlengitter (Juul)

Es zeigt sich somit auch in den Modellen des algebraischen Denkens, dass beide Lösungen, vor und nach der Fortbildungsmaßnahme, für die grundschulgemäße Begründung der Veränderung bei den Zahlengittern sehr ähnlich sind. Der einzige Unterschied scheint vielmehr, dass Juul nun indirekt andeutet, dass die Veränderung der Repräsentation für eine grundschulgemäße Begründung wichtig ist.

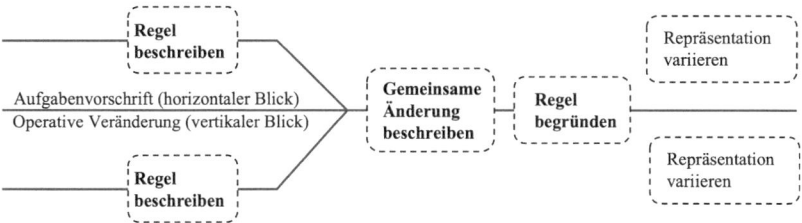

Abbildung 8.72 Modell zum algebraischen Denken – Eingangsstandortbestimmung – grundschulgemäße Begründung – Zahlengitter (Juul)

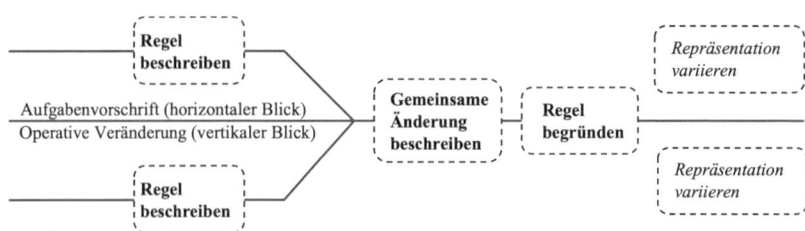

Abbildung 8.73 Modell zum algebraischen Denken – Abschlussstandortbestimmung – grundschulgemäße Begründung – Zahlengitter (Juul)

Da die Variation der Repräsentation für beide Blickrichtungen sowohl bei den Zahlenketten als auch bei den Zahlengittern nur indirekt bleibt, bleibt ebenso spekulativ, inwiefern Juul dies nach der Fortbildungsmaßnahme beherrscht und die gewählten Repräsentationsformen grundschulgemäß und kindgerecht wären.

An dieser Stelle wird also deutlich, dass ein weiterer Zyklus der Fortbildungsmaßnahme vor allem auch den Wert von anschaulichen Repräsentationen für Grundschulkinder noch weiter in den Fokus setzen könnte. Den teilnehmenden fachfremd unterrichtenden Grundschullehrkräften sollte bewusstgemacht werden, dass vor allem das Verallgemeinern und Abstrahieren von konkreten Beispielen für die Kinder eine große Herausforderung darstellt. Zur Förderung des algebraischen Denkens sowie des Argumentierens im Sinne des Grundschullehrerplans (MSW NRW, 2008; 2021) stellt aber gerade das Erkennen von allgemeinen Mustern und dahinterliegenden Strukturen sowie deren Begründungen und Verbalisierung eine zentrale Rolle. Vor allem, um in der weiterführenden Schule nach dem Spiralprinzip bereits an Vorwissen für Variablenvorstellungen anknüpfen zu können, sollte dies auch schon in der Grundschule umgesetzt werden.

Die algebraische Lösung von Juul (vgl. Abbildung 8.74) zur Veränderung der Zielzahl in den Zahlengittern zeigt vor der Fortbildungsmaßnahme, dass der Fokus ausschließlich auf der Darstellung der Aufgabenvorschrift liegt. Die algebraische Repräsentation mit Variablen ist vollständig korrekt. Eine Erläuterung oder die Berücksichtigung der operativen Veränderung fehlt jedoch.

Im Gegensatz dazu zeigt die Abschlussstandortbestimmung von Juul (vgl. Abbildung 8.75), dass die Notation der algebraischen Repräsentation nun nicht mehr den Konventionen entspricht. Die Additionszeichen werden ausgelassen, was dafürsprechen könnte, dass die Darstellung mit den Säckchen eins zu eins auf die algebraische Darstellung übertragen wird. Dies ist ein wichtiger Punkt, der bei der Überarbeitung der Fortbildungsmaßnahme berücksichtigt werden sollte.

8.2 Entwicklung der Begründungen

Abbildung 8.74
Eingangsstandortbestimmung –
algebraische
Begründung – Zahlengitter
(Juul)

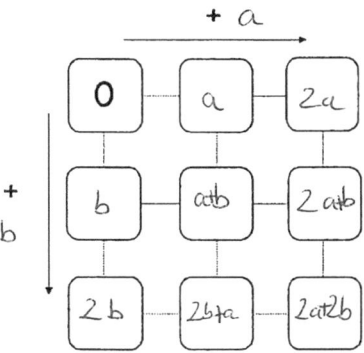

Aber dafür wird die algebraische Notation der Aufgabenvorschrift nun durch eine Erläuterung ergänzt. Hier wird die Verknüpfung zwischen der algebraischen Darstellung der Zielzahl und operativer Veränderung hergestellt. Auch wenn die Repräsentation mit Variablen nicht den Konventionen entspricht, ist die Erläuterung, warum sich die Zielzahl um Zwei erhöht, wenn eine Additionszahl um Eins erhöht wird, nachvollziehbar.

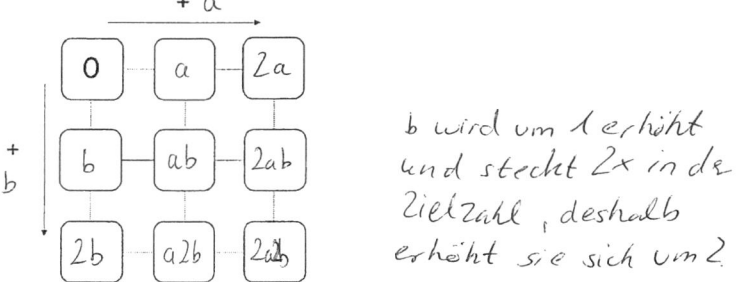

Abbildung 8.75 Abschlussstandortbestimmung – algebraische Begründung – Zahlengitter (Juul)

Es zeigt sich also bei der Betrachtung des Modells zum algebraischen Denken (vgl. Abbildung 8.75), dass Juul in der Eingangsstandortbestimmung ausschließlich die horizontale Blickrichtung einnimmt und dort die Regel beschreibt und die Repräsentation variiert.

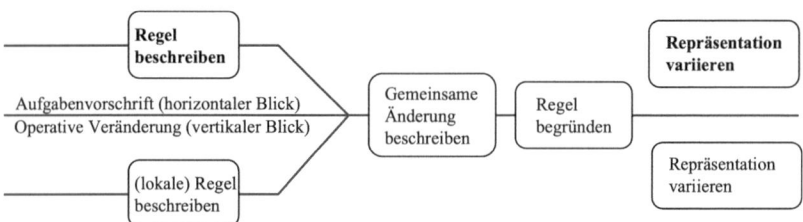

Abbildung 8.76 Modell zum algebraischen Denken – Eingangsstandortbestimmung – algebraische Begründung – Zahlengitter (Juul)

Im Vergleich dazu dominiert in der Abschlussstandortbestimmung zwar immer noch die horizontale Blickrichtung, da hier die Regel beschrieben und durch die Darstellung mit Variablen die Repräsentation variiert wird, aber die gemeinsame Änderung und die Begründung der Regel erfolgen ebenfalls. Da dabei ausschließlich in der Erläuterung auf den Zusammenhang zwischen der algebraischen Darstellung der Zielzahl und der Erhöhung der Zielzahl bei einer operativen Veränderung eingegangen wird, bleibt die Regel der operativen Veränderung indirekt beschrieben. Somit werden insgesamt vier Elemente vollständig und ein Element indirekt angesprochen.

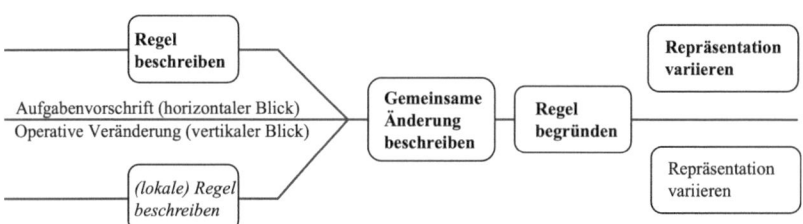

Abbildung 8.77 Modell zum algebraischen Denken – Abschlussstandortbestimmung – algebraische Begründung – Zahlengitter (Juul)

Insgesamt zeigt sich für den Vergleich der Begründungen von Juul vor und nach der Fortbildungsmaßnahme folglich, dass Juul zwar in der algebraischen Darstellung mehr Elemente des Modells fokussiert, aber die mathematische Richtigkeit der Repräsentation abnimmt. Dies kann darauf hindeuten, dass die Säckchen-Darstellung, die in der Literatur nicht einheitlich bewertet wird (vgl.

8.2 Entwicklung der Begründungen

Abschnitt 4.1), zu Übergeneralisierungen führen könnte, sodass die additive Verknüpfung der Variablen, was bei der Säckchen-Darstellung durch ein Vereinen oder Zusammenfügen impliziert ist, nicht mehr berücksichtigt wird.

Auch hier bietet die Lösung von Juul somit Überarbeitungspunkte für einen weiteren Zyklus der Fortbildungsmaßnahme: es scheint wichtig zu sein, deutlicher zu thematisieren, welche Grundvorstellungen die Säckchen-Darstellung impliziert. Die Übertragung dieser Darstellung auf die Darstellung mit Variablen sollte vermutlich noch deutlicher thematisiert werden. Dazu scheint es gegebenenfalls sinnvoll, die Grundvorstellungen der Addition zu thematisieren, um die Darstellung der Säckchen besser in den mathematikdidaktischen Kontext einordnen zu können.

Zudem sollte erneut deutlicher herausgestellt werden, dass die Argumentation mithilfe von Beispielen eine für die Grundschule mindestens genauso legitime Vorgehensweise ist. Wie Akinwunmi (2012) in ihrer Dissertation zeigt, nutzen Kinder in der Grundschule unterschiedlichste Möglichkeiten, Variablenkonzepte zu verbalisieren. Die Verallgemeinerung kann somit auch anhand mehrerer (repräsentativer) Beispiele erfolgen und das Argumentieren im mathematischen Sinne ermöglichen.

Insgesamt zeigt das Beispiel von Juul, dass Verbesserungen auf den Ebenen beider Aufgabenformate, unabhängig davon, ob sie in der Fortbildungsmaßnahme thematisiert worden sind oder nicht, möglich sind. Dabei ergeben sich allerdings zwei Einschränkungen, die somit zu Überarbeitungspotenzial der Fortbildungsmaßnahme führen. Erstens scheint die Darstellung mithilfe der Säckchen nicht fehlerfrei auf eine Darstellung mit Variablen übertragbar zu sein, sodass dies noch expliziter thematisiert werden sollte. Zweitens wird ebenso deutlich, dass den Lehrkräften die Relevanz des Planens und Probens der Visualisierungen vor allem in den gemeinsamen Planungsphasen noch deutlicher herausgestellt werden sollte. So zeigt sich in den Interviews, dass vor allem die hinzugewonnene Sicherheit der teilnehmenden Lehrkräfte nach eigenen Aussagen zu verändertem Unterricht geführt hat. Dazu sollte auch gehören, die grundschulgemäße Begründung im Vorhinein zu planen und vollständig – auf mathematischem Niveau wie auch auf der Ebene der Repräsentation – durchdrungen und vorbereitet zu haben. Es bleibt aber durchaus spekulativ, ob Juul nicht sicher ist, wie die Repräsentation gestaltet werden sollte, oder ob diese aus anderen Gründen in beiden Standortbestimmungen nicht notiert wurde.

Zusammenfassung zwei ausgewählte Standortbestimmungen
In der Betrachtung aller vier analysierten Aufgaben von zwei Teilnehmenden zeigen sich noch einmal andere Facetten als in der Einzelbetrachtung repräsentativer, wünschenswerter und in einer Form besonderer Lösungen.

Für Urma zeigt sich, dass für die Zahlenketten sowohl in der Eingangsstandortbestimmung als auch in der Abschlussstandortbestimmung bei der grundschulgemäßen und der algebraischen Begründung jeweils dieselben Elemente des Modells angesprochen werden. In der Eingangsstandortbestimmung beschreibt sie bei der grundschulgemäßen wie bei der algebraischen Begründung die Aufgabenvorschrift und variiert die Repräsentation dafür. In der Abschlussstandortbestimmung spricht sie alle Elemente außer der Variation der Repräsentation der Veränderung an. Die Verbesserung ist somit auch für beide geforderten Begründungen ähnlich.

Bei den Zahlengittern hingegen schafft Urma in der Eingangsstandortbestimmung wie auch in der Abschlussstandortbestimmung eine grundschulgemäße Begründung, die alle Elemente des Modells des algebraischen Denkens anspricht. Bei der algebraischen Lösung hingegen betrachtet sie in beiden Standortbestimmungen nur die horizontale Blickrichtung. Es findet keinerlei Verbesserung in Bezug auf die Elemente des Modells des algebraischen Denkens statt.

Zusammenfassend zeigt sich also für Urma, dass für das eine Aufgabenformat beide Begründungen auf ähnlichem Niveau liegen, während diese für das andere Aufgabenformat im Vorhinein wie auch im Nachhinein sehr unterschiedlich sind.

Für Juul zeigt sich, dass die grundschulgemäße Begründung in der Eingangsstandortbestimmung lediglich die operative Veränderung beschreibt und in der Abschlussstandortbestimmung alle Elemente – zumindest indirekt im Fall der Variation der Repräsentation – angesprochen werden. Die algebraische Begründung in der Eingangsstandortbestimmung gelingt Juul mit Hilfe von Variablen sehr gut, aber sie kann es nicht erläutern. Die Begründung der Veränderung erfolgt in der Abschlussstandortbestimmung. Hier sind die Niveaus der grundschulgemäßen und der algebraischen Begründung sehr unterschiedlich.

Bei den Zahlengittern hingegen gelingt Juul die grundschulgemäße Begründung besser als die algebraische. In der Abschlussstandortbestimmung schafft Juul bei beiden Begründungsformen mehr Elemente des Modells des algebraischen Denkens anzusprechen und zu einer Begründung der Veränderung der Zielzahl zu gelangen.

Kontrastiert man also beide Fälle, ist zu erkennen, dass die Blickrichtungen und Anzahlen der aktivierten Elemente des Modells für beide Begründungsformen sowohl identisch als auch verschieden sein können. Es kann aber ebenso wenig gesagt werden, dass immer die grundschulgemäßen Begründungen über beide Aufgabenformate hinweg identische Elemente des Modells des algebraischen Denkens ansprechen. Die Gegenüberstellung ganzer Standortbestimmungen zeigt also

8.2 Entwicklung der Begründungen

zusammenfassend, dass beide Begründungen – die grundschulgemäße und die algebraische – und beide Aufgabenformate – die Zahlenketten und die Zahlengitter – von derselben Person auf unterschiedlichem Niveau bearbeitet werden können. Es können Gemeinsamkeiten auftreten, aber es ist nicht immer erkennbar, dass entweder das Aufgabenformat oder die Art der Begründung besonders leicht beziehungsweise schwerfällt.

8.2.4 Zusammenfassung

Werden nun zusammenfassend die Begründungen operativer Veränderungen der Mathematik fachfremd unterrichtenden Grundschullehrkräfte, die an einer Fortbildungsmaßnahme mit dem Schwerpunkt Aufgabenformate zur Förderung der prozessbezogenen Kompetenzen teilnehmen, betrachtet, ergeben sich zentrale Erkenntnisse auf unterschiedlichen Ebenen.

Grundschulgemäße Begründungen
Auf der Ebene der grundschulgemäßen Begründungen zeigt sich, dass das Angeben von Begründungen, wie sie auch in der Schule verwendet werden würden, die teilnehmenden Lehrkräfte vor Herausforderungen stellt.

Lediglich jeweils fünf der 25 ausgewerteten Lösungen kommen in der Eingangsstandortbestimmung auf ein begründendes Niveau bei der Veränderung der Zielzahl der Zahlenketten und der Zahlengitter. Die Anzahl der Teilnehmenden die keinerlei Angaben tätigen, ist bei den Zahlengittern deutlich höher, sodass eventuell davon ausgegangen werden kann, dass hier die grundschulgemäße Begründung als herausfordernder wahrgenommen wird.

Nach der Fortbildungsmaßnahme zeigen sich für beide Aufgabenformate beachtliche – im Fall der Zahlenketten signifikante – Verbesserungen. Es erreichen deutlich mehr Teilnehmende ein begründendes Niveau, sodass evidenter Weise der Anteil an Lösungen, die auf der beschreibenden Ebene bleiben rückläufig sind. Das gilt für beide Aufgabenformate. Es zeigt sich somit, dass das Erlernte auch auf das Aufgabenformat der Zahlengitter übertragen werden kann, welches in der Fortbildungsmaßnahme nicht thematisiert worden ist.

Die Wanderungstabellen zeigen jeweils an, dass es neben dem Anteil an Lehrkräften, die in der Eingangs- und Abschlussstandortbestimmung dieselbe Kategorie erreichen, zahlreiche Verbesserungen gibt. Die Ausprägung der Verbesserung ist dabei sehr unterschiedlich.

Auch für den Analysefokus des algebraischen Denkens zeigen sich bei den grundschulgemäßen Begründungen bemerkenswerte Veränderungen. In der

Eingangsstandortbestimmung werden für die grundschulgemäßen Begründungen sowohl ausschließlich die horizontale Blickrichtung der Aufgabenvorschrift oder die vertikale Blickrichtung der operativen Veränderung oder beides vereint eingenommen. In der Abschlussstandortbestimmung werden in vielen Teilnehmendenlösungen mehr Elemente des Modells angesprochen. Vor allem die Verknüpfung beider Blickrichtungen soll in der Fortbildungsmaßnahme thematisiert werden, da eine vollständige Begründung nur unter Berücksichtigung der beiden Blickrichtungen erfolgen kann. Dies gelingt nach der Fortbildungsmaßnahme vielen Teilnehmenden besser.

Algebraische Begründungen
Auch die algebraischen Begründungen der Teilnehmenden verändern sich im Vergleich von vor und nach der Fortbildungsmaßnahme.

Werden zunächst die algebraischen Begründungen der Veränderung der Zielzahlen mit dem Analyseschwerpunkt des Begründens mit Hilfe des Kategoriensystems betrachtet, zeigt sich, dass nahezu alle teilnehmenden Lehrkräfte in der Lage sind, die Bildungsregel mit Hilfe von Variablen auszudrücken, aber in der Eingangsstandortbestimmung berücksichtigen nur wenige die Veränderung. Nur fünf Teilnehmende geben eine Begründung zur Veränderung der Zielzahl der Zahlenketten, nur zwei bei den Zahlengittern, an. In der Abschlussstandortbestimmung erreichen bei den Zahlenketten sieben, bei den Zahlengittern sechs Teilnehmende die beste Kategorie. Die Veränderungen sind für beide Aufgabenformate signifikant.

Die Wanderungstabellen zeigen auch für die algebraischen Lösungen, dass das Erreichen der besten Kategorie in der Abschlussstandortbestimmung aus nahezu allen Kategorien der Eingangsstandortbestimmung möglich ist. Die Verbesserungen sind auch hier unterschiedlich groß in Bezug auf die Kategorien.

Der Analyseschwerpunkt des algebraischen Denkens zeigt, dass in der Eingangsstandortbestimmung von allen Teilnehmenden, die eine Lösung einreichen, der horizontale Blick der Aufgabenvorschrift eingenommen wird. Die Darstellung mit Variablen gelingt den Teilnehmenden, bis auf eine Ausnahme. Es scheint also in der algebraischen Darstellung der Begründung der Veränderung der Zielzahl deutlich intuitiver zu sein, zunächst die Aufgabenvorschrift zu fokussieren, als das bei den grundschulgemäßen Begründungen der Fall ist.

Nach der Fortbildungsmaßnahme erreichen auch bei der algebraischen Begründung zahlreiche Teilnehmende mehr Elemente des Modells des algebraischen Denkens. Es verharrt nicht nur auf der Ebene der Aufgabenvorschrift, sondern wird nun mit der Veränderung verknüpft, sodass eine vollständige Begründung erreicht werden kann.

8.2 Entwicklung der Begründungen

In der Gegenüberstellung zweier Standortbestimmungen über alle vier betrachteten Aufgaben hinweg, zeigt sich, dass kaum Zusammenhänge innerhalb einer Standortbestimmung erkennbar werden müssen. Es kann sowohl für die beiden Formen der Begründungen zum selben Aufgabenformat Unterschiede oder Gemeinsamkeiten in der Lösung geben als auch in Bezug auf dieselbe Form der Begründung über die beiden Aufgabenformate hinweg. Es kann folglich nicht geschlossen werden, dass eine Begründung für dasselbe Aufgabenformat in beiden geforderten Formen der Begründung übereinstimmt.

Insgesamt zeigt sich, dass sowohl die Begründungen zunehmen als auch der Bezug zwischen den beiden Blickrichtungen verstärkt wird. Die Teilnehmenden erreichen signifikant bessere Kategorien und sprechen mehr Elemente des Modells des algebraischen Denkens an. Daraus ergeben sich für die Fortbildungsmaßnahme die folgenden Konsequenzen:

- Die Einführung der Aufgabenformate auf **grundschulgemäßem Niveau** sollte bestehen bleiben.
- Die Erarbeitung der algebraischen Darstellung sollte mit Hilfe einer Visualisierung die **Verknüpfung von Aufgabenvorschrift und Veränderung** noch weiter in den Fokus rücken, um zu verdeutlichen, wie existentiell diese Verbindung für eine vollständige Begründung ist.
- Die **algebraischen Darstellungen der Visualisierung** könnte noch stärker angeregt werden, um dort auch Gemeinsamkeiten und Unterschiede – zum Beispiel in der gängigen Konvention der Notation – deutlicher herauszuarbeiten.
- Die **mathematische Durchdringung** der Aufgabenformate bildet die Grundlage für die anschließende Umsetzung der Förderung der prozessbezogenen Kompetenzen.
- Die **Durchführung von Unterrichtseinheiten in den Distanzphasen** bildet einen wichtigen Teil der Fortbildungsmaßnahme, um den Lehrkräften eigene Erfahrungen zu ermöglichen. Die Sicherheit in dem vorher gemeinsam erarbeiteten Themenfeld scheint zuzunehmen, was sich positiv auf die Selbstwirksamkeitserwartungen auswirken könnte (vgl. Abschnitt 2.2.3).

Inwiefern die Zusammenhänge zwischen den beiden Facetten der Überzeugungen und der Begründungen ausgemacht werden können, erfolgt nun mit Beantwortung der dritten Forschungsfrage im folgenden Teilkapitel.

8.3 Zusammenhang von Überzeugungen und Begründungen

Die dritte Forschungsfrage *Inwiefern lassen sich Zusammenhänge zwischen den Veränderungen der Überzeugungen und den Begründungen zu operativstrukturierten Aufgabenserien von Grundschullehrkräften, die an einer Fortbildungsmaßnahme für Mathematik fachfremd Unterrichtende teilnehmen, erkennen?* lässt sich in zwei Teilfragen aufgliedern, die nun beantwortet werden.

- *Inwiefern lassen sich Zusammenhänge zwischen den Veränderungen der Überzeugungen im Allgemeinen und den Begründungen der Teilnehmenden erkennen?*
- *Inwiefern lassen sich Zusammenhänge zwischen den Veränderungen der Selbstwirksamkeitserwartungen im Speziellen und den Begründungen der Teilnehmenden erkennen?*

Um die erste Teilforschungsfrage beantworten zu können, werden erneut alle drei Skalen der ersten Forschungsfrage betrachtet und mit den Ergebnissen der Standortbestimmung verglichen. Die Skalen der Überzeugungen zu Schüler:innenleistungen, die selbstberichtete Gestaltung des Unterrichts sowie das Gefühl, die inhalts- und prozessbezogenen Kompetenzen unterrichten zu können, werden jeweils in drei unterschiedlichen Ausprägungen mit den Ergebnissen der Standortbestimmung verknüpft.

- Die jeweiligen Eingangswerte der Skala mit den Werten der Eingangsstandortbestimmung.
- Die jeweiligen Abschlusswerte der Skala mit den Werten der Abschlussstandortbestimmung.
- Die jeweiligen Differenzen der Eingangs- und Abschlusswerte der Skala mit den Differenzen der Eingangs- und Abschlussstandortbestimmungen.

Die jeweiligen Chi-Quadrattestverfahren über alle Skalen und deren Vergleiche hinweg zeigen lediglich signifikante Werte für (1) die Abschlusswerte der Teilskala zu den Selbstwirksamkeitserwartungen in Bezug auf die inhaltbezogenen Kompetenzen im Nachgang an die Fortbildungsmaßnahme und den Werten der Aufgabe A2 zur grundschulgemäßen Begründung der Veränderung der Zielzahl in den Zahlenketten der Abschlussstandortbestimmung mit p<0,05 und (2) der Differenz der gesamten Skala zur Selbstwirksamkeitserwartungen bezüglich der Kompetenzen des Lehrplans (inhalts- und prozessbezogene Kompetenzen)

8.3 Zusammenhang von Überzeugungen und Begründungen

und der Differenz der Eingangs- und Abschlussstandortbestimmungen der Aufgabe A2 zur grundschulgemäßen Begründung der Veränderung der Zielzahl in den Zahlenketten mit $p<0{,}01$. Hier scheint folglich die Nullhypothese der Unabhängigkeit dieser Werte nicht haltbar zu sein.

Der erste signifikante Vergleich scheint also anzudeuten, dass Selbstwirksamkeitserwartungen nach der Fortbildungsmaßnahme in Bezug auf die inhaltsbezogenen Kompetenzen und die grundschulgemäßen Begründungen zu den Zahlenketten der Abschlussstandortbestimmung zusammenhängen. Eine hohe erreichte Kategorie in der Abschlussstandortbestimmung und höhere Selbstwirksamkeitserwartung in Bezug auf die Förderung der inhaltsbezogenen Kompetenzen korrelieren. Ob nun aber bessere grundschulgemäße Begründungen zu höheren Selbstwirksamkeitserwartungen führen könnten oder sich dies andersherum bedingt, kann anhand der vorliegenden Daten nicht gefolgert werden.

Der zweite signifikante Vergleich impliziert, dass die Veränderung zwischen Eingangs- und Abschlussstandortbestimmung und die Selbstwirksamkeitserwartungen in Bezug auf beide Kompetenzen – inhalts- und prozessbezogene – zusammenhängen. Auch hier kann keine Kausalität beziffert werden. Dennoch zeigt sich, dass Zusammenhänge zwischen der Selbstwirksamkeitserwartungen bezogen auf das Unterrichten der Kompetenzen im Lehrplan und grundschulgemäße Begründungen auftreten.

Für alle anderen Vergleiche der Skalen mit den Werten der Standortbestimmungen kann die Nullhypothese der Unabhängigkeit der Werte nicht verworfen werden. Es zeigt sich folglich, dass die Veränderung der Überzeugungen zu Schüler:innenleistungen und die selbstberichtete Gestaltung des Unterrichts der Lehrkräfte für diese Stichprobe nicht mit den eigenen Begründungen zur Veränderung der Zielzahl zusammenhängen.

Zur Beantwortung der zweiten Teilforschungsfrage zu den Zusammenhängen zwischen den Selbstwirksamkeitserwartungen in Bezug auf Aufgabenformate werden sowohl Einzelwerte als auch zusammengefasste Skalen der ReKoS-Erhebung mit den Werten der Standortbestimmungen verglichen. Analog zur Beantwortung der vorangegangenen Frage werden auch hier drei Vergleiche im Sinne der Eingangswerte, Ausgangswerte und Differenz betrachtet. Inhaltlich werden einzelne Elemente und Skalen ausgewählt, die mit den Werten der Standortbestimmungen verglichen werden:

- Die gesamte Skala (vertikal) „Ich kenne die mathematischen Grundlagen zum Thema ,…'" über die unterschiedlichen Aufgabenformate hinweg mit den Lösungen innerhalb der Standortbestimmungen zu den Zahlenketten,

- Die gesamte Skala (horizontal) zu den Zahlenketten über die unterschiedlichen Aussagen hinweg mit den Werten der Standortbestimmungen zu den Zahlenketten,
- Die Aussage „Ich kenne die mathematischen Grundlagen zum Thema ‚Zahlenketten'" mit den Werten der Aufgaben der Standortbestimmung zu den Zahlenketten,
- Die Aussage „Ich kenne die mathematischen Grundlagen zum Thema ‚Aufgabenformate allgemein'" mit den Werten der Aufgaben der Standortbestimmung zu den Zahlenketten,
- Die Aussage „Ich traue mir zu, das Thema ‚Zahlenketten' zielorientiert im Unterricht zu realisieren" mit den Werten der Aufgaben der Standortbestimmung zu den Zahlenketten,
- Die Aussage „Ich traue mir zu, das Thema ‚Aufgabenformate allgemein' zielorientiert im Unterricht zu realisieren" mit den Werten der Aufgaben der Standortbestimmung zu den Zahlenketten.

Der Einbezug dieser Facetten scheint inhaltlich besonders sinnvoll, da hier vor allem die in der Standortbestimmung überprüften Facetten des mathematischen Durchdringens sowie der unterrichtspraktischen Umsetzung thematisiert werden.

Auch hier zeigen sich nur einen Wert mit p<0,05, sodass die Nullhypothese der Unabhängigkeit dieser verglichenen Werte abgelehnt werden kann. Die Aussage „Ich traue mir zu, das Thema ‚Aufgabenformate allgemein' zielorientiert im Unterricht zu realisieren" nach der Fortbildungsmaßnahme zeigt im Vergleich mit den Werten der Aufgaben der Abschlussstandortbestimmung zu den Zahlenketten ein p<0.05 und muss daher die Nullhypothese der Unabhängigkeit ablehnen.

Es zeigt sich insgesamt also, dass für die überwiegende Mehrheit der Werte eine Unabhängigkeit nicht abgelehnt werden kann. Es scheint also so zu sein, dass die Selbstwirksamkeitserwartungen und die erreichten Kategorien beim grundschulgemäßen wie auch algebraischen Begründen nicht unbedingt zusammenhängen. Aufgrund der sehr hohen retrospektiv selbsteingeschätzten Verbesserung könnte es sein, dass diese nicht durch die Kategorien der Standortbestimmung abgebildet werden kann. Die Berechnungen zeigen, dass weder für die zuvor eingeschätzten niedrigen Selbstwirksamkeitserwartungen bezüglich der mathematischen Kenntnisse und den Ergebnissen der Eingangsstandortbestimmung noch für den Vergleich nach der Fortbildungsmaßnahme die Unabhängigkeit abgelehnt werden kann.

Zusammenfassend scheint es auf Grundlage der hier erhobenen Daten wenige Hinweise darauf zugeben, dass sich die (Selbstwirksamkeits-)Überzeugungen gemeinsam mit der gemessenen Qualität der grundschulgemäßen oder der algebraischen Begründungen der teilnehmenden Lehrkräfte verändert. Als Erklärungsansätze dafür könnten die recht hohen Eingangswerte der Überzeugungen zu Lehren und Lernen von Mathematik sein. Das gewählte Kategoriensystem für die Standortbestimmung zeigt beispielsweise, dass eine passende Erläuterung der algebraischen Darstellung der Veränderung der Zielzahl den Teilnehmenden besonders schwer zu fallen scheint. Daher erreichen weniger Lehrkräfte die beste Kategorie, sodass es hier schwerer scheint, eine solche Verbesserung zu erreichen. Da den Teilnehmenden die Kategorien der Auswertung der Standortbestimmung aber nicht präsent gemacht werden, könnte es sein, „dass diese Lehrkräfte im selben Moment nicht wissen, was sie nicht wissen und können" (Bosse, 2017, S. 332; vgl. auch Kapitel 2). Der selbsteingeschätzte Zuwachs in Bezug auf die Selbstwirksamkeitsüberzeugungen könnte somit höher liegen.

Gleichwohl sind weder die Verbesserungen in den Standortbestimmungen noch die in den (Selbstwirksamkeits-)Überzeugungen zu schmälern. Dass keine Korrelationen zwischen den einzelnen Facetten erkannt werden können, soll nicht bedeuten, dass das eine ohne das andere weniger erfolgreich ist. Alle Facetten – das mathematische sowie mathematikdidaktische Wissen, die Überzeugungen zum Lehren und Lernen von Mathematik und die Selbstwirksamkeitserwartungen – sind wichtig für guten Mathematikunterricht (vgl. Kapitel 4 und Kapitel 5). Zudem ist die Stichprobengröße für solche Test verhältnismäßig klein.

8.4 Ergebnisse auf der Entwicklungsebene

Auf der Entwicklungsebene lassen sich die Erkenntnisse vor allem aus den detaillierten Analysen der Abschluss Interviews mit den ausgewählten Teilnehmenden ziehen. Die jeweiligen Designprinzipien werden durch explizite Fragen im leitfadengestützten Interview erfasst. Die qualitative Inhaltsanalyse nach Mayring (2010) (vgl. Abschnitt 6.5.2) zeigt dabei, dass die Designprinzipien größtenteils ähnlich wahrgenommen werden.

Die ersten drei Designprinzipien (vgl. Abschnitt 7.1) werden im Folgenden zum so genannten Sandwichmodell zusammengefasst, sodass hier die Betrachtung der drei Designprinzipien gemeinsam vorgenommen wird. Weitere gegenstandsübergreifende Designprinzipien *Auseinandersetzung mit Schüler:innenprodukten* und *Zusammenführung von fachlichen und fachdidaktischen Elementen* werden im Anschluss beleuchtet. Abschließend werden die gegenstandsspezifischen Design Elemente Auseinandersetzung mit Aufgabenformaten und Einbeziehung von Selbststudiumsphasen mit primakom erörtert.

Für die Schaffung von Phasen der Planung, Durchführung und Reflexion im Rahmen der Fortbildungsmaßnahme, zeigt die Auswertung der Interviewdaten, dass den ausgewählten Teilnehmenden dieser Dreiklang wichtig für ihren eigenen Lernfortschritt erscheint. Urma fokussiert die gemeinsame Planung: „das war sehr wichtig, weil man da ja noch komplett in dem Thema drin war und auch, dadurch, dass wir auch selber ausprobiert haben, gemerkt haben, wo sind vielleicht auch für die Kinder, Knackpunkte, wo muss man gesondert drauf achten" (Urma_A, Turn 214). Kiro ergänzt diesbezüglich: „man hat sich nochmal so ein paar Ideen gegeben" (Kiro_A, Turn 273).

Heho stellt die eigene Durchführung in den Fokus des Lernens: „Denn das ist ja eigentlich das, ja, nur durchs Ausprobieren und durchs machen, ja, verknüpft man dann ja auch wieder, behält es und verinnerlicht es auch wirklich" (Heho, Turn 70). Der Dreiklang aus Planung, Durchführung und Reflexion scheint also durchweg positiv aufgenommen worden zu sein.

Eine weitere Kategorie, die durch die qualitative Inhaltsanalyse entstanden ist, lässt sich eng mit diesen Facetten verknüpfen. Der Selbstbericht über Veränderungen im Unterricht wird häufig mit mindestens einem der drei Elemente verknüpft. Sicherlich kann dabei auch eine Rolle spielen, dass vor allem die in der Fortbildungsmaßnahme geplanten Unterrichtsstunden, diejenigen sein könnten, die sich im Vergleich zu vor der Fortbildungsmaßnahme am meisten unterscheiden.

Auch die *Schüler:innenlösungen* und die *Verknüpfung von fachlichen und fachdidaktischen Elementen* werden als positiv wahrgenommen. Denn „anhand der Schülerdokumente konnte ich einfach nochmal sehen, was ich vielleicht auch von meinen Kindern erwarten kann" (Bael_A, 305). Vor allem für diese beiden designübergreifenden Prinzipien scheint die Authentizität sowie die direkte Anknüpfung an den Unterrichtsalltag der teilnehmenden Lehrkräfte zentral zu sein. „Man hat sich auf jeden Fall Anregungen geholt, deswegen fand ich das schon für mich ganz spannend, weil ich mir für mich schon Ideen geholt habe, was man machen kann" (Urho_A, Turn 70).

Zu der Nutzung der zum jeweiligen Inhalt erstellten primakom Seiten zeigt sich in den Interviews, dass die Teilnehmenden diese unterschiedlich intensiv nutzen und daher ebenso verschieden einschätzen. Bael hat „am Anfang einmal da reingeschaut und danach nicht mehr" (Bael_A, Turn 321). Auch Urho gibt an, die primakom Seiten nicht immer im Nachgang bearbeitet zu haben. „Aber bei Kombinatorik da hab ich mir, hab ich es relativ intensiv genutzt und auch geguckt, weil die Seite echt gut ist" (Urho_A, Turn 76). Ebenso argumentiert Heho: „also ich würde sagen zu 50 % der Veranstaltung hab ich draufgeguckt. Also eben ja, wenn ich es nicht so kannte. Aber also gerade jetzt bei Kombinatorik, wo ich mich auch einfach extrem unsicher vorher gefühlt habe" (Heho_A, 114). Anjo

8.4 Ergebnisse auf der Entwicklungsebene

erfährt „nochmal diese Sicherheit, dass man durch PIKAS und primakom auch einfach [...] auf Material zurückgreifen kann" (Anjo_A, Turn 332).

Es scheint sich somit anzudeuten, dass die ergänzenden Seiten auf der Onlineplattform für fachfremd unterrichtende Mathematiklehrkräfte nicht von allen Teilnehmenden genutzt werden. Wenn sie diese nutzen, berichten sie positiv darüber. Das könnte darauf hindeuten, dass eine Unterstützung beim Erlernen der mathematischen Inhalte und dem Verknüpfen mit zentralen didaktischen Aspekten durchaus durch eine Onlineplattform unterstützt werden kann. Da sicherlich von Lehrkraft zu Lehrkraft variieren wird, wo Unterstützungsbedarf gewünscht ist, sollten alle Themen behandelt werden.

Die Auseinandersetzung mit Aufgabenformaten hat sich – vor allem auch – für eine Fortbildungsmaßnahme mit fachfremd unterrichtenden Grundschullehrkräften als förderlich herausgestellt. So antwortet zum Beispiel Kiro auf die Frage nach dem höchsten selbsteingeschätzten Lernzuwachs: „im mathematischen Bereich. Aber auch mathematisch-didaktisch" (Kiro_A, Turn 559). Kiro zählt „ein mathematisches Grundverständnis von der Lehrkraft... natürlich" (Kiro_A, Turn 55) auf, als sie im Abschlussinterview nach gutem Mathematikunterricht gefragt wird. Das könnte darauf hindeuten, dass Kiro nicht nur ihr eigenes Wissen nach der Fortbildungsmaßnahme anders einschätzt und einen Lernfortschritt wahrnimmt, sondern auch, dass sich ihre Überzeugungen erweitert haben.

Urho gibt an: „ich hab für mich erstmal gelernt die Sachen zu entdecken [womit ich mich] nie intensiv mit beschäftigt habe, muss ich zugeben" (Urho_A, Turn 70). Er habe sich aber auch „Anregungen geholt" (Urho_A, Turn 48), sodass hier die direkte Verbindung zum übergreifenden Designprinzip der *Verknüpfung von fachlichen und fachdidaktischen Elementen* gezogen werden kann.

Es zeigt sich also, dass das mathematische Durchdringen der Aufgabenformate auch, oder gerade, für eine Fortbildungsmaßnahme für fachfremd unterrichtende Grundschullehrkräfte ein zielführendes Designprinzip ist. Vor allem in den vorangegangenen Zyklen konnte gezeigt werden, dass eine ausreichende Unterstützung der Teilnehmenden dafür gewährleistet sein sollte. Das Entdecken auf der grundschulgemäßen Ebene an konkreten Zahlenwerten sowie die Übertragung in die visuell unterstützte Vorstellung der Säckchen, bevor die algebraische Notation mit Hilfe von Variablen angestrebt wird, scheint besonders wichtig. Die Fortbildungsmaßnahme soll die Lehrkräfte nicht nur in ihrem mathematischen und mathematikdidaktischem Wissenserwerb und -ausbau unterstützen, sondern auch ihre Selbstwirksamkeitserwartungen stärken. Misserfolge sind in der Hinsicht äußerst kontraproduktiv (vgl. Abschnitt 2.1.2), sodass die Zwischenschritte aus unterschiedlichen Perspektiven sinnvoll erscheinen.

Vor allem Anjo sagt diesbezüglich „aber in Mathe hab ich irgendwie manchmal das Gefühl – vermutlich auch, weil ich selber mich nicht immer ganz sicher fühle, ja, dass man einfach Angst hat den Kindern was Falsches beizubringen oder auch einfach Fehlkonzepte zu entwickeln" (Anjo_A, Turn 302). Die Aufgabenformate, die in der Fortbildungsmaßnahme thematisiert werden, geben ihm eine Sicherheit – müsse er eine Stunde vorbereiten „würde ich auf jeden Fall eines dieser Aufgabenformate nehmen, weil ich mich da jetzt einfach, also, wirklich sicherer fühle" (Anjo_A, Turn 316). Dies wird aber nicht nur auf das mathematische Wissen zurückgeführt, sondern auch auf die direkten Umsetzungsideen.

Es zeigt sich folglich, dass sich Aufgabenformate in besonderer Weise dazu eignen in einer Fortbildungsmaßnahme für fachfremd unterrichtende Grundschullehrkräfte mathematisches und mathematikdidaktisches Lernen anzuregen und zeitlich Umsetzungsideen aufzuzeigen.

Anschließend ist bei den Interviews einschränkend anzugeben, dass die Interviewten wussten, dass die Nacharbeitung der Inhalte als Teil der Fortbildungsmaßnahme beschrieben wurde und die Beurteilung der primakom-Seite oder der Fortbildungsinhalte daher eventuell besonders positiv ausgefallen sein könnte. Zudem sollte ebenso an der Stelle noch einmal auf die Positivauswahl der Interviewteilnehmenden (vgl. Abschnitt 6.5) verwiesen werden.

Fazit und Ausblick 9

Die hier vorliegende Studie befasst sich mit einer Fortbildungsmaßnahme für Mathematik fachfremd unterrichtende Grundschullehrkräfte mit dem Schwerpunkt auf Aufgabenformaten zur Förderung der prozessbezogenen Kompetenzen. Ausgangspunkt für diese Untersuchung bilden Bedarfe an Fortbildungen für Mathematik fachfremd unterrichtende Grundschullehrkräfte, wie sie beispielsweise Eichholz (2018) herausstellt. Eine mathematische Schwerpunktsetzung einer solchen Fortbildungsmaßnahme, in der die teilnehmenden Lehrkräfte ihr mathematisches und mathematikdidaktisches Wissen in Bezug auf Aufgabenformate auf- und ausbauen und ihre Überzeugungen reflektieren, wurde bislang noch nicht erforscht.

In der vorliegenden Arbeit wird dafür in Kapitel 2 zunächst die Professionalität von Lehrkräften im Allgemeinen betrachtet und unter Zuhilfenahme von unterschiedlichen Konzeptualisierungen der Studien Mathematical Knowledge for Teaching, COACTIV und TEDS-M genauer beschrieben. Die herausgearbeiteten Facetten der affektiv-motivationalen Komponenten sowie der kognitiven Komponenten werden anschließend genutzt, um zunächst Studienergebnisse im Allgemeinen und anschließend in Bezug auf fachfremd erteilten Unterricht sowie fachfremd unterrichtende Lehrkräfte im Speziellen zu übertragen. Dabei kann festgehalten werden, dass sowohl fachliches und fachdidaktisches Wissen als auch Überzeugungen einen Einfluss auf Unterricht sowie Lernen und Leistungen der Schüler:innen haben. Je mehr Lerngelegenheiten im Studium wahrgenommen werden können, desto höher ist das fachliche beziehungsweise fachdidaktische Wissen der Lehrkräfte. Auch die Selbstwirksamkeitserwartungen einer Lehrkraft beeinflussen Planung und Handlung von Unterricht, Engagement oder Stressempfinden.

Auch wenn Mathematik fachfremd unterrichtende Lehrkräfte sehr unterschiedlich sind, lässt sich aus den Erkenntnissen zur Professionalität von Lehrkräften (vgl. Abschnitt 2.1) eine Professionalisierungsnotwendigkeit ableiten (Törner & Törner, 2010). Dazu werden in Kapitel 3 sogenannte häufig angeführte *core features* aus der Literatur herausgearbeitet, die für Fortbildungsmaßnahmen als Minimalanforderungen gelten: längere Dauer, fachbezogene Elemente, aktives (-entdeckendes) Lernen, kollektive Zusammenarbeit sowie Anknüpfung an Wissen und Überzeugungen.

Durch eine „Fokussierung auf wenige inhaltliche Schwerpunkte, die durch repräsentative Unterrichtsbeispiele praxisnah angesprochen" (Selter & Rösken-Winter, 2019, S. 34) werden, kann eine langfristige Veränderung des Unterrichts angestrebt werden. Dabei ist die Förderung der prozessbezogenen Kompetenzen in Fortbildungsmaßnahmen für die Grundschule ein zentrales Thema (Eichholz, 2018; Reinold, 2016) – was sicherlich für Mathematik fachfremd unterrichtende Lehrkräfte in besonderer Weise zutrifft. Um die inhaltlichen Schwerpunkte der hier untersuchten Fortbildungsmaßnahme theoretisch zu erfassen, sind in Kapitel 4 und 5 die Themen algebraisches Denken und Begründen herausgestellt worden.

Dazu zeigt sich im vierten Kapitel – zum algebraischen Denken – dass eine Verzahnung von Algebra und Arithmetik für beide Teilbereiche der Mathematik wertvoll ist. Die Lehrkraft spielt daher im early-algebra-Unterricht eine zentrale Rolle (vgl. Abschnitt 4.4). So muss die Lehrkraft nicht nur in der Lage sein, geeignete Aufgaben auszuwählen, das Potenzial zum algebraischen Denken zu erkennen und die richtigen Fragen zu stellen, sie sollte ebenfalls Unterstützungen anbieten können und benötigt daher fachdidaktisches wie auch fachliches Wissen im Bereich der early algebra. Dazu werden unterschiedliche Merkmale des algebraischen Denkens angesprochen: Informationen organisieren, Muster voraussagen, Informationen einteilen, Repräsentation variieren, Regel beschreiben, Veränderung beschreiben und Regel begründen (Kieboom et al., 2014). Diese habits of mind können im Rahmen geeigneter Aufgaben zum algebraischen Denken aktiviert werden.

Bereits in der Darstellung der habits of mind wird ersichtlich, wie eng das algebraische Denken mit dem Begründen verwoben ist. Das Begründen wird hier in Anlehnung an Brunner (2014b) als Kontinuum zwischen alltäglichem Argumentieren und formalem Beweisen verstanden (vgl. Abschnitt 5.1). Auch hier ist die Rolle der Lehrkraft wichtig; es müssen Aufgaben mit Begründungspotential ausgewählt werden, es müssen durch passende Fragestellungen Begründungen eingefordert werden, die Begründungen müssen auf ihre mathematische und allgemeingültige Richtigkeit geprüft werden. Auch dies fordert erneut ein hohes Maß an fachlichem und fachdidaktischem Wissen von der Lehrkraft.

9 Fazit und Ausblick

In Anlehnung an diese theoretischen Ausführungen lässt sich im sechsten Kapitel zunächst das Forschungs- und daran anschließend im siebten Kapitel das Fortbildungsdesign ableiten. Es werden gemäß der fachdidaktischen Entwicklungsforschung drei Zyklen der Fortbildungsmaßnahme durchgeführt, wobei sich die Ausführungen der vorliegenden Arbeit auf die Ergebnisse des letzten Zyklus fokussieren.

Dazu wird in Kapitel 7 ein Einblick in die Fortbildungsmaßnahme geben. Die wesentlichen Designprinzipien 1) *Schaffung gemeinsamer Planungsphasen*, (2) *Schaffung individueller Erprobungsphasen*, (3) *Schaffung gemeinsamer Reflexionsphasen*, (4) *Zusammenführung von fachlichen und fachdidaktischen Elementen* (5) *Auseinandersetzung mit Schüler:innenprodukten – zur Anregung von Weiterentwicklung der mathematischen und mathematikdidaktischen Kompetenzen*, (6) *Auseinandersetzung mit Aufgabenformaten – zur Anregung von Weiterentwicklung der mathematischen Kompetenzen*, sowie (7) *Einbeziehung von Selbststudiumsphasen mit primakom* werden erläutert. Die letzten beiden Designprinzipien sind gegenstandsspezifisch für die untersuchte Fortbildungsmaßnahme, während die ersten fünf auch gegenstandsübergreifend als wichtig angesehen werden können.

Die Darbietung der Ergebnisse (vgl. Kapitel 8) lässt sich in drei Forschungsfragen aufgliedern:

1. Inwiefern verändern sich ausgewählte Überzeugungen von Grundschullehrkräften, die an einer Fortbildungsmaßnahme für Mathematik fachfremd Unterrichtende teilnehmen?
2. Inwiefern verändern sich Begründungen zu operativstrukturierten Aufgabenserien von Grundschullehrkräften, die an einer Fortbildungsmaßnahme für Mathematik fachfremd Unterrichtende teilnehmen in den Aufgabeformaten der Zahlenketten und -gitter?
3. Inwiefern lassen sich Zusammenhänge zwischen den Veränderungen der Überzeugungen und den Begründungen zu operativstrukturierten Aufgabenserien von Grundschullehrkräften, die an einer Fortbildungsmaßnahme für Mathematik fachfremd Unterrichtende teilnehmen, erkennen?

Deren Beantwortungen mit Hilfe der erhobenen Daten soll nun zunächst auf der Forschungsebene in Kürze zusammengefasst werden.

Erkenntnisse auf der Forschungsebene
Auf den drei Ebenen Überzeugungen, Begründungen und der Zusammenhang zwischen beidem lassen sich Ergebnisse präsentieren.

Überzeugungen
Für die erste Forschungsfrage lassen sich die Ergebnisse in Kürze wie folgt beschreiben: Für die Überzeugungen der teilnehmenden Mathematik fachfremd unterrichtenden Lehrkräfte zeigt sich, dass sich die Überzeugungen zu Schüler:innenleistungen verändern. Ebenso verändern sich auch die Angaben der Lehrkräfte hinsichtlich der Art und Weise, wie die Schüler:innen im Mathematikunterricht lernen. Es wird nach der Fortbildungsmaßnahme ein größerer Fokus auf die Förderung der prozessbezogenen Kompetenzen gelegt. Die größten Veränderungen zeigen sich in der Selbstwirksamkeitserwartung der Lehrkräfte. Beide Skalen der Selbstwirksamkeitserwartungen in Bezug auf den die inhaltsbezogenen Kompetenzen auf der einen und prozessbezogenen Kompetenzen auf der anderen Seite zeigen große Veränderungen. Die Lehrkräfte haben deutlich höhere Selbstwirksamkeitserwartungen. Ihre retrospektive Kompetenzselbsteinschätzung nehmen die Teilnehmenden nach der Fortbildungsmaßnahme ebenfalls sehr hoch wahr. Auch Schmitz und Schwarzer (2002) geben an, dass sich für ihre „Untersuchung zeigt, dass es sich offenbar lohnt, dem Konstrukt der Selbstwirksamkeitserwartung bei Lehrern weiter nachzugehen" (S. 207). Hier ist vor allem für Mathematik fachfremd unterrichtende Grundschullehrkräfte der Ausbau der Selbstwirksamkeitserwartungen interessant, da die Interviews zeigen, dass einige Lehrkräfte vor der Fortbildungsmaßnahme verunsichert in den eigenen Mathematikunterricht gehen.

Die Gründe, die die Interviewten für die Veränderungen ihrer Überzeugungen nennen, sind dabei vielfältig. Es wird ein größerer Fokus auf die prozessbezogenen Kompetenzen gelegt, der vor der Fortbildungsmaßnahme so nicht im Unterricht stattgefunden hat. Dazu gehört nach Angaben der Lehrkräfte auch, dass den Kindern mehr Zeit für mathematische Entdeckungen gegeben wird. Zudem geben die Lehrkräfte an, dass sich ihr Wissen zu mathematischen Inhalten erhöht hat oder dass es ihnen leichter fällt, ihr Wissen für die Kinder vereinfacht darzustellen. Auch die höhere Selbstsicherheit wird von den teilnehmenden Lehrkräften als ein Grund für mögliche Veränderungen angeführt. Wie in Abschnitt 2.1.2 gezeigt werden kann, kann dies positive Effekte auf den Unterricht und das Lernen der Schüler:innen haben. Daher sollte einer Förderung der Selbstwirksamkeitserwartungen vor allem auch in Fortbildungsmaßnahmen für fachfremd unterrichtende Lehrkräfte Raum gewährt werden. Dies ist insbesondere für Grundschullehrkräfte wichtig, da es hier durch das Klassenlehrer:innenprinzip häufig zu fachfremd erteiltem Unterricht kommt (Porsch, 2019a).

Zusammenfassend lässt sich also festhalten:

9 Fazit und Ausblick

- Die Lehrkräfte geben nach der Fortbildungsmaßnahme an, im Unterricht mehr Zeit und Raum zur Förderung der prozessbezogenen Kompetenzen zu geben.
- Die Lehrkräfte haben nach der Fortbildungsmaßnahme eine höhere Selbstwirksamkeitserwartung in Bezug auf die Förderung der prozess- und inhaltsbezogenen Kompetenzen des Lehrplans.
- Die Selbstwirksamkeitserwartungen in Bezug auf Aufgabenformate, die retrospektiv nur nach der Fortbildungsmaßnahme für vorher und nachher eingeschätzt werden soll, zeigt deutliche Zuwächse.
- In den Interviews machen die Teilnehmenden unterschiedliche Gründe für diese Veränderungen aus. Dazu gehören ein mathematisches Hintergrundwissen, das fachdidaktische Wissen um die Aufbereitung des mathematischen Hintergrunds für die Schüler:innen oder auch eine hinzugewonnene Selbstsicherheit.

Begründungen
Die zweite Forschungsfrage betrachtet die Veränderung der Begründungen der teilnehmenden Lehrkräfte. Für die Begründungen der operativen Veränderungen in den untersuchten Aufgabenformaten Zahlenketten und Zahlengitter zeigen sich unter den beiden Analyseschwerpunkten des Begründens und des algebraischen Denkens zahlreiche Verbesserungen der Lösungen der teilnehmenden Lehrkräfte. Dazu wird zum einen ein Kategoriensystem (vgl. Abschnitt 6.4.2) erstellt, dass die Betrachtung der Wanderungen der Lösungen vor und nach der Fortbildungsmaßnahme von einzelnen Lehrkräften und statistische Untersuchungen der Gruppe (vgl. Kapitel 8) ermöglicht. Zum anderen wird auf Grundlage der Merkmale des algebraischen Denkens nach Kieboom und Kolleg:innen (2014) ein Modell zur Erfassung der unterschiedlichen Facetten des Begründens operativer Veränderung erstellt.

Für die Kategorien, die vor allem in Begründungen und Beschreibungen differenzieren, zeigt sich für die grundschulgemäßen Begründungen, dass die teilnehmenden Lehrkräfte nach der Fortbildungsmaßnahme häufiger ein begründendes Niveau erreichen als noch in der Eingangsstandortbestimmung vor der Fortbildungsmaßnahme. Dies gilt für beide in der Standortbestimmung abgeprüften Aufgabenformate, obwohl die Zahlenketten in der Fortbildungsmaßnahme thematisiert worden sind und die Zahlengitter nicht. Somit verbessern sich die Lehrkräfte auch in der Bearbeitung der Zahlengitter, obwohl die in der Fortbildungsmaßnahme nicht thematisiert worden sind. Das deutet darauf hin, dass die teilnehmen Lehrkräfte das erlernte Wissen ebenfalls auf ein weiteres Aufgabenformat übertragen können.

Bei der Betrachtung des Modells des algebraischen Denkens (vgl. Abbildung 9.1) zeigt sich nach der Fortbildungsmaßnahme, dass die Lehrkräfte mehr Elemente ansprechen.

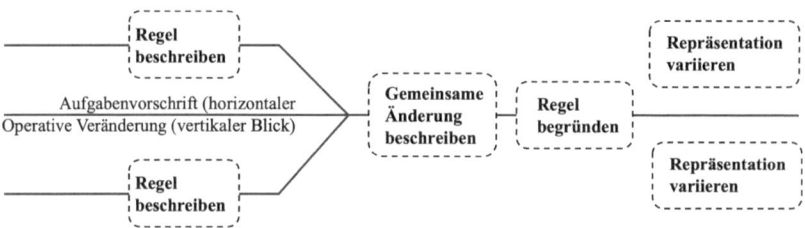

Abbildung 9.1 Modell zum algebraischen Denken

Während vor der Fortbildungsmaßnahme teilweise nur eine Blickrichtung – die der Aufgabenvorschrift oder der operativen Veränderung – eingenommen wurde, werden beide Blickrichtungen in den Abschlussstandortbestimmungen häufiger miteinander verknüpft, sodass eine vollständige Begründung der Veränderung der Zielzahl erfolgen kann. Die Darstellung ausgewählter repräsentativer und/oder bemerkenswerter Beispiele in Abschnitt 8.2 gibt dabei einen Einblick in die Veränderungen.

Wird der Fokus auf die algebraischen Begründungen gelegt, zeigt sich im Kategoriensystem, dass nahezu alle fachfremd unterrichtenden Lehrkräfte bereits vor der Fortbildungsmaßnahme in der Lage sind, die Aufgabenvorschrift mithilfe von Variablen darzustellen. Eine Verknüpfung mit der Veränderung geschieht aber selten. Der Kalkülaspekt scheint somit bei vielen Lehrkräften ausgeprägt. Eine Beschreibung der Erkenntnisse oder die Verknüpfung mit der operativen Veränderung scheinen hier noch schwer zu fallen.

Gleiches lässt sich am Modell des algebraischen Denkens erkennen. Anders als bei den grundschulgemäßen Begründungen wird hier ausschließlich die horizontale Blickrichtung, also die der Aufgabenvorschrift, eingenommen. Nach der Fortbildungsmaßnahme gelingt die Verknüpfung beider Blickrichtungen deutlich häufiger. Dabei zeigt sich aber auch, dass die Variation der Repräsentation für die Aufgabenvorschrift nahezu allen Lehrkräften gelingt, während dies für die Veränderung weniger intuitiv zu sein scheint. Hier gibt sicherlich die Aufgabenstellung vor, dass die Veränderung nicht abstrahiert beziehungsweise verallgemeinert – und daher mithilfe von Variablen dargestellt – werden muss. Die algebraische Darstellung mit Hilfe von Variablen scheint somit den Fokus deutlich mehr auf

9 Fazit und Ausblick

die Bildungsregel zu legen als die Zahlenbeispiele in einer grundschulgemäßen Begründung

Die Gegenüberstellung von allen vier Aufgaben zweier Standortbestimmungen (vgl. Abschnitt 8.2.3) verdeutlicht, dass nicht zwangsläufig Verbindungen zwischen den jeweiligen Aufgaben oder der Art der Begründung erkennbar sein müssen. Das heißt also, dass es sowohl der Fall sein kann, dass die grundschulgemäße und die algebraische Lösung einer Lehrkraft dieselben Elemente des Modells ansprechen, aber auch, dass die unterschiedlichen Begründungen unterschiedliche Elemente des Modells fokussieren. Ebenso wenig lässt sich erkennen, dass beispielsweise immer die algebraische Begründung mehr Elemente anspricht als die grundschulgemäße Begründung, ungeachtet des Aufgabenformats. Das deutet darauf hin, dass in unterschiedlichen Aufgabenformaten auch für Lehrkräfte identische Aufgabenstellungen unterschiedlich komplexe Herausforderungen darstellen und unterschiedliche Facetten durch die Lehrkräfte fokussiert werden.

Zusammenfassend zeigt sich in Bezug auf die grundschulgemäßen und algebraischen Begründungen der Veränderungen vor und nach der Fortbildungsmaßnahme:

- Eine mathematische Schwerpunktsetzung scheint für eine Fortbildungsmaßnahme geeignet, da die Lehrkräfte sowohl in Bezug auf grundschulgemäße und algebraische Begründungen besser werden als auch mehr Sicherheit und eine höhere Selbstwirksamkeitserwartung berichten. Das führen einige Teilnehmende in den Interviews auf das erlernte mathematische Wissen zurück.
- Dabei ist eine Unterstützung der mathematischen Lernprozesse der Fortbildungsteilnehmenden essentiell.
- Eine Schwerpunktsetzung auf der Förderung der prozessbezogenen Kompetenzen scheint ebenso wichtig, da die Mathematik fachfremd unterrichtenden Lehrkräfte diese vor der Fortbildungsmaßnahme kaum als Ziele des Unterrichts benennen und nach einer Fortbildungsmaßnahme mit dieser Schwerpunktsetzung höhere Selbstwirksamkeitserwartungen aufweisen. Zudem geben sie an, dass sie die prozessbezogenen Kompetenzen nach der Fortbildungsmaßnahme in größerem Umfang in ihren Unterricht einbinden.
- Dazu scheint eine Verzahnung von mathematischem und mathematikdidaktischem Wissen und Praxisbezug unabdingbar.
- Planung und Reflexion scheinen sowohl für den Wissensauf- und -ausbau als auch für die Praxiserfahrung wertvoll zu sein. Gerade das gemeinsame

Planen und Reflektieren gibt nach eigenen Angaben mehr Sicherheit in der Durchführung des Unterrichts.

Zusammenhang Überzeugungen und Begründungen
Es lassen sich bei Veränderungen der Überzeugungen und der Begründungen (FF3) statistisch kaum Zusammenhänge erkennen. Das bedeutet nicht, dass nicht beides für sich erfreuliche Veränderungen sein können; es ist nur nicht erkennbar, dass beispielsweise eine besonders große Verbesserung in den Kategorien auch mit einer besonders hohen Veränderung der Überzeugungen zu Schüler:innenleistungen einhergeht.

Aus den Ergebnissen auf der Forschungsebene lassen sich durch die vorliegende Studie ebenfalls Erkenntnisse auf der Entwicklungsebene festhalten.

Erkenntnisse auf der Entwicklungsebene
Algebraisches Denken kann und sollte auch schon in der Grundschule gefördert werden, wie in Kapitel 4 herausgestellt wird. Dazu sind keine neuen Aufgaben vonnöten, sondern vielmehr ein ergiebigerer Einsatz der vorhandenen Aufgaben, die das Potenzial zum algebraischen Denken, zum Entdecken und zum Begründen ausschöpfen. Daher bildet eine Schwerpunktsetzung auf Aufgabenformate zur Förderung der prozessbezogenen Kompetenzen gerade für Fortbildungsmaßnahmen für Mathematik fachfremd unterrichtenden Grundschullehrkräfte eine gute Ausgangsposition, um mathematisches und mathematikdidaktisches Wissen gleichermaßen zu fordern und zu fördern.

Vor allem in den Interviews zeigt sich, dass die Selbstwirksamkeitserwartungen auch durch den mathematischen Fokus der Fortbildungsmaßnahme gesteigert werden können. Dies bildet ein weiteres Argument für die Fokussierung auf mathematische wie auch mathematikdidaktische Inhalte gleichermaßen, was auch durch die DZLM-Gestaltungsprinzipien deutlich wird (Barzel & Selter, 2015).

Die Förderung der Selbstwirksamkeitserwartungen geht mit einem weiteren zentralen Designprinzip für Fortbildungsmaßnahmen einher. Eine lang angelegte Fortbildungsmaßnahme bringt nicht nur den Vorteil einer längeren Zeitspanne, sondern auch vor allem die Möglichkeit, das in den Fortbildungssitzungen Erlernte in der Praxis zu erproben. Denn es zeigt sich, „dass der effektivste Weg, die Selbstwirksamkeit zu entwickeln und zu steigern, mithilfe von positiven, eigenen Erfahrungen erfolgt. Das heißt für Lehrerfortbildungen, dass die Praxisanteile deutlich höher als die Theorieanteile liegen sollten" (Hildebrandt, 2017, S. 3). Diese sollten auch durch gemeinsame Reflexion unterstützt werden. Vor allem für eine Fortbildungsmaßnahme für fachfremd unterrichtende Grundschullehrkräfte zeigt sich folglich, dass Aufgabenformate sich hervorragend eignen, um das fachliche und fachdidaktische Wissen der Lehrkräfte zu fördern, ihnen Umsetzungsideen für die Förderung der prozessbezogenen Kompetenzen zu liefern und gleichermaßen die Selbstwirksamkeitserwartungen der Teilnehmenden zu erhöhen.

Dabei ist sowohl die Auswahl der Aufgabenformate essentiell, da diese weder zu schwer für die Fortbildungsteilnehmenden sein sollen noch zu einfach. Aber vor allem müssen die mathematischen Entdeckungen ausreichend unterstützt werden. Die in der Fortbildungsmaßnahme verwendeten Säckchen (Sawyer, 1964) erweisen sich in dieser Untersuchung als zielführend, um das fachliche Lernen der algebraischen Darstellung der Teilnehmenden zu unterstützen. Vor allem die Verknüpfung der Aufgabenvorschrift mit der operativen Veränderung der Startzahl und die Auswirkungen auf die Zielzahl können so veranschaulicht werden.

Zusammenführung von Forschungs- und Entwicklungsergebnissen
Durch die Zusammenführung von Forschungs- und Entwicklungsinteresse können Vorschläge für weitere Fortbildungsmaßnahmen gewonnen werden:

- Eine mathematische Schwerpunktsetzung scheint für eine Fortbildungsmaßnahme geeignet, da die Lehrkräfte sowohl in Bezug auf grundschulgemäße und algebraische Begründungen besser werden als auch mehr Sicherheit und eine höhere Selbstwirksamkeitserwartung berichten. Das führen einige Teilnehmende in den Interviews auf das erlernte mathematische Wissen zurück.
- Dabei ist eine Unterstützung der mathematischen Lernprozesse der Fortbildungsteilnehmenden essentiell.
- Eine Schwerpunktsetzung auf der Förderung der prozessbezogenen Kompetenzen scheint ebenso wichtig, da die Mathematik fachfremd unterrichtenden Lehrkräfte diese vor der Fortbildungsmaßnahme kaum als Ziele des Unterrichts benennen und nach einer Fortbildungsmaßnahme mit dieser Schwerpunktsetzung höhere Selbstwirksamkeitserwartungen aufweisen. Zudem geben die an, dass sie die prozessbezogenen Kompetenzen nach der Fortbildungsmaßnahme in größerem Umfang in ihren Unterricht einbinden.
- Dazu scheint eine Verzahnung von mathematischem und mathematikdidaktischem Wissen und Praxisbezug unabdingbar.
- Planung und Reflexion scheinen sowohl für den Wissensaufbau als auch für die Praxiserfahrung wertvoll zu sein.

Beiträge zur Theoriebildung
Die Beiträge dieser Studie zur Theoriebildung liegen vor allem in der Erstellung des Modells des algebraischen Denkens bei der operativen Veränderung einer Zahl (Abbildung 9.1), welches aus den habits of mind des algebraischen Denkens nach Kieboom und Kolleginnen (2014) adaptiert wird. Die Erweiterung der beiden Blickrichtungen bei operativen Veränderungen ist dabei essentiell.

Hier wird deutlich, dass zwei Blickrichtungen eingenommen werden müssen, um die gemeinsame Änderung beschreiben und die Regel der gemeinsamen Veränderung begründen zu können. Bleibt eine Lösung dabei bei der Darstellung nur einer Blickrichtung verhaftet, kann es keine vollständige Begründung für die Veränderung der Zielzahl geben. Diese Verknüpfung beider Blickrichtungen ist somit nicht nur für Lehrer:innenfortbildungen wichtig, sondern auch im Unterricht essentiell, damit Begründungen allgemeingültig sein können.

Demzufolge könnte ein Einsatz dieses Modells in Bezug auf Lösungen von Schüler:innen einen Erkenntnisgewinn bringen, welches Muster das Kind fokussiert und ob die Anregung des Betrachtens des anderen Musters zur Vereinigung beitragen kann, um so Einblicke in die gemeinsame Veränderung zu erhalten.

Grenzen der Studie
Die Grenzen der hier vorliegenden Studie liegen zunächst in der Repräsentativität der gewonnenen Ergebnisse. Mit insgesamt 25 Datensätzen ist die Stichprobe – vor allem für die quantitative Analyse – relativ klein. Die Auswahl der Stichprobe erfolgte nicht zufällig, da sich die Lehrkräfte selbstständig um die Teilnahme an der Fortbildungsmaßnahme bemühten. Es zeigt sich somit eine Positivauswahl, wie sie aber vermutlich für Fortbildungsmaßnahmen dieser Art dennoch alltagsnah sein kann. Denn in unterschiedlichen Studien zeigt sich, dass diejenigen Lehrkräfte, die an Fortbildungsmaßnahmen teilnehmen, bereits über konstruktivistische Überzeugungen, ein hohes Engagement und größere Selbstwirksamkeitserwartungen verfügen.

Auch die Interviews, die als Grundlage für Erklärungen von festgestellten Veränderungen genutzt werden, bilden aus dieser Gruppe eine erneute Positivauswahl. Sie dienen als Erklärungsansätze aus der individuellen Sicht Einzelner. Daher kann hierbei keinerlei Anspruch auf Übertragbarkeit angenommen werden.

Die Anlage der Studie nach der fachdidaktischen Entwicklungsforschung wird in der vorliegenden Untersuchung genutzt, um retrospektiv zu analysieren, welche Designelemente sich als förderlich erweisen. Hierzu werden die schriftlich erfassten Daten, die Interviews sowie der iterative Überarbeitungsprozess zwischen den großen Zyklen genutzt. Da eine Fokuserweiterung auf die Prozesse des algebraischen Lernens der Lehrkräfte eine weitere interessante Forschungsfrage aufwirft, scheint die Videografie einer solchen Fortbildungsmaßnahme eine geeignete Erweiterung der vorliegenden Studie. Die Erfassung der Prozesse bei der Auseinandersetzung mit Aufgabenformaten von Mathematik fachfremd unterrichtenden Grundschullehrkräften ist zu wenig erforscht und könnte weiteren Aufschluss darüber bieten, wie eine geeignete Unterstützung aussehen kann.

Auch wenn Veränderungen in Überzeugungen, Selbstberichten der Art und Weise des Unterrichtens, Selbstwirksamkeitserwartungen und den Begründungen der teilnehmenden Lehrkräfte durch die Begleitforschung sichtbar werden, kann die vorliegende Studie keinerlei Aussagen zu den tatsächlichen Auswirkungen auf den Unterricht treffen. Dabei ist es sicherlich spannend zu betrachten, inwiefern sich beispielsweise selbstberichtete Veränderungen im Unterricht auch beobachten lassen oder ob beispielsweise auch die Schüler:innen den Unterricht anders wahrnehmen. Hier eröffnet sich ein weiteres breites Forschungsfeld.

Schlussbemerkungen

Dass Grundschullehrkräfte für die Gestaltung guten Mathematikunterrichts mehr können müssen als das Beherrschen des Einspluseins und Einmaleins, wurde in der vorliegenden Arbeit auf unterschiedlichsten Ebenen gezeigt.

Vor allem auch fachfremd unterrichtende Grundschullehrkräfte sollten zu mathematischen Entdeckungen angeleitet werden und so die Faszination von mathematischen Mustern und Strukturen erfahren. Die vorliegende Studie zeigt, dass sich Veränderungen der Überzeugungen und der Begründungen nach der Fortbildungsmaßnahme feststellen lassen, die Lehrkräfte ihre retrospektive Kompetenzselbsteinschätzung nach der Fortbildungsmaßnahme sehr viel höher einschätzen als vor der Fortbildungsmaßnahme und über höhere Selbstwirksamkeitserwartungen verfügen. Dazu hat auch der fachliche Schwerpunkt der Fortbildungsmaßnahme beigetragen. Ebenso schätzen die Teilnehmenden selbst die algebraische Durchdringung als gewinnbringend ein, um mathematische, mathematikdidaktische und unterrichtspraktische Aspekte miteinander zu verknüpfen. Daher sei einer teilnehmenden Lehrkraft abschließend das Wort überlassen. Die Äußerung ist in Abbildung 9.2 dargestellt.

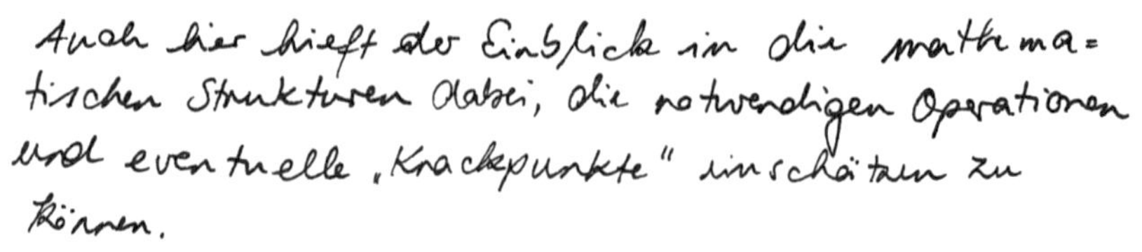

Auch hier hilft der Einblick in die mathematischen Strukturen dabei, die notwendigen Operationen und eventuelle "Knackpunkte" einschätzen zu können.

Abbildung 9.2 Abschlussstandortbestimmung – Nutzen der algebraischen Darstellung (Hika)

Literaturverzeichnis

Aberdein, A. (2009). Mathematics and Argumentation. *Foundations of Science, 14*(1–2), 1–8. https://doi.org/10.1007/s10699-008-9158-3

Aberdein, A. (2012). The Parallel Structure of Mathematical Reasoning. *AISB/IACAP World Congress 2012: Symposium on Mathematical Practice and Cognition II, Part of Alan Turing Year 2012*, 7–14. https://doi.org/10.1007/978-94-007-6534-4_18

Abshagen, M., Blomberg, J., & Glade, M. (2019). Grundlagen algebraischen Denkens beim Übergang von der Arithmetik in die Algebra – Entwicklung und Erprobung einer Lehrerfortbildung. In B. A., G. M., H.-B. R., K. M., S. F., & S. P. (Hrsg.), *Vielfältige Zugänge zum Mathematikunterricht.* (S. 265–279). Springer Spektrum. https://doi.org/10.1007/978-3-658-24292-3_19

Abshagen, M., & Godowski, K. (2019). Fachfremdes Unterrichten. Hilfen für die Verbesserung des Unterrichts. *Lernende Schule, 85*, 1–15.

Adler, J., Ball, D., Krainer, K., Lin, F.-L., & Novotna, J. (2005). Reflections on an emerging field: researching mathematics teacher education. *Educational Studies in Mathematics, 60*(3), 359–381.

Aké, L., Godino, J., Gonzato, M., & Wilhelmi, M. (2013). *Proto-algebraic levels of mathematical thinking.*

Akinwunmi, K. (2012). *Zur Entwicklung von Variablenkonzepten beim Verallgemeinern mathematischer Muster.* Springer Spektrum.

Akinwunmi, K. (2013). Mathematische Muster verallgemeinern in der Grundschule. In *Beiträge zum Mathematikunterricht* (S. 80–83). WTM.

Akinwunmi, K. (2016). „Das geht auch mit Hundertirgendwas.". Zaubertricks regen Kinder zum Verallgemeinern von Entdeckungen an. In *Mathematik differenziert* (S. 18–21). Westermann.

Akinwunmi, K. (2017). Algebraisch denken – Arithmetik erforschen. Lernprozesse langfristig gestalten. *Die Grundschulzeitung, 31* (306), 6–11.

Akinwunmi, K., & Lüken, M. (2021). Muster und Strukturen: Empirische Forschung zu einem schillernden Inhaltsbereich?! In A. S. Steinweg (Hrsg.), *Blick auf Schulcurricula Mathematik: Empirische Fundierung? Tagungsband des AK Grundschule in der GDM 2021* (S. 9–24). University of Bamberg Press.

Akinwunmi, K., & Steinweg, A. S. (2022). *Analysis of children's generalisations with a focus on patterns and with a focus on structures* 12th Congress of the European Society for Research in Mathematics Education (CERME 12), Bozen-Bolzano, Italien.

Amann, F. (2017). *Mathematikaufgaben zur Binnendifferenzierung und Begabtenförderung. 300 Beispiele aus der Sekundarstufe I*. Springer Spektrum.

Andini, W., & Suryadi, D. (2017). *Student Obstacles in Solving Algebraic Thinking Problems* International Conference on Mathematics and Science Education (ICMScE), Bandung.

Arcavi, A. (1995). Teaching and learning algebra: Past, present, and future. *The Journal of Mathematical Behavior, 14*(1), 145–162. https://doi.org/10.1016/0732-3123(95)90033-0

Aufschnaiter, C. v., Selter, C., & Michaelis, J. (2017). Nutzung von Vignetten zur Entwicklung der Diagnose- und Förderkompetenz. In C. Selter, S. Hußmann, C. Hößle, C. Knipping, K. Lengnink, & J. Michaelis (Hrsg.), *Diagnose und Förderung heterogener Lerngruppen* (S. 85–106). Waxmann.

Augusto, W., Jr. (2019). A Phenomenological Study On The Lived Experience Of The Out-Of-Field Mentors. *International Journal of Advanced Research and Publications, 3*(6), 35–42.

Balacheff, N. (1991). Benefits and limits of social interaction: The case of mathematical proof. In J. B. Alan, M.-O. Stieg, & v. Joop Dormolen (Hrsg.), *Mathematical Knowledge: Its Growth Through Teaching* (S. 175–192). Kluwer Academic Publishers. https://hal.archives-ouvertes.fr/hal-01550051

Baldus, A. (i.V.). *Prozesse des Argumentierens und Verallgemeinerns beim Erkunden von Mustern und Strukturen in digital dynamisierten Entdeckerpäckchen bei Lernenden der Primarstufe*. Dissertation TU Dortmund.

Ball, D. L., & Bass, H. (2000). Interweaving content and pedagogy in teaching and learning to teach: Knowing and using mathematics. In J. Boaler (Hrsg.), *Multiple Perspectives on Mathematics of Teaching and Learning* (S. 83–104). Ablex Publishing.

Ball, D. L., & Bass, H. (2003). *Toward a Practice-Based Theory of Mathematical Knowledge for Teaching*. 2002 Annual Meeting of the Canadian Mathematics Education Study Group, Kingston, Kanada.

Ball, D. L., Hill, H. C., & Bass, H. (2005). Knowing mathematics for teaching: who knows mathematics well enough to teach third grade, and how can we decide? *American Educator, 9*, 14–46.

Ball, D. L., Thames, M. H., & Phelps, G. (2008). Content knowledge for teaching. What makes it special? . *Journal of Teachers Education, 59*(5), 389–407.

Bandura, A. (1977). Self-efficacy: toward a unifying theory of behavioral change. *Psychological review, 84* (2), 191–215.

Bandura, A. (1989). Human agency in social cognitive theory. *American Psychologist, 44*(9), 1175–1184. https://doi.org/10.1037/0003-066x.44.9.1175

Bandura, A. (1993). Perceived Self-Efficacy in Cognitive Development and Functioning. *Educational Psychologist, 28*(2), 117–148.

Bardy, P. (2006). *Mathematisch begabte Grundschulkinder. Diagnostik und Förderung*. Spektrum.

Barzel, B., & Hußmann, S. (2008). Schlüssel zu Variable, Term und Formel. In B. Barzel, T. Berlin, D. Bertalan, & A. Fischer (Hrsg.), *Entwicklung des algebraischen Denkens. Festschrift zum 60. Geburtstag von Lisa Hefendehl-Hebeker.* (S. 5–16). Franzbecker.

Barzel, B., & Selter, C. (2015). Die DZLM-Gestaltungsprinzipien für Fortbildungen. *Journal für Mathematik-Didaktik, 36*(2), 259–284. https://doi.org/10.1007/s13138-015-0076-y

Baumert, J., & Kunter, M. (2006). Stichwort: Professionelle Kompetenz von Lehrkräften. *Zeitschrift für Erziehungswissenschaft, 9*(4), 469–520. DOI: https://doi.org/10.1007/s11 618-006-0165-2

Baumert, J., & Kunter, M. (2011). Das Kompetenzmodell von COACTIV. In M. Kunter, J. Baumert, W. Blum, U. Klusmann, S. Krauss, & M. Neubrand (Hrsg.), *Professionelle Kompetenz von Lehrkräften. Ergebnisse des Forschungsprogramms COACTIV* (S. 29–53). Waxmann.

Baumert, J., & Kunter, M. (2013a). The COACTIV Model of Teachers' Professional Competence. In M. Kunter (Hrsg.), *Cognitive Activitation in the Mathematics Classroom and Professional Competence of Teachers* (S. 25–48). Springer Science+Buisness Media.

Baumert, J., & Kunter, M. (2013b). The Effect of Content Knowledge and Pedagogical Content Knowledge on Instructional Quality and Student Achievement. In M. Kunter, J. Baumert, W. Blum, U. Klusmann, S. Krauss, & M. Neubrand (Hrsg.), *Cognitive Activation in the Mathematics Classroom and Professional Competence of Teachers. Results from the COACTIV Project* (S. 175–205). Springer Science+Buisness Media.

Benölken, R., & Veber, M. (2019). Inklusiv und fachfremd. Zur Verbindung inklusionspädagogischer, fachdidaktischer und fachwissenschaftlicher Aspekte von Lehrerwissen. *Lernende Schule, 85*, 16–21.

Berlin, T. (2010). *Algebra erwerben und besitzen. Eine binationale empirische Studie in der Jahrgangsstufe 5.* Universität Duisburg-Essen.

Berner, E. (2008). Neue Konzepte der Lehrerweiterbildung im Kontext US-amerikanischer Standards-Reformen. *Beiträge zur Lehrerbildung, 26*(3), 267–278. Doi: https://doi.org/10.25656/01:13678

Bertalan, D. (2007). Buchstabenrechnen? In B. Barzel, T. Berlin, D. Bertalan, & A. Fischer (Hrsg.), *Algebraisches Denken. Festschrift für Lisa Hefendehl-Hebeker* (S. 27–34). Franzbecker.

Besser, M. (2014). *Lehrerprofessionalität und die Qualität von Mathematikunterricht. Quantitative Studien zu Expertise und Überzeugungen von Mathematiklehrkräften.* Springer Spektrum. Doi: https://doi.org/10.1007/978-3-658-05645-2

Besser, M., Leiss, D., & Blum, W. (2015a). Theoretische Konzeption und empirische Wirkung einer Lehrerfortbildung am Beispiel des mathematischen Problemlösens. *Journal für Mathematik-Didaktik, 36*(2), 285–313. https://doi.org/10.1007/s13138-015-0077-x

Besser, M., Leiss, D., & Klieme, E. (2015b). Wirkung von Lehrerfortbildungen auf Expertise von Lehrkräften zu formativem Assessment im kompetenzorientierten Mathematikunterricht. *Zeitschrift für Entwicklungspsychologie und Pädagogische Psychologie, 47*, 110–122. https://doi.org/10.1026/0049-8637/a000128

Besser, M., Leiß, D., Rakoczy, K., & Schütze, B. (2015c). Die Wirkung von Interesse und Selbstwirksamkeit auf den Aufbau fachdidaktischen Wissens von Mathematiklehrkräften im Rahmen von Lehrerfortbildungen. *Journal für LehrerInnenbildung, 15*(4), 39–47.

Beutelspacher, A. (2018). *Zahlen, Formeln, Gleichungen. Algebra für Studium und Unterricht.* Springer Spektrum.

Beutelspacher, A., & Zschiegner, M.-A. (2011). *Diskrete Mathematik für Einsteiger. Mit Anwendungen in Technik und Informatik.* Vieweg-Teubner.

Bezold, A. (2008). Beweisen – argumentieren – begründen. Entwicklung von Argumentationskompetenzen im Mathematikunterricht. *Grundschulmagazin, 76*(6), 35–40.

Bezold, A. (2009). *Förderung von Argumentationskompetenzen durch selbstdifferenzierende Lernangebote. Eine Studie im Mathematikunterricht der Grundschule.* Kovac.

Bezold, A. (2010a). *Mathematisches Argumentieren in der Grundschule fördern.* SINUS an der Grundschule.

Bezold, A. (2010b). Kinder argumentieren – eine empirische Studie auf der Grundlage selbstdifferenzierender Lernangebote. In A. Lindmeier & S. Ufer (Hrsg.), *Beiträge zum Mathematikunterricht 2010* (S. 161–164). WTM-Verlag.

Bezold, A. (2010c). Der wohl schönste Blick auf die Mathematik. Muster und Strukturen in der mathematischen Welt. *Grundschulmagazin, 5*, 7–10.

Bezold, A. (2012a). Förderung von Argumentationskompetenzen auf der Grundlage von Forscheraufgaben. Eine empirische Studie im Mathematikunterricht der Grundschule. *Mathematica didactica, 35*, 73–103. http://www.mathematica-didactica.com/altejahrgaenge/md_2012/md_2012_Bezold_Argumentieren.pdf (Mathematica didactica)

Bezold, A. (2012b). Entwicklung eines Forschercamps für Grundschulkinder. In M. Ludwig & M. Kleine (Hrsg.), *Beiträge zum Mathematikunterricht 2012. Band 1.* (S. 129–132). WTM-Verlag.

Bezold, A., & Ladel, S. (2014). Reasoning in primary mathematics. An ICT-supported environment. *Bildung und Erziehung, 67*(4), 409–418. DOI: https://doi.org/10.7788/bue-2014-0405

Biedermann, H., Krattenmacher, S., Graf, S., & Cwik, M. (2020). Zur Bedeutung des doppelten Kompetenzprofils in der Lehrerinnen- und Lehrerbildung. *Beiträge zur Lehrerinnen- und Lehrerbildung, 38*(3), 326–342.

Binner, E. (2021). *Lernprozesse von qualifikationsheterogenen Grundschullehrkräften im Bereich Stochastik – Studie zur Professionalisierung durch Fortbildung* [Humboldt-Universität zu Berlin].

Blanton, M., Brizuela, B. M., Gardiner, A. M., Sawrey, K., & Newman-Owens, A. (2017). A progression in first-grade children's thinking about variable and variable notation in functional relationships. *Educational Studies in Mathematics, 95*(2), 181–202. https://doi.org/10.1007/s10649-016-9745-0

Blanton, M. L., & Kaput, J. (2003). Developing Elementary Teachers': "Algebra Eyes and Ears". *Teaching Children Mathematics, 10*(2), 70–77.

Blanton, M. L., & Kaput, J. (2005). Helping elementary teachers build mathematical generality into curriculum and instruction. *Zentralblatt für Didaktik der Mathematik, 37*(1), 34–42. https://doi.org/10.1007/BF02655895

Blanz, M. (2021). *Forschungsmethoden und Statistik für die Soziale Arbeit. Grundlagen und Anwendungen.* Kohlhammer.

Blömeke, S., & Delaney, S. (2012). Assessment of teacher knowledge across countries: a review of the state of research. *Mathematics Education, 44*, 223–247.

Blömeke, S., Kaiser, G., Döhrmann, M., Suhl, U., & Lehmann, R. (2010b). Mathematisches und mathematikdidaktisches Wissen angehender Primarstufenlehrkräfte im internationalen Vergleich. In S. Blömeke, G. Kaiser, & R. Lehmann (Hrsg.), *Professionelle Kompetenz und Lerngelegenheiten angehender Primarstufenlehrkräfte im internationalen Vergleich* (S. 195–251). Waxmann.

Blömeke, S., Kaiser, G., & Lehmann, R. (2010a). TEDS-M 2008 Primarstufe: Ziele, Untersuchungslage und zentrale Ergebnisse. In S. Blömeke, G. Kaiser, & R. Lehmann (Hrsg.), *Professionelle Kompetenz und Lerngelegenheiten angehender Primarstufenlehrkräfte im internationale Vergleich*. (S. 11–38). Waxmann.

Blömeke, S., Kaiser, G., Schwarz, B., Lehmann, R., Seeber, R., Müller, C., & Felbrich, A. (2008a). Entwicklung des fachbezogenen Wissens in der Lehrerausbildung. In S. Blömeke, G. Kaiser, & R. Lehmann (Hrsg.), *Professionelle Kompetenz angehender Lehrerinnen und Lehrer* (S. 135–169). Waxmann.

Blömeke, S., Müller, C., Felbrich, A., & Kaiser, G. (2008b). Epistemologische Überzeugungen zur Mathematik. In S. Blömeke, G. Kaiser, & R. Lehmann (Hrsg.), *Professionelle Kompetenz angehender Lehrerinnen und Lehrer. Wissen, Überzeugungen und Lerngelegenheiten deutscher Mathematikstudierender und -referendare. Erste Ergebnisse zur Wirksamkeit der Lehrerausbildung*. (S. 219–246). Waxmann.

Blömeke, S., Suhl, U., & Döhrmann, M. (2012). Zusammenfügen was zusammengehört. Kompetenzprofile am Ende der Lehrerausbildung im internationalen Vergleich. *Zeitschrift für Pädagogik, 58*(4), 422–440.

Bonsen, M. (2009). *Lehrerfortbildung. Professionalisierung im mathematischen Bereich. Expertise für das Projekt 'Mathematik entlang der Bildungskette' der Deutschen Telekom Stiftung*. Westfälische Wilhelms Universität.

Bonsen, M., & Rolff, H.-G. (2006). Professionelle Lerngemeinschaften von Lehrerinnen und Lehrern. *Zeitschrift für Pädagogik, 52*(2), 167–184. https://doi.org/URN: urn:nbn:de:0111-opus-44518

Booth, J., McGinn, K., Barbieri, C., & Young, L. (2017). Misconceptions and Learning Algebra. In (S. 63–78). https://doi.org/10.1007/978-3-319-45053-7_4

Borko, H. (2004). Professional Development and Teacher Learning: Mapping the Terrain. *Educational Researcher, 33*(8), 3–15. https://doi.org/10.3102/0013189X033008003

Bortz, J., & Döring, N. (2006). *Forschungsmethoden und Evaluation für Human- und Sozialwissenschaftler*. Springer. https://doi.org/10.17877/DE290R-11839

Bosche, A. (2017). Die Fortbildung von Lehrpersonen seit der Bildungsexpansion: Das Beispieldes Kantons Zürich. *Beiträge zur Lehrerinnen- und Lehrerbildung, 35*(2), 318–330.

Bosse, M. (2014). Wie können fachfremd unterrichtende Mathematiklehrkräfte durch Lehrerfortbildungen effektiv unterstützt werden? In J. Roth & J. Ames (Hrsg.), *Beiträge zum Mathematikunterricht 2014* (S. 221–224). WTM-Verlag.

Bosse, M. (2017). *Mathematik fachfremd unterrichten. Zur Professionalität fachbezogener Lehrer-Identität*. Springer Spektrum. https://doi.org/10.1007/978-3-658-15599-5

Bosse, M., & Törner, G. (2013). Out-of-field teaching mathematics teachers and the ambivalent role of beliefs – A first report from interviews. In M. S. Hannula, P. Portaankorva-Koivisto, A. Laine, & L. Näveri (Hrsg.), *Current state of research on mathematical beliefs XVIII* (S. 341–355).

Böttinger, C., & Steinbring, H. (2007). Prä-algebraisches Denken von Grundschulkindern. In B. Barzel, T. Berlin, D. Bertalan, & A. Fischer (Hrsg.), *Algebraisches Denken. Festschrift für Lisa Hefendehl-Hebeker* (S. 35–42). Franzbecker.

Branford, B. (1908). *A study of mathematical education*. Oxford University Press.

Bräuning, K., & Nührenbörger, M. (2010). Teachers' collegial reflections of their own mathematics teaching processes. Part 1: An analytical tool for interpretin teachers' reflections. In *Proceedings of CERME 6* (S. 934–943). INRP.

Bräunling, K. (2017). *Beliefs von Lehrkräften zum Lehren und Lernen von Arithmetik*. Springer Spektrum.
Britt, M., & Irwin, K. (2011). Algebraic Thinking with and without Algebraic Representation: A Pathway for Learning. In C. J. & K. E. (Hrsg.), *Early Algebraization. Advances in Mathematics Education*. (S. 137–159). Springer. https://doi.org/10.1007/978-3-642-17735-4_10
Bromme, R. (2008). Lehrerexpertise In W. Schneider & M. Hasselhorn (Hrsg.), *Handbuch der pädagogischen Psychologie* (S. 159–167). Hogrefe.
Bromme, R. (2014). *Der Lehrer als Experte. Zur Psychologie des professionellen Wissens*. Waxmann.
Bromme, R., & Haag, L. (2008). Forschung zur Lehrerpersönlichkeit. In W. Helsper & J. Böhme (Hrsg.), *Handbuch der Schulforschung* (S. 803–820). VS Verlag.
Bruckmaier, G., Krauss, S., Blum, W., & Leiss, D. (2016). Measuring mathematics teachers' professional competence by using video clips (COACTIV video). *Mathematics Education 48*, 111–124.
Bruder, R., & Böhnke, A. (2014). Online-Fortbildungskurse: Gestaltungsmodelle, Adressaten, Effekte und offene Fragen. In J. Roth & J. Ames (Hrsg.), *Beiträge zum Mathematikunterricht 2014* (S. 265–268). WTM-Verlag.
Brunner, E. (2014a). Verschiedene Beweistypen und ihre Umsetzung im Unterrichtsgespräch. *Journal für Mathematik-Didaktik, 35*(2), 229–249. https://doi.org/10.1007/s13138-014-0065-6
Brunner, E. (2014b). *Mathematisches Argumentieren, Begründen und Beweisen. Grundlagen, Befunde und Konzepte*. Springer Spektrum.
Brunner, E. (2016). Beweistypen: Ihre unterschiedlichen kognitiven Anforderungen und ihr didaktisches Potenzial. In I. f. M. u. I. d. p. H. Heidelberg (Hrsg.), *Beiträge zum Mathematikunterricht 2016* (S. 1103–1107). WTM-Verlag.
Brunner, E. (2016a). Bin ich ein Teil von dir? Kindergartenkinder lernen mathematisch argumentieren. *. 4 bis 8, 2016*(8), 37–39.
Brunner, E. (2018). *Mathematisches Argumentieren im Kindergarten fördern. Eine Handreichung*. PHTG.
Brunner, M., Kunter, M., Krauss, S., Baumert, J., Blum, W., Dubberke, T., Jordan, A., Klusmann, U., Tsai, Y.-M., & Neubrand, M. (2006b). Welche Zusammenhänge bestehen zwischen dem fachspezifischen Professionswissen von Mathematiklehrkräften und ihrer Ausbildung sowie beruflichen Fortbildung? *Zeitschrift für Erziehungswissenschaft, 9*(4), 521–544.
Brunner, M., Kunter, M., Krauss, S., Klusmann, U., Baumert, J., Blum, W., Neubrand, M., Dubberke, T., Jordan, A., Löwen, K., & Tsai, Y.-M. (2006a). Die professionelle Kompetenz von Mathematiklehrkräften: Konzeptualisierung, Erfassung und Bedeutung für den Unterricht; eine Zwischenbilanz des COACTIV-Projekts. In M. Prenzel & L. Allolio-Näcke (Hrsg.), *Untersuchungen zur Bildungsqualität von Schule: Abschlussbericht des DFG-Schwerpunktprogramms* (S. 54–82). Waxmann.
Buchholtz, C., & König, J. (2015). Erfassung von Planungskompetenz im Praxissemester. *Journal für LehrerInnenbildung, 1*, 39–45.
Busse, A., & Kaiser, G. (2015). Wissen und Fähigkeiten in Fachdidaktik und Pädagogik. Zur Natur der professionellen Kompetenz von Lehrkräften. *Zeitschrift für Pädagogik, 61*(3), 328–344.

Callejo, M. L., & Zapatera, A. (2016). Prospective primary teachers' noticing of students' understanding of pattern generalization. *Journal of Mathematics Teacher Education, 20*(4), 309–333. https://doi.org/10.1007/s10857-016-9343-1

Campbell, C., Porsch, R., & Hobbs, L. (2019). Initial Teacher Education: Roles and Possibilites for Preparing Capable Teachers. In L. Hobbs & G. Törner (Hrsg.), *Examining the Phenomenon of "Teaching Out-of-field"*. *International Perspectives on Teaching as a Non-specialist* (S. 243–268). Springer Nature.

Carpenter, T., Levi, L., & Farnsworth, V. (2000). Building a Foundation for Learning Algebra in the Elementary Grades. *In Brief, 1*(2), 1–4.

Carpenter, T. P., & Fennema, E. (1992). Chapter 4 Cognitively guided instruction: Building on the knowledge of students and teachers. *International Journal of Educational Research, 17*(5), 457–470. https://doi.org/10.1016/S0883-0355(05)80005-9

Carraher, D., & Schliemann, A. (2007). Early algebra and algebraic reasoning. In *Second handbook of research on mathematics teaching and learning* (S. 669–705).

Carraher, D., & Schliemann, A. (2018). Cultivating Early Algebraic Thinking.

Carraher, D., Schliemann, A., & Brizuela, B. (2000). *Early Algebra, Early Arithmetic: Treating Operations as Functions* PME-NA XXII, Tucson.

Carraher, D., Schliemann, A., Brizuela, B., & Earnest, D. (2006). Arithmetic and Algebra in Early Mathematics Education. *Journal for Research in Mathematics Education, 37*(2), 87–115.

Carraher, D., Schliemann, A., & Schwartz, J. (2008b). Early Algebra Is Not the Same As Algebra Early. In J. Kaput, D. Carraher, & M. Blanton (Hrsg.), *Algebra In the Early Grades* (S. 235–272). Erlbaum.

Carraher, D. W., Martinez, M. V., & Schliemann, A. D. (2008a). Early algebra and mathematical generalization. *ZDM Mathematics Education, 40*(1), 3–22. https://doi.org/10.1007/s11858-007-0067-7

Chimoni, M., Pitta-Pantazi, D., & Christou, C. (2018). Examining early algebraic thinking: insights from empirical data. *Educational Studies in Mathematics, 98*(1), 57–76. https://doi.org/10.1007/s10649-018-9803-x

Clarke, D., & Hollingsworth, H. (2002). Elaborating a model of teacher professional growth. *Teaching and Teacher Education, 18*(8), 947–967.

Cohen, J. (1988). *Statistical Power Analysis for the Behavioral Sciences*. Erlbaum.

Cooney, T., & Wiegel, H. (2003). Examining the mathematics in mathematics teacher education. In A. Bishop, M. A. Clements, C. Keitel-Kreidt, J. Kilpatrick, & F. K.-S. Leung (Hrsg.), *Second International Handbook of Mathematics Education* (S. 795–828). Springer Science+Buisness Media.

Crilly, T. (2009). *50 Schlüsselideen Mathematik*. Spektrum Akademischer Verlag.

Cusi, A., & Malara, N. (2013). *A theoretical construct to analyze the teacher's role during introductory activities to algebraic modelling* CERME 8, Antalya.

Cusi, A., Malara, N. A., & Navarra, G. (2011). Theoretical Issues and Educational Strategies for Encouraging Teachers to Promote a Linguistic and Metacognitive Approach to Early Algebra. In J. Cai & E. Knuth (Hrsg.), *Early Algebraization* (S. 483–510). Springer.

Darling-Hammond, L., Hyler, M. E., & Gardner, M. (2017). *Effective Teacher Professional Development*. Learning Policy Institute.

Day, C. (1999). *Developing teachers: The challenges of lifelong learning*. Routledge Falmer.

De Villiers, M. D. (1990). The role and function of proof in mathematics. *Pythagoras, 24*, 17–24.
Dee, T. S., & Cohodes, S. R. (2008). Out-of-field Teachers and Student Achievement: Evidence from „Matched-Pairs" Comparisons. *Public Finance Review, 36*(7), 7–32.
Demonty, I., Vlassis, J., & Fagnant, A. (2018). Algebraic thinking, pattern activities and knowledge for teaching at the transition between primary and secondary school. *Educational Studies in Mathematics, 99*(1), 1–19. https://doi.org/10.1007/s10649-018-9820-9
Desimone, L. (2009). Improving Impact Studies of Teachers' Professional Development: Toward Better Conceptualizations and Measures. *Educational Researcher, 38*, 181–199.
Devlin, K. (1998). *Muster der Mathematik. Ordnungsgesetze des Geistes un der Natur.* Spektrum Akademischer Verlag.
Dewey, J. (1904). The Relation of Theory to Practice in Education (Part I). In N. S. f. t. S. S. o. Education (Hrsg.), *Third Yearbook* (S. 9–30). Public School Publishing Company.
DMV, GDM, & MNU. (2008). *Standards für die Lehrerbildung im Fach Mathematik.*
Dohrmann, J. (2021). *Überzeugungen von Lehrkräften. Ihre Bedeutung für das pädagogische Handeln und die Lernergebnisse in den Fächern Englisch und Mathematik.* Waxmann.
Döhrmann, M., Kaiser, G., & Blömeke, S. (2010). Messung des mathematischen und mathematikdidaktischen Wissens: Theoretischer Rahmen und Teststruktur. In S. Blömeke, G. Kaiser, & R. Lehmann (Hrsg.), *TEDS-M 2008. Professionelle Kompetenz und Lerngelegenheiten angehender Primarstufenlehrkräfte im internationalen Vergleich* (S. 169–194). Waxmann.
Döhrmann, M., Kaiser, G., & Blömeke, S. (2012). The conceptualisation of mathematics competencies in the international teacher education study TEDS-M. *Zdm, 44*(3), 325–340. https://doi.org/10.1007/s11858-012-0432-z
Driscoll, M. (2001). *The fostering of algebraic thinking toolkit. Introduction and analyzing written student work.* Heinemann.
Driscoll, M., Zawojeski, J., Humez, A., Nikula, J., Goldsmith, L., & Hammerman, J. (2003). *The Fostering Algebraic Thinking Toolkit: A Guide for Staff Development.* Heinemann Educational Books.
Du Plessis, A. E. (2013). *Understanding the Out-of-Field Teaching Experience.* The University of Queensland.
Du Plessis, A. E. (2020). The Lived Experience of Out-of-filed STEM Teachers: a Quandary for Strategising Quality Teaching in STEM? *Research in Science Education, 50*(4), 1465–1499.
Du Plessis, A. E., Hobbs, L., Luft, J. A., & Vale, C. (2019). The Out-of-Field Teacher in Context: The Impact of the School Context and Environment. In L. Hobbs & G. Törner (Hrsg.), *Examining the Phenomenon of "Teaching Out-of-field". International Perspectives on Teaching as a Non-specialist* (S. 217–242). Springer Nature.
Du Plessis, A. E., & Sunde, E. (2017). The workplace experiences ofbeginning teachers in three countries: a message for initial teacher education from the field. *Journal of Education for Teaching, 43*(2), 132–150.
Du Plessis, J. (2018). Early algebra: Repeating pattern and structural thinking at foundation phase. *South African Journal of Childhood Education, 8*, 11.
Duval, R. (1991). Structure du raisonnement déductif et apprentissage de la démonstration. *Educational Studies in Mathematics, 22*(3), 233–261.

DZLM. (2015a). Mathe. Lehren. Lernen. Qualifizierung von fachfremd unterrichtenden Lehrpersonen. Abgerufen am 05.12.2016, von http://dzlm.de/files/uploads/DZLM-3.2-Fachfremd-20150316_FINAL-20150324.pdf

DZLM. (2015b). Mathe. Lehren. Lernen. Fortbildungen für alle Lehrpersonen. . Abgerufen am 05.12.2016, von https://www.dzlm.de/files/uploads/DZLM-3.3-Lehrpersonen-20150316_FINAL-20150324.pdf

DZLM. (2015c). Mathe. Lehren. Lernen. Theoretischer Rahmen des Deutschen Zentrums für Lehrerbildung Mathematik. Abgerufen am 05.12.2016, von http://www.dzlm.de/files/upload/DZLM-0.0-Theoretischer-Rahmen-20150218_FINAL-20150324.pdf

Edelstein, W. (2002). Selbstwirksamkeit, Innovation und Schulreform. In *Selbstwirksamkeit und Motivationsprozesse in Bildungsinstitutionen.* (S. 13–27). Beltz. https://doi.org/URN: urn:nbn:de:0111-opus-39291 (Selbstwirksamkeit und Motivationsprozesse in Bildungsinstitutionen.)

Eichholz, L. (2018). *Mathematik fachfremd unterrichten. Ein Fortbildungskurs für Lehrpersonen in der Primarstufe.* Springer Spektrum.

Ellis, A. B. (2007). A Taxonomy for Categorizing Generalizations: Generalizing Actions and Reflection Generalizations. *Journal of the Learning Sciences, 16*(2), 221–262. https://doi.org/10.1080/10508400701193705 (Journal of the Learning Sciences)

Erath, K. (2017). *Mathematisch diskursive Praktiken des Erklärens. Rekonstruktion von Unterrichtsgesprächen in unterschiedlichen Mikrokulturen.* Springer.

Erziehungsdirektorenkonferenz. (2011). *Grundkompetenzen für die Mathematik. Nationale Bildungsstandards. Frei gegeben von der EDK Plenarversammlung am 16. Juni 2011.* EDK.

Fahse, C., & Linnemann, T. (2015). Genügt der Beweis, oder soll ich das auch erklären? Gute Begründungen und Erklärungen aus Sicht der Schülerinnen und Schüler. *Praxis der Mathematik in der Schule, 57*(64), 19–23. (PM : Praxis der Mathematik in der Schule)

Faulkner, F., Kenny, J., Campbell, C., & Crisan, C. (2019). Teacher Learning and Continuous Professional Development. In L. Hobbs & G. Törner (Hrsg.), *Examining the Phenomenon of "Teaching Out-of-field". International Perspectives on Teaching as a Non-specialist* (S. 269–308). Springer Nature.

Felbrich, A., Schmotz, C., & Kaiser, G. (2010). Überzeugungen angehender Primarstufenlehrkräfte im internationalen Vergleich. In S. Blömeke, G. Kaiser, & R. Lehmann (Hrsg.), *Professionelle Kompetenz und Lerngelegenheiten angehender Primarstufenlehrkräfte im internationalen Vergleich.* (S. 297–326). Waxmann.

Ferrucci, B. J. (2004). Gateways to Algebra at the Primary Level. *The Mathematics Educator, 8*(1), 131–138.

Fetzer, M. (2011). Wie argumentieren Grundschulkinder im Mathemathematikunterricht? Eine argumentationstheoretische Perspektive. *Journal für Mathematik-Didaktik, 32*(1), 27–51. https://doi.org/10.1007/s13138-010-0021-z

Fey, J., Doerr, H., Farinelli, R., Farley, R., Lacampagne, C., Martin, G., Papick, I., & Yanik, E. (2007). Preparation and Professional Development of Algebra Teachers. In V. Katz (Hrsg.), *Algebra. Gateway to a Technological Future* (S. 27–31). The Mathematical Association of America.

Filloy, E., & Sutherland, R. (1996). Designing Curricula for Teaching and Learning Algebra. In B. A.J., C. K., K. C., K. J., & L. C. (Hrsg.), *International Handbook of Mathematics Education. Kluwer International Handbooks of Education* (S. 139–160). Springer.

Fischer, A. (2009). Zwischen bestimmten und unbestimmten Zahlen – Zahl- und Variablenauffassungen von Fünftklässlern. *Journal für Mathematik-Didaktik : Zeitschrift der Gesellschaft für Didaktik der Mathematik (GDM), 30 (2009) 1*, 3–29.
Fischer, A., Hefendehl-Hebeker, L., & Prediger, S. (2010). Mehr als Umformen: Reichhaltige algebraische Denkhandlungen im Lernprozess sichtbar machen. *Praxis der Mathematik in der Schule, 52,* 1–7.
Fletemeyer, T. (2021). *Berufsbezogene Überzeugungen von Lehrpersonen zur Beruflichen Orientierung. Eine qualitative Studie an allgemeinbildenden Schulen.* Springer VS.
Flick, U. (2014). *Qualitative Sozialforschung. Eine Einführung.* Rowohlt.
Fong, N. S. (2004). Developing Algebraic Thinking in Early Grades: Case Study of the Singapore Primary Mathematics Curriculum. *The Mathematics Educator, 8*(1), 39–59.
Freiman, V., & Applebaum, M. (2016). Engaging elementary school students in mathematical reasoning using investigations: Example of a Bachet strategy game. *Mathematics Teaching-Research Journal, 8*(1–2).
Fritzlar, T. (2015). Arithmetik & Algebra. Beziehungsreiche Mathematik von Anfang an. *Praxis Grundschule, 38* (2), 6–7.
Fumador, E., & Agyei, D. (2018). Students' Errors and Misconceptions in Algebra: Exploring the Impact of Remedy Using Diagnostic Conflict and Conventional Teaching Approaches. *International Journal of Education, Learning and Development, 6*(10), 1–15.
Gallin, P., & Ruf, U. (1995). *Sprache und Mathematik 1.-3. Schuljahr. Ich mache das so! Wie machst du es? Das machen wir ab.* Lehrmittelverlag des Kantons Zürich.
Garet, M., Cronen, S., Eaton, M., Kurki, A., Ludwig, M., Jones, W., Uekawa, K., Falk, A., Bloom, H. S., Doolittle, F., Zhu, P., & Sztejnberg, L. (2008). *The Impact of Two Professional Development Interventions on Early Reading Instruction and Achievement.* U.S. Department of Education.
Garet, M., Porter, A., Desimone, L., Birman, B., & Yoon, K. S. (2001). What Makes Professional Development Effective? Results From a National Sample of Teachers. *American Educational Research Journal 38*(4), 915–945. https://doi.org/10.3102/00028312003804915
Gerhard, S. (2008). *Algebra in der Grundschule – Von konkreten Größenvergleichen zu abstrakten Gleichungen* 42. Tagung für Didaktik der Mathematik. Jahrestagung der Gesellschaft für Didaktik der Mathematik, Budapest.
Göb, N. (2017). Professionalisierung durch Lehrerfortbildung. Wie wird der Lernprozess der Teilnehmenden unterstützt? *Die deutsche Schule, 109*(1), 9–27. https://www.waxmann.com/index.php?eID=download&id_artikel=ART102118&uid=frei
Goeze, A. (2010). Was ist ein guter Fall? Kriterien für die Entwicklung und Auswahl von Fällen für den Einsatz in der Aus- und Weiterbildung. Abgerufen am 02.04.2020, von http://www.die-bonn.de/id/34300
Goldhaber, D. D., & Brewer, D. J. (1996). Evaluating the Effect of Teacher Degree Level on Educational Performance. . *Developments in School Finance, 22*(2), 199–210.
Götze, D. (2019a). Schriftliches Erklären operativer Muster fördern. *Journal für Mathematik-Didaktik, 40*(1), 95–121. https://doi.org/10.1007/s13138-018-00138-4
Götze, D. (2019b). The importance of a meaning-related language for understanding multiplication. Proceedings of the Eleventh Congress of the European Society for Research in Mathematics Education Utrecht.

Graham, S., & Weiner, B. (1996). Theories and principles of motivation. In *Handbook of educational psychology*. (S. 63–84). Prentice Hall International.

Gravemeijer, K., & Cobb, P. (2006). Design research from a learning design perspective In J. van den Akker, K. Gravemeijer, S. McKenney, & N. Nieveen (Hrsg.), *Educational Design Research* (S. 17–51). Routledge.

Grigutsch, S., Raatz, U., & Toerner, G. (1998). Einstellungen gegenueber Mathematik bei Mathematiklehrern. *Journal für Mathematik-Didaktik, 19*(1), 3–45. (Journal für Mathematik-Didaktik)

Hahn, T. (2019). *Schülerlösungen in Lehrerfortbildungen. Eine empirische Studie zur Entwicklung der professionellen Kompetenz von Mathematiklehrkräften.* Springer Spektrum.

Hammel, L. (2011). *Selbstkonzepte fachfremd unterrichtender Musiklehrerinnen und Musiklehrer an Grundschulen. Eine Grounded-Theory-Studie.* LIT-Verlag.

Hammel, L. (2012). Sich über Diskrepanzen definieren: Selbstkonzepte fachfremdunterrichtender Musiklehrerinnen und Musiklehrer an Grundschulen. Eine Grounded-Theory-Studie. In J. Knigge & A. Niessen (Hrsg.), *Musikpädagogisches Handeln. Begriffe, Erscheinungsformen, politische Dimensionen*. (S. 237–255). Die Blaue Eule.

Hanna, G. (2000). Proof, Explanation and Exploration: An Overview. *Educational Studies in Mathematics, 44*(1), 5–23. https://doi.org/10.1023/A:1012737223465

Hart, L. C., Smith, S. Z., Swars, S. L., & Smith, M. E. (2009). An examination of research methods in mathematics education. *Journal of Mixed Methods Research, 3*(1), 26–41.

Hascher, T. (2014). Forschung zur Wirksamkeit der Lehrerbildung. In E. Terhart, H. Bennewitz, & M. Rothland (Hrsg.), *Handbuch der Forschung zum Lehrerberuf* (S. 542–571). Waxmann.

Hattie, J. A. C. (2008). *Visible learning: A synthesis of over 800 meta-analyses relating to achievement.* Taylor & Francis Group.

Hebenstreit, A., Hinrichsen, M., Hummrich, M., & Meier, M. (2016). Einleitung – eine Reflexion zur Fallarbeit in der Erziehungswissenschaft. In M. Hummrich, A. Hebenstreit, M. Hinrichsen, & M. Meier (Hrsg.), *Was ist der Fall? Kasuistik und das Verstehen pädagogischen Handelns* (S. 1–9). Springer.

Hecht, P. (2013). Selbstwirksamkeitsüberzeugungen im Berufseinstieg von Lehrpersonen. *Unterrichtswissenschaft, 41*(2), 108–124. http://www.digizeitschriften.de/dms/img/?PID=PPN513613439_0041%7CLOG_0023

Hedderich, J., & Sachs, L. (2016). *Angewandte Statistik. Methodensammlung mit R.* Springer Spektrum.

Hefendehl-Hebeker, L. (2007). Algebraisches Denken was ist das? In *Beiträge zum Mathematikunterricht 2007, 41. Jahrestagung der Gesellschaft Mathematik für Didaktik der Mathematik vom 25.3 bis 30.3.2007 in Berlin.*

Hefendehl-Hebeker, L., vom Hofe, R., Büchter, A., Humenberger, H., Schulz, A., & Wartha, S. (2019). Subject-Matter Didactics. In H. N. Jahnke & L. Hefendehl-Hebeker (Hrsg.), *Traditions in German-Speaking Mathematics Education Research* (S. 25–60). Springer.

Heintz, B. (2000). *Die Innenwelt der Mathematik. Zur Kultur und Praxis einer beweisenden Disziplin.* Springer.

Heinzel, F. (2021). Der Fall aus der Perspektive von Schulpädagogik und Lehrer*innenbildung. Ein Ordnungsversuch. In D. Wittek, T. Rabe, & M. Ritter (Hrsg.), *Kasuistik in Forschung und Lehre. Erziehungswissenschaftlihce und fachdidaktische Ordnungsversuche*. (S. 41–64). Verlag Julius Klinkhardt.

Hengartner, E., Hirt, U., & Wälti, B. (2006). *Lernumgebungen für Rechenschwache bis Hochbegabte. Natürliche Differenzierung im Mathematikunterricht*. Klett und Balmer.

Hengartner, E., & Röthlisberger, H. (1999). Standortbestimmungen zum Einmaleins (2. Klasse): Die Suche nach geeigneten Aufgaben. In E. Hengartner (Hrsg.), *Mit Kindern lernen. Standorte und Denkwege im Mathematikunterricht* (S. 36–40). Klett und Balmer.

Herscovics, N., & Linchevski, L. (1994). A cognitive gap between arithmetic and algebra. *Educational Studies in Mathematics, 27*(1), 59–78. https://doi.org/10.1007/BF01284528

Herzmann, P., & König, J. (2016). *Lehrerberuf und Lehrerbildung*. Verlag Julius Klinkhardt.

Hewitt, D. (1998). Approaching arithmetic algebraically. *Mathematics teaching, 163*, 19–29.

Hildebrandt, C. (2017). Mit dem Glauben Berge versetzen … – Die Selbstwirksamkeitserwartung von Informatiklehrkräften. In I. Diethelm (Hrsg.), *Informatische Bildung zum Verstehen und Gestalten der digitalen Welt* (S. 137–146). Gesellschaft für Informatik.

Hill, H. C., & Ball, D. L. (2009). The Curious – and Crucial – Case of Mathematical Knowledge for Teaching. *Kappan, 91*(2), 68–71.

Hill, H. C., Ball, D. L., & Schilling, S. G. (2008). Unpacking Pedagogical Content Knowledge: Conceptualizing and Measuring Teachers' Topic-Specific Knowledge of Students. *Journal for Research in Mathematics Education, 39*(4), 372–400. http://www.jstor.org/stable/40539304

Hill, H. C., Rowan, B., & Ball, D. L. (2005). Effects of Teachers' Mathematical Knowledge for Teaching on Student Achievement. *American Educational Research Journal, 42*(2), 371–406.

Hippel, A. v. (2011). Fortbildung in pädagogischen Berufen – zentrale Themen, Gemeinsamkeiten und Unterschiede der Fortbildung in Elementarbereich, Schule und Weiterbildung. In *Pädagogische Professionalität*. (Vol. 57, S. 248–267). Beltz. Doi: https://doi.org/10.25656/01:7097

Hobbs, L. (2013). Teaching 'out-of-field' as a boundary-crossing event: Factors shaping teacher identity. *Interantional Journal of Science and Mathematics Education, 11*(2), 271–297.

Hobbs, L., Du Plessis, A. E., Quinn, F., & Rochette, E. (2019). Examining the Complexity of the Out-of-Field Teacher Experience Through Multiple Theoretical Lenses. In L. Hobbs & G. Törner (Hrsg.), *Examining the Phenomenon of "Teaching Out-of-field". International Perspectives on Teaching as a Non-specialist* (S. 87–128). Springer Nature.

Hobbs, L., & Porsch, R. (2021). Teaching out-of-field: challenges for teacher education. *European Journal of Teacher Education, 44*(5), 601–610.

Hobbs, L., & Quinn, F. (2021). Out-of-field teachers as learners: Influences on teacher perceived capacity and enjoyment over time. *European Journal of Teacher Education*, 1–25. https://doi.org/10.1080/02619768.2020.1806230

Hobbs, L., & Törner, G. (2014). Taking an international perspective on *"Out-of-field" teaching* Proceedings and agenda for research and action from the 1st Teaching Across Specialisations (TAS) Collective Symposium, Porto, Portugal.

Hobbs, L., & Törner, G. (2019a). Teaching Out-of-Field as a Phenomenon and Research Problem. In L. Hobbs & G. Törner (Hrsg.), *Examining the Phenomenon of "Teaching Out-of-field". International Perspectives on Teaching as a Non-specialist* (S. 3–20). Springer Nature.

Hobbs, L., & Törner, G. (2019b). The Out-of-Field Phenomenon: Synthesis and Taking Action. In L. Hobbs & G. Törner (Hrsg.), *Examining the Phenomenon of "Teaching*

Out-of-field". *International Perspectives on Teaching as a Non-specialist* (S. 309–322). Springer Nature.

Hodgen, J., Coe, R., Brown, M., & Küchemann, D. (2014). Improving students' understanding of algebra and multiplicative reasoning: did the ICCAMS intervention work? Proceedings of the 8th British Congress of Mathematics Education 2014, Nottingham.

Hohensee, C. (2017). Preparing elementary prospective teachers to teach early algebra. *Journal of Mathematics Teacher Education, 20*(3), 231–257. https://doi.org/10.1007/s10857-015-9324-9

Holden, H., & Button, S. W. (2006). The teaching of music in the primary school by the non-music specialist. *The British journal of music education, 23*(1), 23–38.

Hopf, C. (1978). Die Pseudo-Exploration – Überlegungen zur Technik qualitativer Interviews in der Sozialforschung. *Zeitschrift für Soziologie, 7*(2), 97–115.

Höveler, K., Laferi, M., & Selter, C. (2018). Kompetenzorientierter Mathematikunterricht in der Grundschule – ein Qualifizierungskurs für Multiplikatorinnen und Multiplikatoren. In R. Biehler, T. Lange, T. Leuders, B. Rösken-Winter, P. Scherer, & C. Selter (Hrsg.), *Mathematikfortbildungen professionalisieren. Konzepte; Beispiele und Erfahrungen des Deutschen Zentrums für Lehrerbildung Mathematik* (S. 165–187). Springer Spektrum. https://doi.org/10.1007/978-3-658-19028-6_9

Hübner-Schwartz, C. (2013). *Vom Lehrplan zum Unterricht. Die Implementation einer Lehrplaninnovation an Grundschulen in Nordrhein-Westfalen am Beispiel des Fachs Mathematik*. MV-Verlag.

Huethorst, L. (2022). Elementary School-Appropriate and Algebraic Solutions of Out-of-Field Teachers and Pre-Service Teachers in Comparison. In L. Hobbs & R. Porsch (Hrsg.), *Out-of-field Teaching Across Teaching Disciplines and Contexts* (S. 333–352). Springer.

Huethorst, L., & Selter, C. (2020). Mathematik selbst entdecken – ein Fortbildungskurs zur Förderung prozessbezogener Kompetenzen. In R. Porsch & B. Rösken-Winter (Hrsg.), *Professionelles Handeln im fachfremd erteilten Mathematikunterricht. Empirische Befunde und Fortbildungskonzepte* (S. 169–193). Springer Spektrum.

Hunter, J., Anthony, G., & Burghes, D. (2018). Scaffolding Teacher Practice to Develop Early Algebraic Reasoning. In C. Kieran (Hrsg.), *Teaching and Learning Algebraic Thinking with 5- to 12-Year-Olds. The Global Evolution of an Emerging Field of Research and Practice*. (S. 379–401). Springer. https://doi.org/10.1007/978-3-319-68351-5_16

Hußmann, S., & Schacht, F. (2015). Fachdidaktische Entwicklungsforschung in inferentieller Perspektive am Beispiel von Variable und Term. *Journal für Mathematik-Didaktik, 36*(1), 105–134.

Hußmann, S., & Selter, C. (2007). Standortbestimmungen – Leistungsfeststellung als Grundlage individueller Förderung. *PM : Praxis der Mathematik in der Schule, 49*(15), 9–13.

Hußmann, S., Thiele, J., Hinz, R., Prediger, S., & Ralle, B. (2013). Gegenstandsorientierte Unterrichtsdesigns entwickeln und erforschen. Fachdidaktische Entwicklungsforschung im Dortmunder Modell In M. Komorek & S. Prediger (Hrsg.), *Der lange Weg zum Unterrichtsdesign: Zur Begründung und Umsetzung genuin fachdidaktischer Forschung- und Entwicklungsprogramme* (S. 25–42). Waxmann.

Ingersoll, R. (1999). The Problem of Underqualified Teachers in American Secondary Schools. *Educational Researcher, 28*, 26–37.

Ingersoll, R. (2002). *Out-of-field Teaching, Educational Inequality and the Organisation of Schools: An Exploratory Analysis.* University of Washington: Center for the Study of Teaching and Policy.

Ingersoll, R. (2019). Measuring Out-of-Field Teaching. In L. Hobbs & G. Törner (Hrsg.), *Examining the Phenomenon of "Teaching Out-of-field". International Perspectives on Teaching as a Non-specialist* (S. 21–52). Springer Nature.

Jahnke, H. N. (2008). Theorems that admit exceptions, including a remark on Toulmin. *Zdm, 40*(3), 363–371. https://doi.org/10.1007/s11858-008-0097-9

Jahnke, H. N., & Ufer, S. (2015). Argumentieren und Beweisen. In R. Bruder, L. Hefendehl-Hebeker, B. Schmidt-Thieme, & H.-G. Weigand (Hrsg.), *Handbuch der Mathematikdidaktik* (S. 331–355). Springer.

Jansen, P. (2010). Argumentieren lernen. Die Sprache im Mathematikunterricht fördern. *Grundschule, 42*(5), 44–45.

Jordan, A., Krauss, S., Löwen, K., Blum, W., Neubrand, M., Brunner, M., Kunter, M., & Baumer, J. (2008). Aufgaben im COACTIV-Projekt: Zeugnisse des kognitiven Aktivierungspotentials im deutschen Mathematikunterricht. *Journal für Mathematik-Didaktik, 29*(2), 83–107.

Kaput, J. (1995). *A Research Base Supporting Long Term Algebra Reform?* Seventeenth Annual Meeting for the Psychology of Mathematics Education (North American Chapter), Columbus, Ohio.

Kaput, J. (1998). Transforming algebra from an engine of inequity to an engine of mathematical power by 'algebrafying' the K-12 Curriculum. In M. a. E. E. The National Council of Teachers of Mathematics and Mathematical Sciences Education Board Center for Science, National Research Council (Hrsg.), *The Nature and Role of Algebra in the K-14 Curriculum* (S. 25–26). National Academic Press.

Kaput, J. (2008). What is algebra? What is algebraic reasoning? In J. Kaput, D. W. Carraher, & M. Blanton (Hrsg.), *Algebra In the Early Grades.* Erlbaum.

Kaput, J., & Blanton, M. (2000). *Algebraic Reasoning in the Context of Elementary Mathematics: Making It Implementable on a Massive Scale.*

Kaput, J., Carraher, D., & Blanton, M. (2008). *Algebra in the Early Grades.* Routledge.

Karlsson, K. (i.V.). *Entwicklung und Erprobung eines fallbasierten Lernanlasses zur Förderung der adaptiven Förderaufgabenauswahl von Studierenden der Primarstufe.* Dissertation TU Dortmund.

Katz, V. (2007). Executive Summary. In V. Katz (Hrsg.), *Algebra. Gateway to a Technological Future* (S. 1–6). The Mathematical Association of America.

Kelly, A. E. (2006). Quality criteria for design research. evidence and commitments In J. van den Akker, K. Gravemeijer, S. McKenney, & N. Nieveen (Hrsg.), *Educational Design Research* (S. 107–118). Routledge.

Kempen, L., & Biehler, R. (2021). Design-Based Research in der Hochschullehre am Beispiel der Lehrveranstaltung „Einführung in die Kultur der Mathematik". In R. Biehler, A. Eichler, R. Hochmuth, S. Rach, & N. Schaper (Hrsg.), *Lehrinnovationen in der Hochschulmathematik praxisrelevant – didaktisch fundiert – forschungsbasiert* (S. 477–526). Springer.

Kennedy, M. (1998). *Form and Substance in Inservice Teacher Education.* National Institute for Science Education.

Kenny, J., Hobbs, L., & Whannell, R. (2020). Designing professional development for teachers teaching out-of-field. *Professional Development in Education, 46*(3), 1–16. https://doi.org/10.1080/19415257.2019.1613257

Kieboom, L. A. v. d., Magiera, M., & Moyer, J. C. (2010). Pre-Service Teachers' Knowledge of Algebraic Thinking and the Characteristics of the Questions Posed for Students. 2010 annual meeting of the American Educational Research Association, Denver, Colorado, USA.

Kieboom, L. A. v. d., Magiera, M. T., & Moyer, J. C. (2014). Exploring the relationship between K-8 prospective teachers' algebraic thinking proficiency and the questions they pose during diagnostic algebraic thinking interviews. *Journal of Mathematics Teacher Education, 17*(5), 429–461. https://doi.org/10.1007/s10857-013-9264-1

Kiel, E., Kahlert, J., & Haag, L. (2014). Was ist ein guter Fall für die Aus- und Weiterbildung von Lehrerinnen und Lehrern? [What Makes a Good Case for Initial and In-service Teacher Education?]. *Beiträge zur Lehrerinnen- und Lehrerbildung, 32*(1), 21–33. Doi: https://doi.org/10.25656/01:12662

Kieran, C. (1992). The learning and teaching of school algebra. In D. A. Grouws (Hrsg.), *Handbook of research on mathematics teaching and learning* (S. 390–419). Macmillan.

Kieran, C. (1996). The changing face of school algebra. In C. Alsina, J. Alvarez, C. Hodgson, C. Laborde, & A. Pérez (Hrsg.), *8th International Congress on Mathematical Education: Selected lectures* (S. 271–290). S.A.E.M Thales.

Kieran, C. (2004). Algebraic thinking in the early grades: What is it. *The Mathematics Educator, 8*(1), 139–151.

Kieran, C. (2011). Overall Commentary on Early Algebraization: Perspectives for Research and Teaching. In J. Cai & E. Knuth (Hrsg.), *Early Algebraization. A Global Dialogue from Multiple Perspectives.* (S. 579–593). Springer. https://doi.org/10.1007/978-3-642-17735-4_29

Kieran, C. (2018). *Teaching and Learning Algebraic Thinking with 5- to 12-Year-Olds. The Global Evolution of an Emerging Field of Research and Practice.* Springer International Publishing.

Klassen, R. M., Tze, V. M. C., Betts, S. M., & Gordon, K. A. (2011). Teacher Efficacy Research 1998–2009: Signs of Progress or Unfulfilled Promise? *Educational Psychology Review, 23*(1), 23–43.

Kleickmann, T. (2008). Zusammenhänge fachspezifischer Vorstellungen von Grundschullehrkräften zum Lehren und Lernen mit Fortschritten von Schülerinnen und Schülern im konzeptuellen naturwissenschaftlichen Verständnis. Abgerufen am 09.08.2021, von http://d-nb.info/992474906/34

Klemm, K. (2020). Lehrkräftemangel in den MINT-Fächern: Kein Ende in Sicht Zur Bedarfs- und Angebotsentwicklung in den allgemeinbildenden Schulen der Sekundarstufen I und II am Beispiel Nordrhein-Westfalens. Abgerufen am 03.01.2021, von https://www.telekom-stiftung.de/sites/default/files/mint-lehrkraeftebedarf-2020-zusammenfassung.pdf

KMK. (2005). *Bildungsstandards im Fach Mathematik für den Primarbereich. Beschluss vom 15.10.2004.* Wolters Kluwer Deutschland GmbH.

KMK. (2015). *Empfehlungen zur Arbeit in der Grundschule. Beschluss der KMK vom 02.07.1970 i. d. F. vom 11.06.2015.*

Knapstein, K. (2014). *Begründen im Mathematikunterricht der Grundschule am Beispiel Substanzieller Aufgabenformate.*
Knipping, C. (2002, 2002/12/01). Die Innenwelt des Beweisens im Mathematikunterricht. *Zentralblatt für Didaktik der Mathematik, 34*(6), 258–266. https://doi.org/10.1007/BF02655724
Knipping, C. (2010). Argumentationen – sine qua non? In B. Brandt, M. Fetzer, & M. Schütte (Hrsg.), *Auf den Spuren Interpretativer Unterrichtsforschung in der Mathematikdidaktik. Götz Krummheuer zum 60. Geburtstag.* (S. 67–93). Waxmann.
Koedinger, K. R., & MacLaren, B. A. (1997). Implicit Strategies and Errors in an Improved Model of Early Algebra Problem Solving. In *Proceedings of the Nineteenth Annual Conference of the Cognitive Science Society.* Erlbaum.
Koellner, K., Jacobs, J., Borko, H., Roberts, S. A., & Schneider, C. (2011). Professional Development to Support Students' Algebraic Reasoning: An Example from the Problem-Solving Cycle Model. In J. Cai & E. Knuth (Hrsg.), *Early Algebraization. A Global Dialogue from Multiple Perspectives.* Springer.
Kolbe, F.-U., & Combe, A. (2008). Lehrerbildung. In W. Helsper & J. Böhme (Hrsg.), *Handbuch der Schulforschung* (S. 877–901). VS Verlag.
Komatsu, K. (2010). Counter-examples for refinement of conjectures and proofs in primary school mathematics. *The Journal of Mathematical Behavior, 29*(1), 1–10. https://doi.org/10.1016/j.jmathb.2010.01.003 (The Journal of Mathematical Behavior)
Komorek, M., Wilhelm, T., Hopf, M., & Ralle, B. (2015). Fachdidaktische Entwicklungsforschung. In S. Bernholt (Hrsg.), *Heterogenität und Diversität – Vielfalt der Voraussetzungen im naturwissencahftlichen Unterricht. Gesellschaft für Didaktik der Chemie und Physik Jahrestagung in Bremen 2014* (S. 432–434). IPN Kiel.
König, J., Blömeke, S., & Kaiser, G. (2015). Early Career Mathematics Teachers' General Pedagogical Knowledge and Skills: Do Teacher Education, Teaching Experience, and Working Conditions Make a Difference? *International Journal of Science and Mathematics Education, 13*(2), 331–350.
Krägeloh, N., & Prediger, S. (2015). Der Textaufgabenknacker – Ein Beispiel zur Spezifizierung und Förderung fachspezifischer Lese- und Verstehensstrategien. . *Der mathematische und naturwissenschaftliche Unterricht, 68*(3), 138–144.
Krainer, K., & Benke, G. (2009). Mathematik – Naturwissenschaften – Informationstechnologie: Neue Wege in Unterricht und Schule? In W. Specht (Hrsg.), *Nationaler Bildungsbericht Österreich 2009. Band 2 Fokussierte Analysen bildungspolitischer Schwerpunktthemen.* (S. 223–246). Leykam Buchverlagsgesellschaft.
Krammer, K., Lipowsky, F., Pauli, C., Schnetzler, C., & Reusser, K. (2012). Unterrichtsvideos als Medium zur Professionalisierung und als Instrument der Kompetenzerfassung von Lehrpersonen. In M. Kobarg, C. Fischer, I. Dalehefe, F. Trepke, & M. Menk (Hrsg.), *Lehrprofessionalisierung wissenschaftlich begleiten – Strategien und Methoden* (S. 69–86). Waxmann.
Krapp, A., & Hascher, T. (2009). Motivationale Voraussetzungen der Entwicklung der Professionalität von Lehrenden. In *Lehrprofessionalität. Bedingungen, Genese, Wirkungen und ihre Messung.* (S. 377–387). Beltz. (Lehrprofessionalität. Bedingungen, Genese, Wirkungen und ihre Messung.)
Krapp, A., & Ryan, R. M. (2002). Selbstwirksamkeit und Lernmotivation. Eine kritische Betrachtung der Theorie von Bandura aus der Sicht der Selbstbestimmungstheorie und

der pädagogisch-psychologischen Interessentheorie. In *Selbstwirksamkeit und Motivationsprozesse in Bildungsinstitutionen.* (S. 54–82). Beltz. URN: urn:nbn:de:0111-opus-39311 (Selbstwirksamkeit und Motivationsprozesse in Bildungsinstitutionen.)

Krauss, S., Baumert, J., & Blum, W. (2008b). Secondary mathematics teachers' pedagogical content knowledge and content knowledge: validation of the COACTIV constructs. *Zdm, 40*(5), 873–892. https://doi.org/10.1007/s11858-008-0141-9

Krauss, S., Blum, W., Brunner, M., Neubrand, M., Baumert, J., Kunter, M., Besser, M., & Elsner, J. (2011). Konzeptualisierung und Testkonstruktion zum fachbezogenen Professionswissen von Mathematiklehrkräften. In M. Kunter, J. Baumert, W. Blum, U. Klusmann, S. Krauss, & M. Neubrand (Hrsg.), *Professionelle Kompetenz von Lehrkräften. Ergebnisse des Forschungsprogramms COACTIV* (S. 135–162). Waxmann.

Krauss, S., Neubrand, M., Blum, W., Baumert, J., Brunner, M., Kunter, M., & Jordan, A. (2008a). Die Untersuchung des professionellen Wissens deutsch Mathematik-Lehrerinnen und -Lehrer im Rahmen der COACTIV-Studie. *Journal für Mathematik-Didaktik, 29*(2), 223–258.

Krauthausen, G. (2001). „Wann fängt das Beweisen an? Jedenfalls, ehe es einen Namen hat.'. Zum Image einer fundamentalen Tätigkeit. In W. Weiser & B. Wollring (Hrsg.), *Beiträge zur Didaktik der Mathematik für die Primarstufe. Festschrift für Siegbert Schmidt* (S. 99–113). Dr. Kovac.

Krauthausen, G. (2016). Mit dem Aufgabenformat Zahlenmauern arbeiten. Kummulatives Lernen im Spiralcurriculum. *Grundschule Mathematik, 48,* 32–35.

Krauthausen, G. (2018). *Einführung in die Mathematikdidaktik – Grundschule. 4. Auflage.* Springer Spektrum. Doi: https://doi.org/10.1007/978-3-662-54692-5

Krille, C. (2020). *Teacher's Participation in Professional Development. A Systematic Review.* Springer Nature.

Krippendorff, K. (2004). *Content analysis: An introduction to its methodology.* Sage Publ.

Krummheuer, G. (2003). Wie wird Mathematiklernen im Unterricht der Grundschule zu ermöglichen versucht? – Strukturen des Argumentierens in alltäglichen Situationen des Mathematikunterrichts der Grundschule. *Journal für Mathematik-Didaktik, 24*(2), 122–138. https://doi.org/10.1007/BF03338973 (Journal für Mathematik-Didaktik)

Krummheuer, G. (2010). *Wie begründen Kinder im Mathematikunterricht der Grundschule? Ein Analyseverfahren zur Rekonstruktion von Argumentationsprozessen.* IPN.

Krummheuer, G., & Brandt, B. (2001). *Paraphrase und Traduktion. Partizipationstheoretische Elemente einer Interaktionstheorie des Mathematiklernens in der Grundschule* Beltz.

Küchemann, D. (2010). Using patterns generically to see structure. *Pedagogies: An International Journal, 5*(3), 233–250. https://doi.org/10.1080/1554480X.2010.486147

Küchemann, D., & Hoyles, C. (2005). Pupils' awareness of structure on two number/algebra questions. Proceedings of the Fourth Congress of the European Society for Research in Mathematics Education, Sant Feliu de Guíxols, Spanien.

Kuckartz, U. (2014). *Mixed Methods. Methodologie, Forschungsdesigns und Analyseverfahren.* Springer VS.

Kuhnke, K. (2013). *Vorgehensweisen von Grundschulkindern beim Darstellungswechsel. Eine Untersuchung am Beispiel der Multiplikation im 2. Schuljahr.* Springer Spektrum.

Kunina-Habenicht, O., Decker, A.-T., & Kunter, M. (2016). Lehrerpersönlichkeit und professionelle Kompetenz von Lehrkräften. In K. Seifried, S. Drewes, & M. Hasselhorn (Hrsg.),

Handbuch Schulpsychologie. Psychologie für die Schule (S. 319–330). W. Kohlhammer GmbH.

Kunter, M., & Baumert, J. (2011). Das COACTIV-Forschungsprogramm zur Untersuchung professioneller Kompetenz von Lehrkräften- Zusammenfassung und Diskussion. In M. Kunter, J. Baumert, W. Blum, U. Klusmann, S. Krauss, & M. Neubrand (Hrsg.), *Professionelle Kompetenz von Lehrkräften: Ergebnisse des Forschungsprogramms COACTIV* (S. 346–366). Waxmann.

Kunter, M., & Baumert, J. (2013). The COACTIV Research Program on Teachers' Professional Competence: Summary and Discussion. In M. Kunter, J. Baumert, W. Blum, S. Krauss, & M. Neubrand (Hrsg.), *Cognitive Activation in the Mathematics Classroom and Professional Competence of Teachers. Results from the COACTIV Project* (S. 345–368). Springer Science+Buisness Media.

Kunter, M., Baumert, J., Blum, W., Klusmann, U., Krauss, S., & Neubrand, M. (2011). *Professionelle Kompetenz von Lehrkräften. Ergebnisse des Forschungsprogramms COACTIV*. Waxmann.

Kunter, M., Klusmann, U., Baumert, J., Richter, D., Voss, T., & Hachfeld, A. (2013). Professional Competence of Teachers: Effects on Instructional Quality and Student Development. *Journal of Educational Psychology, 105*(3), 805–820.

Kunter, M., & Pohlmann, B. (2015). Lehrer. In E. Wild & J. Möller (Hrsg.), *Pädagogische Psychologie* (S. 261–281). Springer.

Laczko-Kerr, I., & Berliner, D. (2003). In Harm's Way: How Undercertified Teachers Hurt Their Students. *Educational Leadership, 60*(8), 34–39.

Lagies, J. (2020). *Fachfremdheit zwischen Profession und Organisation: Orientierungsrahmen Mathematik fachfremd unterrichtender Grundschullehrkräfte*. Springer VS. https://doi.org/10.1007/978-3-658-26632-5

Lagies, J. (2021). Orientation framework of primary school teachers teaching mathematics out-of-field– insights into a qualitative-reconstructive documentary method study. *European Journal of Teacher Education, 44*(5), 652–667.

Lagies, J. (2022). Out-of-field teaching between relationship work and subject principle in primary schools – Insights into a qualitative-reconstructive documentary method study. In L. Hobbs & R. Porsch (Hrsg.), *Out-of-field Teaching Across Teaching Disciplines and Contexts* (S. 135–152). Springer.

Lagler, E., & Wilhelm, M. (2013). Zusammenhang von Schülerleistung und Fachausbildung der Lehrkräfte in den Naturwissenschaften – eine Pilotstudie zur Situation in der Schweiz. *Chimica etc. Didacticae, 38*(105), 47–70.

Laschke, C., & Felbrich, A. (2014). Erfassung der Überzeugungen der angehenden Primarstufenlehrkräfte. In C. Laschke & S. Blömeke (Hrsg.), *Teacher Education and Development Study. Learning to Teach Mathematics (TEDS-M 2008). Dokumentation der Erhebungsinstrumente* (S. 109–129). Waxmann.

Lengnink, K., & Prediger, S. (2000). Mathematisches Denken in der Linearen Algebra. *Zdm, 32*(4), 111–122. https://doi.org/10.1007/BF02652752

Leuders, T., & Schulz, A. (2019). Educational Research on Learning and Teaching Mathematics. In H. N. Jahnke & L. Hefendehl-Hebeker (Hrsg.), *Traditions in German-Speaking Mathematics Education Research* (S. 223–248). Springer.

Link, M. (Hrsg.). (2012). *Grundschulkinder beschreiben operative Zahlenmuster. Entwurf, Erprobung und Überarbeitung von Unterrichtsaktivitäten als ein Beispiel für Entwicklungsforschung*. Springer Spektrum. Doi: https://doi.org/10.1007/978-3-8348-2417-2.
Lipowsky, F. (2004). Was macht Fortbildungen für Lehrkräfte erfolgreich? Befunde der Forschung und mögliche Konsequenzen für die Praxis. *Die deutsche Schule, 96*(4), 462–479. http://www.digizeitschriften.de/dms/img/?PPN=PPN509092632_0096&DMDID=dmdlog102
Lipowsky, F. (2006). Auf den Lehrer kommt es an. Empirische Evidenzen für Zusammenhänge zwischen Lehrerkompetenzen, Lehrerhandeln und dem Lernen der Schüler. *Zeitschrift für Pädagogik, 51*, 47–70.
Lipowsky, F. (2009). Unterrichtsentwicklung durch Fort- und Weiterbildungsmassnahmen für Lehrpersonen. *Beiträge zur Lehrerbildung, 27*(3), 346–360. Doi: https://doi.org/10.25656/01:13705
Lipowsky, F. (2010). Lernen im Beruf. Empirische Befunde zur Wirksamkeit von Lehrerfortbildung. In F. H. Müller (Hrsg.), *Lehrerinnen und Lehrer lernen. Konzepte und Befunde zur Lehrerfortbildung*. (S. 51–70). Waxmann.
Lipowsky, F. (2013). Lehrerfortbildungen neu und weiter denken. Abgerufen am 19.07.2021, von http://assets05.hessenspd.net/docs/doc_45511_2013731128.pdf
Lipowsky, F. (2014). Theoretische Perspektiven und empirische Befunde zur Wirksamkeit von Lehrerfort- und -weiterbildung. In E. Terhart, H. Bennewitz, & M. Rothland (Hrsg.), *Handbuch der Forschung zum Lehrerberuf* (S. 511–541). Waxmann.
Lipowsky, F., & Rzejak, D. (2012). Lehrerinnen und Lehrer als Lerner – Wann gelingt der Rollentausch? Merkmale und Wirkungen wirksamer Lehrerfortbildungen. In L. Criblez, D. Bosse, & T. Hascher (Hrsg.), *Reform der Lehrerbildung in Deutschland, Österreich und der Schweiz. Teil 1: Analysen, Perspektiven und Forschung*. (S. 235–253). Prolog.
Lipowsky, F., & Rzejak, D. (2015). Key features of effective professional development programmes for teachers. *Ricercazione, 7*(2), 27–51.
Lipowsky, F., & Rzejak, D. (2017). Fortbildungen für Lehrkräfte wirksam gestalten. Erfolgsversprechende Wege und Konzepte aus Sicht der empirischen Bildungsforschung. *Bildung und Erziehung, 70*(4), 379–399.
Lippke, S. (2017). Self-Efficacy Theory. In V. Zeigler-Hill & T. K. Shackelford (Hrsg.), *Encyclopedia of Personality and Individual Differences* (S. 1–6). Springer International Publishing. https://doi.org/10.1007/978-3-319-28099-8_1167-1
Loska, R., & Hartmann, M. (2006). Erste Schritte in die Algebra mit Rechendreiecken. *Grundschule, 1/2006*, 36–38.
Lucksnat, C., Richter, E., Klusmann, U., Kunter, M., & Richter, D. (2020). Unterschiedliche Wege in Lehramt – unterschiedliche Kompetenzen? Ein Vergleich von Quereinsteigern und traditionell ausgebildeten Lehramtsanwärtern im Vorbereitungsdienst. *Zeitschrift für Pädagogische Psychologie*, 1–16.
Luft, J. A., Hanuscin, D., Hobbs, L., & Törner, G. (2020). Out-of-Field Teaching in Science: An Overlooked Problem. *Journal of Science Teacher Education, 31*(7), 719–724.
Lünne, S., & Biehler, R. (2018). Ffunt@OWL – Ein Zertifikatskurs für fachfremd Mathematik unterrichtende Lehrpersonen. In R. Biehler, T. Lange, T. Leuders, B. Rösken-Winter, P. Scherer, & C. Selter (Hrsg.), *Mathematikfortbildungen professionalisieren. Konzepte, Beispiele und Erfahrungen des Deutschen Zentrums für Lehrerbildung Mathematik*. (S. 341–362). Springer Spektrum.

Lünne, S., Biehler, R., Schüler, S., & Rösken-Winter, B. (2015). Mathematikbezogene Beliefs fachfremd unterrichtender Lehrerinnen und Lehrer zu Beginn einer Qualifizierungsmaßnahme. In F. Caluori, H. Linneweber-Lammerskitten, & C. Streit (Hrsg.), *Beiträge zum Mathematikunterricht 2015* (S. 604–607). WTM-Verlag.
Lünne, S., Schnell, S., & Biehler, R. (2021). Motivation of out-of-field teachers for participating in professional development courses in mathematics. *European Journal of Teacher Education, 44*(5), 688–705. https://doi.org/10.1080/02619768.2020.1793950
Maaß, J., & Schlögelmann, W. (2009). Foreword. In J. Maas & W. Schlögelmann (Hrsg.), *Beliefs and attitudes in mathematics education.* (S. vii–x). Sense Publishers.
Maclaren, B., & Koedinger, K. (1996). *Toward a Dynamic Model of Early Algebra Acquisition* EuroAIED, Lissabon.
Magiera, M., Kieboom, L. A. v. d., & Moyer, J. (2010). *An Extensive Analysis of Preservice Middle School Teachers' Knowledge of Algebraic Thinking* 2010 annual meeting of the American Educational Research Association, Denver, Colorado.
Magiera, M. T., Kieboom, L. A. v. d., & Moyer, J. C. (2013). An Exploratory Study of Pre-Service Middle School Teachers' Knowledge of Algebraic Thinking. *Educational Studies in Mathematics, 84*(1), 93–113 DOI: https://doi.org/10.1007/s10649-013-9472-8
Magiera, M. T., & Zambak, V. S. (2021). Prospective K-8 teachers' noticing of student justifications and generalizations in the context of analyzing written artifacts and video-records. *International Journal of STEM Education, 8*(1), 7–28. https://doi.org/10.1186/s40594-020-00263-y
Malle, G. (1993). *Didaktische Probleme der elementaren Algebra.* Vieweg.
Marx, A., & Huhmann, T. (2011). Mathematik: Entdeckend üben – übend entdecken. Die Bedeutung des Begründens und Beweisens für den Übungsprozess. *Grundschulmagazin, 6*, 8–12.
Mason, J. (1996). Expressing Generality and Roots of Algebra. In N. Bednarz, C. Kieran, & L. Lee (Hrsg.), *Approaches to Algebra. Perspectives for Research and Teaching* (S. 65–86). Springer.
Mason, J. (2007). Making use of children's powers to produce algebraic thinking. In J. Kaput, D. Carraher, & M. Blanton (Hrsg.), *Algebra In the Early Grades* (S. 57–94). Routledge.
Mason, J. (2018). How Early Is Too Early for Thinking Algebraically? In C. Kieran (Hrsg.), *Teaching and Learning Algebraic Thinking with 5- to 12-Year-Olds* (S. 329–350). Springer.
Mason, J., Burton, L., & Stacey, K. (2010). *Thinking Mathematically.* Pearson Education Limited.
Mason, J., Graham, A., & Johnston-Wilder, S. (2005). *Developing thinking in algebra.* Sage.
Mason, J., & Pimm, D. (1984, 1984/08/01). Generic examples: Seeing the general in the particular. *Educational Studies in Mathematics, 15*(3), 277–289. https://doi.org/10.1007/BF0 0312078
Mayring, P. (2010). *Qualitative Inhaltsanalyse. Grundlagen und Techniken.* Beltz.
McAuliffe, S., & Vermeulen, C. (2018). Preservice Teachers' Knowledge to Teach Functional Thinking. In C. Kieran (Hrsg.), *Teaching and Learning Algebraic Thinking with 5- to 12-Year-Olds* (S. 403–425). Springer.
McConney, A., & Price, A. (2009). Teaching out-of-field in Western Australia. *Australian Journal of Teacher Education, 34*(6), 86–100.

Melhuish, K., Thanheiser, E., & Guyot, L. (2020). Elementary school teachers' noticing of essential mathematical reasoning forms: justification and generalization. *Journal of Mathematics Teacher Education, 23*(1), 35–67. https://doi.org/10.1007/s10857-018-9408-4

Melzig, D. (2010). „Diese Ls sind 3 beim Kevin" – Algebraische Terme anhand von Strukturen in Holzwürfelmauern deuten. *Praxis der Mathematik in der Schule, 33*, 8–11.

Menge, C., Euler, T., & Schaeper, H. (2021). Überzeugungen und Selbstwirksamkeitserwartungen zum inklusiven Unterricht bei (angehenden) Lehrkräften: der Einfluss von Lerngelegenheiten. *Zeitschrift für Erziehungswissenschaft, 24*(6), 1283–1308.

Merk, S. (2016). *Epistemische Überzeugungen Lehramtsstudierender.*

Meyer, A. (2015). Algebraisches Denken in der Mittelstufe. In *Diagnose algebraischen Denkens* (S. 15–68). https://doi.org/10.1007/978-3-658-07988-8_2

Meyer, A., & Fischer, A. (2013). Wie algebraische Symbolsprache die Möglichkeiten für algebraisches Denken erweitert – Eine Theorie symbolsprachlichen algebraischen Denkens. *Journal für Mathematik-Didaktik, 34*(2), 177–208. https://doi.org/10.1007/s13138-013-0054-1

Meyer, M. (2007). Entdecken und Begründen im Mathematikunterricht – Zur Rolle der Abduktion und des Arguments. *Journal für Mathematik-Didaktik, 28*(3–4), 286–310.

Meyer, M., & Prediger, S. (2009). Warum? Argumentieren, Begründen, Beweisen. Einführungsbeitrag. . *Praxis der Mathematik in der Schule, 51*, 1–7.

Misailidou, C., & Williams, J. (2004). *Helping Children To Model Proportionally In Group Argumentation: Overcoming The 'Constant Sum' Error* Proceedings of the 28th Conference of the International. Group for the Psychology of Mathematics Education,,

Monk, D. H., & King, J. (1994). Multi-level Teacher Resource Effects on Pupil Performance in Secondary Mathematics and Science: The Role of Teacher Subject-Matter Preparation. . In R. Ehrenberg (Hrsg.), *Contemporary Policy Issues: Choices and Consequences in Education.* (S. 29–58). ILR Press.

Moyer, J., Huinker, D., & Cai, J. (2004). Developing Algebraic Thinking in the Earlier Grades: A Case Study of the U.S. Investigations Curriculum. *The Mathematics Educator, 8*(1), 6–38.

Moyer, P. S. (2001). Are we having fun yet? How teachers use manipulatives to teach mathematics. *Educational Studies in Mathematics, 47*(2), 175–197.

MSWNRW. (2008). *Lehrplan Mathematik für die Grundschulen des Landes Nordrhein-Westfalen.*

MSWNRW. (2012). *Allgemeine Dienstordnung für Lehrerinnen und Lehrer, Schulleiterinnen und Schulleiter an öffentlichen Schulen (ADO).* Abgerufen am 03.07.2021 von https://www.schulministerium.nrw.de/docs/Recht/Dienstrecht/Grundlegende/ADO.pdf

MSWNRW. (2020). *Das Schulwesen in Nordrhein-Westfalen aus quantitativer Sicht 2019/20.* MSB. Abgerufen am 10.07.2021 von https://www.schulministerium.nrw/system/files/media/document/file/quantita_2019.pdf

MSWNRW. (2021). Lehrplan für die Primarstufe in Nordrhein-Westfalen. Fach Mathematik. In *Lehrpläne Primarstufe, RdErl. d. Ministeriums für Schule und Bildung* (S. 72–97).

Müller, H. (1995). Zur Komplexität von Beweisen im Mathematikunterricht. *Journal für Mathematik-Didaktik, 16*(1), 47–77. https://doi.org/10.1007/BF03340166

Müller-Hill, E. (2017). Eine handlungsorientierte didaktische Konzeption nomischer mathematischer Erklärung. *Journal für Mathematik-Didaktik, 38*(2), 167–208. https://doi.org/10.1007/s13138-017-0115-y (Journal für Mathematik-Didaktik)

Mulligan, J., & Mitchelmore, M. (2009). Awareness of pattern and structure in early mathematical development. *Mathematics Education Research Journal, 21*(2), 33–49. https://doi.org/10.1007/BF03217544

Nagel, K., & Reiss, K. (2016). Zwischen Schule und Universität: Argumentation in der Mathematik. *Zeitschrift für Erziehungswissenschaft, 19*(2), 299–327. https://doi.org/10.1007/s11618-016-0677-3

Nathan, M. J., Koedinger, K., & Tabachneck, H. (2000). Teachers' and Researchs' Beliefs of Early Algebra Development. *Journal of Mathematics Teacher Education, 31*(2), 168–190.

Nathan, M. J., & Koedinger, K. R. (2000). Teachers' and Researchers' Beliefs about the Development of Algebraic Reasoning. *Journal for Research in Mathematics Education, 31*(2), 168–190.

NCTM. (2005). *Principles and standards for school mathematics* NCTM.

Nentwig, L. (2018). *Berufsorientierung als unbeliebte Zusatzaufgabe in der Inklusion?: Eine Studie zur Bereitschaft von Lehrpersonen zum Engagement in der inklusiven Berufsorientierung.* Klinkhardt, Julius. https://books.google.de/books?id=lGh0DwAAQBAJ

Nespor, J. (1987). The Role of Beliefs in the Practice of Teaching. *Journal of Curriculum Studies, 19*(4), 317–328.

Neuweg, G. H. (2011). Das Wissen der Wissensvermittler. Problemstellungen, Befunde und Perspektiven der Forschung zum Lehrerwissen. In E. Terhart, H. Bennewitz, & M. Rothland (Hrsg.), *Handbuch der Forschung zum Lehrerberuf.* (S. 451–477). Waxmann.

Nieszporek, R., & Biehler, R. (2019). *Retrospective competence assessment in a PD course on teaching statistic with digital tools in upper secondary schools* Proceedings of the Eleventh Congress of the European Society for Research in Mathematics Education,

Nieszporek, R., Biehler, R., & Griese, B. (2018). Kompetenzzuwächse von Lehrkräften in einer Fortbildung zum Thema Stochastik und dem Einsatz digitaler Medien, gemessen mit Hilfe von retrospektiver Kompetenzselbsteinschätzung (ReKoS). In *Beiträge zum Mathematikunterricht 2018* (S. 1311–1314). Fachgruppe Didaktik der Mathematik der Universität Paderborn.

NMAP. (2008). *Foundations for success: the final report of the National Mathematics Advisory Panel.* U.S. Department of Education.

Nührenbörger, M., & Schwarzkopf, R. (2017). Algebraisches Denken im Arithmetikunterricht der Grundschule. Beiträge zum Mathematikunterricht 2017, Münster.

Nührenbörger, M., & Schwarzkopf, R. (2019). Argumentierendes Rechnen: Algebraische Lernchancen im Arithmetikunterricht der Grundschule. In B. Brandt & K. Tiedemann (Hrsg.), *Interpretative Unterrichtsforschung* (S. 15–35). Waxmann.

Nührenbörger, M., & Schwarzkopf, R. (2021). Wieso, weshalb, warum? Vom Beschreiben und Begründen im Mathematikunterricht der Grundschule. In A. Pilgrim, M. Nolte, & T. Huhmann (Hrsg.), *Mathematiktreiben mit Grundschulkindern – Konzepte statt Rezepte. Festschrift für Günter Krauthausen.* (S. 127–136). WTM-Verlag.

Oerke, B., McElvany, N., Ohle-Peters, A., Horz, H., & Ullrich, M. (2018). Einstellungen, Motivation und Selbstwirksamkeit von Lehrkräften. Schulformunterschiede und Zusammenhänge mit Unterrichtsverhalten beim Lehren mit Texten und Bildern. *Zeitschrift für Erziehungswissenschaft, 21*(4), 793–815. DOI: https://doi.org/10.1007/s11618-017-0804-9

Orschulik, A. B. (2021). *Entwicklung der Professionellen Unterrichtswahrnehmung. Eine Studie zur Entwicklung Studierender in universitären Praxisphasen*. Springer Spektrum.

Ottinger, S., Ufer, S., & Kollar, I. (2016). Mathematisches Argumentieren und Beweisen in der Studieneingangsphase – Analyse inhaltlicher und formaler Qualitätsindikatoren. In I. f. M. u. I. Heidelberg (Hrsg.), *Beiträge zum Mathematikunterricht 2016*. WTM-Verlag.

Padberg, F., & Büchter, A. (2015). *Vertiefung Mathematik Primarstufe – Arithmetik/Zahlentheorie*. Springer Spektrum.

Pajares, M. (1992). Teachers Beliefs and Educational Research: Cleaning Up a Messy Construct. *Review of Educational Research, 62*(3), 307–332.

Pedemonte, B. (2007). How can the relationship between argumentation and proof be analysed? *Educational Studies in Mathematics, 66*(1), 23–41. https://doi.org/10.1007/s10649-006-9057-x

Peterson, P. L., Fennema, E., Carpenter, T., & Loef, M. (1989). Teachers' Pedagogical Content Beliefs in Mathematics. *Cognition and Instruction, 6*(1), 1–40.

Pflugmacher, T., Gruschka, J., Twardella, J., & Rosch, J. (2009). Vom Nutzen einer pädagogischen Unterrichtsforschung für die Lehrerbildung. *Beiträge zur Lehrerinnen- und Lehrerbildung, 27*(3), 372–384.

Pinnig, L. (2019). In kalte Wasser geschubst. Erfahrungen einer Grundschullehrerin mit fachfremdem Unterricht. *Lernende Schule, 85*, 28–29.

Polya, G. (1957). *How To Solve It. A New Aspect of Mathematical Method*. Princeton University Press.

Polya, G. (1995). *Schule des Denken. Vom Lösen mathematischer Probleme*. francke Verlag.

Porsch, R. (2015). Unterscheiden sich Mathematiklehrkräfte an Grundschulen mit und ohne Fach-Lehrbefähigung hinsichtlich ihrer berufsbezogenen Überzeugungen? Ergebnisse aus TIMSS 2007 [Are there differences between primary mathematics teachers with and without a subject-specific teaching qualification with regard to their professional beliefs? Results from TIMSS 2007.]. *Mathematica didactica, 38*, 5–36. http://www.mathematica-didactica.com/altejahrgaenge/md_2015/md_2015_Porsch_Mathematiklehrkraefte.pdf

Porsch, R. (2016a). Fachfremd unterrichten in Deutschland. Definition – Verbreitung – Auswirkungen. *Die deutsche Schule, 108*(1), 9–32. https://www.waxmann.com/index.php?eID=download&id_artikel=ART101856&uid=frei

Porsch, R. (2016b). Fachfremd unterrichten nach der Ausbildung: Wissen und Angstempfinden angehender Lehrkräfte. *Beiträge zur Lehrerinnen- und Lehrerbildung, 34*(3), 394–409. https://doi.org/URN: urn:nbn:de:0111-pedocs-139342

Porsch, R. (2017a). Spezialisten oder Generalisten? Eine Betrachtung der Fachausbildung von Grundschullehrerinnen und -lehrern in Deutschland. In Melanie Radhoff & S. Wieckert (Hrsg.), *Grundschule im Wandel* (S. 151–162). Dr. Kovac.

Porsch, R. (2017b). Mathematik als Pflichtfach in der Primarstufenlehrerausbildung. Mathematikangst, Enthusiasmus und Gründe der Schwerpunktwahl angehender Grundschullehrkräfte. *Lehrerbildung auf dem Prüfstand, 10*(1), 104–124. https://www.vep-landau.de/produkt/lehrerbildung-auf-dem-pruefstand-2017-10-1-digital/

Porsch, R. (2019a). Fachfremdes Unterrichten in Deutschland: Welche Rolle spielt die Lehrerbildung? In R. Porsch & B. Rösken-Winter (Hrsg.), *Professionelles Handeln im fachfremd erteilten Mathematikunterricht. Empirische Befunde und Fortbildungskonzepte* (S. 29–47). Springer.

Porsch, R. (2019b). Mathematikangst bei angehenden Lehrkräften – Ein systematisches Review internationaler Forschungsarbeiten. *Mathematica didactica, 42*(1), 1–24.

Porsch, R. (2019c). Was sagt die Forschung? Ein Gespräch zu fachfremdem Unterricht mit Ewald Terhart. *Lernende Schule, 85*, 8–13.

Porsch, R. (2019d). Fachfremd unterrichten. Ein Überblick zu Praxis und Forschung. *Lernende Schule, 85*, 4–7.

Porsch, R. (2020a). Mathematik fachfremd unterrichten In P. R. & B. Rösken-Winter (Hrsg.), *Professionelles Handeln im fachfremd erteilten Mathematikunterricht* (S. 3–26). Springer Spektrum.

Porsch, R. (2020b). Fachfremdes Unterrichten in Deutschland: Welche Rolle spielt die Lehrerbildung? In R. Porsch & B. Rösken-Winter (Hrsg.), *Professionelles Handeln im fachfremd erteilen Mathematikunterricht* (S. 29–47). Springer Spektrum. https://doi.org/10.1007/978-3-658-27293-7_2

Porsch, R., Strietholt, R., Macharski, T., & Bromme, R. (2015). Mathematikangst im Kontext: Ein Inventar zur situationsbezogenen Messung von Mathematikangst bei angehenden Lehrkräften. *Journal für Mathematik-Didaktik, 36*(1), 1–22. https://doi.org/10.1007/s13138-014-0067-4

Porsch, R., & Wendt, H. (2016). Aus- und Fortbildung von Mathematik- und Sachunterrichtslehrkräften. In H. Wendt, W. Bos, C. Selter, O. Köller, K. Schwippert, & D. Kasper (Hrsg.), *TIMSS 2015. Mathematische und naturwissenschaftliche Kompetenzen von Grundschulkindern in Deutschland* (S. 189–204). Waxmann.

Porsch, R., & Whannell, R. (2019). Out-of-Field Teaching Affecting Students and Learning: What Is Known and Unknown. In L. Hobbs & G. Törner (Hrsg.), *Examining the Phenomenon of "Teaching Out-of-field". International Perspectives on Teaching as a Non-specialist* (S. 179–194). Springer Nature.

Prediger, S. (2010). How to develop mathematics-for-teaching and for understanding: the case of meanings of the equal sign. *Journal of Mathematics Teacher Education, 13*(1), 73–93. https://doi.org/10.1007/s10857-009-9119-y

Prediger, S. (2013). Sprachmittel für mathematische Verstehensprozesse – Einblicke in Probleme, Vorgehensweisen und Ergebnisse von Entwicklungsforschungsstudien. In A. Pallack (Hrsg.), *Impulse für eine zeitgemäße Mathematiklehrer-Ausbildung. MNU-Dokumentation der 16. Fachleitertagung Mathematik* (S. 26–36). Seeberger.

Prediger, S. (2019b). Theorizing in Design Research: Methodological reflections on developing and connecting theory elements for language-responsive mathematics classrooms. . *Avances de Investigación en Educación Matemática, 15*, 5–27.

Prediger, S., & Götze, D. (2017). Sprachbildung als langfristige Entwicklungsaufgabe – Praktische Ansätze und ihre empirische Fundierung am Beispiel Algebra. In A. S. Steinweg (Hrsg.), *Sprache und Mathematik. Tagungsband des AK Grundschule in der GDM 2017* (S. 9–24). University of Bamberg Press. https://doi.org/10.20378/irbo-50325

Prediger, S., Gravemeijer, K., & Confrey, J. (2015). Design research with a focus on learning processes: an overview on achievements and challenges. *ZDM – Mathematics Education, 47*(6), 877–891.

Prediger, S., Leuders, T., & Rösken-Winter, B. (2017). Drei-Tetraeder-Modell der gegenstandsspezifischen Professionaliserungsforschung: Fachspezifische Verknüpfung von Design und Forschung. In *Jahrbuch für Allgemeine Didaktik 2017* (S. 159–177).

Prediger, S., Link, M., Hinz, R., Hussmann, S., Ralle, B., & Thiele, J. (2012). Lehr-Lernprozesse initiieren und erforschen. Fachdidaktische Entwicklungsforschung im Dortmunder Modell. *Der mathematische und naturwissenschaftliche Unterricht, 65*(8), 452–457.

Prediger, S., Schnell, S., & Rösike, K.-A. (2016). *Design Research with a focus on content-specific professionalization processes: The case of noticing students' potentials* ERME Topic Conference ETC3 on Mathematics teaching, resources and teacher professional developmen, Berlin.

Price, A., Vale, C., Porsch, R., Rahayu, E., Faulkner, F., Ríordáin, M., Crisan, C., & Luft, J. A. (2019). Teaching Out-of-Field Internationally. In L. Hobbs & G. Törner (Hrsg.), *Examining the Phenomenon of "Teaching Out-of-field". International Perspectives on Teaching as a Non-specialist* (S. 53–86). Springer Nature.

Priemer, B., Weß, R., & Ludwig, T. (2019). PCK des Argumentierens im naturwissenschaftlichem Unterricht. In *Naturwissenschaftliche Bildung als Grundlage für berufliche und gesellschaftliche Teilhabe. Gesellschaft für Didaktik der Chemie und Physik, Jahrestagung in Kiel 2018* (S. 596–599). Universität Regensburg.

Putnam, R. T., Heaton, R. M., Prawat, R. S., & Remillard, J. (1992). Teaching in Mathematics for Understanding: Discussing Case Studies of Four Fifth-Grade Teachers. *The Elementary School Journal, 93*(2), 213–228.

Radford, L. (1996). Some Reflections on Teaching Algebra through Generalization. In N. Bednarz, C. Kieran, & L. Lee (Hrsg.), *Approaches to Algebra* (S. 107–111). Kluwer Academic Publishers.

Radford, L. (2001). The Historical Origins of Algebraic Thinking. In R. Sutherland, T. Rojano, A. Bell, & R. Lins (Hrsg.), *Perspectives on School Algebra.* (S. 13–36). Springer. https://doi.org/10.1007/0-306-47223-6_2

Radford, L. (2011). *Embodiment, perception and symbols in the development of early algebraic thinking* Proceedings of the 35th Conference of the International Group for the Psychology of Mathematics Education, Ankara.

Radford, L. (2014). The Progressive Development of Early Embodied Algebraic Thinking. *Mathematics Education Research Journal, 26*(2), 257–277. https://doi.org/10.1007/s13 394-013-0087-2

Radford, L. (2018). The Emergence of Symbolic Algebraic Thinking in Primary School. In C. Kieran (Hrsg.), *Teaching and Learning Algebraic Thinking with 5- to 12-Year-Olds* (S. 3–25). Springer.

Rasch, B., Friese, M., Hofmann, W., & Naumann, E. (2014). *Quantitative Methoden 1. Einführung in die Statistik für Psychologen und Sozialwissenschaftler*. Springer.

Reid, D. (2002). Describing Reasoning in Early Elementary School Mathematics. *Teaching Children Mathematics, 9*(4), 234–237. https://doi.org/10.5951/TCM.9.4.0234

Reinold, M. (2016). *Lehrerfortbildungen zur Förderung prozessbezogener Kompetenzen. Eine Analyse der Effekte auf den Wirkungsebenen Akzeptanz und Überzeugungen*. Springer Spektrum.

Reinold, M., Trempler, K., Morgenroth, S., Schöppe, M., Selter, C., Gräsel, C., & Buchwald, P. (2012). *LIMa. Gestaltung von Lehrerfortbildung zur Unterstützung von Innovationen:*

Eine Interventionsstudie zur Einführung neuer Lehrpläne für den Mathematikunterricht der Grundschule (Skalenhandbuch Lehrkräfte).

Reiss, K. (2002). Argumentieren, Begründen, Beweisen im Mathematikunterricht. *Projektserver SINUS*. Universität.

Reiss, K., & Ufer, S. (2009). Was macht mathematisches Arbeiten aus? Empirische Ergebnisse zum Argumentieren, Begründen und Beweisen. *Jahresbericht der Deutschen Mathematiker-Vereinigung, 111*, 155–177.

Reusser, K., & Pauli, C. (2014). Berufsbezogene Überzeugungen von Lehrerinnen und Lehrern. In E. Terhart, H. Bennewitz, & M. Rothland (Hrsg.), *Handbuch der Forschung zum Lehrerberuf* (S. 642–661). Waxmann.

Richardson, V. (1996). The role of attitudes and beliefs in learning to teach. In J. P. Sikula (Hrsg.), *Handbook of research on teacher education. A project of the Association of Teacher Educators* (S. 102–119). Macmillan.

Richter, D., Kuhl, P., Haag, N., & Pant, H. A. (2013). Aspekte der Aus- und Fortbildung von Mathematik- und Naturwissenschaftslehrkräften im Ländervergleich. In H. A. Pant, P. Stanat, U. Schroeders, A. Roppelt, T. Siegle, & C. Pöhlmann (Hrsg.), *IQB-Ländervergleich 2012. Mathematische und naturwissenschaftliche Kompetenzen am Ende der Sekundarstufe.* (S. 367–390). Waxmann.

Richter, D., Kuhl, P., Reimers, H., & Pant, H. A. (2012). Aspekte der Aus- und Fortbildung von Lehrkräften in der Primarstufe. In P. Stanat, H. A. Pant, K. Böhme, & D. Richter (Hrsg.), *Kompetenzen von Schülerinnen und Schülern am Ende der vierten Jahrgangsstufe in den Fächern Deutsch und Mathematik. Ergebnisse des IQB-Ländervergleichs 2011* (S. 237–250). Waxmann.

Richter, E., & Richter, D. (2020). Fort- und Weiterbildung von Lehrpersonen. In C. Cramer, J. König, M. Rothland, & S. Blömeke (Hrsg.), *Handbuch der Lehrerinnen- und Lehrerbildung* (S. 345–353). utb.

Rinkens, H.-D., Hönisch, K., & Träger, G. (2010). *Welt der Zahl 1*. Schroedel.

Ríordáin, M., Paolucci, C., & Lyons, T. (2019). Teacher Professional Competence: What Can Be Learned About the Knowledge and Practices Needed for Teaching? In L. Hobbs & G. Törner (Hrsg.), *Examining the Phenomenon of "Teaching Out-of-field". International Perspectives on Teaching as a Non-specialist* (S. 129–150). Springer Nature.

Rjosk, C., Hoffmann, L., Richter, D., Marx, A., & Gresch, C. (2017). Qualifikation von Lehrkräften und Einschätzungen zum gemeinsamen Unterricht von Kindern mit und Kindern ohne sonderpädagogischen Förderbedarf. In P. Stanat, S. Schipolowski, C. Rjosk, S. Weirich, & N. Haag (Hrsg.), *IQB-Bildungstrend 2016. Kompetenzen in den Fächern Deutsch und Mathematik am Ende der 4. Jahrgangsstufe im zweiten Ländervergleich* (S. 335–353). Waxmann.

Rösike, K.-A. (2022). *Expertise von Lehrkräften zur mathematischen Potentialförderung. Ein gegenstandsspezifisches Design-Research-Projekt.* Springer Spektrum

Rösike, K.-A., Prediger, S., & Barzel, B. (2016). DZLM-Gestaltungsprinzipien für Fortbildungen von Lehrpersonen. Eine Handreichung zur Konkretisierung der Prinzipien., 1–27. Abgerufen am 17.04.2018, von https://dzlm.de/files/uploads/DZLM-Gestaltungsprinzipien-Konkretisierung_161201.pdf

Rösken-Winter, B., Hoyles, C., & Blömeke, S. (2015). Evidence-based CPD: Scaling up sustainable in-terventions. *ZDM Mathematics Education, 47*(1), 1–12.

Rosnick, P. (1981). Some Misconceptions concerning the Concept of Variable. *The Mathematics Teacher, 74*(6), 418–420.

Rütten, C., Scherer, P., & Weskamp, S. (2019). Entwicklungsforschung im Lehr-Lern-Labor – Lernangebote für heterogene Lerngruppen am Beispiel der Fibonacci-Folge. *Mathematica didactica, 42*, 1–19.

Rzejak, D., & Lipowsky, F. (2020). Fort- und Weiterbildung im Beruf. In C. Cramer, J. König, M. Rothland, & S. Blömeke (Hrsg.), *Handbuch Lehrerinnen- und Lehrerbildung* (S. 644–652). utb.

Sawyer, W. W. (1964). *Vision on Elementary Mathematics*. Dover Publications Inc.

Sawyer, W. W. (1989). Vision in elementary mathematics. *Mathematics in School*, 6–7.

Scharloth, M. (1999). Zur propädeutischen Funktion des Arithmetikunterrichts in der Primarstufe. *Journal für Mathematik-Didaktik, 20*(2–3), 83–112.

Schellberg, G. (2018). Selbstwirksamkeitserwartungen von Studierenden im Rahmen der „Basisqualifikation Musik". In B. Clausen & S. Dreßler (Hrsg.), *Soziale Aspekte des Musiklernens* (S. 145–167). Waxmann.

Scherer, P. (1996). Zahlenketten – Entdeckendes Lernen im 1. Schuljahr. . *Die Grundschulzeitschrift, 96*, 20–23.

Scherer, P., & Selter, C. (1996). Zahlenketten – ein Unterrichtsbeispiel für natürliche Differenzierung. *Mathematische Unterrichtspraxis, 17*, 21–28.

Schifter, D. (2018). Early Algebra as Analysis of Structure: A Focus on Operations. In C. Kieran (Hrsg.), *Teaching and Learnings Algebraic Thinking with 5- to 12-Year-Olds* (S. 309–327). Springer.

Schill, A. (2014). Wege zu einem tragfähigen Variablenverständnis. In J. Roth & J. Ames (Hrsg.), *Beiträge zum Mathematikunterricht 2014.* (S. 1063–1066). WTM-Verlag.

Schliemann, A., Carraher, D., & Brizuela, B. (2013). *Bringing Out the Algebraic Character of Arithmetic: From Children's Ideas to Classroom Practice*. Routledge. https://doi.org/10.4324/9780203827192

Schlund, K., Kortmann, M., & Selter, C. (2018). Fachdidaktische Entwicklungsforschung im Projekt DoProfiL. In S. Hußmann & B. Welzel (Hrsg.), *DoProfiL – das Dortmunder Profil für inklusionsorientierte Lehrerinnen- und Lehrerbildung* (S. 109–123). Waxmann.

Schmidt-Thieme, B. (2009). „Definition, Satz, Beweis". Erklärgewohnheiten im Fach Mathematik. In R. Vogt (Hrsg.), *Erklären. Gesprächsanalytische und fachdidaktische Perspektiven* (S. 123–131). Stauffenburg.

Schmitz, G. (1998). Entwicklung der Selbstwirksamkeitserwartungen von Lehrern [Development of teachers' self-efficacy beliefs]. *Unterrichtswissenschaft, 26*(2), 140–157. Doi: https://doi.org/10.25656/01:7770

Schmitz, G. S., & Schwarzer, R. (2002). Individuelle und kollektive Selbstwirksamkeitserwartung von Lehrern. In *Selbstwirksamkeit und Motivationsprozesse in Bildungsinstitutionen* (Vol. 44, S. 192–214). Beltz. Doi: https://doi.org/10.25656/01:3936

Schoenfeld, A. H. (1995). Report of Working Group 1. In C. Lacampagne, W. Blair, & J. Kaput (Hrsg.), *The Algebra Initiative Colloquium* (S. 11–18). U.S. Department of Education.

Schulte, K. (2008). *Selbstwirksamkeitserwartungen in der Lehrerbildung – Zur Struktur und dem Zusammenhang von Lehrer-Selbstwirksamkeitserwartungen, Pädagogischem Professionswissen und Persönlichkeitseigenschaften bei Lehramtsstudierenden und Lehrkräften.*

Schulz, A. (2014). *Bielefelder Schriften zur Didaktik der Mathematik.* Springer Spektrum.

Schwanzer, A. D., & Frei, S. (2014). Entwicklung eines Instruments zur Erfassung des Selbstkonzepts der Beratungskompetenz im Bildungsbereich. *Lehrerbildung auf dem Prüfstand, 7*(1), 64–92. https://doi.org/URN: urn:nbn:de:0111-pedocs-147498

Schwarzer, R. (1998). Self-Science: Das Trainingsprogramm zur Selbstführung von Lehrern CTRD: Stressverarbeitung; Lehrerausbildung; Selbstwirksamkeit. *Unterrichtswissenschaft, 26*(2), 158–172. https://doi.org/URN: urn:nbn:de:0111-opus-77718 (Unterrichtswissenschaft)

Schwarzer, R. (1999). Self-regulatory Processes in the Adoption and Maintenance of Health Behaviors. *Journal of Health Psychology, 4*(2), 115–127. https://doi.org/10.1177/135910539900400208

Schwarzer, R., & Jerusalem, M. (2002). Das Konzept der Selbstwirksamkeit. In *Selbstwirksamkeit und Motivationsprozesse in Bildungsinstitutionen.* (S. 28–53). Beltz. https://doi.org/URN: urn:nbn:de:0111-opus-39300 (Selbstwirksamkeit und Motivationsprozesse in Bildungsinstitutionen.)

Schwarzer, R., & Schmitz, G. S. (1999). *Dokumentation der Skala Lehrer-Selbstwirksamkeit (WirkLehr).* ZPID.

Schwarzer, R., & Warner, L. M. (2014). Forschung zur Selbstwirksamkeit bei Lehrerinnen und Lehrern. In E. Terhart, H. Bennewitz, & M. Rothland (Hrsg.), *Handbuch der Forschung zum Lehrerberuf* (S. 662–678). Waxmann.

Schwarzkopf, R. (2000). *Argumentationsprozesse im Mathematikunterricht. Theoretische Grundlagen und Fallstudien.* Franzbecker.

Schwarzkopf, R. (2001a). Argumentationsanalysen im Unterricht der frühen Jahrgangsstufen — eigenständiges Schließen mit Ausnahmen. *Journal für Mathematik-Didaktik, 22*(3), 253–276. https://doi.org/10.1007/BF03338938

Schwarzkopf, R. (2001b). Argumentationsprozesse im Mathematikunterricht. Theoretische Grundlagen und Fallstudien. *Journal für Mathematik-Didaktik, 22*(2), 171–172.

Schwarzkopf, R. (2003). Begründung und neues Wissen: Die Spanne zwischen empirischen und strukturellen Argumenten in mathematischen Lernprozessen der Grundschule. *Journal für Mathematik-Didaktik, 24*(3/4), 211–235.

Selter, C. (1999). Folgen – bereits in der Grundschule. *Mathematik lehren, 96,* 10–14.

Selter, C. (2004a). Zahlengitter – eine Aufgabe, viele Variationen. *Die Grundschulzeitschrift, 177,* 42–45.

Selter, C. (2004b). *Erforschen, Entdecken und Erklären im Mathematikunterricht der Grundschule.* IPN.

Selter, C. (2006). Adressaten- und Berufsbezug in der Lehrerbildung. Konzeptionelles und Beispiele aus der Mathematik. *Journal für LehrerInnenbildung, 6*(2), 57–64.

Selter, C. (2017). *Guter Mathematikunterricht. Konzeptionelles und Beispiele aus dem Projekt PIKAS.* Cornelsen.

Selter, C., Hußmann, S., Hößle, C., Knipping, C., Lengnink, K., & Michaelis, J. (2017). *Diagnose und Förderung heterogener Lerngruppen.* Waxmann.

Selter, C., & Rösken-Winter, B. (2019). Erfordernisse, Konzepte, Erfahrungen. Fortbildungen für fachfremd Mathematik Unterrichtende. *Lernende Schule, 85,* 30–34.

Selter, C., & Zannetin, E. (2018). *Mathematikunterrichten in der Grundschule. Inhalte – Leitideen – Beispiele.* Klett Kallmeyer.

Sfard, A. (1991). On the dual nature of mathematical conceptions: Reflections on processes and objects as different sides of the same coin. *Educational Studies in Mathematics, 22*(1), 1–36. https://doi.org/10.1007/BF00302715

Sfard, A., & Linchevski, L. (1994). The gains and the pitfalls of reification—The case of algebra. *Educational Studies in Mathematics, 26*(2), 191–228. https://doi.org/10.1007/BF01273663

Shulman, L. (1986). Those Who Understand: Knowledge Growth in Teaching. *Educational Researcher, 15*(2), 4–14.

Shulman, L. (1987). Knowledge and teaching: foundations of the new reform. *Harvard Educational Review, 57*(1), 1–22.

Siebel, F. (2010). Wie verändert sich das, wenn…? Wirkungen analysieren in Rechendreiecken und Zahlenketten. *Praxis der Mathematik 52*(33), 17–20.

Sjuts, J. (2010). Organisation und Repräsentation aritmetisch-algebraischer Denkhandlungen systematisch in den Blick nehmen – Lernqualität erhöhen mittels diagnostischer Analysen. *Praxis der Mathematik in der Schule, 52*(33), 12–16.

Spiegel, H., & Selter, C. (2015). *Kinder und Mathematik. Was Erwachsene wissen wollen.* Kallmeyer in Verbindung mit Klett.

Sprenger, J. (2010). Kinder finden Zahlenketten. Ein Lernangebot zum Lernen auf eigenen Wegen. *Grundschulunterricht Mathematik, 1,* 8–10.

Staub, F., & Stern, E. (2002). The Nature of Teachers' Pedagogical Content Beliefs Matter for Students' Achievement Gains: Quasi-Experimental Evidence from Elementary Mathematics. *Journal of Educational Psychology, 94*(2), 344–355.

Staub, F. C. (2001). Fachspezifisch-pädagogisches Coaching: Theoriebezogene Unterrichtsentwicklung zur Förderung von Unterrichtsexpertise. *Beiträge zur Lehrerbildung, 19*(2), 175–198.

Stein, M. (1999). Elementare Bausteine der Problemlösefähigkeit: logisches Denken und Argumentieren. *Journal für Mathematik-Didaktik, 20*(1), 3–27. https://doi.org/10.1007/BF03338881

Steinweg, A. S. (1997). Die 7, 3 und 5 und dann ist das ganz umgekehrt! – Beschreiben und Begründen von Zahlenmustern mit Umkehrzahlen. *Die Grundschulzeitschrift, 110.*

Steinweg, A. S. (2013). *Algebra in der Grundschule. Muster und Strukturen – Gleichungen – funktionale Beziehungen.* Springer Spektrum.

Steinweg, A. S. (2014). Muster und Strukturen zwischen überall und nirgends – Eine Spurensuche. In A. Steinweg (Hrsg.), *10 Jahre Bildungsstandards: Tagungsband des AK Grundschule in der GDM 2014* (S. 51–66). University of Bamberg Press.

Steinweg, A. S. (2017). *Key ideas as guiding principles to support algebraic thinking in German primary schools* Tenth Congress of the European Society for Research in Mathematics Education CERME10, Dublin.

Steinweg, A. S. (2020). Muster und Strukturen: Anschlussfähige Mathematik von Anfang an. In H.-S. Siller, W. Weigel, & J. F. Wörler (Hrsg.), *Beiträge zum Mathematikunterricht 2020* (S. 39–46). WTM-Verlag.

Steinweg, A. S., Akinwunmi, K., & Lenz, D. (2018). Making Implicit Algebraic Thinking Explicit: Exploiting National Characteristics of German Appproaches. In C. Kieran (Hrsg.), *Teaching and Learning Algebraic Thinking with 5- to 12-Year-Olds.* Springer.

Stephens, A. C. (2006). Equivalence and relational thinking: preservice elementary teachers' awareness of opportunities and misconceptions. *Journal of Mathematics Teacher Education, 9*(3), 249–278. https://doi.org/10.1007/s10857-006-9000-1

Stipek, D., Givvin, K. B., Salmon, J. M., & MacGyvers, V. (2001). Teachers' beliefs and practices related to mathematics instruction. *Teaching and Teacher Education, 17*(2), 213–226.

Strübing, J. (2013). *Qualitative Sozialforschung.* Oldenbourg Wissenschaftsverlag.

Stylianides, A. J. (2007). Proof and proving in school mathematics. *Journal for Research in Mathematics Education, 38*(3), 289–321.

Stylianides, G. (2008). An analytic framework of reasoning-and-proving. *For the Learning of Mathematics, 28*(1), 9–16.

Sulianto, J., Sunardi, S., Anitah, S., & Gunarhadi, G. (2020a). An Analysis of Primary School Teachers Characters Learning Process on Teaching Model Development Named Open Ended Approach-based Advance Organizer on Students Reasoning Skill. *Universal Journal of Educational Research, 8*(3D), 60–66. https://doi.org/10.13189/ujer.2020.081709

Sulianto, J., Sunardi, S., Anitah, S., & Gunarhadi, G. (2020b). Classification of Student Reasoning Skills in Solving Mathematics Problems in Elementary School. *JPI (Jurnal Pendidikan Indonesia), 9*(1), 95–105. https://doi.org/10.23887/jpi-undiksha.v9i1.23103

Sundermann, B., & Selter, C. (2005). *Lernerfolg begleiten – Lernerfolg beurteilen.* IPN.

Sundermann, B., & Selter, C. (2013). *Beurteilen und Fördern im Mathematikunterricht.* Cornelsen Scriptor.

Syring, M., Bohl, T., Kleinknecht, M., Kuntze, S., Rehm, M., & Schneider, J. (2016). Fallarbeit als Angebot – fallbasiertes Lernen als Nutzung. Empirische Ergebnisse zur kognitiven Belastung, Motivation und Emotionen bei der Arbeit mit Unterrichtsfällen. *Zeitschrift für Pädagogik, 62*(1), 86–108.

Tall, D. (2003). Using Technology to Support an Embodied Approach to Learning Concepts in Mathematics. . In L. M. Carvalho & L. C. Guimarães (Hrsg.), *História e Tecnologia no Ensino da Matemática* (Vol. 1, S. 1–28).

Tall, D. (2009). Cognitive and Social Development of Proof through Embodiment, Symbolism & Formalism

Tall, D. (2014). Making Sense of Mathematical Reasoning and Proof. In M. Fried & T. Dreyfus (Hrsg.), *Mathematics & Mathematics Education: Searching for Common Ground* (S. 223–235). Springer.

Thurm, D. (2020). *Digitale Werkzeuge im Mathematikunterricht integrieren. Zur Rolle von Lehrerüberzeugungen und der Wirksamkeit von Fortbildungen.* Springer.

Tiedemann, J., & Billmann-Mahecha, E. (2007). Macht das Fachstudium einen Unterschied? Zur Rolle der Lehrerexpertise für Lernerfolg und Motivation in der Grundschule. *Zeitschrift für Pädagogik, 53*(1), 58–73. Doi: https://doi.org/10.25656/01:4387

Tietze, U.-P., Klika, M., & Wolpers, H. (1997). *Mathematikunterricht in der Sekundarstufe II. Band 1: Fachdidaktische Grundfragen – Didaktik der Analysis.* Friedr. Vieweg & Sohn Verlagsgesellschaft mbH.

Törner, G. (2015). Verborgene Bedingungs- und Gelingensfaktoren bei Fortbildungsmaßnahmen in der Lehrerbildung Mathematik – subjektive Erfahrungen aus einer deutschen Perspektive [Hidden determinants and factors for the success of further education measures within mathematics teachers' training – subjective experience from a German point of view.]. *Journal für Mathematik-Didaktik, 36*(2), 195–232. DOI: https://doi.org/10.1007/s13138-015-0078-9

Törner, G., & Törner, A. (2010). Fachfremd erteilter Mathematikunterricht – ein zu vernachlässigendes Handlungsfeld? *Mitteilungen der Deutschen Mathematiker-Vereinigung, 18*(4), 244–251. doi: 10.1515/dmvm-2010-0099

Toulmin, S. E. (2003). *The uses of argument*. Cambridge University Press.

Uerdingen, M., & London, M. (2006). Das Übungsformat Zahlenkette in Klasse 1/2. *Die Grundschulzeitschrift, 20*, 40–60.

Ufer, S., Heinze, A., Kuntze, S., & Rudolph-Albert, F. (2009). Beweisen und Begründen im Mathematikunterricht. *Journal für Mathematik-Didaktik, 30*(1), 30–54. https://doi.org/10.1007/BF03339072

Urton, K. (2017). Selbstwirksamkeitserwartung – Was bedingt sie und wie kann sie gefördert werden? *Potsdamer Zentrum für empirische Inklusionsforschung, 3*, 1–12.

Urton, K., Wilbert, J., & Hennemann, T. (2015). Die Einstellung zur Integration und die Selbstwirksamkeit von Lehrkräften. *Psychologie in Erziehung und Unterricht, 62*(2), 147–157. DOI: https://doi.org/10.2378/peu2015.art09d

Usiskin, Z. (1999). Conceptions of School Algebra and Uses of Variables. In B. Moses (Hrsg.), *Algebraic Thinking, Grades K-12: Readings from NCTM's School-Based Journals and Other Publications* (S. 7–13). National Council of Teachers of Mathematics.

Vale, C., & Drake, P. (2019). Attending to Out-of-Field teaching: Implications of and for Education Policy. In L. Hobbs & G. Törner (Hrsg.), *Examining the Phenomenon of "Teaching Out-of-field". International Perspectives on Teaching as a Non-specialist* (S. 195–216). Springer Nature.

Van Amerom, B. A. (2003). Focusing on informal strategies when linking arithmetic to early algebra. *Educational Studies in Mathematics, 54*(1), 63–75. https://doi.org/10.1023/B:EDUC.0000005237.72281.bf

Van Dooren, W., Verschaffel, L., & Onghena, P. (2003). Pre-Service Teachers' Preferred Strategies for Solving Arithmetic and Algebra Word Problems. *Journal of Mathematics Teacher Education, 6* (1), 27–52.

Van Overschelde, J., & Piatt, A. (2020). U.S. Every Student Succeeds Act: Negative Impacts on Teaching Out-of-Field. *Research in Educational Policy and Management, 2*(1), 1–22. https://doi.org/10.46303/repam.02.01.1

Verboom, L. (1998). Die „Goldene Zahlenkette" – ein kindgemäßer Zugang zum Entdecken und Begründen von Gesetzmäßigkeiten. *Grundschulunterricht, 45*, 9–11.

Vigerske, S. (2017). *Transfer von Lehrerfortbildungsinhalten in die Praxis. Eine empirische Untersuchung zur Transferqualität und zu Einflussfaktoren*. Springer VS.

Vollrath, H.-J. (1980). Eine Thematisierung des Argumentierens in der Hauptschule. *Journal für Mathematik-Didaktik, 1*(1), 28–41. https://doi.org/10.1007/BF03338629 (Journal für Mathematik-Didaktik)

von Schroeders, N. (2019). Argumentieren: Von der Binomialverteilung hin zum Hypothesentest. In N. von Schroeders (Hrsg.), *Argumentieren, Begründen, Beweisen. MaMut – Materialien für den Mathematikunterricht Band 7* (S. 147–168). Franzbecker.

Voss, T., Kleickmann, T., Kunter, M., & Hachfeld, A. (2011). Überzeugungen von Mathematiklehrkräften. In M. Kunter, J. Baumert, W. Blum, U. Klusmann, S. Krauss, & M. Neubrand (Hrsg.), *Professionelle Kompetenz von Lehrkräften. Ergebnisse des Forschungsprogramms COACTIV* (S. 235–258). Waxmann.

Voss, T., Kleickmann, T., Kunter, M., & Hachfeld, A. (2013). Mathematics Teachers' Beliefs. In M. Kunter, J. Baumert, W. Blum, S. Krauss, & M. Neubrand (Hrsg.), *Cognitive Activation in the Mathematics Classroom and Professional Competence of Teachers. Results from the COACTIV Project* (S. 249–271). Springer Science+Buisness Media.
Voßmeier, J. (2012). *Schriftliche Standortbestimmungen im Arithmetikunterricht. Eine Untersuchung am Beispiel inhaltsbezogener Kompetenzen.* Springer Spektrum.
Wahl, D. (2002). Mit Training vom trägen Wissen zum kompetenten Handeln. *Zeitschrift für Pädagogik, 48*(2), 227–241.
Walther, G. (2004). *Gute Aufgaben.* IPN.
Walther, G., Heuvel-Panhuizen, M. v. d., Granzer, D., & Köller, O. (2011). *Bildungsstandards für die Grundschule: Mathematik konkret.* Cornelsen.
Warren, E. (2005). Patterns supporting the development of early algebraic thinking. Proceedings of the 28th conference of the mathematics education research group of Australasia., Melbourne, Australia.
Warren, E. (2006). Supporting Learning in Early Algebra: A Model of Professional Learning. In P. Grootenboew, R. Zvenbrergen, & M. Chinnappan (Hrsg.), *Proceedings of the 29th annual conference of the Mathematics Education Research Group of Australasia* (S. 535–542). Mathematics Education Research Group of Australasia.
Warren, E., & Cooper, T. (2005). Introducing Functional Thinking in Year 2: A Case Study of Early Algebra Teaching. *Contemporary Issues in Early Childhood, 6*(2), 150–162.
Weinert, F. E. (2001). *Leistungsmessungen in Schulen.* Beltz.
Welder, R. (2012). Improving Algebra Preparation: Implications From Research on Student Misconceptions and Difficulties. *School Science and Mathematics, 112*(4), 255–264. https://doi.org/10.1111/j.1949-8594.2012.00136.x
Wilkie, K. J. (2014). Upper primary school teachers' mathematical knowledge for teaching functional thinking in algebra. *Journal of Mathematics Teacher Education, 17*(5), 397–428. https://doi.org/10.1007/s10857-013-9251-6
Wilson, S. M., & Berne, J. (1999). Teacher learning and the acquisition of professional knowledge: An examination of research on contemporary professional development. *Review of Research in Education, 24*, 173–209.
Winter, H. (1975). Allgemeine Lernziele für den Mathematikunterricht? *Zentralblatt für Didaktik der Mathematik, 3*, 106–116.
Winter, H. (1982). Das Gleichheitszeichen im Mathematikunterricht der Primarstufe. *Mathematica didactica, 5*(4), 185–211.
Winter, H. (1983). Zur Problematik des Beweisbedürfnisses. *Journal für Mathematik-Didaktik, 4*(1), 59–95. https://doi.org/10.1007/BF03339229
Wittmann, E. C. (1985). Objekte – Operationen – Wirkungen: Das operative Prinzip in der Mathematikdidaktik. *Mathematik lehren, 11*, 7–11.
Wittmann, E. C. (1995). Aktiv-entdeckendes und soziales Lernen im Rechenunterricht – vom Kind und vom Fach aus. In G. N. Müller & E. C. Wittmann (Hrsg.), *Mit Kindern rechnen* (S. 10–41). Arbeitskreis Grundschule e.V.
Wittmann, E. C. (2014). Operative Beweise in der Schul- und Elementarmathematik. *Mathematica didactica, 37*, 213–232.
Wittmann, E. C. (2021). *Connecting Mathematics and Mathematics Education. Collected Papers on Mathematics Education as a Design Science.* Springer.

Wittmann, E. C., & Müller, G. N. (2011). Muster und Strukturen als fachliches Grundkonzept. In G. Walther, M. v. d. Heuvel-Panhuizen, D. Granzer, & O. Köller (Hrsg.), *Bildungsstandards für die Grundschule: Mathematik konkret* (S. 42–65). Cornelsen.

Wittmann, E. C., Müller, G. N., Nührenbörger, M., & Schwarzkopf, R. (2017). *Das Zahlenbuch 4*. Ernst Klett Verlag.

Wittmann, E. C., & Müller, N. G. (1988). Wann ist ein Beweis ein Beweis? In P. Bender (Hrsg.), *Mathematikdidaktik – Theorie und Praxis. Festschrift für Heinrich Winter* (S. 237–258). Cornelsen.

Wudy, D.-T., & Jerusalem, M. (2011). Die Entwicklung von Selbstwirksamkeit und Belastungserleben bei Lehrkräften. *Psychologie in Erziehung und Unterricht, 58*(4), 254–267. DOI: https://doi.org/10.2378/peu2011.art16d

Zacharos, K., Pournantzi, V., Moutsios-Rentzos, A., & Shiakalli, M. A. (2016). Forms of argument used by pre-school children. *Educational Journal of the University of Patras UNESCO Chair., 3*(2), 167–178.

Zambak, V., & Magiera, M. (2020). Supporting grades 1–8 pre-service teachers' argumentation skills: constructing mathematical arguments in situations that facilitate analyzing cases. *International Journal of Mathematical Education in Science and Technology, 51*(8), 1196–1223. https://doi.org/10.1080/0020739X.2020.1762938

Zazkis, R., & Liljedahl, P. (2002). Generalization of patterns: the tension between algebraic thinking and algebraic notation. *Educational Studies in Mathematics, 49*(3), 379–402. https://doi.org/10.1023/A:1020291317178

Ziegenbalg, J., & Wittmann, E. C. (2007). Zahlenfolgen und vollständige Induktion. In G. N. Müller, H. Steinbring, & E. C. Wittmann (Hrsg.), *Arithmetik als Prozess* (S. 207–236). Klett Kallmeyer.

Ziegler, C., & Richter, D. (2017). Der Einfluss fachfremden Unterrichtens afu die Schülerleistung: Können Unterschiede in der Klassenzusammensetzung zur Erklärung beitragen? *Unterrichtswissenschaft, 45*(2), 136–155.

Ziegler, C., Richter, D., & Hartung-Beck, V. (2019). Entwicklung des Anteils fachfremden Unterrichts an Berliner Schulen. Eine Untersuchung zur Identifizierung verschiedener Verlaufsmuster. In D. Fickermann & H. Weishaupt (Hrsg.), *Bildungsforschung mit Daten der amtlichen Statistik* (S. 121–139). Waxmann.

Zlatkin-Troitschanskaia, O., Beck, K., Sembill, D., Nickolaus, R., & Mulder, R. (2009). *Lehrprofessionalität. Bedingungen, Genese, Wirkungen und ihre Messung*. Beltz.

Zwetzschler, L., & Prediger, S. (2013). Der lange Weg zum Herstellen von Beziehungen. Fachdidaktische Entwicklungsforschung zur Gleichwertigkeit algebraischer Terme. In M. Komorek & S. Prediger (Hrsg.), *Der lange Weg zum Unterrichtsdesign: Zur Begründung und Umsetzung genuin fachdidaktischer Forschungs- und Entwicklungsprogramme* (S. 141–156). Waxmann.

MIX
Papier aus verantwortungsvollen Quellen
Paper from responsible sources
FSC® C105338

If you have any concerns about our products,
you can contact us on
ProductSafety@springernature.com

In case Publisher is established outside the EU,
the EU authorized representative is:
**Springer Nature Customer Service Center GmbH
Europaplatz 3, 69115 Heidelberg, Germany**

Printed by Libri Plureos GmbH
in Hamburg, Germany